丛书编审委员会

中航工业检测及焊接人员资格鉴定与认证
系列培训教材

物理冶金检测技术

刘昌奎　主编

曲士昱　　刘德林　　孙智君　　范金娟　　副主编

陶春虎　　郑运荣　　何玉怀　　审

化学工业出版社

·北京·

本书分为基础篇和实践篇。基础篇注重基础理论知识的传授，包括了金相实验室基本要求、物理冶金分析技术、铸造组织与变形组织分析、金属的热处理等。实践篇注重实操技能的培训，根据航空物理冶金检测需求，对钢、高温合金、铝合金、钛合金、铜合金、焊接接头、特种工艺条件下的组织特点、缺陷类别与控制、金相检测技术做了详细的讲解。为拓展物理冶金人员视野，还特别介绍了金属断口与失效分析、非金属材料分析技术。

本书内容全面详实、深入浅出，可作为航空物理冶金人员培训教材，也可作为材料与工艺研究人员、失效分析人员、检测人员的参考书，同时也适合航天、兵器、船舶等国防科技领域及高铁、汽车等领域物理冶金人员的培训教材与参考书籍。

图书在版编目（CIP）数据

物理冶金检测技术/刘昌奎主编. —北京：化学
工业出版社，2015.6 （2023.5 重印）
ISBN 978-7-122-23617-3

Ⅰ.①物… Ⅱ.①刘… Ⅲ.①物理冶金-检测
Ⅳ.①TF19

中国版本图书馆 CIP 数据核字（2015）第 072175 号

责任编辑：李晓红　　　　　　　　　装帧设计：王晓宇
责任校对：王素芹

出版发行：化学工业出版社（北京市东城区青年湖南街 13 号　邮政编码 100011）
印　　装：北京科印技术咨询服务有限公司数码印刷分部
710mm×1000mm　1/16　印张 22¾　字数 426 千字　　2023 年 5 月北京第 1 版第 2 次印刷

购书咨询：010-64518888　　　　　　　售后服务：010-64519661
网　　址：http://www.cip.com.cn
凡购买本书，如有缺损质量问题，本社销售中心负责调换。

定　　价：98.00 元

本书编委会

公元前 2025 年的汉谟拉比法典，就提出了对制造有缺陷产品的工匠给予严厉的处罚，当然，在今天的以人为本的文明世界看来是不能予以实施的。即使在当时，汉谟拉比法典在总体上并没有得到真正有效的实施，其主要原因在于没有理化检测及评定的技术和方法用以评价产品的质量以及责任的归属。从公元前 2025 年到世界工业革命前，对产品质量问题处罚的重要特征是以产品质量造成的后果和负责人为对象的，而对产品制造过程和产品质量的辨识只能靠零星、分散、宏观的经验世代相传。由于理化检测和评估技术的极度落后，汉谟拉比法典并没有解决如何判别造成质量问题和失效的具体原因的问题。

近代工业革命给人类带来了巨大物质文明，也不可避免地给人类带来了前所未有的灾难。约在 160 多年前，人们首先遇到了越来越多的蒸汽锅炉爆炸事件。在分析这些失效事故的经验教训中，英国于 1862 年建立了世界上第一个蒸汽锅炉监察局，把理化检测和失效分析作为仲裁事故的法律手段和提高产品质量的技术手段。随后在工业化国家中，对产品进行检测和分析的机构相继出现。而材料和结构的检测开始受到重视则是近半个世纪的事情。第二次世界大战及后来的大量事故与故障，推动了力学、无损、物理、化学和失效分析的快速发展，如断裂力学、损伤力学等新兴学科的诞生以及扫描电镜、透射电镜、无损检测、化学分析等大量的先进分析设备等的应用。

毋庸置疑，产品的质量可靠性要从设计入手。但就设计而言，损伤容限设计思想的实施就需要由无损检测和设计用力学性能作为保证，产品从设计开始就应考虑结构和产品的可检性，需要大量的材料性能数据作为设计输入的重要依据。

就材料的研制而言，首先要检测材料的化学成分和微观组织是否符合材料的设计要求，性能是否达到最初的基本设想。而化学成分、组织结构与性能之间的协调关系更是研制高性能材料的基础，对于材料中可能存在的缺陷，更需要无损检测的识别并通过力学损伤的研究提供判别标准。

就构件制造而言，一个复杂或大型结构需要通过焊接来实现，要求在结构设计时就对材料可焊性和工艺可实施性进行评估，使选材具有可焊性，焊接结构具有可实施性，焊接接头缺陷具有可检测性，焊接操作者具有相应的技能水平，这样才能获得性能可靠的构件。

检测和焊接技术在材料的工程应用中的作用更加重要。失效分析作为服役行为和对材料研制的反馈作用已被广泛认识，材料成熟度中也已经考虑了材料失效模式是否明确；完善的力学性能是损伤容限设计的基础，材料的可焊性、无损检测和失效模式不仅是损伤容限设计的保证，也是产品安全和可靠使用的保证。

因此，理化检测作为对材料的物理化学特性进行测量和表征的科学，焊接作为构件制造的重要方法，在现代军工产品质量控制中具有非常重要的地位和作用，是武器装备发展的重要基础技术。理化检测和焊接技术涉及的范围极其广泛，理论性与实践性并重，在军工产品制造和质量控制中发挥着越来越重要的作用。近年来，随着国防工业的快速发展，材料和产品的复杂程度日益提高，对产品安全性的保证要求越来越严格；同时，理化检测和焊接新技术日新月异，先进的检测和焊接设备大量应用，对理化检测和焊接从业人员的知识、技能水平和实践经验都提出了更高的要求。

为贯彻《军工产品质量管理条例》和 GJB《理化试验质量控制规范》，提高理化检测及焊接人员的技术水平，加强理化实验室的科学管理和航空产品及科研质量控制，中国航空工业集团公司成立了"中国航空工业集团公司检测及焊接人员资格认证管理中心"，下设物理冶金、分析化学、材料力学性能、非金属材料性能、无损检测、失效分析和焊工七个专业人员资格鉴定委员会，负责组织中航工业理化检测和焊接人员的专业培训、考核与资格证的发放工作。为指导培训和考核工作的开展，中国航空工业集团公司检测及焊接人员资格认证管理中心组织有关专家编写了"中航工业检测及焊接人员资格鉴定与认证系列培训教材"。

这套教材由长期从事该项工作的专家结合航空工业的理化检测和焊接技术的需求和特点精心编写而成，包括了上述七个专业的培训内容。教材全面、系统地体现了航空工业对各级理化检测和焊接人员的要求，力求重点突出，强调实用性而又注意保持教材的系统性。

这套教材的编写得到了中航工业质量安全部领导的大力支持和帮助，也得到了行业内多家单位的支持和协助，在此一并表示感谢。

中国航空工业集团公司
检测及焊接人员资格认证管理中心

前言 | FOREWORD |////////////////

物理冶金检测技术涉及材料学、测量学、力学、化学、电磁学等多学科，主要包含材料的组织结构、形貌、微区成分等研究方向，是现代工业的重要基础技术，也是确保材料与产品质量、评价材料与产品性能的重要手段和科学依据。

本书是为航空物理冶金检测Ⅱ、Ⅲ级人员培训所编写，分为基础篇和实践篇。基础篇介绍了金相实验室基本要求、物理冶金分析技术、铸造组织与变形组织分析、金属的热处理等。实践篇根据航空材料和工艺特点，内容涵盖钢、高温合金、铝合金、钛合金、铜合金的组织与检测，还介绍了焊接接头、特种工艺及其检测技术，以及金属断口与失效分析、非金属材料分析技术。本书还可作为其他行业从事物理冶金检测工作的技术人员及物理冶金检测相关专业技术人员的参考书。

全书共分为十四章，第1章由621所阮忠慈、赵文侠编写，第2章由621所曲士昱、郑真编写，第3、4章由621所郑运荣、范映伟编写，第5、6章由621所金建军、刘德林编写，第7、12章由430厂孙智君编写，第8章由132厂何军编写，第9章由621所刘昌奎、周静怡编写，第10章由621所孙凤礼编写，第11章由625所陆业航编写，第13章由621所何玉怀编写，第14章由621所范金娟编写。全书由刘昌奎、范映伟负责统稿，陶春虎、郑运荣、何玉怀负责审定。

本书在编写过程中得到了中航工业北京航空材料研究院、失效分析中心，中国商飞机械失效分析中心的大力支持；得到了各航空厂、所许多同志，以及作为教材试用期间许多学员的热情帮助与支持；得到了中航工业失效分析中心同仁的大力协助，在此表示衷心的感谢。

由于本书内容涉及面广，作者受到工作和认识的局限，书中难免会存在不妥乃至错误之处，恳请读者批评指正并提出宝贵意见。

中航工业物理冶金检测技术教材编审组

目录 | CONTENTS

基 础 篇

实 践 篇

基础篇

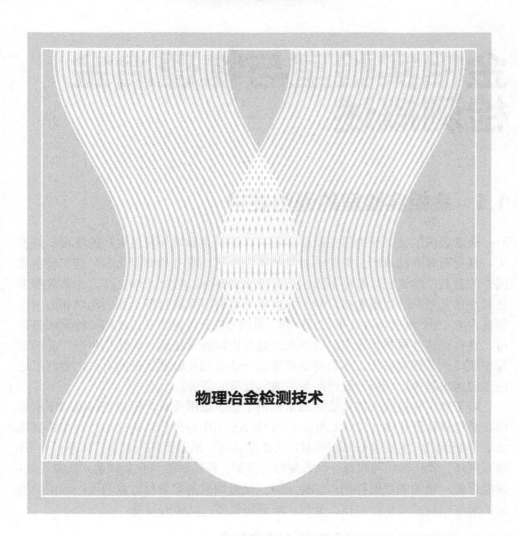

物理冶金检测技术

第1章

金相实验室与物理冶金检测概述

1.1　金相实验室的通用要求

随着我国航空工业的日益发展和壮大，航空企业对外转包生产的规模日益扩大，供货商对产品或产品有关的材料的控制也更加重视和规范化。一些实验室被国外的著名厂商认证，取得了国际认可的检测资格。例如：2002 年，加拿大普惠公司经过几个月的认真考核，给了北京航空材料研究院包括金相、化学和力学性能在内的 17 个测试项目许可；2004 年，美国 GE 公司也给了该院相关检测项目许可。这样使这些材料实验室的管理和运转与国际管理接轨，为转包生产产品的质量控制提供了便利条件。本篇有必要增加一些金相实验室认证的有关内容，以适应当前越来越多厂（所）的产品参与国际竞争的需要。

对于商用和机构内部实验室通常提出了诸多通用要求。例如美国国家宇航和国防承包商认证程序（NADCAP）以 SAE AS7101 标准档形式给出，对实验室提出了详细要求，主要包括如下项目：实验室认可；质量组织；设备；体系；人员；体系程序；试样标识与跟踪；设备校准与维护；替代试验与重复试验；试验误差；试验报告；试验的联机存档；试验记录；试验结果的保留与重复利用；各实验室间的对比试验；安全；审核；分包；培训和资格；试验人员等。

1.1.1　国内相关标准对金相实验室的要求

国内对于金相实验室的认证机构主要有 CNAS、DILAC 三方认证，中航工业目前也建立了 AVIC 二方认证的金相实验室物理检测能力审核准则。下面重点介绍中航工业对金相实验室的要求。

（1）人员

① 从事物理冶金检测的人员应按 HB 7477 进行技术资格鉴定，取得相应的技术资格等级证书，并从事与专业技术资格等级相适应的工作。分包商应取得与以上资质相当的等级证书。

② 检测人员应按质量手册或标准程序规定的要求进行培训。培训计划应包括试验和检测方法、质量控制方法以及有关安全和防护、救护知识的培训。

③ 设备操作人员应能正确操作设备，识别设备是否处于正常运行状况，并取得设备操作资格证或获得授权。操作复杂试验和检测仪器的人员应接受过涉及仪器原理、操作和维护等方面知识的专门培训，掌握相关的知识和专业技能。

④ 检测人员应能识别正确的分析过程，分辨正确和错误的数据，决定数据的取舍，并应按通用准则要求复查检测人员的持续能力。

（2）仪器和设备

① 物理冶金试验和检测仪器与设备应远离震源、瞬时电流、污染物质等影响分析结果的外部环境。

② 设备的布置应排除对试验和检测仪器的腐蚀侵害，必要时应提供通风橱、挡板或者其他安全防护。

③ 对温湿度有控制要求的试验场所应配备冷暖空调机或去湿机等，检测人员应记录实验室的温湿度状况，并根据试验和检测条件的控制要求对温湿度进行调节。

④ 应配备人员的安全防护装置。

⑤ 试验和检测设备的精度应能满足检测标准的要求。

⑥ 应按计划进行设备的保养。应保存所有主要设备的保养、维修和仪器操作的相关记录。

⑦ 应防止维修等措施对试验和检测结果产生影响。

⑧ 仪器、仪表、标尺等计量器具初次使用前应经过计量部门或授权单位进行检定或校准，满足要求后方可使用。应按规定的周期定期检定或校准仪器和设备。

⑨ 应有安全处理、处置有毒有害物质和废弃物的措施及程序，并保存相关处理、处置记录。

（3）检测方法和程序

① 物理冶金检测的试验和检测方法应选用材料技术规范或客户所指定的标准。若材料技术规范或客户未指定，应按国家标准、国家军用标准、行业标准、集团标准方法及国际、区域发布的方法进行。若使用申请机构制定的检测方法，应对检测方法进行确认，并应提供审核。

② 在采用标准方法之前，申请机构应证实能够正确使用标准方法。若标准方法发生变化，应重新进行证实。必要时，申请机构应对首次采用的标准方法进行技术能力的验证。

③ 应依据标准方法或自定检测方法标准文件编制详细的内部检测作业指导书，确保检测在申请机构内部可一致重复地进行，并保证能提供准确的结果。

④ 申请机构应关注检测方法中提供的限制说明，应确保给出可靠的结果。

⑤ 必要时，申请机构应对试验和检测方法的精密度、不确定度等特性进行确认。申请机构应能解释和说明报告数据的获得，定量分析应设定一定的置信度水平。

（4）试验和检测控制要求

该部分详细规定了 18 项物理冶金检测的基本要求，以下列举其中几项的相关要求。

① 金相试样制备方法

试样制备的作业指导书应充分描述使用的特殊试验和检测的设备和材料；当试样的技术条件规定了取样部位和方向时，应按照规定进行；试样的选取应具有代表性，依据检测目的或意图，可选择组织最大变化区域、故障部位、正常部位等；应根据不同检测目的选取合理的检测面并明确标识，如纵向、横向、近表面；试样切割过程中，应防止材料发生塑性变形及因受热引起金相组织变化，截取试样的方法不应使其表面产生损伤；当试样较小、形状不规则、多孔、脆性或检测近表面时，应进行镶嵌；试验前应对试样进行清洗，应选用适当的有机溶剂清除试样表面的油脂、冷却剂和残留物等；多个试样同时镶嵌时应画出示意图，镶嵌完毕后应及时标记；镶嵌操作不应损害试样的待测表面；经磨制和抛光后的试样表面应均匀、无变形、无划痕，并除去机械加工、磨削痕迹或制备过程中产生的过热组织；电解抛光表面应无蚀坑（腐蚀前），应能满足正确评定的需要。

② 金相试样腐蚀方法

金相腐蚀作业指导书应具有针对每种试验目的（如晶粒度、夹杂物、表面层等）的具体腐蚀方法；金相腐蚀应在通风良好的房间里进行，宜在通风柜中进行；对采购的试剂应进行标签、证书或其他证明文件的信息的检查；应防止实验室器皿对检测试样或溶液的污染。必要时，申请机构应对用于不同用途的器皿使用不同的清洗、储存和隔离程序并形成文件。若检测方法中规定了器皿的清洗方法或注意事项，申请机构应遵守；用于配制腐蚀液的化学药品或腐蚀液，在制备、储存和使用过程中，应关注其特定要求，包括：毒性，对热、空气和光的稳定性，与其他化学试剂的反应，储存环境等；在配制或使用腐蚀液前，应了解其危害性及安全事项，正确操作、配制、使用化学药品，应穿长袖的工作服，并采用合适的保护措施（如塑胶手套、口罩等）；申请机构配制的所有金相腐蚀液应加贴标签，并根据适用情况标识成分、浓度、溶剂、制备日期和有效期等信息；腐蚀时，应避免试样与腐蚀液直接与人体接触，可采用夹子夹持住试样；溢出的腐蚀剂应立即擦掉或冲洗掉；冷腐蚀时，腐蚀剂可不搅拌，但应确保试样完全没入溶液中；热腐蚀时，腐蚀剂应适当搅拌，使溶液温度均匀；腐蚀后的试样应在金相显微镜下进行检查，确保没有干扰评定的污染和假象，若有，则应重新制备和腐蚀试样；腐蚀后的废液应排入专用的废液收集瓶中。

③ 低倍组织/显微组织浸蚀及评定方法

低倍组织/显微组织浸蚀及评定作业指导书应充分描述使用的特殊试验和检测设备及材料；当试样的技术条件规定了取样部位、数量和试验状态时，应按相关标准、技术条件规定进行；试样切割过程中，应避免引起试样表面及内部组织发生改变；试样制备过程中应去除因取样造成的加工痕迹，表面粗糙度应满足技术条件要求；腐蚀前，应对待测表面进行目视检查，表面应无损伤和污染；应根据标准或技术文件的要求选取合适的腐蚀液、浸蚀方法、浸蚀时间、浸蚀温度及清洗、干燥方式；腐蚀时，待测表面不应与容器或其他试样接触；若浸蚀过深，应重新加工试样待测表面；必要时，应采用合适的方法保存试样，如中和法、钝化法、涂层保护法等。

④ 晶粒度评级（含平均晶粒度、双重晶粒度、异常晶粒度）

晶粒度评级应具有描述不同晶粒度形式（如平均晶粒度、双重晶粒度、异常晶粒度）的作业指导书；选取晶粒度评级用的试样应具有代表性，取样数量及取样部位应按相应的标准或技术条件规定执行；不应使用可能改变晶粒结构的方法切取试样；试样应根据标准和技术条件要求进行磨制、抛光、腐蚀；试样抛光区域应足够大，保证在选用的放大倍数下至少得到所需的观察视场；采用比较法进行评定时，应随机选择视场和相应的对比图谱；采用其他方法进行评定时，应满足标准和技术条件要求；必要时，应根据标准进行统计分析，如置信区间、不确定度等；评定双重晶粒度时应满足：（a）根据标准判定双重晶粒度类型，（b）根据标准分别评定粗晶、细晶的级数，（c）必要时，应根据相应标准对粗细晶粒含量进行统计分析，结果应满足标准或技术条件要求；评定异常晶粒度时，应根据标准选择合适的视场；采用测量法评定异常晶粒度时，应正确计算异常晶粒度晶粒面积。

⑤ 非金属夹杂物评级

非金属夹杂物评级应具有比较图谱；应根据标准判定夹杂物类型；应根据标准判定夹杂物系列；应根据标准选择合适的放大倍数；应根据标准选择检测方法；结果表示应能满足标准和技术条件要求。

⑥ 物相（缺陷）含量的定量评定（含钢中自由铁素体含量、钛合金初生α相含量、显微疏松、孔隙率、纤维体积含量）

试样选取应具有代表性；应根据标准和技术条件随机选择观察视场；应根据标准和技术条件选择合适的放大倍数；应根据标准和技术条件选择定量测量方式；必要时，应根据标准对定量测量结果进行统计分析（如置信区间、不确定度等），统计分析结果应满足标准或技术条件要求；进行自由铁素体含量评定时，应具有零视场情况下的测量方法；采用比较法评定显微疏松时，当观测视场中显微疏松分布与标准图片无法对应时，应采用显微疏松指数评定方法。

⑦ 钛合金表面污染层评定

必要时，应根据不同状态的钛合金分别制定作业指导书（如铸态、锻态、热处理）；试样制备应满足标准和技术条件要求，应采取边缘保护措施，应避免因制样引起的假象；应根据标准和技术条件选择腐蚀条件；腐蚀待测试样前，应采用已知试样验证腐蚀液的有效性；必要时，腐蚀待测试样后，应再次验证腐蚀液的有效性；评定前应根据标准对设备进行放大倍数验证；应根据标准和技术条件要求选择合适的放大倍数；进行厚度测量时，应选择合适的测量方式（如平行线法、垂直线法）。

⑧ 近表面评定（含合金贫化层、重熔层、晶间腐蚀、晶间氧化、端面点蚀）

试样制备应满足标准和技术条件要求，必要时应采取边缘保护措施；应根据标准和技术条件选择观察状态（如抛光态、腐蚀态）；必要时，评定前应根据标准对设备进行放大倍数验证；应根据标准和技术条件选择观察视场；应根据标准和技术条件要求选择合适的放大倍数；晶间腐蚀、晶间氧化和端面点蚀评定时，若在抛光态下无法确认结果，应对试样进行轻腐蚀；合金贫化层、重熔层评定时，若出现基体晶界与损耗层界面难以明确界定的情况，除非技术条件有特殊要求或明确规定，应按最严重的情况进行评定。

⑨ 渗层评定（含渗氮、渗碳、碳氮共渗、脱碳）

试样制备应满足标准和技术条件要求，应采取边缘保护措施，能够保证待测表面层不受损伤和污染；应根据标准和技术条件选择观察状态（如抛光态、腐蚀态）；应在未腐蚀状态下进行初始检查；应根据标准和技术条件选择待检区域；应在低放大倍数下扫描整个表面以确定反应层最大深度；应根据标准和技术条件选择合适的评定方法。

⑩ 涂层评定

外观检查应在自然光或无反射光线下进行，应满足相应标准或技术条件的照度要求，必要时，可用小于10倍放大镜进行检查；金相试样应在产品上有代表性的部位取样，切取的横截面应垂直于涂层表面；镶嵌时应采取边缘保护措施，试样制备应满足标准和技术条件要求；应根据标准和技术条件选择合适的放大倍数；必要时，进行厚度测量前应根据标准对设备进行放大倍数验证；涂层孔隙率测量时应根据标准和技术条件选择合适的评定方法（如比较法、网格法、定量金相法）；

涂层硬度测量应满足相应的标准或技术条件要求。

（5）试验和检测数据

① 试验和检测数据记录的最小位数应满足材料技术条件的数值精度要求。

② 有符合性判定验收要求的数据修约应按 GB/T 8170 的修约方法执行。

③ 申请机构应记录所接收的试样符合性，应记录试验和检测数据，并存档。

④ 试验和检测报告应注明检测标准。

⑤ 试验和检测记录应注明制样方法、数据分析、计算过程及其可追溯性。

⑥ 试验和检测记录应注明设备和仪器。

⑦ 应有参照质量手册编制的替代试验和重复试验书面程序。重复试验或替代试验的所有试样应做标识，并记录试验结果。当材料技术条件未提及可重复取样进行重复试验时，若单次取样结果不合格，则判定材料不合格。

⑧ 试验和检测报告应包括符合或不符合要求和/或技术条件的结论，应可提供此要求或技术条件的受控文件。

1.1.2 ASTM E807 对金相实验室的要求

（1）金相实验室的能力

① 能制备金相试验的试样，例如按 ASTM E3 方法。

② 从技术方面客观地观测、评定并报告显微镜下的显微组织。

③ 在 ASTM E4 委员会管辖下的其他金相方法和规程，如 X 射线分析、定量金相、电子金相和显微硬度试验可在拥有这些设备的金相实验室进行。

④ 如果某金相实验室可以证明某些替代方法与特定规程或方法是等价的，这些方法也可以接受。

（2）金相实验室的任务

① 迅速准确地记录所有试样材料及其支持文档。

② 对订单、合同号、所有试样材料的炉号或批号都要尽可能地做标识并有可溯源性。

③ 对试样材料、试样制备、金相试验、其结果及照片的任何变更都要留有文件资料。

（3）金相实验室的职责

① 按合同、项目或内部所规定的要求相一致的方式保存试样，永久保存研究记录，或者试样和记录同时保存。

② 迅速而准确地报告金相结果和结论给法定机构。

③ 只进行有必需资源和设备的程序或试验。

④ 只用技术条件相符的校准设备作试验。

⑤ 保持所有使用的设备在最佳工作状态。

⑥ 由样品材料、设备、人员或其他因素引起试验结果的任何重大误差都要报告给法定机构。

（4）金相实验室的组织与设施

当金相实验室申请运行时，实验室应就管理、职员和相关职责范围方面作公开说明。同时应对实验室在完成它的工作时所用的设备和仪器有通用的说明。

（5）金相实验室的资源

① 实验室应有一个简明的职位说明，按照专业、科学和技术职位分门别类进行介绍，包括必需的教育、训练和经历。

② 实验室的雇员记录应包括如下内容：每个雇员的名字；教育背景和实践应用经验；最好介绍包括完成特种金相方法和教育或培训内容；进行周期性评估或确认以保持雇员的技术能力。

③ 实验室的记录应包括如下内容：实验室各项工作运行之初要有一个草案或其他书面计划；校准标准和用于维持实验室设备精度的设备要有说明；要有一个可为本实验室所用的标准和链接库。

（6）金相实验室的质量体系

金相实验室应有保证服务质量的程序体系，主要包括质量保证体系的基本计划；测量体系的基本计划和数据记录和保存的基本计划。

① 质量保证体系的基本计划　包括：实验室收到材料的取样基准；数据分析方法；报告测量时任何重大的差异，可能的话指出原因；实验室间交换试样并按大纲做试验，例如同级评估（peer review）和不同实验室之间的对比试验（round-robins）。

② 测量体系的基本计划　包括：校准大纲；试验、测量和测定方法的标准化；可信度、物理或数字标准的溯源性；数据记录和处理方法。

1.1.3　SAE AS7101 对金相实验室的要求

AS7101 除了对商用实验室提出通用要求外，还对金相实验室提出了更为具体的要求。

（1）试验方法与程序

按美国材料试验学会的标准方法进行。

（2）金相人员

应该按照书面计划就一般和特殊金相程序进行培训，金相操作人员应当懂得合理使用设备。实验室的管理人员应有明确分工主管试验评价和签发，技术人员的培训与资格认定，试验标准与程序。由实验室产生的验收标准需由有学位的冶金师或同等资历者认证。"同等资历者"需经正规的冶金培训加上丰富的实践经验并受控于质量体系文件。

（3）仪器和校准

显微镜应满足标准试验规范规定的最低设备要求。螺旋测微目镜的尺寸测量校准要用样品台上的测微标尺进行并书面记录结果，用于晶粒尺寸测量的特殊目镜也应进行校准并记录在案。用于数值分析的视频设备作为一个系统在测量时需进行定值，以保证全屏定值的正确。校验记录作为工作日志或同等重要的其他方式保存。

（4）样品材料提供

实验室应能提供足够的材料或试样供金相操作者在试样制备和金相组织培训时用，也用于金相方法认证。作为一般试验用的合金应有合适的类型和形式（变形或铸造；一些标准金相照片可用于作为典型显微组织讲解，要备有介绍标准及其使用的书面规程）。

（5）样品和样品磨面制备

切样的方法应使试样表面不存在导致评价误差的损伤程度，如使用低速切割的金刚砂轮或液冷砂轮。在切割后通过补充抛光可除去材料表面变形层。应保持试样有足够的垂直度。镶样操作不应损伤测试磨面。评价特殊表面在试验时由金相专家鉴定。如果多个样品镶在同一镶件上，要采取措施保证每一样品有明确的标识。表面制备方法应得到均匀的组织，制备好的试样应没有脏斑、机械痕或磨痕，无论腐蚀前后，样品制备都不应出现过热。电解抛光方法可用于除去机械抛光前的机械应力表层。当电解抛光用作腐蚀前的最终抛光时，腐蚀前抛光的表面应完全去除划痕和斑点。当要对边缘作显微试验时，不要用电解抛光。

（6）腐蚀

① 腐蚀试剂控制：装有存贮试剂（即不马上用的腐蚀剂）或使用过腐蚀剂的容器应就试剂成分、配制日期、贮存期限、贮存条件和使用注意事项等做出明示。如果使用低倍腐蚀液槽，应通过化学成分分析或用已知材料的腐蚀反应对槽液进行监控。

② 固定的腐蚀操作：应根据腐蚀目的（即显示偏析、晶粒流变、相对晶粒大小等）来选择并描述腐蚀方法。最简单的流程如下：腐蚀目的，材料表面制备，腐蚀剂的类型和浓度，材料和腐蚀剂的温度，腐蚀时间，搅动，漂洗与干燥，如用电解腐蚀还涉及电流与电压，已知缺陷和比较标准。程序变更应就变更原因作书面记录。

③ 腐蚀后的表面外观：供测试的区域没有由于试样制备造成的机械应力的痕迹，也没有脏斑和水迹。

（7）金相标准和金相照片

金相实验室应保存受控的金相标准，这些标准通过文字程序形式就标准的建立和使用加以控制。标准也可以是金相照片、试样或其他代表物（即晶粒尺寸测量用的显微镜刻度线）。当材料规范或材料供货商没有确定标准时，实验室在作评价时可签发一些原始和补充性的标准，这些标准由首席冶金师或同等资历者签发批准。

金相照片（包括复印件）给材料的评价提供了永久的记录，评价时应标定任务，试样号，所代表的材料部位，放大倍率和所用的腐蚀剂。

不涉及验收标准的金相照片由冶金师或同等资历者评审。

（8）近表面部分的显微试验和显微硬度

在评价时需特别注意的典型表面状态有：合金贫乏区；氧化/腐蚀层；铸造表面反应层（模反应）；显微硬度（维式和努氏）；扩散涂层（即渗碳、渗氮、渗铝）；晶间侵蚀（IGA）和晶间氧化（IGO）；变形和铸造钛合金的α表层。

对各种近表面显微试验分别提出了要求，具体如下。

① 合金贫乏区：实验室应有评价合金贫乏区的内部规程，规定如何选择所评价试样的区域和测量技术。规程应规定在低倍下扫描整个表面，找出最大贫乏区的位置，然后在规定的放大倍率下对该区进行试验。报告最大绝对深度并应考虑晶界的影响。腐蚀规程根据合金而定，并应考虑合金的形式（铸造和变形）和热处理状态。采用已知合金贫乏层的有代表性的试样用于培训和腐蚀校验。

② 氧化/腐蚀层：实验室应有氧化/腐蚀层的内部试验规程，保证能保留试验表层并规定测量技术。该规程应包括镶嵌、抛光去除切割损伤和为保护表层而采用表面镀层以前的低倍试验条款。在切样以前进行镶样有助于得到所试验的特定区域。

规程应规定试验是否在腐蚀条件下进行。开始试验是在非腐蚀状态下进行，以避免择优腐蚀可能除去了影响层。规程必须规定在低倍下扫描整个表面以确定最大的腐蚀/氧化区的位置，然后在特定的放大倍数率下对这些区域进行试验，报告最大绝对深度。

③ 铸模反应层：其金相测试程序与上述①、②项要求相同。

④ 显微硬度试验：在确保无振动的环境下进行。试样表面的精度要使试样足以抛光到试样表面上的压痕有良好的反衬。试样的平整度及调整应使最接近边缘的压痕也轮廓清晰，努氏压痕的短对角线是长对角线的20%，同一维氏压痕的两条对角线长度无明显差别。维氏压痕与试样边缘距离小于压痕对角线长度时，该压痕不作测量。至少在一块试样上打两个压痕并比较其重复性。

书面规程应涉及测试样品测试区域选择方面的内容。样品的制备不应留下金属畸变的痕迹。经腐蚀的样品应采用轻腐蚀以保持压痕清晰可辨。

设备按 ASTM E384 校验并在书面规程中明确规定。取 5 个压痕进行校验，重复性和最大误差按 ASTM E384 确认。用于校验的硬度试块应认证其平均硬度值、试验载荷和放大倍率。试块应有序号加以标识并可溯源认证机构。

　　在做显微硬度试验以前，先打两个压痕，比较其重复性以保证试样的正确定位。如果显微硬度值要转换成其他硬度值，实验室应就每种合金及硬度范围提供可用的数据。选择载荷时要考虑材料的均匀性。试验时载入和卸载时要平稳，除非产品规范别有要求，否则负载时间定为 10～15s。非标准的负载时间应书面记录。

　　⑤ 扩散涂层：扩散涂层的试验程序可参照合金贫乏层和氧化/腐蚀层的试验规范进行。

　　⑥ 晶间腐蚀：除非另有规定，晶间氧化 IGA/IGO 试验应按照客户的技术要求进行。实验室应有书面规程涉及试样试验区的选择，必须规定在低倍下扫描整个表面，确定最严重 IGA/IGO 区域。该规程须说明测试技术并规定要报告最大绝对深度。

　　⑦ 钛合金的 α 表层（铸造/变形/热加工）：要有书面的样品制备规程，保证保留所评价的表层，规程中应有一些条款至少用到下列防护方法：（a）镶样前在低倍下检查试样边缘；（b）充分抛光以去除切割引起的表面损伤；（c）镶片后，在50 倍下观察证实没有边缘间隙；（d）在整个试验表面上加表面涂层（镀层）。

　　已知有 α 表层的铸造和变形材料要有显示腐蚀规程。每种腐蚀剂要贮存在非玻璃的容器中，用后不要倒回容器内。腐蚀剂容器要标明配制日期，如果对"已知"样品不能显示表层，则腐蚀剂被判失效。

　　腐蚀根据实验室规程或客户要求进行到出现白亮层或过腐蚀。腐蚀可分两步或一步完成，可根据 AC7104/4 表 5 而定。"已知"试样在每工艺批次开始和结束时进行试验。如果未能产生白亮层，腐蚀剂报废，所有试样用新配的腐蚀液重新腐蚀和评定。

　　当需确定白亮层位置时，试样的整个边缘在 40～50 倍、100 倍或 500 倍下扫描。在 400～500 倍下或按顾客要求测定最大深度，发报告的表层深度精确到 25μm（铸造或变形产品），对热加工产品精确到 2.5μm。

　　作为金相审核的一部分，审核人员要用"已知"铸造、变形和热加工的表层来验证 α 表层试样的操作过程。

　　试验的要点应加以注意：

　　碳化物夹杂评级　对预期低夹杂物含量的材料，试验时有为贯彻 ASTM E45 方法 D 用的专用图片。一份详细的书面程序应确定特种准备和试验操作。

　　边缘保留　试样经切割，镶样和抛光以得到一个表面横切面试验区，该区的金属应无畸变并在所需的放大倍率下能聚焦到同一平面上。在试样表面与镶样材料之间不应有缝隙，以免造成腐蚀后腐蚀液渗出。

　　表层腐蚀　由于 ASTM E407 腐蚀操作通常不是为评价表面反应而制订的，实验室在做这类评价试验时必须有自己的详细操作规程。要有一些所评价类型的已知表面状态的试样用于人员培训和过程确认。

放大倍率 评价试验的最低放大倍率如下：层厚<0.03mm，400 倍；层厚＞0.03mm，100 倍；层厚＞0.25mm，40 倍。

（9）微观评定

要有书面规程或客户的技术条件涉及试样的评定区域和表层的测量技术，例如：

① 对于晶粒尺寸，在低倍扫描整个试样并选择"典型"的"极端"区域作详细研究。

② 对表层厚度，随机试验 5～10 个区域并报告最小、最大和平均厚度。

（10）横截面的低倍试验

表面准备：所用的方法应得到均匀的组织，避免出现可能影响腐蚀反应或影响解释组织的表面状态（即磨痕、应力、过热）。化学法可在腐蚀前用于去除机械应力表层。

低倍腐蚀：腐蚀方法选择根据试验目的而定。例如：测定化学偏析、晶粒流变和相对晶粒尺寸。

（11）周期对比试验（R/R 试验）

经过认证的金相实验室内部或外部实验室之间要定期做对比试验，最长周期为两年一次。通过 R/R 试验考察各实验室之间和实验室内部试验结果的波动和再现性。做 R/R 试验时，由测试人员利用按规定校准的设备对取自同一种材料的相同状态的试样进行试验，并记录试验过程所用设备和所遵循的试验规程以及试验结果。最终由主实验室汇总试验结果，按规定的格式把正式报告分发给参与工作的所有实验室。各认证实验室都有 R/R 试验的详细规程。

（12）复型

书面的复型规程应包含清理、抛光、腐蚀和试验等内容。该规程强调避免在精整的零件上产生不合要求的表面损伤。必要的话，规程应保证复型区重新精整至复型要求。如果需要，规程由客户批准。制备的表面应无划痕和假象以适于评定。

（13）试验证书/试验报告

除了体系要求和所用技术条件要求的信息以外，试验报告应包括如下内容：①所用的腐蚀剂；②所用的放大倍率；③试样号；④表示材料的位置；⑤所评价的特性。

尽管不同部门之间对实验室提出了许多要求，我们只要了解其中的要点即可，其实仔细分析可看出其中有许多共同点。要保证金相实验室的工作质量，都要使检测全过程的各个环节处于全面受控状态，主要包括试验人员的素质与资格，仪器设备的状态及校准，试验材料（包括辅料）与试样，有关检测的文件与检测标准，检测的环境条件。特别强调人的首要因素，这就是为什么我们要进行培训考核、持证上岗的原因。

1.2　金相检验通用标准

金相检验是控制材料和工艺过程的重要方法，各种金相检验标准是进行试验的依据。金相检验标准常以三种形式出现：最常见的一种是规范金相试验的通用方法及操作规程，如金相试验制备、低倍或显微腐蚀、晶粒度测定等；另一种是特定材料或工艺（如铸、锻、焊件）的显微组织评定标准，如国标中铝合金及铝合金加工制品显微组织标准方法、高温合金显微组织评定等，这类标准也常用到上述的通用金相方法；更多的金相检验标准隐含在浩瀚的材料和工艺标准中，成了标准或工艺技术规程中的检验项目，例如美国宇航材料规范 AMS 5599E 对退火的 IN625 耐蚀和耐热合金薄板、带材和厚板的最大晶粒度提出要求，我国国家军用标准"航空用优质结构钢棒规范"（GJB1955）对钢材的低倍组织、断口、发纹、非金属夹杂、晶粒度、脱碳层等金相检验项目均作了明确的规定。

尽管金相检验标准繁多，而且有许多的标准套着标准，但对每一特定的金相检验岗位，其所涉及的标准还是很有限的。我们要特别注意一些与自己工作密切、具有通用性的金相标准，这些标准融会贯通以后，金相检验工作就有一个好的基础。

美国材料试验学会每年都更新出版 ASTM 标准年鉴共 77 类，其中金相标准在 03.01 卷中。表 1.1 中所列的金相标准取自 Annual Book of ASTM Standards 2003 Volume 03.01 的版本。

表1.1　ASTM 金相标准

标 准 号	标 准 名 称
E3	金相制样制备指南
E7	金相有关术语
E45	测定钢中夹杂物含量试验法
E81	制备定量极图试验法
E82	测定金属晶体取向的试验法
E112	测定平均晶粒度试验法
E340	金属与合金低倍腐蚀试验法
E381	钢棒、钢坯、初轧方坯和锻件的低倍腐蚀试验法
E384	材料显微硬度试验法
E407	金属与合金的显微腐蚀操作规程
E562	用系统人工计点测定体积分数试验法

标 准 号	标 准 名 称
E766	扫描电镜放大倍数校准操作规程
E768	钢中夹杂物自动评级试样制备及评定的操作规程
E883	反射光显微照相指南
E915	残余应力测定 X 射线衍射仪对中试验法
E930	评价金相磨面上观察到最大晶粒试验法（ALA 晶粒度）
E963	用盐酸-甲醇电解液从镍基和铁-镍基高温合金中电解萃取相的操作规程
E975	近无序晶体取向钢中残留奥氏体的 X 射线测定操作规程
E986	确定扫描电镜性能的操作规程
E1077	确定钢样脱碳层深度试验法
E1122	利用自动图像分析获得 JK 夹杂物评级操作规程
E1180	制备低倍试验硫印操作规程
E1181	评定双重晶粒度试验法
E1245	用自动图像分析测定夹杂或第二相操作规程
E1268	显微组织带状程度或取向评定操作规程
E1351	现场金相复型制作和评定操作规程
E1382	利用半自动和自动图像分析测定平均晶粒度试验法
E1426	用 X 射线衍射测残余应力时测定有效弹性参量试验法
E1508	能谱定量分析指南
E1558	金相试样电解抛光指南
E1920	热喷涂层金相制备指南
E1951	刻度标尺和光学显微镜放大倍数校准指南
E2019	塑料和聚合物显微组织试验用试样制备指南
E2109	测定热喷涂层疏松面积百分数试验法
E2142	利用扫描电镜对钢中夹杂物评级试验法

我国国家标准中有关金相方面的国家标准列于表 1.2 中，对应的 ISO 标准也在表中标明。和材料标准不同，金相试验方法方面的标准多以国家标准颁发，国家军用标准和行业标准很少。

表1.2　金相检验方法国家标准（GB）

国 家 标 准 号	标 准 名 称	备 注
GB/T224	钢的脱碳层深度测定法	ISO 3887
GB/T225	钢的淬透性末端淬火试验方法	ISO 642
GB/T226	钢的低倍组织及缺陷酸蚀检验法	ISO 4969
GB/T1814	钢材断口检验法	

续表

国 家 标 准 号	标 准 名 称	备 注
GB/T1979	结构钢低倍组织缺陷评级图	
GB/T2971	碳素钢和低合金钢断口检验方法	
GB/T3246.1	变形铝及铝合金制品显微组织检验方法	
GB/T3246.2	变形铝及铝合金制品低倍组织检验方法	
GB/T3488	硬质合金　显微组织的金相测定	
GB/T3489	硬质合金　孔隙度和非化合碳的金相测定	ISO 4505
GB/T4236	钢的硫印检验方法	ISO 4968
GB/T4296	镁合金加工制品显微组织检验方法	
GB/T4297	镁合金加工制品低倍组织检验方法	
GB/T4335	低碳钢冷轧薄板铁素体晶粒度测定方法	
GB/T4462	高速工具钢大块碳化物评级图	
GB/T5168	两相钛合金高低倍组织检验方法	
GB/T5225	金属材料定量相分析　X 射线衍射 K 值法	
GB/T6394	金属平均晶粒度测定	ASTM E112
GB/T6401	铁素体奥体型双向不锈钢中 α 相面积含量金相测定法	
GB/T8359	高速钢中碳化物相的定量分析　X 射线衍线仪法	
GB/T8360	金属点阵常数的测定方法　X 射线衍射法	
GB/T8362	钢中残余奥氏体的定量测定　X 射线衍线仪法	
GB/T8493	一般工程用铸造碳钢金相	
GB/T8755	钛及钛合金术语金相图谱	
GB/T9450	钢件渗碳淬火有效硬化层深度的测定和校核	
GB/T9451	钢件薄表面总硬化层深度或有效硬化层深度的测定	ISO 4970
GB/T10561	钢中非金属夹杂物显微评定法	ISO 4967
GB/T11354	钢铁零件渗氮层深度测定和金相组织检验	
GB/T13298	金属显微组织检验方法	
GB/T13299	钢的显微组织评定方法	
GB/T13302	钢中石墨碳显微评定方法	
GB/T13305	奥氏体不锈钢中 α 相面积含量金相测定法	
GB/T13320	钢制模锻件金相组织评级图及评定方法	
GB/T14979	钢的共晶碳化物不均匀度评定法	
GB/T14999.1	高温合金棒材纵向低倍组织酸浸试验法	
GB/T14999.2	高温合金横向低倍组织酸浸试验法	
GB/T14999.3	高温合金棒材纵向断口试验法	

续表

国 家 标 准 号	标 准 名 称	备 注
GB/T14999.4	高温合金显微组织试验法	
GB/T14999.5	高温合金低倍高倍组织标准评级图谱	
GB/T15711	钢材塔形发纹酸浸检验方法	
GB/T15749	定量金相手工测定法	
GB/T17360	钢中低含量Si、Mn的电子探针定量分析法	
GB/T17365	金属与合金电子探针定量分析样品的制备方法	
GB/T18876.1	应用自动图像分析测定钢和其他金属中的金相组织，夹杂物含量和级别的标准试验方法第1部分：钢和其他金属夹杂物或第二相组织含量的图像分析及体视学测定	ASTM E1245

在一些厂所中，涉及对国外引进技术项目，因而常遇到金相检验方面的一些国外标准，如俄罗斯国家标准（ΓOCT），有关的ΓOCT金相标准列于表1.3中。

表1.3 俄罗斯金相检验国家标准（ΓOCT）

标 准 号	标 准 名 称	备 注
1763	钢的脱碳深度测定法	ISO 3887
1778	钢中非金属夹杂物的金相测定法	ISO 4967
5639	钢的晶粒度测定法	
5640	钢板材和带材的显微组织金相测定法	
8233	钢的显微组织标准	
10243	钢的低倍组织试验及评定方法	
11878	奥氏体钢棒材中铁素体含量测定方法	
21073.0	有色金属晶粒度测定：一般要求	
22838	高温合金低倍组织检验和评定方法	

1.3 合金相及合金组织

通过熔炼、烧结或其他方法将一种金属元素同一种或几种其他元素结合在一起所形成的具有金属特性的新物质称为合金。合金中，凡成分相同、结构相同并与其他部分由界面分开的均匀组成部分，均称之为相。例如钢中的铁素体是一种相，而珠光体则是由铁素体与渗碳体两相所构成的混合组织。合金组织可以是单相的，也可以由两相或多相所构成。

1.3.1 合金相

（1）固溶体
固溶体是溶质原子溶入溶剂晶格后仍保持溶剂晶格类型的一种金属晶体。

① 固溶体的分类：

一般可用以下四种方法分类。按溶剂分类，可分为以纯金属组元为溶剂的一次固溶体和以化合物为溶剂的二次固溶体；按固溶度（溶解度）分类，可分为有限固溶体和无限固溶体；按溶质原子在晶体点阵中所占的位置分类，可分为置换固溶体和间隙固溶体；按溶质原子与溶剂原子的相对分布分类，可分为有序固溶体和无序固溶体。

② 固溶体的性能

（a）对力学性能的影响：固溶体在强度方面高于两组元平均值而低于一般化合物，在塑性和韧性方面略低于两组元平均值而比一般化合物高得多，因而具有优越的综合力学性能。

（b）对物理性能的影响：随溶质原子的溶入，金属的电阻升高，导电率下降，电阻温度系数减小。

（2）金属间化合物

金属间化合物是合金组元间发生相互作用而生成的一种新相，其晶格类型和性能完全不同于任一组元，一般可用分子式大致表示其组成，其成分通常可在一定范围变化，具有一定程度的金属性能。晶体结构复杂，熔点高，硬而脆，能提高合金强度、硬度和耐磨性，使塑性降低，是各类合金钢、硬质合金和有色金属合金的重要组成相。常见的金属化合物有正常价化合物、电子化合物和间隙化合物。

① 正常价化合物：符合一般化合物原子价规律，成分固定并可用化学分子式表达，具有很高的硬度和脆性，在合金中起强化相作用，如 Mg_2Si 等。

② 电子化合物：由电子浓度因素起主导作用，主要以金属键结合，成分可在一定范围变化，有显著的金属特性，晶体结构与电子浓度之间有一定的对应关系。

Ⅰ类：电子浓度 3/2，体心立方，称 β 相，如 Cu^+Zn^{++} 的 $\dfrac{价电子数}{原子数}=\dfrac{1+2}{1+1}=\dfrac{3}{2}$

Ⅱ类：电子浓度 21/13，复杂立方，称 γ 相，如 $Cu_5^{+}Zn_8^{++}$ 的 $\dfrac{价电子数}{原子数}=\dfrac{5+8\times2}{5+8}=\dfrac{21}{13}$

Ⅲ类：电子浓度 7/4，密排六方，称 ε 相，如 $Cu^+Zn_3^{++}$ 的 $\dfrac{价电子数}{原子数}=\dfrac{1+3\times2}{1+3}=\dfrac{7}{4}$

电子化合物的熔点和硬度都很高，但塑性很低，一般不适于作合金基体，可作强化相。

③ 间隙化合物：当组元间原子尺寸相差很大时，小原子填入大原子间的空隙中而组成的新相，具有熔点高、硬度大的特点。在钢铁中作为强化相出现。

（a）间隙相：结构简单，可用 M_4X，M_2X、MX 或 MX_2 来表示（M 表示金属，X 表示非金属）。$r_X/r_M<0.59$。如：ZrN、TiN，TiC，ZrH、TiH（面心立方）、Zr_2H、Ti_2H（密排六方），而 Zr、Ti 金属本身为体心立方结构。

（b）具有复杂结构的间隙化合物：$r_X/r_M>0.59$，如 Cr、Mn、Fe、Co、Ni 等元素的碳化物——Fe_3C、Mn_3C、Cr_7C_3、$Cr_{23}C_6$ 等。Fe_3C 的 Fe 可被 Mn、Cr、Mo、W 置换，形成 $(Fe,Mn)_3C$、$(Fe,Cr)_3C$ 等合金渗碳体。N 和 B 也可溶入 Fe_3C 中形成 $Fe_3(C,N)$、$Fe_3(C,B)$。$Cr_{23}C_6$ 也可溶解 Fe、Mo、W、B 等而形成 $(Cr,Fe)_{23}C_6$、$(Cr,Mo,Fe,W)_{23}(C,B)_6$ 等。这些化合物熔点高、硬度高，在钢中起很大作用。如工具钢中加入少量 V（形成 VC）可提高耐磨性，钢中加入少量 Ti（形成 TiC）加热时阻碍奥氏体晶粒长大，高速钢因含有 VC 和 WC 等化合物在高温下保持其硬度，性能稳定，TiC 和 WC 则可制造硬质合金。

1.3.2 二元合金相图及组织

金属和合金中发生的各种相变，可以改变相的组成，并通过相变而改变其组织。金属学的重要内容之一就是研究这些转变过程的规律，以便利用这些规律去改变或控制合金组织和相的组成，以满足所要求的性能。

合金相图是表示合金系中合金状态、相组成与温度及成分之间关系的简明图解。在生产中可以作为制定合金熔铸、锻造及热处理工艺的重要依据，也是分析合金组织，研究合金组织变化规律的有效工具。

（1）匀晶相图及组织

液态互溶，固态形成无限固溶体的合金相图。如 Cu-Ni、Fe-Ni、Cr-Mo、Au-Ag 等二元合金相图即属此类（图 1.1）。

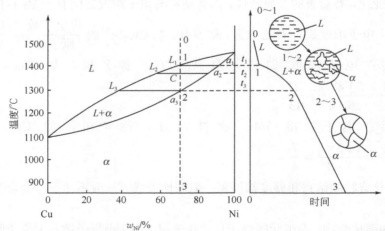

图 1.1 Cu-Ni 合金相图及 69%Ni-Cu 合金平衡结晶过程（L 代表液相）

① 固溶体的平衡结晶及其组织：平衡结晶是指合金在极缓慢冷却时进行结晶的过程。以含 69%Ni 的 Cu-Ni 合金为例（图 1.1），自高温缓冷至 t_1 时，开始从液相中结晶出 α_1 固溶体（$L_1 \rightleftharpoons a_1$）。$a_1$ 比原液相含有较多的 Ni，冷至 t_2，$L_2 \rightleftharpoons a_2$ 在一定温度下，两相的相对量可用杠杆定律计算：$Q_\alpha = \dfrac{L_2 C}{L_2 a_2} \times 100\%$；$Q_L = \dfrac{C a_2}{L_2 a_2} \times 100\%$。冷至 t_3 结晶终了，得到与原成分相同的 α。

和纯金属一样，固溶体的结晶也是形核和长大过程，并且也需要一定的过冷度。但结晶时固、液相成分不同，故形核时不仅需要结构起伏和能量起伏，而且还需有成分起伏（液相中微体积内高于或低于液相平均成分的现象）。成分起伏为固溶体形核创造了条件。

② 固溶体的不平衡结晶及其组织：实际铸造条件下冷速较快，按不平衡条件进行结晶（图 1.2）。

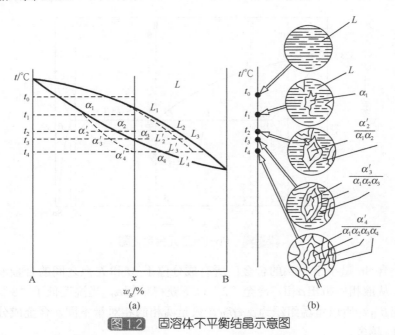

图 1.2　固溶体不平衡结晶示意图

在不平衡条件下，要过冷至 t_1 才开始结晶，成分为 α_1。当冷至 t_2 时，平衡成分应是 α_2，应通过原子扩散使 α_1 变为 α_2，但因冷速快，来不及充分进行，使晶体中心与外缘成分产生差异，其平均成分既不是 α_2 也不是 α_1，而是 α_2'。当温度降至 t_3 时，按平衡结晶，固溶体成分应达 α_3（即原成分 Co）结晶本应结束，但在不平衡条件下，晶体平均成分却是 α_3'，结晶过程未结束。只至 t_4 时，固溶体平均成分才与原成分相同，这时结晶完结。

图中 α_1、α_2'、α_3'、α_4'、α_5 连成的线是快冷时固溶体的平均成分线（偏离平衡相成分的固相线）。此线与平衡成分线的偏离幅度随冷速增快而加大。偏离平衡条件的结晶叫"不平衡结晶"，不平衡结晶所得组织称"不平衡组织"。

（2）共晶相图及组织

共晶型相图是合金相图的基本类型之一，它们的熔点很低，有较好的铸造性能。如 Pb-Sn、Al-Cu、Cu-Ag 等都是二元共晶合金。图 1.3 为 Pb-Sn 合金相图。它的特点是有一条水平线，凡成分位于该线段范围内的合金，遇到该线时都发生共晶转变（或共晶反应）：

$$L_E \rightleftharpoons \alpha_M + \beta_N$$

即在一定温度下由一定成分的液相同时结晶出成分一定的两个固相的过程称为共晶转变。共晶转变的产物为两相的混合物，统称为共晶组织（共晶体），特点是比较细密。

① 典型合金的平衡结晶及其组织：以 Pb-Sn 合金相图（图 1.3）为例。

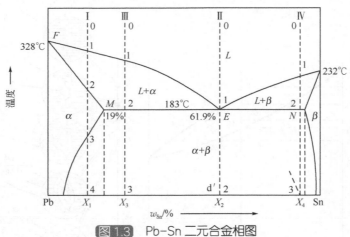

图 1.3　Pb-Sn 二元合金相图

（a）含 Sn 量小于 19% 的合金：所有成分位于 M 和 F 点之间的合金液缓冷至"1"时，从液相中析出 α 相，冷至"2"以下获得单相 α，当温度低于"3"。就从 α 相中析出 β_{II}，所以室温组织为 $\alpha + \beta_{\mathrm{II}}$，只是两相的相对量不同，合金成分越靠近 M 点，β_{II} 越多。

（b）共晶合金：共晶成分（61.9%Sn）合金液冷至 E 点温度时发生共晶转变 $L_E \rightleftharpoons \alpha_M + \beta_N$，直到液相完全消失。所得共晶组织由 α_M 和 β_N 两种固溶体组成、以 $(\alpha + \beta)$ 表示，两相的相对量可用杠杆定律计算：

$$Q_\alpha = \frac{EN}{MN} \times 100\%; \quad Q_\beta = \frac{ME}{MN} \times 100\%$$

继续冷却时将从 α 和 β 中分别析出 β_{II} 和 α_{II}。由于从共晶体中析出的次生相常与共晶体中的同类相混在一起，显微镜下难以分辨出次生相。

（c）亚共晶合金：凡成分位于 E 点以左 M 点以右的合金叫做亚共晶合金。由于在共晶组织形成以前，已有一部分初晶 α 相结晶（叫先共晶相），因此亚共晶组织是由先共晶 α 和共晶 $(\alpha+\beta)$ 所组成。冷至 t_E 以下，将分别从 α 和 β 中析出 β_{II} 和 α_{II}。共晶组织中析出的 α_{II} 和 β_{II} 与共晶体中同类相不易分辨。

（d）过共晶合金：凡位于 E 点以右 N 点以左的合金称过共晶合金。过共晶组织由先共晶 β 和共晶 $(\alpha+\beta)$ 组成。

共晶型相图中的组织 α、α_{II}、β、β_{II} 固溶体和 $(\alpha+\beta)$ 共晶体通常叫做"组织组成物"。尽管组织不同，但都由 α 和 β 两个相构成，所以 α 和 β 是"相组成物"。

② 不平衡结晶及其组织：在平衡结晶条件下，只有共晶成分的合金液体才能得到全部共晶组织，任何高于或低于共晶成分的合金都不可能得到 100% 的共晶体，会有先共晶相 α 和 β 存在。但在不平衡结晶时，成分在共晶点附近的合金都可得到全部共晶组织。此叫做伪共晶组织。

（3）合金性能与相图的关系

合金的力学性能和物理性能决定于它们的成分和组织，合金的某些工艺性能则决定于其结晶特点。

① 合金力学性能和物理性能随成分变化的规律（图 1.4）

（a）单相固溶体：其性能决定于溶剂金属本身的性质、溶质元素的类型与溶入量，溶入溶质越多，强度、硬度越高，电阻越大。

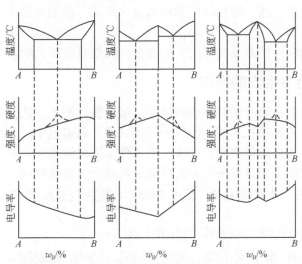

图 1.4　合金力学性能与物理性能随成分变化的规律

（b）两相混合物：其性能大致是两个组成相的平均值。当形成共晶或共析组织时，组织越细（片间距小），强度、硬度越高，电阻越大。

② 合金铸造性能随成分变化的规律（图1.5）：从相图上看，铸造性能决定于液、固线间的水平距离和垂直距离。

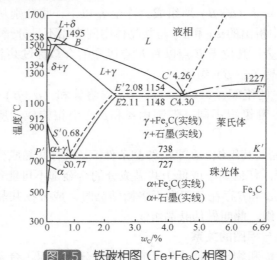

图 1.5 铁碳相图（Fe+Fe₃C相图）

γ/A—奥氏体区；α/F—铁素体区；L—液相区；Fe₃C/Cm—奥碳体区；δ—固溶体区

（a）偏析：液、固线间水平和垂直距离越大，固溶体显微偏析越大。

（b）流动性：液、固线间水平和垂直距离越大，固溶体流动性越差。共晶成分间隔最小，熔点最低，流动性最好。

（c）缩孔性质：液、固相线间隔距离越大形成分散缩孔越多，反之则增大集中缩孔。

（d）热裂倾向：结晶温度区间大的合金，铸造时有较大的热裂倾向。

1.3.3　铁碳合金相图的特点

铁碳合金相图是研究钢铁组织和性能，以及制订加工工艺的基础。

碳在钢中有三种存在形式：①以原子形式溶入铁晶格中，形成以铁为基的间隙固溶体；②与铁形成化合物；③在一定条件下形成游离态石墨。

铁碳合金相图主要由以下三个反应部分和两个固溶线组成。

① 包晶反应：水平线 HJB，处于1495℃，发生包晶反应：$\delta_{铁素体H0.09} + L_{B0.53} \rightarrow A_{J0.18}$

此反应可在0.09%～0.53%C的合金中发生。

② 共晶反应：水平线 ECF，处于1148℃，发生共晶反应：$L_{C4.3} \xrightarrow{1148℃} A_{E2.11} + Fe_3C_{F6.69}$

反应产物：A+Fe₃C 的共晶混合物，称为莱氏体（L_d）。此反应可在所有含碳超过 2.11% 的合金中发生。

③ 共析反应：水平线 *PSK*，处于 727℃，发生共析反应：$A_{S0.77} \rightarrow F_{P0.0218} + Fe_3C_{K6.69}$

反应产物为 F+Fe₃C 的共析混合物，称珠光体（P）。所有超过 0.0218%C 合金中均发生珠光体转变。

两条固溶线为：

① *ES* 线：碳在奥氏体中的固溶线，表示碳在奥氏体中的溶解度随温度降低沿 ES 线不断减少。大于 0.77%C 的合金自 1148℃ 冷至 727℃ 时，均会从奥氏体中析出二次渗碳体 (Fe₃C)ₗₗ。

② *PQ* 线：碳在铁素体中的固溶线，表示碳在铁素体中的溶解度随温度降低沿 *PQ* 线不断减少。自 727℃ 冷至室温时，可能从铁素体中析出 (Fe₃C)ₗₗₗ，但其数量极少。

1.3.4　碳和杂质元素对碳钢显微组织和性能的影响

（1）碳对缓冷钢力学性能的影响

亚共析钢中，珠光体随碳含量增加而增多，强度、硬度升高，塑性下降。0.77%C 时为共析钢，即是珠光体本身性能。过共析钢中强度和硬度随含碳量增加而继续升高，当含碳量＞1% 时强度上升较缓慢，若 (Fe₃C)ₗₗ 沿晶界析出时，则脆性增加，强度随之降低。

（2）常存元素和杂质元素对碳钢显微组织和性能的影响

① 锰的影响：锰在碳钢中一般含 0.25%～0.8%，高的可达 1.2%，属有益元素。其可提高 Si 和 Al 的脱氧效果，也可与 S 形成 MnS，消除 S 的有害影响。Mn 除一部分形成夹杂物（MnS，MnO）外，其余溶入铁素体和 Fe₃C 中。锰对碳钢力学性能有良好的影响，能提高钢热轧后的强度。

② 硅的影响：在碳钢中含量≤0.05%，也是钢中的有益元素。可作为钢的脱氧元素，除形成夹杂物外还可溶入铁素体中。可提高热轧钢的 σ_b 和 $\sigma_{0.02}$，而 δ 和 α_k 下降不明显，但超过 0.8%～1.0% 时会引起 Φ 下降，特别是 α_k 显著降低。

③ 硫的影响：硫为有害元素。当钢液结晶接近完成时，S 几乎全部集中到枝晶间的剩余钢液中，到 989℃ 时形成（Fe+FeS）共晶，如加热至 1000℃ 以上时，共晶体就熔化，锻造时沿晶界碎裂（即"热脆"）。若钢中含氧量也较高时则会形成（Fe+FeS+FeO）共晶体，熔点更低（940℃），危害更大。

铸钢件含 S 高时，会在铸造应力作用下产生热裂。

钢中的 Mn 对 S 的亲和力比 Fe 大，先形成 MnS，其熔点（1600℃）高于始锻温度，且有一定塑性，不发生"热脆"。一般钢中的 Mn 为 S 的 5～10 倍。

硫化物夹杂降低钢的疲劳强度、塑性和韧性，轧钢时，易造成分层。硫还易导致焊缝热裂,因此对钢中含 S 量限制很严,普通钢≤0.055%S,优质钢≤0.045%S,高级优质钢≤0.02%S。

S 的有益作用是提高钢的切削加工性,在易削钢中,含 0.03%～0.2%S,同时含 0.5%～1.2%Mn。

④ 磷的影响:磷是有害元素。磷能提高钢的强度,但使塑性、韧性降低,特别是使钢的脆性转变温度急剧升高,即增加冷脆性。P 在钢中的偏析倾向大,对其含量要严加限制,普通碳素钢≤0.045%P,优质钢≤0.04%P,高级优质钢≤0.035%P。

P 在低碳钢中冷脆危害较小。P 可使炮弹钢增大脆性,碎片增多;利用其固溶强化作用,使含适量 P(0.35%左右)的奥氏体不锈钢强化,提高钢的切削加工性、抗大气腐蚀能力和磁性等。

⑤ 氧的影响:随含氧量增加,钢的塑性、韧性降低,在钢的强度较高时,氧使钢的疲劳强度降低。氧化物夹杂还使钢的耐腐蚀性、耐磨性降低,使冷冲压性、锻造加工性及切削性能变坏。

⑥ 氮的影响:N 在 α-Fe 中的溶解度于 590℃时最大,约为 0.1%,室温时降至 0.001%以下。如把含 N 较高的钢自高温快冷,铁素体被 N 过饱和。在室温静置时 N 逐渐以 Fe_4N 形式析出(称时效)。能使钢的强度、硬度升高,塑性、韧性下降。经冷变形的钢,在室温或稍高温度放置也会脆化,叫机械时效(形变时效),对低碳钢特别不利。如钢中加入足够 Al 时,与氧结合外还有相当数量 Al 溶于固溶体中,通过热轧后缓冷或在 700℃～800℃保温,与 N 形成 AlN,能减弱以致完全消除时效现象。同时,高度弥散的 AlN 质点较稳定,能保持到 975℃～1000℃以上,可阻止奥氏体晶粒长大,从而获得细晶粒钢。

⑦ 氢的影响:冶炼时钢液从炉料和炉气中吸氢并残留一部分在固态钢中,钢材在还原性保护气氛中加热、酸洗,以及酸性溶液中电镀时,固态钢均可吸氢并不断向钢的内部扩散。

氢在钢中形成间隙固溶体,为有害元素,使钢的塑性、韧性降低,引起“氢脆”,或氢从钢中析出而形成“白点”。

“氢脆”只在-100℃～100℃之间的特定温度范围内产生。“氢脆”随形变速率增加而减小,难以用冲击试验来发现。“氢脆”的大小与钢的强度有关。一般强度越高,“氢脆”的敏感性越大,因此,对高强度钢特别是超高强度钢,尤其要注意防止“氢脆”问题。

第2章

物理冶金分析技术

　　物理冶金分析也称为显微分析，是利用光学、电子光学、X 射线衍射等手段对样品进行观察、辨认，以确定材料的结构、组织形态和元素分布的一种分析方法。显微分析分为两个方面：一方面是对特定的微观缺陷进行鉴别、判定，如对晶粒度、非金属夹杂物和显微组织的评级；另一方面是对其微观结构进行分析研究，从而找出组织与材料性能的内在联系，如对合金相变的分析等。

　　显微分析包括定性和定量两方面。定性分析主要是鉴别显微组织类型和特性，完成材料微区成分、结构与形貌的综合分析，如光学显微镜分析（包括偏振光、干涉、明暗视场、相衬、显微硬度等）、电子显微镜分析（包括电子衍射、波谱、能谱等）、X 射线衍射分析、俄歇能谱分析等。定量分析包括对某些组织的点、线、面、体等空间的测量和计算，实际上是把只能得到的二维截面或实体在平面上投影的测量结果向有关显微组织的空间三维量的转换。

2.1　光学金相分析

　　光学显微镜是研究和检验材料组织的有效手段，在材料检测中应用极为广泛。光学金相分析技术主要包括试样制备、显微组织显示、显微组织分析等。

2.1.1　光学金相试样制备

　　金相试样制备是通过切割、研磨、抛光等步骤使材料成为具备金相观察所要求的过程。制备的样品必须具有清晰和真实的组织形貌，为此必须采取一系列措施以避免出现假现象。制备试样的设备正在从手工操作向机械化、自动化操作发展。金相试样制备通常包括切割、镶嵌、磨制、抛光、清洗、干燥六个步骤。

（1）切割

切割的目的是在较大的材料或结构件上取下所需的样品，主要有以下方法。

① 砂轮片切割：在切割机上用高速旋转的砂轮片切割材料，一般用冷水冲刷切割部位以防止样品过热。

② 刀具切割：用车床、铣床及锯床等切割材料，一般用机床的冷却液冷却。用此种方法切割过热区小。

③ 电火花切割：根据脉冲放电腐蚀原理进行电蚀加工，放电区切割部分埋入冷却剂内，用钼丝作为电极进行切割，其切割刀口可在 0.5mm 范围内，也可用金属圆盘作为电极来切割较大材料。圆盘电极切割过热区较大，钼丝电极切割过热区较小。

④ 激光切割：用于特硬的难以切割的材料。

⑤ 火焰切割：用乙炔-氧火焰切割，多用于特大的材料切割取样。过热区很大，可达数十毫米。

各种切割方法结果对比如表 2.1 所示。

表 2.1 各种切割方法结果对比

试验项目	等离子电弧切割	激光束切割	电火花线切割	带锯切割	湿式砂轮切割	精密湿式砂轮切割
变形层深度/mm	1.00	0.50	0.05	0.20	0.015	0.005
表面粗糙度	差	差	好	差	好	最好
组织变化	最差	最差	差	最差	好	最好
精准度	差	差	好	差	好	最好
速度	好	最好	最差	好	好	差
经济性	差	差	差	好	好	好

（2）镶嵌

镶嵌的目的是为了制备小、薄或要保留完整边部的样品。主要有以下方法。

① 机械镶嵌：用两块带有夹紧螺钉的金属板将片状样品夹在中间，根据样品的厚度可决定叠加片数。或将圆柱（管）样品放在金属管内，用三个不同方向的螺钉顶紧固定。选择夹板或金属管材料时，其硬度最好接近被镶嵌样品的硬度，缝隙可用软金属垫片填充，但对以后的电解抛光有影响。

② 电镀镶嵌：常用镀铜、镍、铬等金属以保护边缘的完整，电镀面应是洁净的金属表面，多用于断口面的镶嵌。

③ 热压镶嵌：将树脂（粒状或粉状）及样品同时放入镶嵌机的模具内，加热到 130℃～200℃，加压至 15000kPa～30000kPa，保持数分钟，然后冷却、脱模。

一般在专用的镶嵌机上进行，以电热丝为热源，以液压施加压力。所用树脂一般为聚苯乙烯、聚氯乙烯、酚醛（电木粉）等。酚醛树脂价格低，但不耐酸、碱腐蚀。

④ 浇铸镶嵌：低熔点合金浇铸镶嵌是以不同配比的铅铋合金或铜铋合金为镶料，加热至 100℃～300℃ 熔化，倒入装有样品的模具内，冷凝后脱模；树脂浇铸镶嵌是将丙烯酸树脂（如聚甲基丙烯酸甲酯，即医用牙托粉）及聚酯树脂加入催化剂成黏稠液体，倒入装有样品的模具内，固化后可以脱模，是快速的自聚合材料；或将环氧树脂以确定的比例配入乙二胺，成为黏稠的液体倒入装有样品的模具内，硬化时间较长。树脂镶嵌只能是一次性使用。

⑤ 真空注入：将样品置于真空状态下，注入液态树脂。这种方法适用于带孔隙的样品（如烧结物），树脂可填充孔隙，使样品坚固以便于制备。

以上镶嵌方法各有其优缺点：热压、低熔点合金浇铸镶嵌均属于热镶嵌，在操作过程中需对样品加热，温度可达 300℃，这个温度会使某些材料发生组织转变（如淬火组织转变为回火组织）；其他方法属于冷镶嵌，在操作过程中对样品没有任何影响。两种镶嵌常见缺陷及纠正方法汇总于表 2.2 中。

表 2.2　热镶嵌及冷镶嵌时常见缺陷及纠正方法

种类	缺陷形式	形成原因	纠正方法
热镶嵌	径向开裂	1）试样截面尺寸过大 2）试样棱角过尖锐	1）增大模具尺寸 2）减小试样尺寸
	试样边缘缩孔	过量收缩	1）降低模子温度 2）开模前慢慢冷却模子
	周向开裂	1）吸收水汽 2）在压模过程中气体放不出	1）预热粉末 2）固化前瞬间释放压力
	爆裂	1）固化时间过短 2）压力不足	1）延长固化时间 2）适当增加压力
	未熔合	1）压力不足 2）在固化温度下时间不足	1）使用正确的压力参数 2）增加固化时间
冷镶嵌	开裂	树脂与固化剂比例不当	调整树脂与固化剂比例
	气泡	在混合树脂及固化剂时搅拌过快	慢慢地搅拌以防止空气进入
	剥落	1）树脂与固化剂比例不当 2）固化剂已氧化	1）调整两者的比例 2）注意密封容器
	软镶嵌	1）树脂与固化剂比例不当 2）树脂与固化剂混合不足	1）调整两者的比例 2）充分地混合

（3）磨制

磨制的目的是将切割及镶嵌好的样品在砂轮或砂纸上磨平，去除切割粗糙面，以达到抛光的要求。主要方法有手工磨制和机械磨制。

① 手工磨制：手持样品在砂轮或砂纸上操作，每进行下一步磨制时，将磨制方向转动 90°，直至磨到上步磨痕全部去除为止。

② 机械磨制：在自动或半自动磨光机上进行，将试样放在试样夹盘上，底盘黏有一定粒度的砂纸，将试样夹盘以一定的压力压在底盘上，底盘由电机带动转动，并有自动滴入润滑剂的装置。机械磨制节省了人力，保证了质量，但成本较高，用料耗费大。

磨制分为粗磨和细磨。粗磨是在砂轮或嵌有金刚砂的蜡盘上进行，细磨是在砂纸上进行。细磨是在粗磨的基础上在细粒度砂纸上磨制达到适合抛光的程度为止，按中国砂纸粒度标号，一般磨制到 800 号～1000 号。

砂纸分为干磨砂纸和水磨砂纸。干磨砂纸的优点是对含水溶性夹杂的样品无危害，可将夹杂物完整地保留下来，缺点是不能及时去除磨屑，影响磨制的均匀性及砂纸的磨削力，而且每一号砂纸磨完后必须清洗样品并吹干。水磨砂纸则因水冲洗而及时去除磨屑，保持砂纸的磨削力，缺点是使一些水溶性夹杂物水解而不能保留下来。

表 2.3 为多数金属材料金相试样的传统制备方案，可以看出，试样的制备工序多达 9 道，而且还是使用半自动制样设备，并不包括更换工序时的辅助操作时间。如果完全采用手工操作，总的制备时间还要长得多。

表2.3 多数金属材料金相试样的传统制备方案

阶段	制备表面	磨料及粒度	载荷/N	磨盘转速/(r/min)，方向	时间/min
磨成平面	碳化硅砂纸	120 号（P120），水冷	27	240～300，相向	直至平面
粗磨光	碳化硅砂纸	240 号（P280），水冷	27	240～300，相向	1
		320 号（P400），水冷	27	240～300，相向	1
		400 号（P600），水冷	27	240～300，相向	1
		600 号（P1200），水冷	27	120～150，相向	1
细磨光	帆布	6μm 单晶金刚石研磨膏	27	120～150，相向	2
	台球桌织物、毛毡	1μm 单晶金刚石研磨膏	27	120～150，相向	2
粗抛光	抛光织物	0.3μm 氧化铝悬浮液	27	120～150，相向	2
最终抛光	抛光织物	0.05μm 氧化铝悬浮液	27	120～150，相向	2

注：相向指试样夹持器与磨盘的转向相同；括号中的粒度号（例如 P120）为欧洲生产的砂纸粒度号。

正确的磨制能有效地去除材料，所产生的变形损伤也较小（图 2.1）。随着使用的磨料越来越细，在显微镜下越来越难以看清磨痕的形貌；然而，如果改用暗视场照明，只要抛光操作正确，依然能在暗的背景下看到非常细而清晰的磨痕。

如果砂纸上的磨料使用变钝后还继续使用，尽管试样表面的光反射性看起来更好了，但是放在显微镜下观察，磨痕却更像是处于同一平面，缺乏三维感，而且不那么清晰（图 2.2）。这样的抛光使试样表面产生了塑性流变（又称挤抹），它不仅不能产生有效的材料去除，而且试样表面以下的变形损伤深度也增加到正确磨制时的 2 倍～3 倍。因此，砂纸上的磨料使用变钝后，应当弃之不用。

图 2.1　好的磨痕形貌（100×）　　　　　图 2.2　不好的磨痕形貌（100×）

（中碳钢试样在半自动磨光机的砂纸上运行 1min）　（中碳钢试样在半自动磨光机的砂纸上运行 3min）

（4）抛光

抛光的目的是通过一定表面处理使样品表面达到镜面，要求制备面不能存在划痕等缺陷。常用抛光磨料的性能如表 2.4。主要方法如下。

① 机械抛光：将抛光物固定在抛光盘上，抛光盘由电机带动旋转，布上置有抛光剂，试样以一定压力压在抛光布上，可采用手工或机械（自动、半自动）抛光。自动机械抛光可用程序控制时间、压力、抛光剂的加入、转速等参数，具有高的质量和稳定性。抛光布一般采用棉制品（帆布）、毛制品、丝制品（绸布）、麻制品（绒布）以及化学纤维制品（涤纶、尼龙织物），也有专用的纸制品。抛光剂一般采用 Al_2O_3、Cr_2O_3、Fe_2O_3、MgO 等细粉制成悬浮液，或用 SiC、金刚砂制成膏状物。悬浮液可直接滴到抛光布上，膏状物则须用酒精或煤油加以稀释。抛光剂粒度一般是 $0.5\mu m$～$5\mu m$，可根据不同材料选用。

② 化学抛光：通过化学试剂对磨面产生不均匀溶解来完成，一般选用草酸、磷酸等。优点是抛光与腐蚀同步完成，缺点是化学药剂消耗量大，参数难以控制，一般较少使用。

③ 电解抛光：在电解槽内通过试样表面的阳极溶解来完成，常用电解液为高氯酸系列溶液。优点是对难以机械抛光的软金属易于抛光，时间短，无变形层。缺点是不同材料需不同的溶液和参数，由于温度升高而需冷却溶液，抛光面积不

能太大。电解抛光的设备主要是一套产生直流电源的整流器和电解槽，电解槽内以不锈钢板制成阴极板，试样为阳极。配置电解液时，有些溶液由于剧烈发热而必须采取保护措施。

④ 机械-化学抛光：机械抛光时以一定的化学药剂作为抛光剂，使其制备面生成腐蚀膜，并在机械抛光作用下迅速去除，露出新鲜基体以连续进行腐蚀，一般用铬酸作为抛光剂。

⑤ 机械-电解抛光：在机械抛光盘外围设置一不锈钢套作为阴极，试样夹盘作为阳极，抛光盘上充满电解液，在机械抛光同时也有电解抛光作用。

表2.4 常用抛光磨料的性能

磨料名称	莫氏硬度	特点	适用范围
氧化铝（刚玉）	9	白色透明。α-氧化铝粒子平均尺寸为 0.3μm，外形呈多角形。γ-氧化铝粒度为 0.01μm，外形呈薄片状，压碎后成更细小立方体	粗抛光和细抛光
氧化镁	8	白色，粒度极细且均匀，外形锐利呈八面体	适用于铝、镁及合金钢中非金属夹杂物检验的抛光
氧化铬	9	绿色，具有很高硬度，比氧化铝抛光能力稍差	适用于淬火后的合金钢、高速钢以及钛合金抛光
氧化镁	8.5	红色，颗粒圆，细，无尖角，引起变形层增厚	常用于抛光光学零件
碳化硅	9.5～9.75	绿色，颗粒较粗	适用于磨光和粗抛光
金刚石粉	10	颗粒尖锐，锋利，磨削作用极佳，寿命长，变形层小	适用于各种材料的粗精抛光，是最理想的磨料

（5）清洗

试样在每一制备步骤后都要清洗以去除上一步的影响（如磨料、抛光剂等），方法是用水或酒精冲洗，也有专用的超声波清洗器，超声清洗可将裂缝、孔隙等内部的污物清除干净。

（6）干燥

清洗后必须及时干燥以防止表面氧化，方法是用压缩空气或电热风机吹干，也可用专用的干燥箱来干燥。

2.1.2 光学金相显微组织显示

显微组织显示是选用适当的显示措施使组织之间反光能力的差别大于 6%～8%，以明显区分各种显微组织，便于在显微镜中进行观察的方法。能否将试样抛光面的显微组织和微小的物理化学差异真实地、充分地显示出来，直接影响分析结果的正确与否，因此组织显示是金相分析的重要环节。显示方法可归纳为常规显示法、特殊显示法、薄膜干涉法和光学显示法。

（1）常规显示法

用化学或物理方法使试样抛光面上的显微组织之间产生不同的衬度，从而达到显示组织的目的。

① 化学浸蚀：这是一种经典的浸蚀方法，利用金属与合金中各相的化学或电化学性质的差异，经过浸蚀使其组织显示出来。对纯金属和单相合金的化学浸蚀，可看作是化学溶解过程，也可看作是按电化学机理的氧化还原过程；而两相合金和多相合金的化学浸蚀则是按电化学溶解的氧化还原过程。化学浸蚀剂的配方很多，所用的药品有酸类、碱类和溶剂（甘油、酒精、水等），可根据要求选用合适的浸蚀剂。显示碳钢、合金钢、铸铁等黑色金属组织最常用的浸蚀剂是硝酸酒精溶液（4ml 硝酸+96ml 酒精）和苦味酸酒精溶液（4g 苦味酸+96ml 酒精）；铝合金常用的浸蚀剂是氢氟酸水溶液（0.5ml 氢氟酸+99.5ml 水）；铜合金常用的浸蚀剂是氯化铁盐酸水溶液（19g 三氯化铁+6ml 盐酸+100ml 水）；钛合金常用的浸蚀剂是氢氟酸硝酸水溶液（10ml 氢氟酸+30ml 硝酸+60ml 水）。化学浸蚀法不需要专门的设备，操作简单，有浸入法和擦拭法两种。

② 电解浸蚀法（恒电流浸蚀法）：工作原理和装置与电解抛光相同，只是其工作范围在电解抛光特性曲线的浸蚀区内。试样作为阳极，不锈钢或铅作为阴极，在外电流作用下，抛光面上各相的电位不同，溶解速率也不同，因而产生不同的衬度，使组织显示出来。在电解浸蚀过程中，应仔细控制电流和时间，才能使浸蚀结果有较好的重复性。电解浸蚀选用的试剂，可参考专用资料。此方法对化学稳定较好的不锈钢、耐热钢、镍基合金及贵金属效果较好。

③ 磁性显示法：利用试样抛光面上各相磁场的不均匀性显示组织。在试样抛光面上涂一层磁性氧化铁胶体后放在线圈内，线圈通电后因抛光面上磁性相分布不同而产生不均匀的磁场，氧化铁被吸附并沉积在磁性较强的相上呈黑色，非磁性相没有沉积物呈白色。线圈所加的直流电压为 6V～24V，最大电流为 6A。

（2）特殊显示法

利用特殊设备在特定工作条件下使试样表面上各种组织发生物理或化学变化，产生不同的衬度将组织显示出来。

① 阴极真空浸蚀法（离子浸蚀法）：根据试样抛光面上各相电子发射能力的差别，使金相组织显示出来，即在高真空室内充入氩气，在两极之间加上高压使其电离产生正离子，轰击试样表面。将抛光的试样放在用水冷却的支架上作为阴极，在其对面的 150mm 处放一铝制的阳极，与阴极一起放入玻璃真空室内，真空室压力抽至 1.33×10^{-6}kPa 时充入氩气，使气压保持在 1.33×10^{-3}kPa。在两极加上直流高压电，工作电压控制在 10kV～20kV 之间，电流约为 20mA。氩气电离后产生的正离子冲向阴极轰击试样表面，使金相组织产生选择性溅射而显示出来。

此方法用于金属陶瓷、半导体材料效果较好。

② 恒电位浸蚀法：利用金属与合金中各相电化学性质的差异，根据合金相极化曲线选取浸蚀电位，借助于恒电位仪使其浸蚀电位自始至终保持不变，在多相合金中形成选择性浸蚀，其中一相很快溶解，而另一相则溶解缓慢，从而使各相之间产生理想的黑白衬度。此方法是在电解浸蚀基础上发展起来的非常有效的金相组织显示方法，其优点是能进行选择性浸蚀，达到显示单个相的目的。对于用一般浸蚀法难以区分的相（如 Fe_3P 与 Fe_3C 共存、富 Cr 相 δ 与 $M_{23}C_6$ 共存）、难以浸蚀的多相合金以及各种晶面的浸蚀，用恒电位浸蚀法比一般浸蚀法更加灵敏清晰。应用恒电位法不仅提高了金相分析的水平，而且能揭示浸蚀过程的本质，可用于研究浸蚀剂的浸蚀机理和开发新浸蚀剂。

③ 真空高温浸蚀法：在真空或惰性气氛中加热试样时，其组织发生选择性蒸发或试样发生相变，引起明显的体积变化，将组织显示出来。此方法主要用于高温合金研究，能直接观察试样在加热或冷却时的变化过程（如再结晶、晶粒长大、第二相析出及相变等）。把试样抛光面放在高温显微镜的载台上，把真空抽至 $1.33 \times (10^{-5} \sim 10^{-7})$kPa 时，开始加热，试样的组织在升温或冷却过程中显示出来，也称为热蚀。

④ 真空低温浸蚀法：有些合金在零度以下发生相变（如某些钢中的马氏体相变）时体积增大，在试样抛光面上形成浮雕，使组织显示出来。这种试验需在低温显微镜上观察其变化过程，也成为冷蚀。

（3）薄膜干涉显示法

用化学或物理方法在试样抛光面上生成一层薄膜，由于白色入射光的反射、折射和干涉使组织显示出来。由于采用的方法不同，所生成的薄膜分成不等厚薄膜和等厚薄膜。化学沉积、阳极氧化、高温氧化和涂敷法所形成的薄膜为不等厚薄膜，试样的抛光面上由于组织不同而生成不同厚度的薄膜，在白色光的照射下发生干涉，产生了消光效应成为不同的干涉色，借此使组织显示出来。真空蒸发镀膜和离子溅射镀膜法形成的薄膜为等厚薄膜，也是依赖于光的干涉产生消光效应显示组织，区别是不同波长的光消光效应取决于各相的折射率和吸收系数。在真空蒸发镀膜条件下，试样抛光面上形成一层厚度均匀、折射率较高的不吸收光薄膜（如 Zn、Sn 等），用此方法显示反光能力较小的相效果较好；显示反光能力较强的有色金属相，用离子溅射镀膜法使抛光表面上形成一层厚度均匀的吸光氧化物薄膜（如铁氧化物、铝氧化物等），与不吸光膜相比能成倍地提高相衬度，是显示金相组织的新方法。试样抛光表面形成的各种干涉薄膜，在白色光照明条件下产生消光效应，根据彩色合成原理，使试样表面的各相和微小的物理化学差异呈现不同颜色，此方法也称为彩色金相。它不仅使抛光面上的有用信息大量增加，而且由于人眼分辨彩色的本领比分辨灰白色的本领大几十倍，从而提高了金相分析的精度。

① 化学浸蚀沉积膜法（化学染色法）：试样抛光表面上的各相与着色溶液发生电化学反应，使合金相产生选择性的溶解，当溶液反应达到平衡时，腐蚀产物不再溶解，沉积在试样抛光面上形成稳定的薄膜，在不同的显微组织上形成不同厚度的干涉膜，使各种组织呈现不同的颜色，或在不同的组织上沉淀出不同颜色的薄膜，如图 2.3。浸入法在室

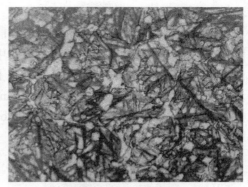

图 2.3　化学浸蚀沉积

温下操作，需注意保护沉积膜不受损伤。此方法不需要特殊设备，是简便有效的着色方法。

由于选用的浸蚀剂不同，其反应分为 3 种：（a）阳极体系——在试样的微阳极上成膜；（b）阴极体系——在试样的微阴极上成膜；（c）复合体系——成膜反应复杂，在试样的微阳极和微阴极都能成膜，随试样和浸蚀剂而异。

化学着色试剂分为 5 种：（a）焦亚硫酸盐-硫代硫酸盐试剂——微阳极着色；（b）硒酸盐试剂——微阴极着色；（c）钼酸盐试剂——微阴极着色；（d）复合硫代硫酸盐试剂——微阳极和微阴极都能着色；（e）铬酸盐试剂——膜的结构复杂能使铜合金的各相着色。

各类试剂配方很多，常用的有 5 种：（a）饱和硫代硫酸钠水溶液（50ml）+焦亚硫酸钾（1g），用于铸铁和钢；（b）盐酸（35%，5ml～10ml）+硒酸（1ml～3ml）+乙醇（95%，100ml），用于不锈钢；（c）钼酸钠（2g～3g）+盐酸（35%，5ml）+氟化氢铵（1g～2g）+水（100ml），用于铝合金和钛合金；（d）硫代硫酸钠（24g）+乙酸铅（24g）+柠檬酸（3g）+水（100ml），用于经硫酸铵预腐蚀后的铜及铜合金；（e）铬酐（20g）+硫酸钠（2g）+盐酸（1.7ml）+水（100ml），用于铜及铜合金。

② 阳极氧化膜法：工作原理、装置和操作方法与电解浸蚀和恒电位浸蚀大致相同，只是电解液和浸蚀电位的选择及 pH 值影响不同，如图 2.4。选择电位时可根据极化曲线在活性区接近钝化电位处选择最佳工作电压，在试样表面的组织上获得理想的彩色衬度。pH 值较小时钝化困难，pH 值增大时钝化电位较低，易于氧化膜的形成。此方法重复性

图 2.4　阳极氧化

很好，是较好的着色方法。

用恒电位法在试样表面沉积氧化膜时，所用电解液可分为两种：（a）沉积膜的形成靠脱离试样的金属离子与电解液中的非金属离子发生电化学反应，生成不溶性化合物沉积在试样上，在不同组织上形成不同厚度的阳极氧化膜，而使其呈现出不同的颜色，较理想的电解质有 $MnSO_4$、$ZnSO_4$ 和 $Pb(CH_3COO)_2$。（b）对试样既有腐蚀作用又有沉积作用（如 10mol/L 的 NaOH 溶液能使不锈钢中的各种组织呈现彩色）。

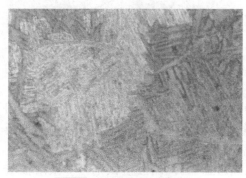

图2.5　高温氧化（热染）

③ 高温氧化膜法（热染法）：合金试样在空气中加热氧化，由于其中各种相的成分及结构不同，氧化速率不同而形成厚度不同、组织各异的氧化膜，使试样组织呈现出彩色，如图 2.5。这是一种较古老的方法，其优点是简单易行，干涉色的饱和度高；缺点是在加热过程中发生组织变化的合金不能采用。热染过程中应控制的是温度和时间，温度随合金的不同而异，时间可目测干涉色而定。对于钢铁氧化温度不可超过 380℃，所形成的氧化膜主要是透明度较好的 α-Fe_2O_3；铜合金的热染温度一般低于 250℃，氧化膜的结构为 Cu_2O；钛合金的热染温度在 400℃～600℃之间可获得满意的结果。

④ 真空蒸发镀膜法：应用薄膜干涉原理显示金属显微组织，即将试样置于真空室内，使其表面沉积一层厚度均匀的薄膜，在白色光下进行观察时由于各相的光学常数不同，通常因薄膜干涉不同，相呈现不同的干涉色，如图 2.6。干涉膜材料与合金的光学常数必须相匹配，折射率为 1.35～3.25 的材料可用于蒸镀干涉膜，应用最广的是 ZnS、Sb_2S_3、ZnSe、ZnFe 等。操作时要严格控制成膜厚度，在蒸镀过程中可目测试样干涉色的变化，当出现紫色时蒸镀立即停止，此时金相组织的颜色衬度较好。

⑤ 真空离子溅射镀膜法：原理与真空蒸发镀膜法相同，只是成膜方法、所用设备以及溅射材料是独特的，常用的溅射材料有 Pb、Fe、Au、Pt 等。若希望形成纯金属溅射膜，抽真空后通入少量氩气以保持需要的压力。多数情况下希望形成氧化物膜，此时应向真空室

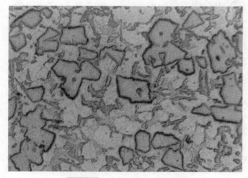

图2.6　真空蒸发镀膜

内通入少量氧气，使溅射出来的金属原子发生氧化，在试样表面形成氧化物膜，此氧化物的光学常数与一般氧化物膜不同，适于显微组织的现实。与其他真空蒸发镀膜法相同，溅射膜厚度的控制十分重要。

⑥ 涂敷薄膜法：其用涂敷的方法在经过轻度腐蚀的试样抛光面上冷敷一层附加膜，不同的组织腐蚀程度不同，涂敷在不同组织上的薄膜是不同厚度的干涉膜，能使组织呈现出不同的颜色，如图 2.7。涂敷时可涂油膜（如二甲苯稀释的松柏油、煤油等），也可涂敷塑料膜（如 0.5%～1% 丙烯酸树脂的三氯甲烷溶液、0.5%～2% 醋酸纤维的丙酮溶液等）。将棉签浸上配好的涂料轻轻地涂在经过浸蚀的试样表面上，待挥发后留下一层厚度不同的干涉膜，使组织呈现不同的颜色。此方法不需要特殊设备，操作简便易行，对提高晶粒衬度和分辨腐蚀性能有差别而反射系数差别不大的合金相的效果较好。

图 2.7　涂敷薄膜

必须要注意，同一试样用相同试剂分别作不同次数的浸蚀，所着色彩可能不同。也就是说某一相要想得到固定的色彩是很难办到的，其原因是多方面的，一方面干涉膜的形成是一种极复杂的化学及电化学反应，另一方面又受溶液温度与浸蚀时间以及溶液中微量成分的变化影响。因此在一般情况下，不能仅凭颜色去鉴定相，还要看相的分布形貌等特征，必要时还得借助于其他分析方法。

（4）光学显示法

有光学法和光学合成法两种。光学法采用特殊光学元件改变普通显微镜的照明方式，使在明视场照明条件下难以分辨的组织显示出来，这类照明方式有 5 种，介绍如下。

图 2.8　偏振光

① 偏振光：根据金属的光学性能，应用偏振光原理使金属组织显示，如图 2.8。立方点阵结构的金属具有各向同性的光学特征，非立方点阵结构（正方、六方、三斜晶系等）的金属具有各向异性的光学特征。利用偏振光显示各向异性金属时必须采用深腐蚀法或阳极氧化法，前者使试样磨面上得到倾斜晶面，而将直线偏振光变为椭圆偏振光，在每颗晶粒上反射后，椭圆偏振光

的效果不同，可是晶粒显示明暗不一的衬度；后者利用各向同性金属氧化膜的各向异性光学特征使晶粒显示（如铝阳极氧化后能观察到清晰的晶粒）。各向异性金属对偏振光非常敏感，在偏振光下能清晰地观察到各种形貌。利用偏振光进行金相研究时，试样抛光面必须光亮无痕，最好采用电解抛光。偏振光可用于显示组织、鉴别夹杂物、显示塑性变形后的组织、测定晶粒位向及择优取向等。

② 相衬：在普通显微镜的光路中加入狭缝板和相板，从而提高显微镜的鉴别能力。普通显微镜是靠试样腐蚀后反射光的差别来鉴别金相组织，如果两相反射系数极相近，仅因浸蚀而略有凹凸差别时，反射光没有振幅差别，只有因反射光程不同引起的位相差别，用普通显微镜无法鉴别，而相衬显微镜能将高低差别在 $10\mu m \sim 15\mu m$ 以内的两个相分辨出来。其金相试样最好用电解抛光或化学抛光法制备。此方法可用于滑移带的观察、鉴定相在试样表面的分布形状等。

③ 干涉：干涉显微镜的光程布置与一般显微镜类似，只需采用单色光源。在试样表面覆盖一块薄玻璃片作为标准平面，与试样相对的一面是涂银或涂铝的反射面。干涉显微镜可测量 $10nm \sim 100nm$ 的高度差，精度最高可达 $\pm 1nm$，已接近金属的点阵参数，此方法可用于测量表面粗糙度、测定滑移带的高度、试样表面的浮凸及浮凸部分几何外形的观测、位错观察等。

④ 微分干涉差：利用偏光原理，入射光从起偏镜出来经诺曼尔斯基棱镜于试样上发生切变，两种光经物镜返回诺氏棱镜由检偏镜发生干涉，使试样表面极细微的差异清晰地显示出来，具有较强的立体感，如图 2.9。转动诺氏棱镜可观察到背景的干涉色由黑色到蓝色的连续变化。此方法可用于研究金属变形后的组织、变形流线、有无同纹理晶面取向、单向/多向滑移、应力、无应力区的组织差别等，特别是螺型及刃型位错等细微结构的显示。

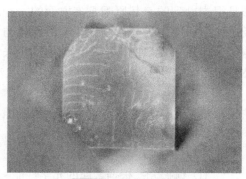

图2.9　微分干涉差

⑤ 暗视场：光程布置及照明效果与明视场显著不同，由于入射光倾斜角度大，而使物镜的有效数值孔径增加，提高了物镜的鉴别能力，即使是极细的磨痕也能清晰地显示出来。用暗视场观察试样表面时，光亮处是漆黑的影像，只有凹洼处才有光线反射进入物镜，使其组织呈现出白亮的影像。由于光线不是先经过物镜，显著降低了光线多次通过玻璃和空气界面引起的反射和炫光，从而提高了组织的衬度。暗视场观察试样能正确地鉴定透明非金属夹杂物的颜色（如氧化铜在明视场下呈淡蓝色，在暗视场下能观察到真实的红宝石色），是鉴定非金属夹杂物的重要手段。

　　光学合成法也称分色法。应用彩色合成原理，使本来无彩色的图像人为地赋予各种颜色，把两种以上的黑白图像转换成同一视场、相同放大倍数的彩色图像。此方法需要专门的彩色合成仪，使其完全重叠拍成彩色胶片，成为一张彩色胶片上利用不同颜色的滤光片分数次曝光而得到彩色照片。此方法在电子金相分析中效果很好，能把电子探针测得的各种元素分布图像人为地标以不同的颜色，使各种元素分布一目了然。

2.1.3　光学金相显微组织分析

（1）非金属夹杂物的金相评定

　　非金属夹杂物的金相评定是用金相法对非金属夹杂物的性质、形状、大小及分布等进行评定。金相评定可作为材质的直接判据或冶金质量分析的基本依据。金相评定方法包括图片对比评级法和定量计算评级法。采用金相法评定夹杂物通常参照 GB 0561、ISO 4967、TM E45、OCT 1778、EP 1570、JIS GO555 等标准进行。这些标准的评定方法可归纳为以下 3 类。

　　① 图片对比评定法：通过与夹杂物标准的等级图片对比，评定试样中不同类型和粗、细系列的夹杂物级别。最常用的评级法为"最大级别评定法"，即在规定的视场直径、放大倍数和检测面积条件下，观察金相试样中各类型夹杂物最严重的视场，与标准等级图片进行比较，确定单个试样的最大级别，或数个试样的最大级别平均值，或超过规定最大级别的试样百分数作为评定依据；也可在规定的检测视场下测出每批试样中各类夹杂物的总级别数和平均级别值或各个级别的平均视场数。此外，还可将夹杂物评定级别换算成系列指数，再以系列指数之和求得每类夹杂物单位检测面积和指数值来评定。

　　② 按长度评定法：在规定的检测面积或视场条件下，以不同连续程度和集聚程度的最长夹杂物长度以及其余的夹杂物平均长度和个数来表示；也可按夹杂物的长度或直径进行分组评定，算出各夹杂物不同组别的夹杂物数；或按夹杂物面积分组进行检查，以各组夹杂物面积之和算出占检测面积的百分数。

　　③ 网格法：利用 20×20 条线组成的网格目镜测微尺，在 400 倍下观察网格目所占据的网格结点数，以此求得占网格总结点数的百分数，将其作为该类夹杂物的含量。

（2）定量金相技术

　　定量金相技术是以体视学为基础，借助金相显微镜或图像仪对金属及合金中的显微组织、第二相、夹杂物、缺陷等的数量、形态、分布进行测量的方法。通过测量二维截面上显微组织的几何参数，推断出它在三维空间中的分布状态，说明显微组织特征与材料成分、加工工艺、热处理制度和性能之间的关系，为控制产品质量、进行失效分析、改进冶金质量、研制新材料提供有效的依据。

① 测量方式：包括半定量测量和定量测量。半定量测量是采用与一套标准图片进行比较，对显微组织评级的方法，也称为比较法。该方法操作简捷，目前广泛应用于晶粒度、夹杂物、石墨度等评级，并被许多国家纳入国标或国际标准化组织制定的标准。测量时选用的放大倍率应与标准图一致，通常为 100 倍。操作时将标准图放在眼睛明视距离处，将镜筒内或投影屏上观察到的组织与标准图进行比较，判定等级；定量测量可分为手工测量、半自动测量和自动测量。在生产和科研中，经常进行的定量金相测试项目有晶粒度、第二相或夹杂物含量、表层深度、第二相球化程度、片层间距、粒度分布测定等。进行定量金相测量时，首先要根据测试的目的决定取样部位、方向和数量，既要有代表性又要兼顾经济性和可行性。试样制备方法与普通金相制样技术相同，制备好的试样表面应达到无变形层、无污染、浮雕和轮廓清晰、不同相之间要有一定衬度等。

② 测试项目：有体积分数、曲面积、点组织数目、粒度分布和表层深度测量等。测量方法可分为计点法、线分析法和面积分析法。

（a）单位面积内点组织数目：点组织指三叉晶界、位错露头等。在一定的测量面积内由人工或仪器进行逐点计数，总点数除以总测试面积即为单位面积点组织数目。

（b）粒度分布：通过测量二维截面上颗粒或晶粒的面积、直径、弦长等几何参数，借助一系列假设，以不同方法进行计算，最终得出颗粒按尺寸大小在空间分布的曲线或直方图。颗粒分布的计算方法主要有直径法、面积法、弦长法等。

（c）表层深度测量：用于测量和评定材料表层组织的变化及深度的技术，如渗碳层/脱碳层/氧化层/氰化层/脱锌层厚度、表面淬火层深度、表面偏析层/表面涂层/镀层/包铝层厚度、表面裂纹深度等的测量。为避免试样边缘倒角，应将试样镶嵌后再进行磨光和抛光，要求观察面与试样侧面垂直以便测得真实深度。测量涂层、镀层厚度及裂纹深度时可在抛光后的试样上进行。对于浸蚀后才能测量的试样，应选择适当的浸蚀剂以正确显示试样内部与表层组织的差异。测量时应将目镜测微尺垂直于试样表面，沿试样周边随机取点，至少测 5 点，取平均深度或最大深度。当表层与内部硬度不同时也可由试样表层向内部以一定间隔测量显微硬度，根据显微硬度值随深度的变化来判读表层深度。

（3）金相研究时应注意的材料显微组织的若干特性

在实际金相分析研究中，适当注意材料显微组织的如下特点是很有好处的，尤其有助于实验方案设计的系统性和严谨性，以及减少对表观显微组织形态的误解和不合理分析的可能性。

① 材料显微组织结构的多尺度性：原子与分子层次，位错等晶体缺陷层次，晶粒显微组织层次，细观组织层次，宏观组织层次等。

② 材料显微组织结构的不均匀性：实际显微组织常常存在几何形态学上的不

均匀性,化学成分的不均匀性,微观性能(如显微硬度、局部电化学位)的不均匀性等。

③ 材料显微组织结构的方向性:包括晶粒形态各向异性,低倍组织的方向性,晶体学择优取向,材料宏观性能的方向性等多种方向性,应予以分别分析和表征。

④ 材料显微组织结构的多变性:化学组成改变,外界因素及时间变化引起相变和组织演变等均可能导致材料显微组织结构变化,因此除需要对静态显微组织形态进行定性、定量分析外,应注意是否存在对固态相变过程、显微组织演变动力学和演变机理研究的必要。

⑤ 材料显微组织结构可能具有的分形(fractal)特性和特定金相观测可能存在的分辨率依赖特性:可能导致其显微组织定量分析结果强烈依赖于图像分辨率,当进行材料断口表面组织形态进行定量分析以及对显微组织数字图像文件进行存储和处理时,更应注意这一点。

⑥ 材料显微组织结构非定量研究的局限性:虽然显微组织的定性研究有时尚可满足材料工程的需求,但材料科学分析研究总是还需要对显微组织几何形态的科学定量测定以及对所得定量分析结果的误差分析(随机误差、系统误差)。

⑦ 材料显微组织结构截面或投影观测的局限性等:铸铁片状石墨及珠光体三维结构的深蚀观测已表明该类局限性极易导致人们对截面图像或投影图像的错误解读。应当注意,对截面图像(如光学金相和扫描电镜图像)和投影图像(如透射电镜图像)必须采用不同的体视学原理和关系式,且投影图像的体视学分析要困难得多。

针对⑥和⑦两类局限性,深蚀法、晶粒或第二相分离法、射线照相法、立体视觉、共聚焦显微镜、原子力显微镜、场离子显微镜、显微 CT 及相关技术、从系列截面图像重建三维组织结构等方法均曾被用于材料三维显微组织的直接成像与实验观测。但大多数或仅适用于极特殊情况,或工作量极大,或只能对样品表面成像和观测。其中,工业显微 CT 技术对材料内部具有明显密度差异的较大尺寸缺陷的无损检测很有效,有可能成为一个新的研究发展方向,但用于材料显微组织结构的观测时分辨率尚待提高(目前其最高分辨率为微米级别)。当有可能实验获取系列截面金相图像时,三维重建和计算机仿真技术对于三维直接观察则很有帮助。另外,直接观察并不总是意味着可以直接测量。值得注意的是,在未能实现材料组织三维可视化或虽已可视化但尚无法获得其定量表征数据的情况下,体视学分析可以用很小的代价获得三维组织结构的无偏定量测量,从而成为不可缺少的、值得大力推广的显微组织定量分析与表征工具。

材料微观组织结构图像的获取、存储和传输新方法以及更好的图像处理、分析方法的不断出现和改进,体视学原理与实验技术的不断发展和普及应用,计算机硬件与软件能力的高速发展均为材料显微组织形态学由定性表征向定量表征、由二维观测向三维几何形态信息测试的发展和应用提供了难得的机遇。实验方法的高度自动化和大量显微组织定量数据的轻易获取也导致了某些先进图像分析实验方法的误用或不必要的使用提供了更多的可能性，亦不能不引起高度重视。

2.2 电子光学分析

电子显微镜是用电子束作为光源照射到样品上，将其组织结构细节放大成像的显微镜。根据成像特点，目前广泛使用的电子显微镜是扫描电子显微镜、透射电子显微镜和扫描透射电子显微镜等。

2.2.1 扫描电子显微术

扫描电子显微分析技术（简称扫描电子显微术）可分为显微观察及分析技术、成分和原子状态分析技术及结晶学分析技术。

（1）显微组织观察及分析技术

同其他类型的显微镜比较，扫描电镜的最大特点之一是对试样表面形态可用多种不同性质和类型的图像来显示，从而获得有关表面特性的多种信息，如图 2.10 和图 2.11。在各种扫描电镜图像中，最适宜于用来显示表面形貌衬度效应的是二次电子像，仅在距样品表面 5nm～10nm 深度的薄层内产生的二次电子才有可能从表面逸出，因此对样品表面状态非常敏感，显示表面的微观结构非常有效。近代扫描电镜二次电子像的分辨率最高可达到 0.6nm。

图 2.10 二次电子图像

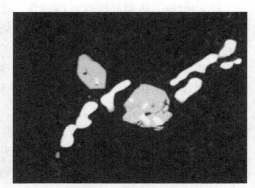

图 2.11 背散射电子图像

（2）成分和原子状态分析技术

主要依据试样表面被高能电子束所激发出元素的特征 X 射线谱来进行分析。有 3 种方法：

① X 射线能谱分析法，元素探测极限为 750μg/g；

② X 射线波谱分析法，元素探测极限为 100μg/g；

③ X 射线荧光分析法，元素探测极限为 10μg/g。

（3）结晶学分析技术

扫描电镜对厚块试样进行晶体学分析的基础是利用高能入射电子和晶体相互作用所伴随发生的物理效应，如电子通道效应、电子背散射效应、电子衍射效应、X 射线衍射效应等。由于各种分析技术的选区尺寸和分析深度不同，因此应根据不同的应用目的而采用不同的结晶学分析技术，电子通道花样分析技术是扫描电镜最重要的结晶学分析技术。

（4）金属材料电子断口分析

金属材料电子断口分析是利用电子显微镜对金属材料断口形态进行分析的技术，主要用于断裂机制研究和失效分析。由于电镜放大倍数高，即使断口试样不大，但不同部位的微观组织可能差别很大，一般需要多观察一些视场。金属材料的电子断口按其形态可区分为韧窝断裂、解理断裂、准解理断裂、沿晶断裂、疲劳断裂等不同断裂机制，这将在第 13 章中进行详细介绍。

2.2.2　透射电子显微术

透射电子显微术是把高倍成像与衍射结合起来，利用衍射信息解释像的晶体学特征的技术，可以直接得到放大 100 万倍以上的图像，分辨本领为 0.14nm～0.3nm，不但可以分辨点阵平面像，甚至可以分辨原子，直接观察到晶体与分子中的原子，其放大倍数高，分辨极限可以小到原子尺度，这是透射电镜的最大特点。此外，透射电镜还可以给出晶体样品的电子衍射图，是研究晶体结构和晶体缺陷的重要手段。成像模式有明场像、暗场像、弱束像等，如图 2.12 和图 2.13。衍射

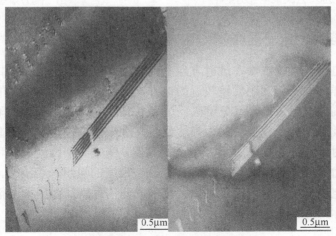

0.5μm　　0.5μm

图 2.12　透射电镜明场/暗场像

模式有选区电子衍射、会聚束电子衍射、微束电子衍射等。近年来发展的高分辨电子显微术分辨率达到 0.1nm，主要应用于测定微小晶体的结构和直接观测晶体缺陷，如图 2.14。

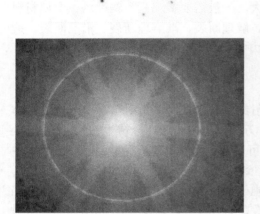

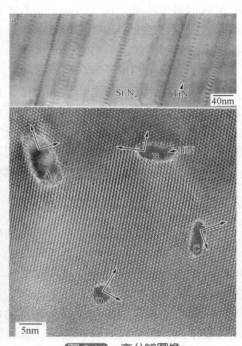

图 2.13　选区/会聚束电子衍射花样　　　　图 2.14　高分辨图像

2.2.3　扫描透射电子显微术

在扫描电子显微镜中，在透射方向上也有二次电子逸出，安置二次电子探测器就可以使样品位置移到距物镜较近的地方，显著提高二次电子像的分辨率。专门设计的扫描透射电子显微镜分辨率已达到 0.5nm 水平，在晶体缺陷衍衬像、晶体的点阵像及单个原子成像等方面都达到较高水平。扫描透射电子显微镜的突出进展是在透射电镜中添加电子及 X 射线探测器，变成一个微区成分和微区晶体结构分析的有力工具，不但能观察到纳米（nm）尺度的组织形貌细节，还可以从 X 射线能谱及电子能量损失谱中得到微区化学成分信息，从微区电子衍射得到晶体结构信息，称为分析电子显微术，具有广阔的发展潜力。

2.3 显微硬度测定技术

2.3.1 硬度的基本概念

"硬度"是指固体材料受到其他物体力的作用，在其受侵入时所呈现的抵抗弹性变形、塑性变形及破裂的综合能力。"硬度"这一术语并不代表固体材料的一个确定的物理量，而是材料一种重要的机械性能，它不仅取决于所研究的材料本身的性质，而且也取决于测量条件和试验法。因此，各种硬度值之间并不存在着数学上的换算关系，只存在着实验后所得到的对照关系。

根据硬度的测试方法，硬度可分为显微硬度和宏观硬度。根据测试压头的不同，显微硬度可分为维氏硬度和努普硬度，宏观硬度可分为洛氏硬度、布氏硬度等。这里重点介绍显微硬度基本原理、测试方法和应用。

显微硬度是在硬度试验时试验力在 1.961N（维氏硬度）和 9.807N（努普硬度）以下的微小硬度，由于采用的试验力很小，可把硬度测量区域缩小到显微尺度以内。应用显微硬度测定合金中各组成相或非金属夹杂物的硬度，在钢铁、有色金属、合金和陶瓷材料的性能研究和相分析中应用很广。"显微硬度"是相对"宏观硬度"而言的一种人为的划分。我国国家标准 GB 4340《金属材料 维氏硬度试验方法》中规定"显微维氏硬度"负荷范围为"0.09807N～1.961N"而确定的。负荷不大于 1.961N 的静力压入被试验样品的试验称为显微维氏硬度试验。

进行显微硬度测量的试样应按照金相试样制备要求经磨光、抛光和腐蚀，测试极薄或微细制品试样时应制成镶嵌试样，对研磨过程中易发生加工硬化的材料应采用电解抛光。

常用的显微硬度计按其结构特点可以分为两类：一类是专门的显微硬度计；另一类是作为金相显微镜上的显微硬度附件，即哈纳门型显微硬度计。它们都是由金相显微镜、加载装置和目镜测微器三部分组成的。对压头施加压力的方法多数为砝码直接加载和栏杆式加载，也有采用压缩空气加载、利用电磁作用或显微镜升降机构的粗调、微调螺丝进行加载。对于一般性研究或相对比较，可采用选定负荷进行显微硬度的测定。

显微硬度的测试原理是采用一定锥体形状的金刚石压头，施以几克到几百克质量所产生的重力（压力）压入试验材料表面，然后测量其压痕的两对角线长度。由于压痕尺度极小，必须在显微镜中测量。

2.3.2 显微硬度试验方法

显微硬度测试采用压入法，压头是一个极小的金刚石锥体，按几何形状分为两种类型：一种是锥面夹角为136°的正方锥体压头，又称维氏（Vickers）压头；另一种是棱面锥体压头，又称努普（knoop）压头。这两种压头分别示于图 2.15（a）和图 2.15（b）中。

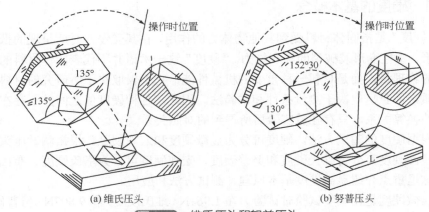

(a) 维氏压头 (b) 努普压头

图2.15 维氏压头和努普压头

（1）维氏（Vickers）硬度试验法

两相对棱面间的夹角为136°金刚石正方四棱角锥体，即为维氏压头。维氏压头在一定的负荷作用下，垂直压入被测样品的表面产生凹痕，其每单位面积所承受力的大小即为维氏硬度。

维氏硬度计算公式表示为：

$$HV=1854.4P/d^2$$

式中 HV——维氏硬度，$gf/mm^2$❶；

P——负荷，gf❶；

d——压痕对角线长度，μm。

（2）努普（Knoop）硬度试验法

两相对棱边的夹角分别为 172°30′ 和 130°的四棱金刚石角锥体，即为努普压头。努普压头在一定的负荷作用下，垂直压入被测物体的表面所产生的凹痕在其表面的投影，每单位面积所承受的作用力的大小即为努普硬度。

努普硬度计算公式表示为：

$$HK=14228.9P/d^2$$

式中 HK——努普硬度，gf/mm^2；

P——负荷，gf；

d——压痕的长对角线长度，μm。

---

❶ gf 和 gf/mm^2 为非法定计量单位，已不推荐使用，但因行业使用习惯，此处仍沿用，其与法定计量单位换算关系为 $1gf=9.80665×10^{-3}N$，$1gf/mm^2=0.980665N/cm^2$。全书同。——编者注

（3）努普硬度试验法相对维氏硬度试验法的优缺点

① 优点

（a）努普硬度适用于测定脆性材料。努普硬度试验法比维氏硬度试验法更适用于测定珐琅、玻璃、玛瑙、红宝石等脆性材料的硬度，压痕不易产生碎裂。

（b）测量误差较小。当操作人员的人为瞄准精度一定时，压痕对角线越长，由此瞄准误差所引起的测量误差越小。因此在采用相同负荷或保持相同的压入深度时，努普硬度试验要比维氏硬度试验的测量误差小。

（c）压入深度浅。努普硬度试验较之维氏硬度试验更适用于薄件及表面层的硬度试验。

（d）当努普压头测定硬度时，其压痕边缘由挤压而引起的凸缘比维氏压痕浅，因而由此类凸缘产生的不精确性可大大减小。

② 缺点

（a）努普压头制造困难，因为努普压头的二相对棱夹角（尤其是第一对棱夹角 172°30′）的误差对硬度值的影响要比维氏压头的二相对棱夹角的误差对硬度值的影响大得多。所以努普压头的二相对棱夹角的制造精度要求很高。

（b）用努普压头测定某些材料（如各向异性的材料）的硬度时，其硬度随压头相对于材料的方向不同而有差异。因为努普硬度试验中只测量压痕的长对角线长度，而维氏硬度试验中常测量压痕的二条对角线长度，取其平均值以消除二垂直方向对角线长度不一致而带来的硬度值误差。

（c）努普硬度试验中对试样表面光洁度要求更高。因为在压痕顶端产生的起伏不平对压痕对角线长度产生的误差比维氏压痕更敏感。

（d）努普硬度试验时，对压头相对于试样表面的垂直度要求比维氏硬度试验要高。

（4）显微硬度测试要点

显微硬度测量的准确程度与金相样品的表面质量有关，需经过磨光、抛光、浸蚀，以显示欲评定的组织。

① 试样的表面状态：被评定试样的表面状态直接影响测试结果的可靠性。用机械方法制备的金相磨面，由于抛光时表层微量的塑性变形，引起加工硬化，或者磨面表层由于形成氧化膜，因此所测得的显微硬度值较电解抛光磨面测得的显微硬度值高。试样最好采用电解抛光，经适度浸蚀后立即测定显微硬度。

② 选择正确的加载部位：压痕过分与晶界接近，或者延至晶界以外，那么测量结果会受到晶界或相邻第二相影响；如被测晶粒薄，压痕陷入下部晶粒，也将产生同样的影响。为了获得正确的显微硬度值，规定压痕位置距晶界至少一个压痕对角线长度，晶粒厚度至少 10 倍于压痕深度。为此，在选择测量对象时应取较大截面的晶粒，因为较小截面的晶粒其厚度有可能是较薄的。

③ 测量压痕尺度时压痕像的调焦：在光学显微镜下所测得压痕对角线值与成像条件有关。孔径光栏减小，基体与压痕的衬度提高，压痕边缘渐趋清晰。一般认为，最佳的孔径光栏位置是使压痕的四个角变成黑暗，而四个棱边清晰。对同一组测量数据，为获得一致的成像条件，应使孔径光栏保持相同数值。

④ 试验负荷：为保证测量的准确度，试验负荷在原则上应尽可能大，且压痕大小必须与晶粒大小成一定比例。特别在测定软基体上硬质点的硬度时，被测质点截面直径必须四倍于压痕对角线长度，否则硬质点可能被压通，使基体性能影响测量数据。此外在测定脆性质点时，高负荷可能出现"压碎"现象。角上有裂纹的压痕表明负荷已超出材料的断裂强度，因而获得的硬度值是错误的，这时需调整负荷重新测量。

⑤ 压痕的弹性回复：对金刚石压头施一定负荷的力压入材料表面，表面将留下一个压痕；当负荷去除后，压痕将因金属的弹性回复而稍微缩小。弹性回复是金属的一种性质，它与金属的种类有关，而与产生压痕的荷重无关。就是说不管荷重如何，压痕大小如何，弹性回复几乎是一个定值。因此，当荷重小时，压痕很小，而压痕因弹性回复而收缩的比例就比较大，根据回复后压痕尺寸求得的显微硬度值则比较高。这种现象的存在，使得不同荷重下测得的硬度值缺乏正确的比较标准，因此有必要建立显微硬度值的比较标准。

（5）显微硬度值的比较标准

与宏观硬度相比，显微硬度测量结果的精确性、重现性和可比较性均较差。同一材料，在不同仪器上，由不同试验人员测量往往会测得不同结果；即使同一材料，同一试验人员在同一仪器上测量，如果选取的载荷不同，其测量结果的差异也较大，难以进行比较。导致这一后果，不仅与仪器精度、试样制备优劣、样品成分、组织结构的均匀有关，最主要的是在小负荷下载荷与压痕不遵守"几何相似定律"。

宏观维氏硬度应用的公式是建立在"硬度与负荷无关"的几何相似定律基础之上的，其在 10kg～100kg 载荷下试验得到证实。然而在小负荷下（1g～1000g）的试验结果表明，几何相似定律不再适用。由于压痕的弹性回复所致，使同一试样的相同测试对象在载荷变化时显微硬度值不相等。

哈纳门（Hanemann）提出，既然显微硬度值的差别是由压痕大小引起的，故此以一定尺寸的压痕对角线长度计算的硬度值 $H_{5\mu}$、$H_{10\mu}$、$H_{20\mu}$ 作为显微硬度的比较标准。在硬度测试中，不可能得到完全与标准压痕相同的压痕长度，因此需要首先测出不同载荷的硬度值（5～6 个），并绘出压痕对角线长度 d 与显微硬度 HM 的关系曲线。再从曲线上求得 $H_{5\mu}$、$H_{10\mu}$、$H_{20\mu}$。

（6）显微硬度测量的压痕尺寸效应

宏观硬度测量法是建立在"几何相似定律"基础之上的，但在进行显微硬度试验时，采用微小负荷，所得压痕对角线长度与试验负荷之比不符合"几何相似定律"。通过对表面显微硬度的研究结果表明：开始时，随着负荷的增加，显微硬度开始增加，达到最大值之后又开始缓慢降低。在进行试验时，显微硬度在微小负荷范围内随着负荷变化而发生明显变化的现象，称为压痕尺寸效应。因此，负荷的选择很重要，只有在相同负荷下测得的硬度之间进行比较才有意义。

常规维氏硬度与试验负荷无关，其硬度计算公式如下：

$$HV = \frac{9.807d^2}{2F\sin\left(\frac{136}{2}\right)} = 189.1\frac{F}{d^2}$$

式中　　F——试验负荷，N；

　　　　d——压痕两对角线长度的平均值，μm。

可导出：

$$F = ad^2 \quad（\text{Kick 定律数字表达式}）$$

但在进行显微硬度试验中，所测得 d 与 F 之间不再满足 Kick 定律，而遵守 Meyer 定律。在 Meyer 定律中，指出：载荷与压痕的关系不服从"几何相似定律"，提出经验公式：

$$F = ad^n$$

n 为 Meyer 指数，它受多种因素影响而变化。对具体某种材料，在相同的工艺条件和测试条件下 n 为定值，所以显微硬度值与载荷 F 有关。

不少学者对压痕尺寸效应的机理作了大量研究，归纳起来，比较合理的理论解释主要有如下两种。一种看法认为，由于维氏金刚石正四角锥硬度压头尖端存在一圆角关系，即使不考虑材料的弹性变形，对理想塑性体也无法满足压痕几何形状相似的要求。压痕几何形状变形导致应力和应变场大小、分布上的变化，因此 Meyer 定律中的比例常数 n 也就不再与负荷大小无关了，这必将导致材料在微小负荷时显微硬度值随负荷的变化而变化。

另一种看法是以 Bückle 为代表的学者。他们认为，显微硬度的压痕尺寸效应是由于被测物体在试验时因为压头下的材料变形，致使压痕四周引起隆起的高度与压痕尺寸大小不成正比关系。在微小负荷时，位错滑移可沿一定的晶面无阻碍地进行，但随着变形量的增加，滑移逐渐受阻；在高负荷时，压痕四周就难再产生滑移，这时压痕附近的隆起与压痕大小成正比关系的动态平衡就建立起来了。该观点成功地解释了金属材料为什么在微小负荷范围内随着负荷逐渐升高硬度呈下降的趋势；而在高负荷即宏观硬度测试时，硬度值不再随负荷变化而变化。

（7）显微硬度试验的优缺点及应用

① 优点：显微硬度试验是一种真正的非破坏性试验，其得到的压痕小，压入深度浅，在试件表面留下的痕迹往往是非目力所能发现的，因而适用于各种零件

及成品的硬度试验。所得压痕为棱形，轮廓清楚，其对角线长度的测量精度高。

② 应用：可以测定各种原材料、毛坯、半成品的硬度，尤其是其他宏观硬度试验所无法测定的细小薄片零件和零件的特殊部位（如刃具的刀刃等），以及电镀层、氮化层、氧化层、渗碳层等表面层的硬度；对一些非金属脆性材料（如陶瓷、玻璃、矿石等）及成品进行硬度测试，不易产生碎裂；对试件的剖面沿试件的纵深方向按一定的间隔进行硬度测试（即称为硬度梯度的测试），以判定电镀、氮化、氧化或渗碳层等的厚度；通过显微硬度试验间接地得到材料的一些其他性能，如材料的磨损系数、建筑材料中混凝土的结合力、瓷器的强度等。

③ 缺点：试件尺寸不可太大；如要知道材料或零件的硬度，则必须对试件进行多点硬度试验；对试件的表面质量要求较高，尤其是要求表面粗糙度要在 $Ra\,0.05\mu m$ 以上；对测试人员必须进行一定的训练，以保证测试人员的瞄准精度；对环境要求高，尤其是要求有严格的防振措施。

2.3.3 显微硬度在金相研究中的应用

显微硬度分析是通过对显微硬度的测定来研究和分析合金的组成物或相对性能的技术，是显微分析技术的一种基本手段。显微硬度的测定通常是用来测量微细制品的硬度，由于其压痕面积可小至 $25\mu m^2$，因而被广泛应用于合金显微组织的研究。应用范围主要包括以下几个方面。

① 金属中非金属夹杂物的鉴别：对比被测的非金属夹杂物与已知的非金属夹杂物的显微硬度来确定该非金属夹杂物的类别，使金相鉴定法的准确度得到进一步的提高，从而可被用来研究冶炼工艺对非金属夹杂物属性的影响。

② 合金组成相的分析：利用显微硬度来区分和鉴别合金中的组成相，确定各组成相对合金所作的贡献，为成分设计和工艺控制提供可靠依据。如对各类碳化物显微硬度的研究，为制造优良的硬质合金提供了有效的实验依据。借助合金中各组成相的显微硬度，分析在合金强化中起主要作用的结构组分，因此显微硬度又是配合研究多相合金中各组分对强化影响的重要手段。

③ 金属表面扩散层的研究：根据测量渗入层（包括过渡层）的硬度变化，研究合金元素对渗入元素扩散的影响，评估渗入层的质量，调整处理工艺参数，达到质量控制的目的。如渗碳层、氮化层、金属扩散层等表面处理层的性能。

④ 表面加工硬化层性能的研究：显微硬度分析方法也适用于固溶、时效、沉淀硬化、再结晶、金属表层受机械加工或热加工的影响，以及由于磨损而引起材料表面性质的变化等研究。

⑤ 成分偏析和均匀化的研究：由于显微硬度对化学成分不均匀的相具有较敏感的鉴定能力，故常用于研究分析晶粒内部的不均匀性。如通过合金中固溶体枝晶偏析的测定，得到晶粒不均匀与成分、状态间的关系，进而为控制、消除偏析

提供数据，利用显微硬度研究合金元素再结晶过程中对偏析形成的倾向程度以研究高温扩散的工艺制度，也可用来研究热加工后快速冷却对偏析的抑制作用。

⑥ 焊接质量的分析：测定焊接件，特别是高频电阻焊的焊接热影响区的硬度变化趋势和焊接接头的淬火倾向，可作为评定焊接质量和制订焊接工艺规范的依据。

⑦ 其他方面的应用：细薄金属成品硬度的测量，如薄片、细丝和粉末颗粒等；研究晶界的本质、金属材料受原子能辐射后的影响等。

2.3.4　显微硬度测试技术的新进展

随着科学技术的迅速发展，毫微技术越来越受到各国科学家的广泛重视。毫微技术的出现使人们越来越多地关心材料纳米尺度的特性，因此材料纳米尺度的硬度特性也成了人们注意的热点。由于传统的硬度试验（如布氏、洛氏及维氏硬度试验等）的分辨率较低，不能满足毫微技术的要求，为此提出了一种纳米尺度材料硬度测试方法。将一定形状的压头在一定压力的作用下压入被测材料，并测试压头压入材料过程中压头的压力和压入深度，通过压深和压头的形状计算压痕面积，从而计算材料的硬度。一般把这种利用测压深计算压痕面积的硬度试验方法称为深度硬度测试法。深度硬度测试法不仅可以测试材料纳米尺度的硬度，而且还可以很方便地测试材料在任意深度下的硬度。

要想测得微小压痕尺寸下材料的显微硬度值，深度硬度试验装置必须具有高分辨率（纳米级）的微进给功能和检测超低载荷的能力。

在深度硬度试验装置中，用具有微位移误差在线检测及补偿控制功能的压电陶瓷微位移进给装置来实现高分辨率的微量进给。压电陶瓷微位移进给装置的进给分辨率很高，可优于 5nm，这样可以实现微小压痕尺寸的显微硬度检测。利用光杠杆原理来测量硬度试验中的超低载荷，从半导体激光器发生的激光聚焦在微悬臂的背面，从悬臂表面反射，照到位敏元件 PSD 上。当微悬臂有很小的弯曲变形时，照到 PSD 上的激光光点将移动很大的位移量。这种测量载荷的方法精度很高，优于 $1\mu m$。

2.4　其他分析技术

2.4.1　晶体结构测定

在晶体结构测定方面，X 射线衍射仍旧是主要工具，电子衍射、中子衍射技术解决了微晶、原子空位的测定问题。

① X 射线衍射技术包括德拜粉末照相相分析、高温/常温/低温衍射仪、背反

射/透射劳厄照相、测定单晶结构的四联衍射仪、结构的极图测定等。

② 电子衍射特别适用于测定微细晶体的亚微米尺度结构,在透射电镜中进行电子衍射除了有结合形貌观察鉴定物相的有利条件外,还可以通过高分辨技术进行结构的直接观察,这一技术正在得到越来越广泛的应用。

③ 中子衍射有利于测定轻原子的位置,目前 X 射线、电子衍射、高分辨像无法测定的氧原子空位,中子衍射可以提供较多的信息。

2.4.2 微区成分分析

在成分分析方面,除了传统的化学分析技术外,还包括质谱、紫外/可见光/红外光谱分析、气/液相色谱、光发射与吸收谱、X 射线荧光分析谱、俄歇与 X 射线光电子谱、二次离子质谱、电子探针、原子探针、激光探针等,适用于各种不同情况。

① 以俄歇电子谱仪为核心,包括低能电子衍射、低能离子散射谱仪、X 射线光电子谱仪的表面分析系统仅涉及最表面的几个原子层的结构与成分,因此成为表面分析最重要的设备。

② 装备微区 X 射线能量色散谱仪及电子能量损失谱仪的分析电子显微镜,可以提供元素在材料中的近邻结构状态及化学态的信息,逐步发展为纳米尺度上全面提供材料成分、结构及形貌信息的分析系统。

③ 基于材料受激发的发射谱仪是专为研究晶体缺陷附近的原子排列状态而设计的。如核磁共振谱仪、电子自旋共振谱仪、穆斯堡尔谱仪、正电子湮没谱仪等,对于分析材料中的微观缺陷(空位、杂质、位错、层错等)比较有利。

2.4.3 残余应力测定

目前,残余应力的测试方法很多,按其对于被测构件是否具有破坏性,可分为有损测试法和无损测试法两大类。有损测试法的主要原理是破坏性的应力释放,使其释放部分产生相应的位移与应变,测量出这些位移和应变,经换算得到构件原有的应力。常用的方法有盲孔法、环芯法、截条法、切槽法、剥层法等。目前无损测试的方法有 X 射线法、磁性法、超声波法、中子衍射法、扫描电子声显微镜、材料的拉压异性法和位移场重建法等。

(1) 盲孔法

盲孔法是目前工程上最常用的残余应力测量方法,其原理是在被测点上钻一小孔,使被测点的应力得到部分或全部释放,并由事先贴在小孔周围的应变计测得释放的应变量,再根据弹性力学原理计算出残余应力来。这种方法具有较好的精度,由于在钻孔过程中,钻头使孔壁经历了弹性变形、塑性变形和切断过程,因而在孔壁周围由于局部塑性变形而产生附加应力场,使粘贴在该区域内的应变片感受到附加应变，其大小受孔径、孔深、钻进速率、钻头类型、钻刃锋利程度、应变片尺寸及其到盲孔中心的距离等因素的影响。

（2）X 射线衍射法

盲孔法尽管是最常用的残余应力检测方法，但却或多或少会对构件造成损伤，这在很多情况下是不被允许的，例如对于压力容器，就绝不允许破损。这使得人们必须去研究别的检测方法，其中，X 射线法较为成熟。

X 射线衍射法的检测原理基于 X 射线衍射理论，在已知 X 射线波长 λ 的条件下，布拉格定律把宏观上可以测量的衍射角 2θ 与微观的晶面间距 d 建立起确定关系。当材料中有应力 σ 存在时，其晶面间距 d 必然随晶面与应力相对取向的不同而有所变化，按照布拉格定律，衍射角 2θ 也会相应改变。因此可以通过测量衍射角 2θ 随晶面取向不同而发生的变化来求得应力 σ。分析方法包括 $\sin2\Psi$ 法、$0°\sim45°$ 法、剥层法、积分法等。由于其手续简单、节省时间及对细晶材料误差不大，在工业生产的宏观应力测定中得到了广泛应用。

由于 X 射线衍射法的无损性，这种方法向来在焊接结构残余应力测量中的应用研究十分广泛。X 射线法由于是通过直接测量晶体的原子间距来得到构件的变形信息，具有较高的精度。然而，这种方法对粗晶等材料的测试目前尚有困难，某些材料很难找到衍射面，X 射线测试设备也比较复杂。由于穿透深度极浅，在测内部应力时必须剥层，它通过切削或腐蚀使材料内部逐层露出，以测定各层的残余应力。从对构件破坏性角度来看，剥层 X 射线法已成为有损检测法。目前，X 射线法主要用来检测热处理、焊接、表面强化后的表层应力。

（3）磁性法

磁性法检测原理是根据铁磁材料受力后，磁性的变化来评定内应力。目前实用的方法有磁噪声法和磁应变法。磁噪声法是铁磁材料在外加交变磁场的作用下，磁畴壁会发生突然不连续移动，释放出弹性应力-应变波，此现象由德国物理学家巴克豪森（H. Barkhausen）于 1919 年发现，称为巴克豪森噪声（BN）。磁噪声法就是根据 BN 信号的大小来测定应力和一些显微缺陷及组织变化。磁应变法是利用铁磁材料的磁致伸缩效应来测定应力，即在应力作用下，铁磁材料的导磁率或磁阻发生变化。同时，磁-弹相互作用，产生磁各向异性，导磁率作为张量与应力有着一定的关系。利用该原理，磁应变法可以用来测定某点的主应力大小及方向。

磁性法仅适用于铁磁材料，且对材质比较敏感，每次都需先标定。由于在测试过程中存在一定的累积误差，故精度不高。但其设备结构简单，易于操作，性能稳定，特别适用于现场条件要求不严格的地方使用。目前，磁性法主要用来检测焊接残余应力，同时在去应力处理的热时效和振动时效方面也有一些应用。

（4）其他新型无损检测方法

超声波法基于声弹性理论基础，即超声波在材料内部传播时，利用应力引起的声双折射效应对应力进行测量。它是近年来才出现的无损检测的新方法。超声波法可适用的材料较多，探测深度较大，可简单、快速、准确地检测到试件表面和内部残余应力。但由于声波波长太长，应力引起的波速变化微小，且受材料的形状及组织结构影响大，故其检测精度低，只能测试高值残余应力。同时，该法仅能测超声路程上的平均速度，因此仅能用来检测均匀的应力场。目前，超声波法主要用来检测热残余应力、焊接应力和螺栓应力。

近年来基于硬度测试原理发展了压痕法，即用一定几何形状的压头对固体材料表面实施准静压加载，考察材料的压入响应，通过压入响应来判别残余应力。压痕法的优点在于此项测试技术属于基本无损或者说是微损范围，相对于其他无损检测方法，压痕法则由于物理背景较清晰，相关理论较成熟，测试结果与盲孔法测试结果比较接近，因此较为可靠。

中子衍射法可以直接获得内部残余应力分布同时又对测试对象无损，近年来国外关于中子衍射法在残余应力测量中的应用研究也有报道。由于每次测试都必须先测出自由状态下的晶体晶格原子面间距或掠射角（也称作布拉格角），因此在实际残余应力的测试中，中子衍射法的应用还存在许多困难，但是，对于实验用小试样或教学用的实物模型，用中子衍射法测量残余应力被认为是一种有效的手段。

材料中普遍存在拉压异性现象，通过反向加载无损释放法，即对已知残余应力性质及应力范围的试件施加反向应力，同时检测试件表面应变情况，找到零应力点的残余应变值；然后，利用拉压异性的应力应变关系即可求得残余应力值。利用材料的拉压异性无损检测残余应力的方法简单，但需事先知道残余应力的拉压状态，且容易实施加载的较小构件。其测量精度取决于材料的拉压异性程度，故更适合于复合材料。

扫描电子声显微镜技术（SEAM）是在扫描电子显微镜的基础上发展起来的一种基于热声效应的无损检测技术。扫描电子声显微镜的分层成像能力独特，可用来对各种固体材料残余应力的三维分布进行研究。但由于从电子声信号的产生到接收是一个复杂的物理过程，关于残余应力分布对电子声信号作用的机理及其理论模型正在进一步的探讨之中。

第 3 章

铸造组织分析

　　凝固过程是金属成品和半成品的源头。许多变形产品的原材料如棒、盘、饼坯以及金属粉末都由铸锭生产。因此，铸锭和铸件在凝固过程中的组织控制是保证产品获得满意性能的关键技术，受到人们的广泛关注。

　　本章将从金属结晶的基本规律开始，着重介绍在实际生产中经常碰到的在非平衡凝固条件下铸造组织的特点、常见的铸造缺陷等。根据铸造技术的发展，对铸造过程进行更为精密控制，获得了各类受控凝固组织并广泛用于生产，如各种细化晶粒技术、取向控制技术等。特别指出了铸件显微组织的截面尺寸效应明显影响铸件不同部位的性能，强调对铸件显微组织分析时要注意每个试样只代表取样部位的显微组织，不能代表整个铸件。从这一点看，铸件的显微分析要复杂一些，工作量也更大。由于不同铸造合金枝晶间区第二相的析出情况复杂，其析出规律在有关材料显微组织分析中涉及，这里没有介绍。

3.1　金属结晶的基本规律

3.1.1　金属结晶的一般过程

　　物质从液态到固态转变过程称为"凝固"，凝固时如能形成晶体结构，即称为"结晶"。

　　结晶是晶体在液体中从无到有，由小到大的形成过程。结晶时，在液体中首先形成一些极微小的晶体（晶核），然后再以它们为核心，不断地向液体中长大。随结晶不断发展，各晶体相互接触直至液态金属全部消失，形成不规则外形的多晶粒组织。每个小晶体即成为一个晶粒。各晶粒之间的交界面即为"晶界"。

单晶体可严格地分为生核和长大两个阶段，但对多晶体整体来说，生核和长大是交织在一起的。形核率 N 表示单位时间内单位体积液体中晶核生成的数量，单位是 $(cm^3 \cdot s)^{-1}$。长大线速度 v 代表单位时间内晶体生长的线长度，单位为 cm/s。

3.1.2 金属结晶的能量条件

一切自发转变都是从高能量状态变到低能量状态。从热力学角度讲，在等温等压条件下，一切自发过程都朝着使系统自由能降低的方向进行。物质中，能够自动向外释放出其多余的或能够对外做功的这一部分能量，叫做"自由能（G）"。图 3.1 为液、固态金属自由能随温度而变化的示意图。

当温度较低（T_1）时，$G_固 < G_液$；金属趋于固态，当温度较高（T_2）时，$G_液 < G_固$，趋于液态；两曲线交点处，液、固自由能相等，即 $G_固 = G_液$，液、固态相互转变的可能性相同，处于平衡状态，这一温度即理论结晶温度（熔点），以 T_s 表示。只有使金属液体过冷到熔点以下，才能具备结晶时所需的能

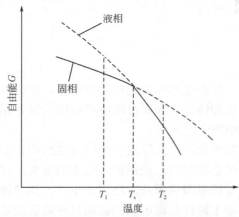

图 3.1 液、固态金属自由能与温度的关系

量条件。因此，结晶必须过冷，即实际结晶温度（T_n）总是低于其熔点（T_s）。过冷度为 $\Delta T = T_s - T_n$。过冷度受金属液体冷却速率的影响，冷却速率越大过冷度越大，自由能差值也越大，即结晶的推动力也越大。

3.1.3 金属结晶的结构条件

固态金属是原子规则排列的晶体，称为"远程有序"结构。加热熔化时"远程有序"结构受到破坏，原子排列不规则。但因原子不断运动，局部地方可能在某一瞬间呈现规则排列。特别是在接近熔点时，液态金属中存在许多体积微小、大小不同、存在时间很短、时聚时散的原子集团。集团中原子排列规整，其结构与固态金属相似，称"近程有序"结构。液态金属中规则排列的原子时聚时散的现象称"结构起伏"。显然，在一定条件下，液态金属中近程有序的原子集团有可能成为结晶的核心。

3.1.4　晶核的形成

（1）均质形核

液态金属中近程有序的原子集团是形成晶核的胚芽，叫"晶胚"，晶胚能否成为晶核并进而长大，需具备一定条件。晶胚形成时，系统自由能变化 ΔG 与晶胚半径 r 的关系见图 3.2。当晶胚半径 r 较小时，自由能变化 ΔG 随 r 的增大而增大，当半径大到某一数值以后，ΔG 将随 r 的增大而降低。ΔG 出现一个极大值（ΔG_k），r_k 即为晶核的临界半径。当晶胚半径 $r < r_k$ 时，晶胚长大将导致系统自由能增加，故不可能成为晶核；当 $r > r_k$ 时，晶胚长大使系统自由能降低，可以成为形核。过冷度越大，临界半径 r_k 越小，原来在过冷度较小时不能成为晶核的小晶胚，随过冷度增大也可能成为晶核。

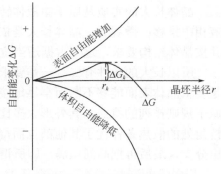

图 3.2　晶胚形成时系统自由能的变化与半径的关系

临界晶核的形成需要一定能量，此能量叫形核功。系统自由能是各微小部分自由能总和的平均值，但系统中各微小体积所具有的能量时高时低，在平均值上下波动，此现象叫"能量起伏"。形成晶核所需的形核功就是靠能量起伏提供的。

均质形核必须同时满足以下两个条件：

① 必须过冷，以满足 $G_{固} < G_{液}$ 的能量条件，结晶才有推动力。过冷度 ΔT 越大，结晶趋势也越大。

② 必须同时具备与一定过冷度相适应的结构起伏和能量起伏（ΔG_k）。

ΔT 增大时，r_k 减小，ΔG_k 也随之减小，液态金属中出现结构起伏和能量起伏的概率将大大增加，形核率 N 也越大。N 随 ΔT 增加而增大。

（2）异质形核

液态金属结晶时，晶核依附外来杂质表面而形成，即异质形核。实际生产中金属结晶主要依靠异质形核。异质形核与均质形核的规律一样：①也需要过冷才能形核；②一定的过冷度下也有一定的临界晶核尺寸；③ΔT 越大，r_k 越小，N 越高。但异质形核比均质形核所需表面能较小，所以形核功也较小。

晶粒大小对金属的力学性能有很大影响。一般情况下，晶粒越细小，金属的强度就越高，塑性和韧性也越好。因此，经常通过细化晶粒的途径来改善金属的力学性能。

实际生产中，常在液态金属内有意加入一些能促进异质形核的固态物质，使晶核数目大大增加而得到细晶粒组织。这种方法叫变质处理或孕育处理，用以细化晶粒的物质叫变质（孕育）剂。由于变质处理对细化金属晶粒的效果比增加结晶时冷却速率的效果更好，因而在工业上得到广泛应用。例如，向铝中加入微量钛，铝硅合金中加入少量钠或钠盐，铸铁中加入硅、钙等都是典型的实例。

3.1.5 晶体的长大

晶体长大的实质是原子由液体转移到固体。宏观看，晶体长大是晶体界面向液相中推移；微观看，晶体长大是依靠原子逐个地由液相中扩散到晶体表面上，并按晶体结构要求，逐个占据适当位置而与晶体稳定地结合起来。

所以长大的条件有二：一是要求液相能继续不断地向晶体扩散供应原子；二是要求晶体表面能够不断而牢靠地接纳原子。在晶核开始成长的初期，因其内部原子规则排列的特点，其外形大多比较规则。但随晶核成长，晶体棱角的形成，棱角处的散热条件优于其他部位而得到优先成长，如树枝一样先长出枝干，再长出分支，最后再把晶间填满，即所谓以树枝状方式长大。

3.1.6 结晶速率

图 3.3 为结晶量与时间的关系曲线。在某一过冷温度（T_s）下，经一定时间（τ_0）才开始结晶。τ_0 称为孕育期，τ_0 之后随时间延长晶核越来越多，结晶速率逐渐增大；当剩余液相数量减少到一定程度，因晶体间互相接触，能生长的晶体逐渐下降，直至结晶结束。过冷率越大，孕育期越短，结晶速率越快，完成结晶的时间也越短。

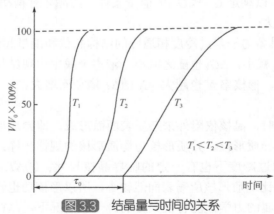

图 3.3 结晶量与时间的关系

由于结晶开始前要有一定的孕育期，因而当增大冷却速率时液体来不及结晶，而液体温度已经下降，只能在更低的温度下结晶，所以冷却速率越大，过冷度就越大。

形核率 N 和长大线速率 v 都随过冷度增大而增加，但形核率增加较快，故增大过冷度可使晶粒度变小。为获得细晶粒就需增大冷却速率。

3.2 铸造组织形成与铸造缺陷

3.2.1 枝晶

（1）形貌

工程上所用的铸件，大多是在非平衡凝固条件下获得，在这种条件上，枝晶是铸件中最常见的组织。图 3.4 是 K419H 合金枝晶的立体形貌，可以看到，对立方晶系，枝晶从一次干上长出二次干，再从二次干上长出三次干或更高次干，彼此成 90°，最终形成的枝晶群体取向一致，组成了一个晶粒，而另外一种取向的枝晶群体形成了另一个晶粒。晶粒包括了枝晶，枝晶与晶粒的关系从图 3.5 中可清楚看出。

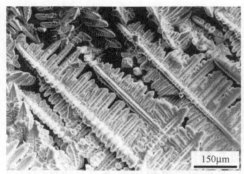

图 3.4 K419H 合金在扫描电镜下
观察到的枝晶立体形貌

图 3.5 K405 铸造高温合金试棒的
枝晶与晶粒

由于铸件的晶粒尺寸远大于变形合金，通常是毫米数量级，而我们摄得的金相照片通常大于 50 倍，因此在一个视场内往往难于碰到晶界，更多的时候是碰到晶内的枝晶组织，如图 3.6 所示。这种组织状态又是被人错认为是晶粒组织，在普通铸件随意截取的金相磨片上，很难区分出一次或二次枝干。

当铸造合金在定向凝固条件下凝固时，枝晶沿热流反方向生长成沿[001]取向有规则的枝晶林，如从图 3.7 可以看出平行的主干和主干边上对称生长

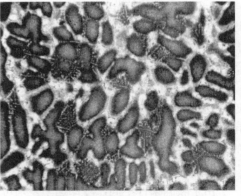

图 3.6 普通铸造 K405 合金相
磨片上显示的枝晶形貌（50×）

出的侧枝。在生长着的枝晶顶端，由于侧枝互不相碰，各自长成规则的对称形貌（图 3.8），犹如航空摄影到的原始森林的顶部形貌。

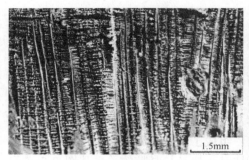
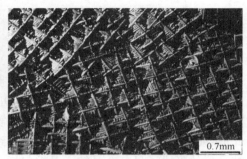

(a) 平行生长方向   (b) 垂直生长方向，光学金相照片

图 3.7   KZ22 合金定向生长枝晶体

图 3.8   K405 合金定向枝晶林顶部枝晶形貌

（2）枝晶的形成

用等温凝固淬火或定向凝固淬火法可研究不同凝固阶段枝晶的生长情况。等温凝固时把合金料加热至液相线以上温度熔化，然后冷到固-液范围不同温度下等温凝固并淬火，通过金相观测淬火后液体的比例。大量的试验结果表明，等温凝固时，铸造高温合金在低于液相线 20℃温度区间枝晶骨架已经构建完成，在枝晶间区残存大约 30%（体积分数）的液体保持连通状态，这种残液经常延迟到液相线以下 100℃时未完全凝固。枝晶间的残液在冷却过程中不断析出各种相。实际上合金的凝固组织可以看成是先期凝固的枝晶骨架背后凝固的枝晶间低熔点的液体"钎焊"成一整体。图 3.9 示出了 K19H 合金 1250℃等温凝固淬火后的组织，可以看到枝晶被枝晶间的液体所包围。

定向凝固淬火法是在小型定向凝固炉中进行的。当合金凝固到一定程度时快速淬进液体金属中冷却，使处于固-液温度的区域"冻结"下来。纵切固-液区域可看到已凝固的平行枝晶群从枝晶尖到枝晶根部的完整形貌，枝晶间充满未凝固的液体。图 3.10 示出了 K419H 合金定向淬火的枝晶形貌。

（3）枝晶大小

由于凝固条件不同，冷却速率差别可达 5 个数量级之多，与此相对应，铸件内的枝晶大小相差很大。检验枝晶组织时，采用 10 倍～50 倍的放大倍数更加合适。枝晶大小通常用枝晶间距 λ 表示。对等轴多晶铸件，用线交截法测得。由于在磨片

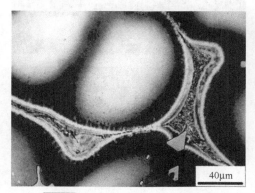

图 3.9　K19M 合金 1250℃等温
凝固淬火组织

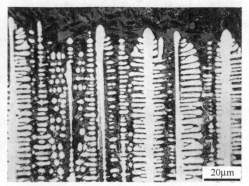

图 3.10　K419H 合金定向淬火试样的
枝晶形貌

上很难区分一次干或二次干，所以测得的 λ 值是各次干的平均间距。对定向凝固合金，由于很容易区分主干和侧枝，因此一次枝晶 λ_1 和二次枝晶间距 λ_2 可分别测得。

　　对燃气涡轮高温合金铸件，枝晶间距通常在 0.02mm～0.5mm 范围。枝晶间距尺寸的控制是铸造组织控制的重要内容。枝晶间距取决于局部凝固时间，即通过铸件某点的固相线和液相线的时间间隔。对许多金属与合金的凝固研究证明，枝晶间距 λ 与通过固-液范围的冷却速率 v 有如下的关系：$\lambda v^a = c$，其中 a 与 c 是常数。俄罗斯冶金工作者对铸造高温合金得到了如下的关系式：$\bar{\lambda} = (110 \sim 280) v^{-0.44}$，其中 $\bar{\lambda}$ 为平均枝晶间距，μm；v 为冷却速率，℃/s。对定向凝固高温合金也有类似的经验公式。

　　枝晶间距和冷却速率的关系在实践中非常有用。相对晶粒尺寸而言，虽然快冷能获得细晶，但晶粒度与冷却速率尚不能建立起普遍的关系式。因此要探明铸件某部位的实际冷却速率，就有赖于枝晶间距的测量。同样当我们分析判断某铸件的铸造工艺状态时，也要测量枝晶间距，对 20μm 的 FGH95 合金粉末，平均枝晶间距只有 1.4μm［图 3.11（a）］，而对 K419 合金起动器整体盘［图 3.11（b）］，由于截面尺寸相差较大，薄截面的叶片枝晶间距为 38μm［图 3.11（c）］，而盘体厚截面的枝晶间距为 104μm［图 3.11（d）］。

　　获得细的枝晶铸件不仅对力学性能有益，而且对以后的加工和热处理产生影响。枝晶越细，化学成分偏析的距离和幅度就越小，通过压力加工或热处理就越容易消除枝晶的影响。就杂质而论，较细的枝晶保证杂质元素在广泛的范围内分布，减轻了它们的有害作用。

3.2.2　晶粒组织

　　图 3.12 示出 DZ4 定向凝固合金 ϕ80μm 铸锭的宏观组织，可分为三个晶区，如下所述。

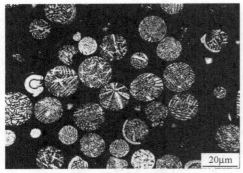

(a) FGH95合金直径20μm粉末

(b) K419合金起动器整体涡轮

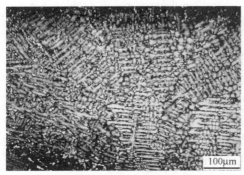

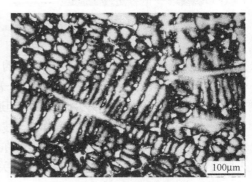

(c) K419合金叶片枝晶

(d) K419合金盘体枝晶

图 3.11 不同铸件的枝晶对比

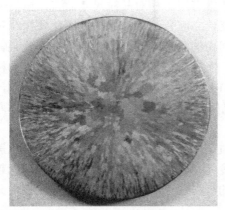

图 3.12 DZ4母合金锭的晶粒组织（0.8×）

（1）细晶粒区

金属液体注入锭模后，与模壁接触的液体受到激冷，获得很大过冷度，模壁表面对形核又起了促进作用，产生大量晶核，形成了一层等轴的细晶粒区。

（2）柱状晶区

细晶粒区形成后，模温升高，液体冷却速率降低，细晶区前沿的液体难以形核，晶体则可继续长大。由于垂直于模壁的方向散热速率最快，晶轴垂直于模壁的晶体就会沿散热方向迅速向液体中生长，不垂直的晶体则会与相邻晶体接触而不再生长，形成柱状晶区。纯金属柱状晶区往往贯穿整个铸锭，叫做穿晶。

柱状晶区组织致密，是定向结晶的产物，表现出几何取向的一致性，大多还具有晶体学取向的一致性，即每个晶粒的长轴都与一个特定的晶向相平行，或者说，具有择优取向。具有择优取向的组织叫做织构，表现出各向异性。如果金属中含有杂质，它就会集中在柱状晶的交界处，形成明显的脆弱界面，在锻、轧加工或铸造快冷时，可能沿弱面开裂。因此对杂质多，塑性差的金属，不希望得到柱状晶；而对纯度高，塑性较好的金属（如铝、铜等），得到柱状晶并无害处。此外，对某些铸件，则采用定向凝固法而获得铸造织构，使整个铸件由同一方向、平行排列的柱状晶所构成。

（3）等轴晶区

随柱状晶发展，液体通过柱状晶区和模壁向外散热的速率越来越慢，剩余液体温差越来越小，到处都可能形核，再加上浇注时液体金属流动，有可能在形成第一、二晶区时，将其晶核、晶枝碎片漂移到中部剩余液体中作为结晶核心。这些晶核可以向不同方向生长，形成等轴晶区。

由于等轴晶粒成长中相互交叉，造成许多封闭的小区，凝固收缩得不到液体的补充，形成许多微细缩孔，组织比较疏松。

改变铸造条件，可以控制三个晶区的相对大小和晶粒的粗细，甚至获得只有两个或单独一个晶区组成的铸锭。降低浇注温度，采用电磁搅拌，可以扩大等轴晶区并使等轴晶粒细化。

实际铸件并不像铸锭那样是对称形状的，例如整体涡轮的叶片部分和盘体部分截面尺寸相差很大，其相应部分的晶粒尺寸差别很大。图 3.13 示出了整体盘叶片上的细晶和盘体上的粗晶。涡轮叶片也是变截面的零件，榫头部位和叶片排气边的晶粒尺寸也相差很大。

图 3.13　整体涡轮铸件不同部位的晶粒大小比较

在定向凝固铸件中，晶粒沿生长方向排列成柱状晶。由于铸件凝固时以枝晶方式进行，两个晶粒的枝晶最后相碰时犬牙交错，造成晶界非常曲折（图 3.14）。多晶非定向铸件的晶界也是弯弯曲曲的（图 3.15），这与变形高温合金的多边化平直晶界明显不同。

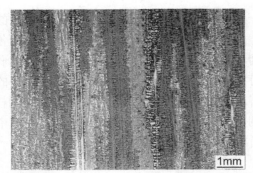

图 3.14 定向 DZ22 合金的柱晶与枝晶排列

(a) 全貌

(b) 局部放大 (12×)

图 3.15 U-700 高温合金单晶锭中的斑链

3.2.3 偏析

（1）显微偏析

在平衡状态下凝固，合金结晶前沿已经凝固的固体和液体在成分上存在着差别，由于在固态下扩散过程相当缓慢，所以铸件凝固以后最初形成的固体和残余液体之间原来的成分差别被保留下来，造成了所谓的偏析现象。显微偏析与枝晶形成密切相关，一般来说，枝晶间浓度高于枝晶干浓度的元素称为正偏析元素；枝晶干浓度高于枝晶间浓度的元素称为负偏析元素，又称反偏析元素。在高温合金中，除 W 和 Co 为反偏析元素外，其余均为正偏析元素。在实际生产铸件中显微偏析程度是用偏析比 SR 来表征的。偏析比是枝晶主干或二次干间隙上测得的最大溶质浓度 c_{max} 和枝晶中心测得的最小值 c_{min} 之比值。即 $SR=c_{max}/c_{min}$。测量合金偏析比较常用的方法是用电子探针测量枝晶干和枝晶间的成分。但这种方法测得的偏析比比实际达到的偏析比可能要小。原因之一是在合金凝固后冷却过程中，因固态扩散作用，将使偏析有某种程度的降低。另外，高饱和度的合金在枝晶间的显微偏析将伴生出析出相，枝晶间的测试成分没能包括这些析出相的成分，因此实测的枝晶间成分偏低。在枝晶成分测量中，除了定向和单晶合金枝干中心很容易找到以外，普通铸造的多晶合金则很难找到枝干的中心。正是由于上述诸多因素的影响，测得的 SR 值波动较大。

显微偏析常常是不希望的，它导致了非平衡相的析出或者性能的不均匀性，所以在生产中力求减小显微偏析。一种途径是使凝固慢到足以促进固态扩散；另一种途径是使凝固快到足以细化枝晶组织，以便随后在固态下通过热处理进行均匀化。

（2）宏观偏析

在存在严重显微偏析的凝固条件下就可能发生宏观偏析，产生宏观偏析主要有三种原因：由浓度驱动的对流，热驱动的对流和补缩。

由于凝固后期液体中溶质原子的偏析，这种局部区域液体成分偏离合金成分的变化引起足够大的密度差别时就发生了由重力驱动的溶质原子对流。铸锭中出现的斑链就是由枝晶间液体的运动引起的。图 3.15 是斑链的形貌。对高温合金单晶铸锭，斑链区的 C、B、Zr、Al、Ti 等元素富集，因此该区的碳化物和 $\gamma+\gamma'$ 共晶量比正常区明显增多。至于大型钢锭，通常底部和边缘区碳和合金元素浓度较低而顶部和心部浓度较高。

热驱动的对流机理与溶质驱动的情况相似，但密度差来源于液体中存在的热梯度，并且液体的密度与温度有关。大多数金属的密度随温度降低而升高，这种由热梯度引起的熔体密度差别无疑是大铸锭宏观偏析的原因。

最后一个宏观偏析的原因是补缩。这种情况是由于合金初始成分的液体被带进了部分凝固的铸件中以便补充凝固过程引起的体积变化。就大多数材料而论，收缩量约 3%，Al 凝固时体积变化在 5% 左右。相对于热和溶质驱动的对流过程相比，补缩对宏观偏析的影响较小。

（3）显微疏松和热裂

由气体或凝固收缩引起的显微疏松是铸件中最常见的缺陷。显微疏松的形成主要与铸造条件和合金成分有关，它主要分布于铸件的最后凝固区，呈不规则形状成群或分散地存在于枝晶间。在抛光的金相磨片上，空穴状的疏松呈黑色与基体产生极佳的反差，在断口上显微疏松区呈现出枝晶的立体形貌，见图 3.16。由于铸件形状复杂且各部分截面尺寸变化很大，各部分凝固条件不同，要完全消除疏松是很难办到的。在工程上往往人为地定出不同的显微疏松级别，把它控制在所容许的范围内，以保证铸件力学性能可靠。工厂中常用疏松等级金相照片来评级，例如涡轮叶片早期常用四级疏松标准，一级轻微，四级严重。还有用定量金相方法测定疏松的体积百分数，把它限定某一容许值。

要减少铸件的显微疏松并非一件容易的事情，特别是一些变截面的薄壁件如精铸的涡轮叶片，常由于疏松超标而报废。通过合理的浇冒口设计、浇道和铸件

 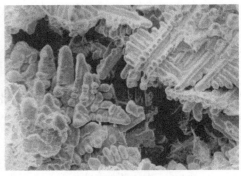

(a) 抛光状态 (100×)　　　　　　　　　(b) 断口扫描电镜照片 (400×)

图 3.16　K403 合金试棒显微疏松形貌

排列位置的合理组合以及控制浇注温度和模温虽然能有效地减少显微疏松，但合金的凝固特性对疏松的影响更为敏感。通常枝晶间没有共晶相而凝固范围窄的合金和枝晶间有大量共晶相能充分进行毛细补缩的合金疏松倾向都较低，共晶合金显微疏松倾向最低。

热裂本质是一种结晶裂纹，它是合金在凝固过程中产生的。当合金大部分已经凝固，枝晶间还存在少量液体时，合金的收缩量大且强度又低，如果铸型阻碍其收缩，铸件将产生较大的收缩应力作用于热节处。当热节处的应变量大于合金在该温度下允许的应变量时，就会产生热裂。

合金热裂倾向的大小取决于合金的性质。一般来说，合金凝固过程中开始形成完整的枝晶骨架的温度与凝固终了的温度之差越大，以及此期间合金收缩率越大，则合金的热裂倾向越大。例如，铸造 Al-Cu 合金和 Al-Mg 合金一般比 Al-Si 合金热裂倾向大。含 Hf 质量分数高于 1.5% 的铸造高温合金热裂敏感性较低。

热裂纹大多为连续的裂纹，沿晶界和枝晶间扩展，见图 3.17。有时热裂纹呈

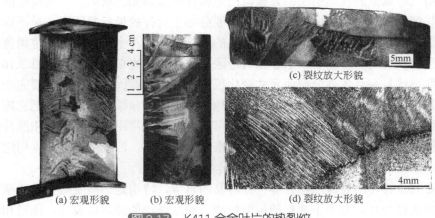

(a) 宏观形貌　　　(b) 宏观形貌　　　　(c) 裂纹放大形貌

(d) 裂纹放大形貌

图 3.17　K411 合金叶片的热裂纹

不连续状态，有若干段沿晶界和枝晶间分布的裂纹组成了主裂纹。与表面连通的热裂纹两侧常出现严重的氧化和合金元素贫乏现象。虽然热裂纹出现的区域通常也是疏松严重的区域，有时热裂与疏松混生，但在断口上两者有明显的差别：热裂断口的枝晶平滑，看不到枝晶的三维形貌，也没有深度方向的孔穴，而显微疏松区的断口三维枝晶形貌明显并有发达的孔穴。

（4）夹杂

铸件的夹杂物通常有外来夹杂与内生夹杂之分，外来夹杂来源于混进合金液中的钢渣、模子、型芯或坩埚材料。这种夹杂通常是粗大、结构复杂的复相氧化物。内生夹杂则是合金液内部微量杂质元素如 S 与其他合金元素反应的硫化物或合金元素与空气环境中的氮、氧反应形成的氮化物或氧化物，这类夹杂通常是一些较小的颗粒。由合金中有意添加的合金元素形成的相尽管形状与夹杂相似，通常不列为夹杂物，例如高温合金中的 MC 碳化物为正常相，而氮化物 MN 则为夹杂物（M 为金属元素）。在由钢锭加工成型材过程中，由于锭头集中缩管附近的夹杂物集中的部分材料没有切除干净，轧制后在型材内会留下夹杂物带。钢材中的发纹也常与夹杂有关。铸件浇冒口附近区域也常是夹杂物污染区。由于夹杂物对材料力学性能有明显损害作用，因此金相检验中夹杂物鉴定与评级成了重要内容。图 3.18 是 PWA1422 合金的夹杂物。

图 3.18 PWA1422 合金中夹杂物形貌（200×）

（5）铸件显微组织的尺寸效应

航空铸件形状复杂，零件质量相差很大，同一零件部分截面尺寸相差很大。例如带叶片的整体涡轮，叶片的薄截面不到 1mm，而盘体厚截面超过 30mm。由于截面变化悬殊，铸件不同部位的凝固条件相差很大。厚截面由于凝固缓慢，所以枝晶、晶粒和第二相比薄截面上的要粗得多，例如起动器整体铸造涡轮叶片的枝晶间距为 40μm，而盘体则超过 100μm。

铸造叶片不仅在铸态下存在着显微组织的截面尺寸效应，而且这种效应还会影响到以后的热处理。大型燃气涡轮 U-500 铸造叶片排气缘 2mm 厚处的 γ′ 在 1080℃就完全固溶了，榫头厚 1cm 处的 γ′ 在 1110℃处才固溶，厚度差一个数量级使 γ′ 固溶温度相差达 30℃。

由于铸件存在如此明显的截面尺寸效应，在对铸件显微组织分析时必须清醒地认识到，铸件上某一部位的显微组织仅代表在此凝固条件下的合金组织，它与供检验用的同炉批铸造试棒的显微组织有明显差异。由于铸件不同部位枝晶大小直接反映了该部位凝固时的冷却速率，因此，同一合金在枝晶大小相当时，其显微组织对比才真正有意义。基于铸件显微组织的复杂性，鼓励分析者多取不同部位试样进行分析，以期对铸件显微组织有更全面的了解。

3.3 受控凝固组织

由于铸件的显微组织影响铸件的力学性能，所以铸件的技术条件除了对铸造缺陷进行限制外，还对显微组织提出了要求，最常见的是规定了晶粒尺寸、形状（如柱状晶）和取向。为了满足要求，在铸造过程中，通过在壳型内层或合金液中添加成核剂，控制热流和溶质流，引进外力场（如振动、电场或磁场）或快速凝固等技术获得细晶、定向和单晶铸件，以及低偏析、无偏析的粉末及薄带材料。

3.3.1 细晶铸件

晶粒细化技术最早是从表面细化开始的，生产普通铸造的涡轮叶片时，在壳模最里层涂上一层铝酸钴，在壳模焙烧过程中分解出氧化钴作为非均匀成核的核心，使铸件表层获得细晶粒。对大截面铸件来说，细化层只是表面很薄一层（通常是毫米以内），内部仍然是粗晶，因此需要整体细化技术。

铸件整体细化技术最简易的办法是往合金液中增加成核及外来结晶核心，使铸件晶粒细化。铸铁和有色金属常采用这种办法。对于高温合金铸件，用金属间化合物（如 $N_xAl_yTi_z$）或硼化物作细化剂直接加入金属液中细化晶粒。由于不同合金要选用不同细化剂，而且在真空铸造条件下很难均匀地通过加料方式把细化剂均匀地散布在金属液中，细化剂的加入还可能引进外来夹杂，因此该法在高温合金中的应用受到限制。

热控法细晶工艺是采用较高的模温和低的浇注温度，以增大合金凝固时的过冷度，促进形核形成，最终获得细晶铸件。但低的浇注温度导致铸件疏松和薄截面浇不满的缺陷，因此该法的应用也受到限制。

电磁搅拌、超声振荡和机械旋转振动法的机械法控晶工艺得到了成功的应用。20 世纪 70 年代，美国的铸造厂商就用机械控晶法成功地对 IN713C 整体涡轮盘的晶粒大小和配置进行了控制。方法是使铸型以 100r/min 转动并且每 3s 变换转动方向，这样就抑制了对流传热，由液体到固体的传热减少，使金属液中在相当长的时间内比普通静态铸造温度梯度更高。低的成核率和高的温度梯度使叶片长成柱状晶。轮盘区则通过振荡细化晶粒，结果得到了如图 3.19 所示的晶粒组织，这种晶粒组织和普通壳模铸造整体盘的叶片细晶、盘体粗晶情况正好相反。显然控晶晶粒配置更符合使用要求：盘体使用温度较低，其细晶组织获得高的屈服强度和疲劳抗力；叶片使用温度较高，其定向粗晶有利于获得高的高温蠕变抗力。

3.3.2 定向凝固铸件

20 世纪 60 年代，对燃气涡轮叶片进行了定向凝固试验，获得了［001］取向的柱晶叶片，消除了垂直应力轴方向的横向晶界，使定向合金的性能，特别是持久性能和冷热疲劳性能大幅度提高。因此定向凝固成了 20 世纪铸造工艺的重大突破。

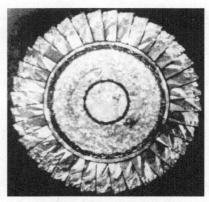

图 3.19 IN713C 合金整体涡轮盘宏观组织

要获得定向凝固组织就要获得单向散热，使凝固从一端开始，在很陡的温度梯度下，沿热流方向顺序凝固，为此就要有高温度梯度的定向凝固装置。这些装置通常采用功率降低（PD）法、快速凝固（HRS）法和液体金属冷却（LMC）法。

PD 法采用上下两段分开的高频感应线圈作为加热源，由水冷底板以及控制两段线圈的功率产生温度梯度。当金属液注入模中时，切断下部加热线圈的电源，随后又渐渐减小上部线圈的功率，在模内形成较低的温度梯度（通常小于 20℃/cm），凝固界面就由下而上移动，获得了垂直底板的柱晶和枝晶。该装置随着凝固界面离水冷底板距离增加，温度梯度减小，因此不能定向出较长的铸件。在同一铸件，上下端显微组织差别明显。

现在商用上广泛应用的是快速凝固装置。在该装置中，铸型与水冷底板一起被驱动装置以一定的速率拉出加热器以外，在加热器外部的那部分铸型加强了侧向的辐射散热，这样在凝固的后半程仍保持较高而且稳定的温度梯度［通常在 (40～80)℃/cm］，这样可获得较大的凝固速率，提高了生产率，而且可生产出较长的铸件。铸件上、下端的显微组织差异较小。

液态金属冷却定向凝固装置是目前在生产中推广应用的先进设备。为了获得更高的温度梯度，铸型从加热器中拉出同时，缓慢地浸入熔融的低熔点金属如锡、镓-铟合金或铝中，这种接触式的传导传热的效率大大高于辐射传热，所以显著提高了热梯度（通常可达 200℃/cm 以上）。这种装置对生产地面用燃气涡轮的大型定向凝固叶片极为有利，不仅提高生产效率。而且成品率提高。

定向凝固技术不仅用于生产定向和单晶涡轮叶片，也用该技术来制取各向异性的磁性材料和原位共晶复合材料。定向凝固的枝晶和晶粒形貌已示于图 3.7 和图 3.14。

定向凝固组织受其凝固参数影响，其重要的凝固参数是液-固界面上的温度梯

度 G 和生长速率（即拉锭速率）R。图 3.20 示出它们之间的关系。随着 G/R 值的增大，显微组织由等轴晶→具有树晶结构的柱状晶→胞状柱晶→消除枝晶和偏析的平面凝固组织。获得平面凝固状态对生产自生共晶复合材料是必需的，即必须达到 $\dfrac{G}{R} \geqslant \dfrac{\Delta T}{D}$，其中 ΔT 是合金的熔化温度范围，D 是原子在液体中的扩散系数。对液体金属冷却的定向凝固炉子，由于 G 很大，因而采用较高的 R 也能满足上式的要求，凝固时的冷却速率 $G \cdot R$ 值更高，有利于细化组织。

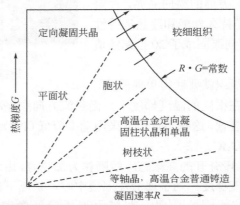

图 3.20　温度梯度-凝固速率-凝固组织关系图

3.3.3　单晶铸件

单晶铸件消除了所有晶界，整个铸件只有定向排列的枝晶。生产单晶铸件的设备与定向铸件相同，所不同的是在生产单晶铸件时，不是所有的平行柱晶都被允许生长充满整个铸型，而是只允许一个晶粒择优生长，最终充满型腔。

为了获得一个晶粒的择优生长条件，通常在铸型底部设置 [001] 取向的籽晶，由籽晶生长出定向单晶。另一种方法是在铸型下方设置圆截面的螺旋选晶器。与水冷板接触的起始定向结晶块的柱晶进入选晶器时只有少数几个晶粒，经过螺旋部分几经淘汰，最后只剩一个晶粒获得择优生长的条件，使我们最终能得到单晶铸件。用该法生产的单晶涡轮叶片得到了最广泛的应用。由于没有晶界，单晶叶片比普通铸造及定向凝固叶片具有更高的蠕变强度，更高的抗疲劳和抗热腐蚀能力。图 3.21 比较了上述三种叶片的低倍组织。

3.3.4　急冷铸件

由于合金成分越来越复杂，铸锭和铸件的尺寸越来越大，大体积的熔体

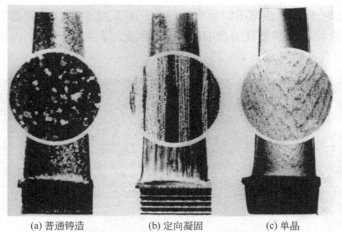

(a) 普通铸造　　　　　(b) 定向凝固　　　　　(c) 单晶

图3.21　涡轮叶片的低倍组织

在铸型中凝固，冷却速率受到了很大限制，缓冷凝固不仅组织粗大，而且还容易产生各种铸造缺陷，成分偏析的问题越来越难以解决。例如大型燃气涡轮盘的直径超过 1000mm，而制造这种关键零件的高强高温合金铸锭直径超过 600mm 时就难于变形并获得完整的盘件。采用急冷凝固技术可使该问题得到有效的解决。

急冷凝固技术是设法将熔体分割成尺寸很小的部分，增大熔体的散热面积，再进行高温冷却，使熔体在短时内凝固，通常可获得 $10^2℃/s$～$10^6℃/s$ 的冷却速率。在这样快速凝固的条件下，可获得无偏析或极低偏析的非晶态组织或微晶组织的"微型"合金铸件——粉末或薄带。利用粉末冶金技术，再把它们加工成型所需零件。

实现快速凝固的方法很多，工业上应用最多的是制粉和制薄带技术。制取金属粉末常用熔体雾化技术，即把熔体在离心力、机械力或高速惰性气流冲击作用下，分散成尺寸很小的雾状液滴，使液滴在气流中或与旋转的金属盘体接触时快速凝固成金属粉末。图 3.11（a）示出了 FGH95 高温合金 20μm 粉末的显微组织，其平均枝晶间距只有 1.2μm，比涡轮叶片铸件的枝晶间距小了两个数量级。从图中还可看到一些粉被一层白亮的外壳包覆，这是由于处于液态的金属液滴与已凝固的金属碰撞，液滴成了一层液膜包在已凝固金属球的表面，这种以金属作为靠背的液膜获得了极高的冷却速率，完全抑制了枝晶的生长，甚至可以得到非晶态组织。

薄带制取方法通常是在真空或惰性气体保护下使金属熔体在一定压力下通过一扁平的喷嘴以合适的角度喷向一旋转的金属辊轮表面，熔体即快速凝固成连续的薄带。通过调节熔体的过热度、喷射压力、喷嘴与辊的距离及相对角度以及辊轮的转速等工艺参数可获得不同厚度的薄带。图 3.22 是用该法制得的钎焊或暂存液相（TLP）连接用的薄带状的含 Hf 中间层合金，厚度为 $50\mu m$，内部由 $\gamma + Ni_7H_2$ 共晶组成的微晶晶粒组成。

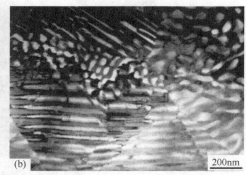

图 3.22　急冷凝固的 Ni-Hf 薄带

第4章

变形组织分析

4.1 金属的塑性变形

4.1.1 单晶体的塑性变形

（1）滑移：最基本的塑性变形方式

在对表面抛光后的单晶体试样进行拉伸试验中，发现试样发生塑性变形时表面光洁度下降，在金相显微镜下可以看见许多相互平行的线条，这些线条称为滑移带。在电子显微镜下发现，每条滑移带都是由许多相互平行的滑移线所组成的，每一条滑移线在表面留下一滑移台阶，滑移线与滑移带的关系示于图4.1。滑移带的显示通常是在变形前按金相磨面制备标准抛光试样，变形后在光学显微镜下即可清楚观察到表面的滑移带，如果采用偏光或相衬照相方式则效果更佳。通过腐蚀方法也可显示变形金属内部的滑移带。铝、铜及奥氏体中的滑移带是平直的。

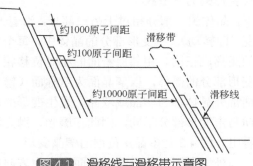

图 4.1　滑移线与滑移带示意图

可以推想，滑移过程是晶体在切应力的作用下，一部分相对于另一部分发生滑动，滑过的距离是原子间距的整数倍，称为滑移。滑移是沿一定晶面（滑移面）和该面上一定的方向（滑移方向）进行，即只有滑移面上滑移方向的分切应力才能引起滑移。晶体中一个可滑移的晶面和在这个晶面上的一个可滑移的晶向结合起来，组成一个滑移系，对面心立方镍基合金常见的滑移系是{111}＜110＞。每一个滑移系表示金属晶体在产生滑移时滑移动作可能进行一个空间位相。在其他条件相同时，金属晶体中的滑移系越多，则滑移时可供采用的空间位相也越多，故该金属的塑性就越好。

晶体的滑移大多优先发生在原子密度最大的晶面上。而滑移方向也总是原子排列最密的方向。这是因为晶体中原子密度最大的晶面上，原子间的结合力最强，原子密度越大的晶面，其面间距也越大，原子密度最大的晶面之间的间距最大，其滑移阻力则最小，面与面之间的结合力最弱，也就最容易滑动。同理，沿原子密度最大的方向滑动时，阻力也最小。

一般来说，面心立方和体心立方晶格金属的滑移系较多，均为 12 个，因此比密排六方金属（3 个滑移系）的塑性好。此外，同一种金属的滑移系可随温度等条件而发生改变。然而，金属塑性的好坏，不只取决于滑移系的多少，还与滑移面上原子密排程度和滑移方向的数目等因素有关，例如面心立方晶体的滑移面上，原子的密排程度比体心立方晶体的高，滑移方向的数目也较多，面间距较大，塑性就要好些。

滑移是以位错运动的方式进行的。滑移面内一定数量的位错移动时所需要的切应力，即为滑移所需的临界切应力。它取决于位错滑动时所要克服的阻力，主要由单晶体内位错的密度及其分布特征来决定。

晶体内位错密度较小时，会因位错的存在而显著降低金属的强度。当位错密度超过一定数值的时候，由于位错之间以及位错与其他缺陷之间的相互作用，使位错的运动受到阻碍，提高金属晶体的强度、硬度。因此，可以通过加工或热处理来增加金属内部的位错密度或改变其分布，达到强化金属的目的。

（2）孪生：塑性变形的另一形式

在切应力作用下，晶体的一部分相对于另一部分，沿着一定的晶面（孪生面）产生一定角度的切变（即转动）。在变形部分的晶体中，每个相邻晶面上原子移动的距离与其孪晶面的距离成正比。相邻原子间的相对位移相等，只有一个原子间距的几分之一。经变形部分的晶体，以孪晶面为对称面（镜面）而与未变形部分相互对称。对称的两部分晶体称为孪晶或双晶。发生变形的这部分晶体成为孪晶带或双晶带，其位向与未变形部分不同，因此在磨光、抛光和浸蚀并轻微变形以后在显微镜下极易看出。图 4.2 是多晶 α 黄铜的孪晶变形。

在金属晶体中，当外力所引起的沿着孪晶面和孪生方向的切应力达到某一临

界数值（临界孪生切应力）时，便产生孪生
过程。孪生变形速率极大，孪生变形同样也
产生加工硬化效应。

　　密排六方金属（如锌、镁、镉等），由于
它的滑移系少而不易产生滑移，常以孪生方
式变形。体心立方金属（如α-Fe）等，滑移
系较多，只有在低温或受到冲击应力时才发
生孪晶变形。面心立方金属与合金（如铝等）
易于滑移，一般不发生孪生变形，但铜、奥
氏体不锈钢等常可形成退火孪晶。

　　孪生对变形过程的直接贡献不大，但
是孪生后由于晶体转向新位相，将有利于

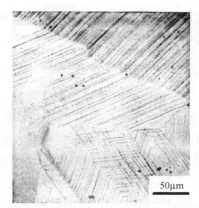

50μm

图 4.2　多晶α黄铜在变形量为 1%时
发生的孪晶变形

产生新的滑移变形，因而使金属的变形能力得到提高。这对滑移系较少的金属
具有特殊意义。在这些金属的塑性变形过程中，滑移和孪生两种变形方式往往
交替进行。

4.1.2　多晶体的塑性变形

　　实际应用的金属材料均为多晶体。它的塑性变形主要也以滑移和孪生的方式
进行。但多晶体是由许多形状、大小、取向均不同的晶粒所组成。晶粒之间以晶
界相联，晶界处的原子排列较不规则，往往还有杂质原子处于其间，这种结构特
点使多晶体的变形更为复杂。

　　实验证明，同一金属多晶体的塑性变形抗力（强度）高于单晶体。晶界阻
碍作用的大小取决于它促使相邻晶粒滑移的难易程度。这与相邻晶粒取向差有
关。其次，在金属多晶体中，一个晶粒的周围是取向不同的其他晶粒，某一个
晶粒的变形必然受到周围晶粒的约束，彼此的变形要相互协调，要相互适应。
即使在单向拉伸变形中要保持晶界处连续，相邻晶粒必须有更多的滑移系动
作，包括某些取向不利的滑移系在内，后者需要较高的应力才会滑移，因而滑
移抗力较高。

　　可见，由于晶界的存在和晶粒取向不同，滑移必须克服较大的阻力，表现出
材料的强度增高。金属晶粒越细，晶界面积越大，每个晶粒周围具有不同取向的
晶粒数目也越多，金属塑性变形的抗力就越高。

　　细晶粒金属不仅强度高，而且塑性、韧性也好。因为晶粒越细，在一定体
积内的晶粒数目越多，在一定变形量下，变形分散在更多的晶粒内进行，同时
晶界较多也不利于裂纹的发展，因此在断裂前可以承受较大的塑性变形，具有
更高的冲击载荷抗力，所以晶粒细小而均匀的金属，不但强度高，而且塑、韧

性良好。因此，通过加工和热处理以细化晶粒是提高金属材料性能的有效途径之一。

4.1.3　合金的塑性变形

金属零件大多是合金做成的。和零件的使用要求不同，合金在变形加工时为了减小变形抗力，应尽量使材料处于"软"状态，即降低强度和硬度，提高韧性，因此讨论不同组织状态在变形中的特性是很重要的。

各种合金的金相组织，基本上可分为单相固溶体和多相混合物两类。

（1）固溶体的变形特点

当合金由单相固溶体构成时，它的变形过程与纯金属大致相同。但是，随着合金元素（即溶质）原子的溶入，固溶体（即溶剂）的晶格发生畸变，大大增加了固溶体的变形抗力，使固溶体得到强化。而且，晶格畸变越大，固溶强化的效果也就越显著。

固溶强化还和溶质原子与位错之间的相互作用，溶质原子的偏聚，固溶体的短程有序化以及溶质原子富集区与贫化区呈层状分布等有关。它们都会造成附加应力场，破坏固溶体晶体结构的完整性和均一性，从而使位错难于移动，使塑性变形抗力增大。

（2）多相合金的变形特点

当合金由多相混合物构成时，除了基体变形之外，第二相的性质、形状、大小、数量和分布情况在塑性变形中常起决定性作用。

① 如果两相的含量相差不大，且两相的变形性能（变形阻力、加工硬化率等）相近，则合金的变形性能为两相的平均值。

② 如果两相的变形性能相差很大，譬如其中一相硬而脆，难以变形，另一相的塑性较好，则变形先在塑性较好的相内进行，而第二相在室温下无显著变形，它主要是对基体的变形起阻碍作用。第二相的这种阻碍变形的作用，根据其形状、大小和分布不同而有很大差别。

脆性的第二相呈连续网状分布在塑性相的晶界上时，脆性相把塑性相晶粒包围分割，使塑性相的变形能力无从发挥，晶界区域的应力集中也难于松弛，合金的塑性将大大下降，经很少量变形后即在脆性相的网络处产生断裂。这时脆性相的数量越多，网的连续性越严重，合金的塑性也越差，甚至强度也随之下降。例如当过共析钢中的二次渗碳体呈网状析出时，就会使钢的强度下降，呈现脆性。

如果脆性的第二相呈层片状或颗粒状均匀分布在基体中，则对塑性变形的危害作用就比较小，特别是呈颗粒状分布时，其危害性更小，例如共析钢及过共析钢经球化退火后，获得球状珠光体组织，其塑性、韧性均获得改善。

如果第二相以弥散质点均匀分布在基体上，使位错或其他缺陷的运动受到更大的阻碍，则可能显著提高合金的强度。如果这种质点是从基体本身析出来的，叫做沉淀强化，如果这种质点是从外面加入的，则叫弥散强化。

4.2　塑性变形对金属组织和性能的影响

4.2.1　性能的变化

塑性变形对金属性能的主要影响是造成加工硬化。在塑性变形过程中，随着变形程度的增加，形变阻力增大，强度、硬度升高，塑性、韧性下降。

可以利用加工硬化来提高金属材料的强度、硬度和耐磨性等，特别是对那些不能用热处理方法来强化的材料显得更为重要。加工硬化是工件能够成形的重要因素，例如生产线材时，当金属线被拉过模孔以后，断面尺寸减小，单位面积所承受的应力增加，若金属不产生加工硬化提高其承载能力，线材就会被拉断。加工硬化还可以提高构件在使用过程中的安全性，使过载部位的变形自行停止，应力集中自行减弱。但加工硬化会给金属的进一步加工带来困难，使材料在冷加工时的动力消耗增大，其加工量也受到限制，需要施以中间软化退火，以便继续进行冷变形加工，这样就会增加生产成本，延长生产周期。

塑性变形除了影响力学性能之外，也使钢的某些物理性能、化学性能发生变化，例如使电阻增加，抗蚀性降低等。

4.2.2　显微组织的变化

单相合金经塑性变形后，晶内出现滑移带，晶粒外形发生了变化，这种变化大致与工件的宏观变形相似。工件外形、尺寸的改变是内部晶粒变形的总和。随变形方法和程度不同，晶粒外形的变化也不一样。在轧制过程中，各个晶粒顺着变形方向伸长，其伸长的程度随变形度的增大而增大。变形量很大时，晶粒将变为纤维状，称为纤维组织，构成其纤维组织的是晶界和滑移带。图 4.3 示出了 α 黄铜在不同变形量的变形组织的变化，和低变形量平直的滑移带不同（图 4.2），随变形量的增加，晶内多组滑移开动，它们互相作用，使滑移带和孪晶弯曲 [图 4.3（a）]，随后晶粒明显被拉长，滑移带的形状变得更不规则 [图 4.3（b）]，最终由于大的变形量形成了纤维组织 [图 4.3（c）]。

多相合金在冷塑性变形过程中，基体的变形组织与单相合金相似，但分布于枝晶间的第二相或夹杂物根据其变形能力或者随合金一起变形，或者被破碎沿变形方向排成带状组织。图 4.4 中，除了 K405 铸造高温合金在变形 10% 时发生的滑移和滑移带剪切强化相 γ'，在滑移的剪切作用下，变形能力差的 MC 碳化物裂开。

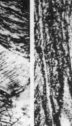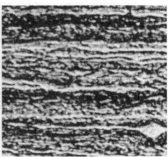

(a) 冷轧变形30% (200×)   (b) 冷轧变形60% (200×)   (c) 冷拉丝 (1000×)

图 4.3   α 黄铜不同变形量的变形组织

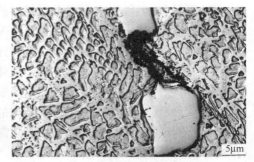

(a) 滑移引起MC开裂   (b) 滑移引起MC开裂

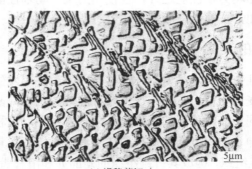

(c) 滑移剪切γ′

图 4.4   K405 合金的滑移和 MC 破碎

　　钢中渗碳体不易变形，容易被破碎。其破碎的程度，依变形程度而定，也与渗碳体本身的大小、形状和分布有关。具有粗大片状珠光体或呈网状分布的渗碳体钢，很容易脆断。渗碳体片细化后，尤其是球化以后，渗碳体的这种有害影响就可以减轻。因此，要经冷塑性变形的钢，对原始组织有一定的要求。

　　冷变形还会使亚结构细化。实际晶体的每一个晶粒是由许多尺寸很小，位相差也很小的亚晶粒（即镶嵌块）所组成的。在铸态组织中，亚晶粒的边长约为

1×10^{-2}cm，经过冷塑性变形后，亚晶粒将细化至 1×10^{-4}cm～1×10^{-6}cm。

亚晶粒的边界是晶格畸变区，堆积有大量的位错，而亚晶粒内部的晶格则相对地比较完整。亚晶界的存在使晶体变形抗力大为增加，因而是导致加工硬化的重要因素之一。有时，亚结构对金属晶体的强化作用甚至比固溶体强化还要大。

当金属承受单向大变形量塑性变形时，例如拔丝和轧薄板，各个晶粒在发生滑移变形的同时，还会发生晶体的转动，最终使各晶粒的取向大致趋于一致，这种具有择优取向的组织叫做"变形织构"。由拔丝产生的织构又称"丝织构"，轧板产生的织构又称"板织构"。织构使金属材料的性能量各向异性。有板织构的板材冲压时由于变形程度不同造成壁厚不均，而变压器铁芯用的硅钢片则利用硅钢的立方织构 〈100〉 方向易于磁化的特性减少铁损，提高效率并节约钢材。

4.2.3　残余应力的变化

经过塑性变形，外力对金属所做的功，约 90% 以上在使金属变形的过程中变成了热，使金属温度升高，而小于 10% 转化为内应力残留于金属中，使金属的内能增加。所谓内应力即平衡于金属内部的应力，它主要是由于金属在外力的作用下所产生的内部变形不均匀而引起的。如金属的表层与心部的变形量不同会形成平衡于表层与心部之间的宏观内应力（通常称为第一内应力），相邻晶粒之间或晶内亚晶粒之间的变形不均匀会形成微观内应力（第二种内应力），而因位错等晶格缺陷的产生而引起其附近的晶格畸变则叫做晶格畸变应力（第三种内应力）。

第三种内应力是使金属强化的主要原因，也是变形金属中的主要内应力。第一种和第二种内应力在变形金属中所占比例不大，但在大多数情况下不仅会降低金属的强度，而且还会因随后应力松弛或发生重新分布而引起金属变形。如冷轧钢板在轧制中常会因残余内应力而发生翘曲，零件在切削加工中发生变形等。此外，残余内应力还会使金属的耐腐蚀性能降低。故金属在塑性变形后都要进行退火热处理，以减低或消除这些内应力。

4.3　回复与再结晶

变形使金属组织和性能发生很大变化，需要退火才能使其恢复。低温退火可消除部分内应力，但保留加工硬化，中间退火是为了消除加工硬化，提高塑性，以便继续进行加工，最终退火则要控制产品的组织和性能。

4.3.1　回复

回复是经冷塑性变形的金属在随后较低温度加热时冷变形的基体尚未发生变化时的退火过程。在回复过程中光学显微组织（如晶粒大小和形状）无明显变化，在电子显微镜下可发现由形变结构中形成新的较清晰的亚晶结合较完整的亚晶。回复使强度、硬度和塑性等力学性能有少许变化，物理性能如电阻率和内应力则显著降低。

回复过程分低温、中温和高温三阶段。低温回复过程中，主要表现为空位的消失，导致对点缺陷敏感的电阻率发生不同程度的下降。中温回复使位错容易滑移，同一滑移面上的异号位错相遇互相吸引而抵消，使亚晶内位错数目减少，位错重新调整排列，形成回复亚晶。高温回复过程是位错进一步滑移并产生攀移，形成位错墙，发生多边化过程。多边化构成的位错墙就是小角度晶界，将原来的晶粒分隔成若干个亚晶粒。

4.3.2 再结晶

将冷压力加工以后的金属加热到一定温度后，在变形的组织中重新产生的无畸变的等轴晶粒，性能恢复到冷加工之前的软化状态，这一过程称为"再结晶"。再结晶后的晶体结构与再结晶前的晶体结构是相同的，但不再是变形后被拉长变形和硬化的晶粒，形貌上是一些等轴晶。

再结晶是材料加工过程经常发生的重要环节，冷加工过程的冷作硬化通过中间退火获得合适的再结晶组织，使材料恢复软化状态，从而使加工得以继续进行。许多变形材料在技术条件中都对晶粒度大小有要求，也要通过再结晶退火对晶粒大小及分布状态加以控制。

在另一些情况下，再结晶过程是要限制的。例如，定向和单晶涡轮叶片由于消除了横向晶界或完全消除了晶界，因而力学性能大幅度提高，但在叶片制造或使用过程中会承受塑性变形，如吹砂、打磨、校形、蠕变等，在随后的热处理或超温使用状态下会出现再结晶，产生新的晶界，从而降低零件的力学性能，这种情况应当避免。

再结晶过程是晶粒成核和长大过程。新晶粒优先在变形组织畸变严重区如晶界、滑移带和孪晶界附近区域形成，随后逐步长大。再结晶是否发生通常与材料的变形度、温度和保温时间有关。

（1）再结晶的试验观测

在变形退火组织的检测中，常常要检测在变形组织中开始出现再结晶晶粒、测定再结晶的体积分数。材料种类和材料状态不同，检测再结晶开始难易也不同。对低变形度（＜30%）冷变形材料，要区分变形的基体和再结晶的晶粒较为困难。经腐蚀后的变形和再结晶的组织中，在亮的基体上原先变形组织中的晶界和再结晶的晶界不好区分；但在大变形量材料中，高位错密度的基体被蚀刻成黑色的背景，新形成的晶粒晶体缺陷相对较少而呈白亮，两者形成较好的反差，因此大变形量材料的再结晶晶粒容易被检测。图 4.5 给出了 DZ22 定向凝固铸造高温合金表面经喷丸处理后再经 1210℃退火 1h 后形成的再结晶晶粒，在原先是柱状晶粒内部定向排列的枝晶内形成带有孪晶的再结晶晶粒。

当金相法确定开始再结晶有困难时，用 X 射线衍射和硬度法能更好测出再结晶的起始。用硬度法测定冷变形金属在退火过程中硬度突然下降时所对应的温度作为该金属的再结晶温度。图 4.6 是冷轧至 80%变形量的弹壳黄铜（Cu-30%Zn）在不同温度下退火 30min 硬度的变化，可以看出，在 250℃时硬度明显下降，表明在此温度下已有再结晶发生。图 4.7 示出了 18Cr-8Ni 奥氏体不锈钢冷变形 80%的组织和变形后经 843℃、5min 退火组织，两者比较很难发现退火后有新的晶粒。但硬度试验证明，冷变形 80%后的硬度为 HV412，经 843℃、5min 退火后硬度已降到 HV180～200，几乎完全软态。这表明，虽然金相法没有看到再结晶晶粒，但硬度法证明再结晶已经进行。

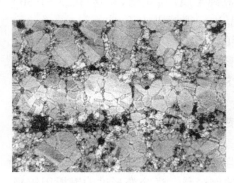

图 4.5　DZ22 合金喷丸+1210℃、1h 处理后形成的再结晶（200×）

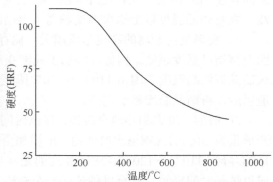

图 4.6　冷轧变形 80%的黄铜（Cu-30%Zn）在不同温度下退火 30min 的硬度变化

(a) 冷变形80%

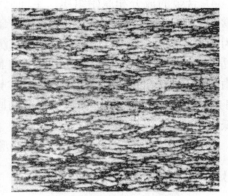

(b) 变形后经843℃、5min退火

图 4.7　18Cr-8Ni 奥氏体冷加工和短时退火组织（135×）

（2）影响再结晶的因素

再结晶的难易与再结晶温度、变形量和保温时间以及合金的种类、成分等因素有关。

① 温度：再结晶的温度受上述其他因素影响，通常在很宽范围变化，开始生成新晶粒的温度成为开始再结晶温度，变形组织全部被新晶粒所占据的温度称为完全再结晶温度。在工程上为了便于比较，把金属经较大塑性变形（$\varepsilon > 70\%$）后，加热 0.5h～1h 使再结晶晶粒体积达总体积的 95% 的温度定义为该金属的再结晶温度。由于在 1h 内完成再结晶过程所需的温度范围很窄（典型的情况是提高退火温度 10℃，完成再结晶过程便可缩短一半），所以把再结晶温度看成是相对固定的值，高于它可完成再结晶，低于它时则不发生再结晶。

大量试验证明，工业纯金属的再结晶温度 T_R 与熔点 T_m（均为热力学温度）之间存在 $T_R \approx (0.35 \sim 0.45)T_m$ 的经验关系。对高纯金属，T_R 更低，可达 $(0.25 \sim 0.30)T_m$。在再结晶温度以上退火温度越高，再结晶进行得越快。

② 变形量：金属的冷变形量越大，储存的能量越多，再结晶的驱动力越大，因而再结晶温度越低。例如，冷加工纯铜变形量由 50% 增加至 90% 时，经 24h 退火后其再结晶温度范围由 110℃～120℃ 降至 80℃～90℃。但当变形量增加到一定值以后，再结晶温度趋于定值。

③ 时间：退火加热速率越慢，保温时间越长，越有利于再结晶进行。冷加工变形量为 30% 的纯铜退火时间由 1h 增加至 24h，其再结晶温度范围由 150℃～160℃ 降到 110℃～120℃。应该注意的是，当加热温度远高于再结晶温度时，完成再结晶时间极短，甚至以秒计。一个有趣的例子是，当冷变形过的铜板用钨极氩弧焊接时，在焊缝熔化金属附近的热影响区已经观察到再结晶已完成，持续的过程不超过 1s。

④ 合金的成分和原始组织：上面已经提到，金属越纯，越容易发生再结晶。通常合金的再结晶温度远高于它的基体金属的再结晶温度。例如纯 Ni 的再结晶温度为 600℃，但由 60%（体积）γ' 质点沉淀强化的高强度铸造镍基高温合金的再结晶温度高达 1150℃。低合金化水平的 Mo-0.5Ti-0.05Zr+0.05C（质量百分数）合金由于存在复杂的碳氮化物，在 1480℃ 长时保温都不发生再结晶，而纯 Mo 在低于 1100℃ 就发生晶了。变形前材料的原始晶粒越细，储存能越高，再结晶温度越低。

总之材料越是处于高能状态，冷变形后就越容易发生再结晶。

4.3.3　晶粒长大

再结晶完成后，继续升温或延长加热时间，再结晶后的晶粒会长大。由于冷变形的储能在再结晶时已释放完毕，晶粒长大的驱动力靠晶界能下降。细晶的单位体积内晶界面积大，它长大成粗晶时单位体积的晶界面积减小，因此晶粒长大是一个自发过程。晶粒长大是晶界迁移的过程，小晶粒逐渐被吞并到相邻较大的晶粒中，弯曲的晶界趋于平直，最终使晶界的交角趋于 120°。图 4.8 示出了冷轧 60%的 α 黄铜在不同温度下退火 30min 后晶粒大小比较。当温度由 400℃升至 800℃，平均晶粒尺寸由 0.02mm 升高至 0.25mm。在 500℃退火 30min 后，除了形成大量退火孪晶外，许多晶界间的夹角已趋于 120°。

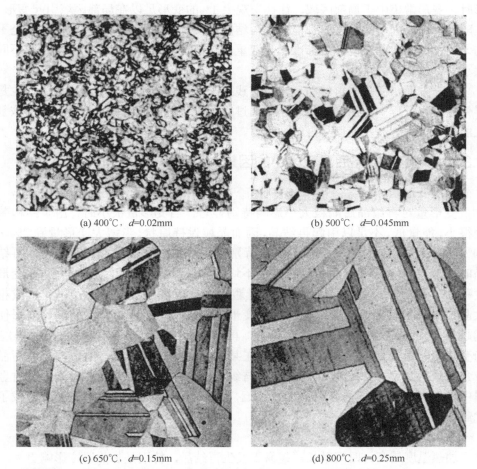

(a) 400℃，d=0.02mm

(b) 500℃，d=0.045mm

(c) 650℃，d=0.15mm

(d) 800℃，d=0.25mm

图 4.8 α 黄铜冷轧变形 60％在不同温度下退火 30min 后的晶粒大小比较（75×）

通常在再结晶后获得细小而均匀的等轴晶粒的情况下晶粒逐步长大。但再结晶后得到大小晶粒不均，在更高的温度或更长时间的保温下，处于有利于晶粒长大、周边环境的少数晶粒迅速吞并其他晶粒而长大。结果，整体金属有少数的比再结晶晶粒大几十倍至几百倍的特大晶粒组成，这种现象称为二次再结晶。

再结晶退火时，再结晶和晶粒长大阶段并没有明确的界限，某些区域处于再结晶阶段，但另一些区域晶粒已明显长大。这是由于合金成分和变形过程的复杂性所决定的。在用合金制造零件时，用各种相来强化合金，各种相在退火温度下的稳定性不同，有的保留下来，有的固溶了。即使同一合金，由于枝晶偏析，枝晶干与枝晶间相的分布与稳定性不一，这都能造成微区范围变形度的差异。另一方面，材料本身变形特性是不均匀的，例如镍基高温合金在室温或 760℃ 以下变形时，变形常集中于局部区域，往往宏观上 1% 的变形足以在局部区域引起变形，在随后的高温固溶热处理时都能产生再结晶粒。许多锻件内部晶粒度大多是不均匀的，因此在晶粒度评级标准中有双重晶的评定，一些技术条件要求注明不同大小晶粒占总体的百分数。

另一方面，变形与再结晶理论与实践除了在压力加工方面广泛应用外，也是零件在服役过程中常遇到的问题。例如过载服役、超温使用和零件使用后的恢复性能热处理中都涉及变形与再结晶问题。

4.3.4　影响再结晶后晶粒大小的因素

（1）变形量

变形量对再结晶后晶粒大小影响特别显著。当变形量很小时，由于结构畸变很小，能量低，不足以引起再结晶，因而晶粒保持原状。当增大变形量到 2%～10% 范围内时，会使再结晶后的晶粒特别粗大。此时晶粒变形极不均匀，再结晶时生核数目少，再结晶后晶粒度很不均匀，晶粒极易相互吞并长大。此变形度称为"临界变形量"，生产中应尽量避免这一范围的加工变形，以免形成粗大晶粒而降低性能。当变形大于临界变形量之后，随着变形量的增加，变形便越趋均匀，再结晶时的生核率便越大，再结晶后的晶粒度便会越细、越均匀。当变形量很大（达到 95% 左右）时，在某些金属材料中，又会出现再结晶后晶粒急剧长大的现象。一般认为，这是与织构的形成密切相关的。因为，这时金属中各晶粒的晶格位相已趋于大致相近，从而给晶粒沿一定方向的长大造成了优越条件。

（2）退火温度

加热温度越高，时间越长，越易于发生再结晶，特别是加热温度影响更大。

（3）第二相粒子

细小第二相粒子的存在，可以阻碍晶界的迁移，使再结晶晶粒长大难以进行，再结晶后晶粒细小。

将晶粒度、变形量和温度三者绘成立体图形，就是通常所称的再结晶全图，它是制定再结晶退火工艺和控制晶粒大小的重要依据。图 4.9 是工业纯铁的再结晶全图。

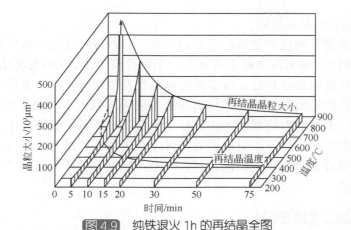

图 4.9　纯铁退火 1h 的再结晶全图

4.4　金属的热加工组织

热加工并不是以温度的高低来定义的，纯钨在 1000℃的高温下加工仍属于冷加工，而超纯铅在室温下加工则处于热加工范围。

将金属或合金加热至再结晶温度以上进行压力加工的过程称为热加工，材料成形中广泛采用的热锻、热轧和热挤压都属于这类加工。热加工过程中，回复、再结晶与加工硬化同时发生，加工硬化过程不断被回复或再结晶过程所抵消，因而使金属处于高塑性、低变形抗力的软化状态，可采用大变形量、低能耗进行变形。

4.4.1　动态回复与动态再结晶

和冷加工和退火过程相似，热加工的软化过程是通过动态回复和动态再结晶实现的，它同样受变形温度、变形速率、变形度以及金属本身的性质等因素影响。并不是所有经过热变形的材料都发生动态再结晶。有些层错能高的金属如铝及其合金、铁素体钢及密排六方金属在热加工过程中即使变形度和变形温度远高于静态再结晶温度下通常也只发生动态回复，因此动态回复是这类材料热变形过程的唯一软化机制。对于层错能低的金属如铜及其合金、奥氏体钢、镍及镍基高温合金等只有当变形度很大时才发生动态再结晶，否则仅发生动态回复。

动态回复过程中，变形度增加时，晶粒沿变形方向被拉长，但亚结构保持等轴。亚晶在变形过程中反复被拆散和组合，使动态回复后金属的位错密度高于相应冷变形后静态回复的密度，而亚晶尺寸小于相应的冷变形后经静态回复的亚晶粒尺寸。动态回复时，低的变形速率和高的变形温度有利于获得较大的亚晶尺寸和较低位错密度的亚晶组织。

在较高的变形温度和较低的变形速率下，动态再结晶是低层错能金属材料的主要软化机制，动态再结晶也需要有一个临界变形度。在动态再结晶过程中，由于塑性变形过程还在进行，再结晶的晶粒也发生应变，冷下来后其强度和硬度都高于相应的冷变形后经静态再结晶所得同等晶粒大小的强度和硬度。在热变形过程中，由于动态回复随时在进行，能量随时释放，储存能不容易达到再结晶所要求的水平，只有在变形量更大时才发生动态再结晶。正是因为热加工过程难于获得静态再结晶的结晶组织，许多热加工零件随后进行了热处理，以获得所需组织。

4.4.2　热加工组织控制

实际生产中，零件的变形过程是十分复杂的。以锻造为例，由于锻坯来源于铸锭，大型铸锭的粗大枝晶组织在枝晶间沉淀出第二相，使枝晶干区与枝晶间区的变形能力产生差异。另一方面，锻件心部的变形度小而零件的外部保持高的变

图 4.10　锻造 U-710 高温合金盘心区组织

形量，因而最终锻件各部分显微组织形成明显差异。例如：U-710 合金锻造涡轮盘的心部由于变形量低，虽然三维的枝晶被压成集束状，但动态再结晶并不完全（图 4.10）；盘缘部变形量较大，枝晶间 MC 碳化物碎化并沿变形方向成带状分布（图 4.11）；动态再结晶已完成，在 MC 碳化物和未固溶 γ' 区由于质点阻碍作用，晶粒较细，而无质点区晶粒长得很粗大（图 4.12）。

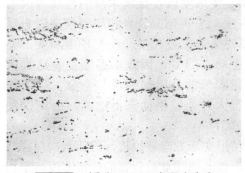

图 4.11　锻造 U-710 高温合金盘缘部 MC 碳化物

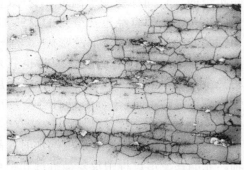

图 4.12　锻造 U-710 高温合金盘缘晶粒组织

　　由于热加工过程组织发生明显的变化，其主要变化特点如下。

（1）改善铸态组织和性能

　　金属材料经正确的热加工后可以明显改善铸态的力学性能，特别是能提高其塑性和韧性。这主要是由于热加工可消除铸造金属中的某些缺陷，如焊合气孔，改善夹杂物分布，使粗大的树枝晶和柱状晶变为细小均匀的晶粒等，从而使金属的致密性和力学性能提高。但有些铸造缺陷经热加工不仅不能消除，反而有不利影响，如暴露于铸锭表面的皮下气泡或缩孔，加热时孔壁被氧化，热加工时虽被压扁，貌似焊合实际并未焊合，在随后进行冷加工或热处理淬火时容易引起开裂。

（2）晶粒大小

　　热加工后金属的晶粒大小与加工温度（特别是终止加工温度）和压下量（尤其是最后几道的压下量）密切相关。一般认为压下量大些有利于获得细晶粒，当然应尽量避免处理临界变形量范围。此外，加工过程中的中间停留以及加工后的冷却对晶粒大小亦有明显影响。

　　对加热时无相变的合金或对热加工后不再进行热处理的金属材料，对加工过程的上述各个环节均应认真控制，以获得细小均匀的晶粒，提高性能。

（3）纤维组织

　　与冷加工纤维组织由晶界和滑移线构成不同，热加工的纤维组织（流线）是树枝晶偏析和非金属夹杂物在加工过程中沿加工方向延伸的结果。纤维组织属于低倍组织，要经过深腐蚀才能显示。

　　由于流线的存在，使热加工金属产生各向异性，流线纵向的塑性和韧性比横向要优越得多。因此，零件在热加工时需力求使流线沿零件轮廓分布，并使其与零件工作时所承受最大拉应力的方向平行，而与外加的剪切应力或冲击力的方向垂直。图 4.13 示出了锻造钢制吊钩的纤维组织。

（4）带状组织

　　带状组织属于纤维组织的高倍形成，低倍的纤维组织在高倍下均可看到夹杂物、第二相或细晶呈带状分布，如图 4.11 和图 4.12 所示。这种由枝晶偏析经热加工变形而形成的带状组织称为原始带状组织。原始带状组织还会造成一些杂

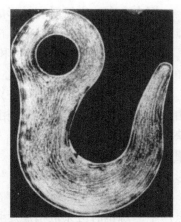

图 4.13　锻造钢制吊钩的纤维组织

质元素分布不均，在热轧后冷却过程中发生固态相变而产生二次带状组织。例如低、中碳钢热加工时使杂质磷和碳化物等其他相沿变形方向分布成原始带状组织。在热轧后冷却过程中，高磷区形成铁素体带，最终形成了铁素体与珠光体分层的二次带状组织。

带状组织一般可用正火处理来消除。但由于严重磷偏析引起均带状组织，因磷扩散困难而较难消除，需要高温扩散退火及随后的正火方可消除。

（5）细晶材料的超塑性变形

某些金属材料当具有不大于 $10\mu m$ 极细等轴晶，在 $0.5T_m$ 以上温度以 $0.01mm/s\sim 0.0001mm/s$ 的变形速率拉伸时不产生颈缩，能获得 $200\%\sim 1000\%$ 的延伸率，该现象称为"超塑性"。利用材料的超塑性不仅使金属间化合物和陶瓷材料这些难变形的材料能变形加工成零件，而且可降低变形抗力，获得表面光洁度高的无余量锻件。

超塑性虽然变形量很大，变形过程只有晶界滑动和晶粒转动，变形后仍保持原来的等轴晶，不会产生织构，即使原来存在织构，经超塑性变形后，织构也被破坏而消失。

4.5　冷热加工常见缺陷

冷热加工中，由于材料自身特性、加工工艺参数、加工过程控制等因素的影响，常产生一些缺陷。常见的缺陷包括白点、变形不均导致开裂、过热过烧等。本节简要介绍钢中冷热加工中常见的缺陷类型，在本书的实践篇中，将结合其他材料特点进行详细的介绍。

4.5.1　白点

钢中含有一定氢时容易形成白点。含 Mn、Cr、W、Mo 等的合金钢件形成白点比较敏感，特别是大锻件，白点是突出的质量问题。

白点的数量、大小、方位和白点区域距表面的距离依钢的化学成分、含氢量和加工条件而定，并且一般是钢在冷却到较低的温度（如 $250℃\sim 150℃$ 以下）才形成。

白点形成的原因是，氢在 $\gamma\text{-Fe}$ 中溶解度较高，在 $\alpha\text{-Fe}$ 中溶解度很小，当钢由高温降至低温时发生 $\gamma\rightarrow\alpha$ 相变，突然释放出许多氢，如来不及逸出就会在显微缺陷处（如显微缩孔、相界以及位错）聚集形成分子氢，产生巨大压力，再加上相变时的组织应力和热应力。当这些内应力超过钢的破断强度时，就发生断裂，形成白点。

白点属于钢材中不允许存在的缺陷，一旦发现，工件就必须报废。为防止白点产生，炼钢时应采取措施尽量减少氢含量。对白点敏感的锻件应在锻后立即进行去白点退火（本质上就是去氢退火）。

4.5.2　晶粒粗细不均导致冷变形开裂

当变形量在临界变形范围内进行变形时，形成大小相差悬殊的晶粒，使钢材变脆，导致加工时开裂。

4.5.3　过热与过烧

（1）过热

钢的加热温度过高、保温时间过长，引起奥氏体晶粒粗大。冷却到室温后，亚共析钢中出现针状铁素体的魏氏组织，过共析钢中形成渗碳体网，硫化物沿奥氏体晶界析出。

过热严重的钢塑性、韧性下降，但细小 MnS 对韧性无大危害，对断裂韧性影响不大。在条件允许时，过热可用二次锻造、正火或退火来消除。

（2）过烧

因加热温度太高，不仅使奥氏体晶粒极粗，而且引起晶界氧化，甚至熔化。过烧钢极脆，一锻就碎，无法补救。

4.5.4　折叠

钢中存在折叠后，在零件热处理、机加工或使用中会暴露出来，甚至引起零件断裂而报废。工件热处理时折叠处会严重氧化脱碳，并有多量氧化物夹杂易于同热处理过程中形成的裂纹相区别。

4.5.5　铜脆

钢中含铜量较高（＞0.3%）时，热加工过程中可能会出现"表面热脆"。钢在氧化气氛中加热时，铁首先被氧化，铜逐步富集到超过其在 γ-Fe 中的溶解度时，便形成一层熔点较低（约 950℃）的富铜相，位于氧化铁皮和钢基体的界面上，在热加工温度将形成熔融液相，沿奥氏体晶界渗入。当工件表面受到拉力时便会开裂，这种热脆称为铜脆。

4.5.6　锻裂

导致锻裂的原因除上述几种类型缺陷外，还有下列因素：

① 锻造比过大，冲击过猛，终锻温度太低，材料塑性差；

② 在复相区锻造或轧制时，由于两相塑性不同，容易在相界处开裂；

③ 高合金钢（特别是大工件）导热性差，加热时升温过快或保温不足，或锻后冷却太快，造成很大内应力，均可能产生裂缝；

④ 材料缺陷（如缩管残余、折叠、皮下气泡、严重的非金属夹杂物、成分偏析、组织不均匀存在微裂缝等）均易造成锻裂；

⑤ 由于锻造比不足，残留有网状碳化物，或因某种原因造成碳化物沿晶界呈网状分布时，也易锻裂。

第 5 章

金属的热处理

5.1 钢的热处理基本原理

5.1.1 概述

（1）热处理的目的

热处理是一种与锻造、铸造、焊接等工艺密切相关的热加工工艺，热处理的主要任务是以改变金属材料的组织和性能为目的。

（2）钢热处理的依据和分类

金属的性能取决于内部的组织状态，对于从高温到低温只存在一种组织状态的单相合金，在加热和冷却过程中不发生组织变化，热处理是无能为力的。

对于钢铁材料，在固态下都会发生组织变化，这就为热处理改善材料的性能提供了前提。

钢的热处理是根据钢在固态下组织转变的规律性，通过不同的加热、保温和冷却条件，改变其内部组织，达到改善钢材性能的一种加工工艺。

热处理的基本过程可以用热处理工艺曲线来表示，如图 5.1。

热处理标准《GB/T 12603 金属热处理分类及代号》把金属热处理分为整体热处理、表面热处理、化学热处理三大类。整体热处理分为退火、正火、淬火、

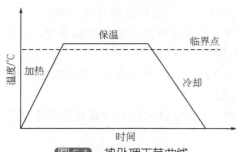

图 5.1　热处理工艺曲线

回火、稳定化处理、固溶、时效等；表面热处理包括表面淬火、物理气相沉积、离子注入等；化学热处理包括渗碳、渗氮、碳氮共渗等。

（3）钢的临界温度

不论哪一种热处理工艺都要经历加热、保温、冷却三个阶段，所以温度是影响热处理过程的主要因素。金属材料发生结构转变的温度叫做临界温度（临界点）。为了确定钢在加热或冷却时的临界温度，需要借助于铁碳相图。由于热处理是在固态下进行的，所以铁碳相图左下角部分就成为制定碳钢热处理工艺的重要依据，如图 5.2 所示。

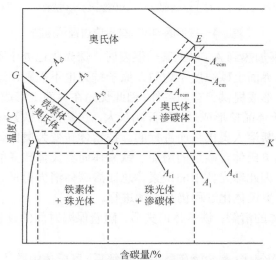

图 5.2 碳钢的临界点在铁碳相图上的位置

铁素体—钢中具有体心立方点阵结构的固溶体；

奥氏体—钢中具有面心立方点阵结构的固溶体；

珠光体—铁素体和渗碳体的机械混合物，是奥氏体的共析转变产物；

渗碳体—Fe 与 C 形成的一种碳化物，名义成分（分子式）为 Fe_3C；

A_{c1}—加热时，珠光体开始转变为奥氏体的实际温度；

A_{c3}—加热时，先共析铁素体和珠光体全部转变为奥氏体的实际温度；

A_{ccm}—加热时，二次渗碳体全部溶入奥氏体的实际温度；

A_{r1}—冷却时，奥氏体转变珠光体的实际温度；

A_{r3}—冷却时，奥氏体中析出铁素体的实际温度；

A_{rcm}—冷却时，奥氏体中析出二次渗碳体的实际温度；

A_1、A_3、A_{cm}—钢在缓慢加热和冷却中组织转变的理论临界温度

5.1.2 钢加热时的组织转变

（1）加热时奥氏体的形成过程

钢在加热时奥氏体的形成过程（也称奥氏体化）也是一个形核、长大和均匀

化过程，符合相变过程的普遍规律。以共析钢的奥氏体形成过程为例，假设共析钢的原始组织是珠光体，当加热至 A_{c1} 以上时钢中珠光体就向奥氏体转变，过程包括形核、长大、剩余渗碳体溶解和奥氏体均匀化四个阶段，如图5.3所示。

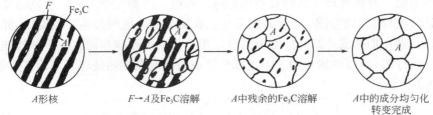

A形核 　　　$F{\to}A$及Fe₃C溶解 　　A中残余的Fe₃C溶解 　　A中的成分均匀化
转变完成

图 5.3　共析钢中奥氏体形成过程示意图

① 形核：将钢加热到 A_{c1} 以上某一温度时，珠光体已处于不稳定状态，由于在铁素体和渗碳体界面上碳浓度不均匀，原子排列也不规则，这就从浓度和结构上为奥氏体晶核的形成提供了有利条件，因此优先在界面上形成新的奥氏体晶核。

② 长大：奥氏体晶核形成后，便开始长大，它是依靠铁素体向奥氏体的继续转变和渗碳体的不断溶入奥氏体而进行的。铁素体转变为奥氏体后碳含量较低，渗碳体的溶入引起奥氏体含碳量的增加。铁素体向奥氏体转变的速率，往往比渗碳体的溶解要快，因此珠光体中的铁素体总比渗碳体消失得早。此时仍有部分剩余渗碳体未溶解，奥氏体化过程仍在继续进行。

③ 剩余渗碳体的溶解：铁素体消失后，随着保温时间的延长，剩余渗碳体不断溶入奥氏体。

④ 奥氏体的均匀化：剩余渗碳体完全溶解后，奥氏体中碳浓度仍是不均匀的，原先是渗碳体的地方碳浓度较高，而原先是铁素体的地方碳浓度较低。为此必须继续保温，通过碳原子扩散才能获得均匀化的奥氏体。

对于亚共析钢和过共析钢来说，加热至 A_{c1} 以上长时间停留，只使原始组织中的珠光体转变成奥氏体，仍保留先共析铁素体或先共析渗碳体。只有进一步加热至 A_{c3} 或 A_{ccm} 以上保温足够时间，才能获得单相奥氏体。

（2）影响奥氏体转变的因素

① 温度的影响

（a）珠光体转变为奥氏体要在 A_1 以上才能进行。

（b）转变过程不是一开始就出现，需要有一个孕育期。转变温度越高，孕育期越短。

（c）温度越高，奥氏体开始转变的时间和转变终了的时间越短，也就是转变的速率越快。

② 加热速率的影响：加热速率越快，转变开始的温度越高（A_{c1} 越高），转变所需的时间越短。

③ 合金元素的影响：在钢中加入合金元素，使奥氏体的形成过程复杂化。强碳化物形成元素 Ti、V、Nb、W、Mo、Cr 等由于阻止碳在 γ-Fe 中的扩散，使珠光体转变为奥氏体过程减慢。此外，各种元素在钢中的分布不同，碳化物形成元素多集中在碳化物中，非碳化物形成元素多集中在 α-Fe 中。所以，奥氏体转变终了时在原 α-Fe 处富集着非碳化物形成元素，而在原碳化物的地方却富集碳化物形成元素。因此，要使奥氏体均匀化，不仅要有碳的均匀化，而且要有合金元素的均匀化。因此要获得均匀的奥氏体，合金钢的加热保温时间要比碳钢长。

④ 原始组织的影响：由于奥氏体的晶核是在铁素体与渗碳体的相界上形成，所以对同一成分的钢，其原始组织越分散，形成奥氏体晶核的 "基地" 越多，转变也就越快。

5.1.3　过冷奥氏体的转变

加热时钢的奥氏体化仅为冷却转变做准备。热处理生产中，钢在奥氏体化后的冷却方式通常分为连续冷却和等温冷却两种。

当奥氏体冷却至临界温度以下，即处于热力学上不稳定状态，称为过冷奥氏体。根据不同的转变温度和转变机理，过冷奥氏体的转变分为三种基本类型，即珠光体型转变（扩散型转变）、贝氏体型转变（过渡型转变）和马氏体型转变（无扩散型转变）。

为了研究奥氏体在冷却过程中的转变，目前常采用两种办法，一种是在连续冷却过程中，测定冷却速率对奥氏体转变过程的影响；另一种是在恒温下测定奥氏体分解过程。

过冷奥氏体连续冷却时，其转变多在一个温度范围内进行，从而会获得粗细不同或类型不同的混合组织。这种冷却条件在生产上广泛采用，但分析起来较为困难。在等温转变条件下，可以独立地改变温度和时间，分别研究温度和时间对过冷奥氏体转变的影响，有利于搞清转变机理、转变动力学及转变产物的组织和性能。

5.1.3.1　共析钢过冷奥氏体等温转变图

共析钢的奥氏体等温分解曲线，习惯上称为 "C-曲线" 或 "T.T.T 曲线"（时间-温度-转变），如图 5.4 所示。奥氏体等温分解曲线反映了奥氏体在不同温度下分解时，分解量与时间的关系。C-曲线的测定方法很多，通常有金相法、磁性法和膨胀法。

（1）珠光体型转变

当奥氏体被过冷到 $A_1 \approx 500℃$ 温度范围内进行等温时，将发生奥氏体向珠光体转变。奥氏体向珠光体转变是一个形核与长大的过程，也是一个典型的扩散型转变。珠光体由铁素体和渗碳体两相组成，渗碳体分布在铁素体基体上，可以具有两种形态，一种是片层状，另一种是粒状。在奥氏体化过程中剩余渗碳体溶解和碳浓度均匀化比较完全的条件下，冷却分解得到的珠光体通常呈片层状。

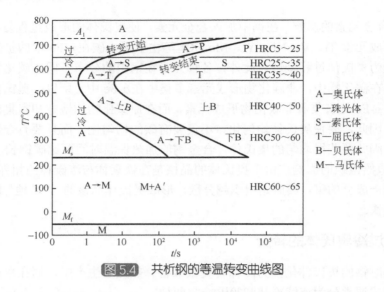

图 5.4　共析钢的等温转变曲线图

珠光体的形成机理：首先在奥氏体的晶界处，即原子排列最不规则的地方形成渗碳体的晶核，其两侧的奥氏体不断地供给碳原子，使渗碳体不断长大。由于渗碳体两侧的奥氏体的碳浓度下降，这就使得铁素体在此处形核。此时，多余的碳原子向外扩散，使铁素体不断长大。随着铁素体的不断长大，使与铁素体相邻的奥氏体的碳浓度升高。当含碳量增至一定程度时，又将在铁素体一侧形成新的渗碳体晶核。由于碳的扩散与重新分布，使渗碳体、铁素体交替地不断形核和长大，直到完全转变为铁素体和渗碳体相间排列的片层状组织。如图 5.5 和图 5.6所示。

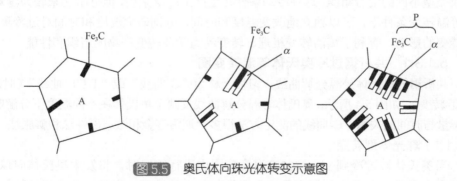

图 5.5　奥氏体向珠光体转变示意图

珠光体的粗细可用片层间距来衡量。如果转变温度越低，即过冷度越大，片层间距就越小，表明珠光体越细。随转变温度降低，片层间距减薄，强度、硬度升高，塑性变化不大。

根据珠光体片层间距大小可将它分为三类：
①在 $A_1 \approx 650℃$ 温度范围内形成的珠光体比较
粗，称为珠光体，常以符号"P"表示，在普通
光学显微镜下放大 400 倍，可以清晰地看到片层
状组织。②在 650℃～600℃温度范围内的转变产
物，为细片状珠光体，也称索氏体，用符号"S"
表示，只有在高倍光学显微镜下（放大 1000 倍～
1500 倍）才能分清它的片层状特征。③在 600℃～
500℃温度范围内的转变产物为极细珠光体，称
为屈氏体，以符号"T"表示，屈氏体即使在高
倍光学显微镜下也无法分辨出片层，只有在电
子显微镜下才能观察到片层状特征。以上三种
珠光体型组织如图 5.7 所示。

图 5.6　珠光体组织

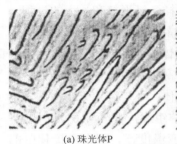 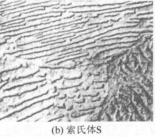 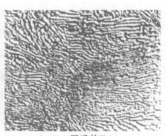

(a) 珠光体P　　　　　　(b) 索氏体S　　　　　　(c) 屈氏体T

图 5.7　珠光体组织按片层间距大小分类

片层间距：P＞S＞T

（2）贝氏体型转变

当过冷奥氏体在 550℃～250℃温度范围内等温时，将发生贝氏体转变。它是
介于马氏体的非扩散型转变和珠光体的扩散型转变之间的过渡型转变。由于温度
较低，铁原子的扩散能力几乎为零，而碳原子也只能作短程扩散。由于碳原子不
可能充分扩散，使转变产物中的铁素体呈过饱和状。因此，贝氏体是过饱和的铁
素体和碳化物的混合物。

根据转变产物的形态，可将贝氏体分为上贝氏体和下贝氏体两种。在
550℃～350℃温度范围内，碳原子能够在铁素体和奥氏体中扩散，奥氏体分解
为一排排由晶界向晶内生长的片状铁素体，在铁素体片层间断断续续分布着渗
碳体颗粒。这种组织在光学显微镜下呈羽毛状，称为"上贝氏体"，如图 5.8
所示。在 400℃～250℃区间转变时，碳原子可以在铁素体中扩散，但在奥氏体
中的扩散受到限制。因此，在奥氏体内部形成一些呈一定交角的针片状铁素体，

而ε-碳化物在这些铁素体内析出，在显微镜下呈黑色针叶状组织，称为"下贝氏体"，如图 5.9 所示。

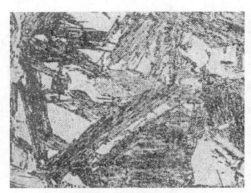

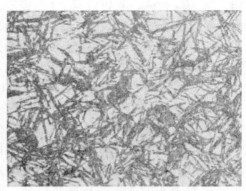

 图 5.8　上贝氏体组织　　　　　图 5.9　下贝氏体组织

　　贝氏体的形成机理：贝氏体转变也和其他相变一样，是形核和长大的过程。如图 5.10 所示。上贝氏体的铁素体晶核首先在奥氏体晶界（此处含碳量较低）形成，此晶核与奥氏体保持共格联系，并沿着母相奥氏体的 {111} 面（惯习面）依靠切变进行长大。随着铁素体片的长大，碳原子扩散富集到奥氏体中，当铁素体之间的奥氏体碳浓度达到很高时，就脱溶而形成渗碳体，不连续地分布在铁素体片之间。上述过程重复进行，就形成羽毛状的上贝氏体组织，如图 5.10（a）所示。下贝氏体多半在奥氏体晶粒内形核和长大。由于转变温度低，碳在奥氏体中的扩散比较困难，而在铁素体中碳的扩散仍可进行。故随着铁素体长大，碳在铁素体内进行扩散脱溶而沉淀出ε-碳化物，从而获得针状的下贝氏体，如图 5.10（b）所示。

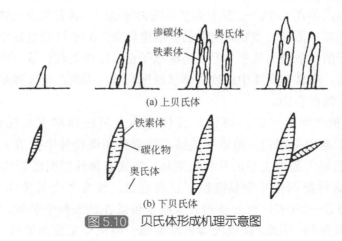

（a）上贝氏体

（b）下贝氏体

图 5.10　贝氏体形成机理示意图

对亚共析钢魏氏组织的研究结果表明，魏氏组织中铁素体的长大也是以切变方式进行，而在高的转变温度下碳的扩散较充分，就可以形成不含碳的片状铁素体，因此常把魏氏组织中的铁素体称为无碳贝氏体。

由于贝氏体中微细的碳化物分布在铁素体基体上，所以硬度较高，上贝氏体硬度为 HRC42～48；下贝氏体硬度为 HRC50～55。但上贝氏体中碳化物较屈氏体粗大，且分布不均匀，故其硬度与屈氏体相近，塑性比屈氏体差。下贝氏体中碳化物弥散度大，且分布均匀，除有接近马氏体的硬度外，还有良好的塑性、韧性。生产上采用的等温淬火，就是为了获得力学性能匹配良好的下贝氏体。

（3）马氏体型转变

奥氏体化后的钢迅速冷却至 M_s 点（<250℃）以下将发生马氏体转变。由于温度很低，铁原子和碳原子都已失去扩散能力，奥氏体以非扩散方式转变为马氏体。马氏体中的碳含量与奥氏体中的碳含量相同，因此可以说马氏体是碳在 α-Fe 中的过饱和固溶体。

① 马氏体的点阵结构：一般钢中的马氏体可以有两种类型的结构，一种是体心立方，在低碳钢或无碳合金中出现；另一种是体心正方，在含碳较高的钢中出现，如图 5.11 所示。在体心正方点阵的马氏体中，点阵常数 c/a 比值称为正方度。随含碳量增加，点阵常数 c 的数值增加，a 的数值减小，马氏体的正方度不断增大，故可用正方度来衡量马氏体中碳的过饱和度。

② 马氏体的组织形态：钢中马氏体的形态，一般以两种形式出现，即板条状马氏体和针状马氏体。钢中马氏体的组织形态，主要随碳含量的不同而改变。

含碳量大约在 0.2% 以下的低碳钢，淬火后的马氏体具有典型的板条状马氏体特征，如图 5.12 所示。板条状马氏体是以尺寸大致相同的板条为单元，许多定向的、平行排列的板条组成一个马氏体束，一些接近平行的束再组合而成马氏体块。通常在一个奥氏体晶粒中可以有几个不同取向的马氏体块。相变初期形成的板条较宽，而后期形成的较窄。

含碳量大于或等于 0.6% 的高碳钢淬火后得到针状马氏体，如图 5.13 所示。这种高碳马氏体的立体形状呈凸透镜状，在显微镜下观察时呈针状或竹叶状。一般情况下所形成的马氏

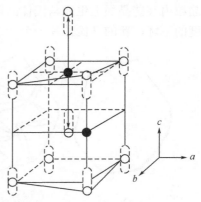

○ Fe原子及其位移的范围
● C原子可能存在的位置

图 5.11　马氏体的体心正方点阵示意图

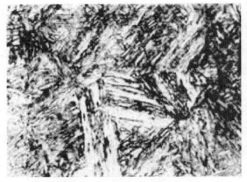

图 5.12 低碳钢的板条马氏体

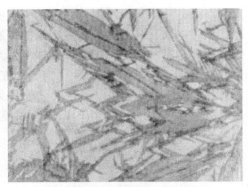

图 5.13 高碳钢的针状马氏体

体针不穿越奥氏体晶界，所以原奥氏体晶粒大小限定了最大的马氏体针大小。先形成的马氏体针可贯穿整个奥氏体晶粒，尺寸较大，随后形成的马氏体针受到先形成马氏体针的限制而越来越小。在同一奥氏体晶粒内，各马氏体针之间相交成一定的角度。马氏体转变终止时，在马氏体针之间残留下来相当数量的未转变的奥氏体（残余奥氏体）。

含碳量在 0.2%～0.6%之间的钢，淬火后得到板条状马氏体和针状马氏体的混合组织。

③ 马氏体的形成过程：马氏体转变和其他相变一样，也是一个形核和长大的过程。但马氏体转变是在很大的过冷度下进行的，此时铁、碳原子扩散困难，因此马氏体转变是以非扩散（切变）的方式进行。当奥氏体过冷到 M_s 点时，首先在晶粒内某些晶面上生成马氏体晶核，并以极快的速率成长（约 1000m/s）。随着温度的下降，新的马氏体片一个一个地形成，如图 5.14 所示。

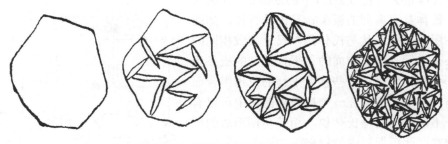

图 5.14 马氏体形成过程示意图

马氏体转变的持续进行不是依靠已经形成的马氏体晶体的长大，而是依靠新的马氏体晶体的出现。若中止冷却，则由于新的马氏体晶核不能出现，因此马氏体转变很快停止。欲使奥氏体继续转变为马氏体，就必须继续冷却，冷却到 M_f 点后转变基本完成。马氏体转变结束后，总保留部分残余奥氏体。

马氏体转变后,在一个奥氏体晶粒内出现许多长短不一的马氏体片(或板条)。马氏体片一般不能超过奥氏体晶界,其最大尺寸为奥氏体晶粒的大小。

④ 马氏体的性能特点:马氏体具有高硬度的特点,并且硬度随着碳含量的增加而升高。钢在淬火后所能达到的最高硬度,称为"淬硬性"。钢的淬硬性主要和钢的碳含量有关。

高碳马氏体硬而脆(HRC62~64),若有适当的碳化物配合,则具有很高的耐磨性。中碳马氏体经过适当回火后具有良好的综合力学性能。低碳马氏体虽然硬度不很高(HRC36~45),但是具有十分突出的综合力学性能。

⑤ 奥氏体的稳定化:在马氏体转变温度范围内,如冷却中止于某一温度,停顿一段时间后再继续冷却时,马氏体转变不立即恢复,而是经过一段时间后转变才重新开始,并导致残余奥氏体量的相应增加,这一现象被称为奥氏体稳定化,或称奥氏体陈化。

奥氏体稳定化在生产上有一定实用意义,如淬火后要进行冷处理,不宜在室温停留太久,不然由于奥氏体稳定化而影响冷处理的效果。

5.1.3.2 过冷奥氏体在连续冷却中的转变

(1)连续冷却转变图

将奥氏体化的钢以各种冷却速率连续冷却至室温,测定冷却时过冷奥氏体转变的开始点(温度和时间)和终了点,把测得的数据描在温度-时间(对数)坐标上,连结转变开始点和终了点,即得到了过冷奥氏体连续冷却转变曲线,称 CCT 曲线,图 5.15 为共析碳钢的连续冷却转变曲线。作为对比,图中用虚线画出了等温转变曲线,两者具有显著区别。连续冷却转变曲线位于等温转变曲线的右下方,表明连续冷却时,奥氏体开始转变温度和终了温度更低些,时间更长些,而且连续冷却时碳钢基本上不形成贝氏体。

(2)临界冷却速率

共析碳钢从奥氏体化温度连续冷却时,如果冷却速率不同,所发生的转变及转变程度也就不同,因而所获得的室温组织也不同。例如,图 5.15 中冷却曲线(b)是与转变终了线相切的最大冷却速率,而冷却曲线(a)是与转变开始曲线相切的最大冷却速率。采用比冷却曲线(b)更慢的冷却速率,冷却至珠光体转变开始线时转变开始,至珠光体转变终了线转变终了,得到全部珠

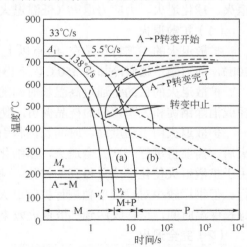

图 5.15 共析碳钢的连续冷却转变曲线与等温转变曲线比较图

光体组织并一直保持至室温。如果冷却速率在冷却曲线（b）和（a）之间，冷却至珠光体转变开始线时开始珠光体转变，冷至 AP 线时转变终止，在继续冷却到 M_s 以下，未分解的过冷奥氏体转变为马氏体，室温组织为珠光体和马氏体。如果冷却速率大于冷却曲线（a），则奥氏体一直过冷至 M_s 点时，马氏体转变开始，冷至 M_f 点转变终止，所得到的室温组织为马氏体和残余奥氏体。因此冷却曲线（a）和（b）成为获得不同转变产物的明显分界线，相当于曲线（a）的冷却速率 v_k 称为上临界冷却速率，而相当于冷却曲线（b）的冷却速率称为下临界冷却速率。通常所指的临界冷却速率就是上临界冷却速率，它表示要获得全部马氏体所需要的最小冷速。

5.2 钢的热处理工艺与组织

5.2.1 钢的退火

退火是把钢件加热到临界点（A_{c3} 或 A_{c1}）以上的一定温度，或临界点（A_{c1}）以下的某一温度，经适当保温，而后缓慢冷却（炉冷）的一种热处理工艺。

退火（正火）往往是各种热处理工序中最先进行的工序，所以通常称为"预备热处理"。预备热处理在整个加工过程中，起着承上启下的作用。其目的是消除或改善前面工序（铸、锻、焊）所造成的某些组织缺陷并消除内应力，为后面的工序做好组织上和性能上的准备（如改善切削加工性，为淬火做好组织准备等）。

根据退火的不同目的，退火可分为扩散退火、完全退火、不完全退火、等温退火、球化退火、去应力退火（低温退火）等。

（1）扩散退火

扩散退火的工艺特点是在 A_{c3} 点以上 150℃～250℃进行长时间的加热（15h～20h），而后随炉缓慢冷却到 350℃以下出炉空冷。

扩散退火的目的是通过高温长时间的加热使合金元素得到充分的扩散，以减轻或消除钢锭和大型铸件的枝晶偏析，使化学成分均匀。

扩散退火由于温度高、时间长，将引起钢的晶粒粗化，所以钢铸件在扩散退火后，需要再进行一次完全退火，以细化晶粒、提高力学性能。而对钢锭来说，由于扩散退火使化学成分得到均匀化，使随后的压力加工（锻造、轧制）易于进行。但钢厂较少对钢锭单独进行扩散退火，大多是在锻轧前钢锭加热时，适当地延长保温时间，这样既达到扩散退火效果，又简化热处理工序。

（2）完全退火

完全退火是把钢件加热到 A_{c3} 以上 20℃～30℃，经过适当保温，而后随炉缓冷的一种热处理工艺。所谓"完全"是指退火时，钢的内部组织全部进行相变重结晶。完全退火主要用于亚共析钢的铸件、锻件及焊接件，不宜用于过共析钢。因为过共析钢加热至 A_{ccm} 以上单相奥氏体区退火时，缓冷过程中二次渗碳体呈网状析出，使钢的强度、塑性和韧性大大降低。

完全退火可达到下列目的：①细化晶粒，消除魏氏组织和带状组织；②降低硬度，以利于切削加工；③消除内应力。

（3）不完全退火

不完全退火是把亚共析钢加热到 $A_{c1} \sim A_{c3}$ 或过共析钢加热至 $A_{c1} \sim A_{ccm}$ 之间的两相区，经过适当保温，而后随炉缓冷的一种热处理工艺。因为加热到两相区，只有部分组织进行相变，所以称为不完全退火。

如果亚共析钢的锻轧终止温度适当，并未引起晶粒粗化，铁素体和珠光体的分布又无异常现象，采用不完全退火，就能起到部分重结晶、细化晶粒、降低硬度和消除内应力的作用。亚共析钢的不完全退火温度一般为740℃～780℃。不完全退火的优点是加热温度低，节约能源和时间。30CrMnSiNi2A 钢常用不完全退火代替正火+高温回火。

过共析钢不要求球化组织时，也可采用不完全退火。

（4）等温退火

完全退火的生产周期长，特别是对于某些奥氏体比较稳定的合金钢，整个退火工艺过程往往需要数十小时，为了提高生产率可采用等温退火。

等温退火是将工件加热到 A_{c3} 或 A_{c1} 以上 20℃～30℃，然后急速冷却到 A_1 以下某一温度（根据工件的硬度要求来确定），保持一定时间，使奥氏体完全分解成珠光体，而后空冷。等温退火主要用于性能要求比较高的合金钢的退火。

等温退火的优点是：①缩短生产周期，提高生产率；②奥氏体在近于恒定的温度下进行分解，所得到的组织均匀。但其缺点是对一些较大的工件，由于难以实现从退火加热温度迅速地冷却到等温分解温度，所以大型工件采用等温退火有困难。

（5）球化退火

球化退火是把工件加热到稍高于 A_{c1} 以上的温度［常取 A_{c1}+(20～30℃)］，经适当保温后缓冷（50℃/h）到 500℃以下空冷，或迅速冷至 A_1 以下某一温度进行等温（称为等温球化退火）的一种热处理工艺。

球化退火的目的是使钢获得球化组织（粒状珠光体）。所谓球化组织是指球状小颗粒的碳化物均匀分布在铁素体基体上，如图 5.16 所示。

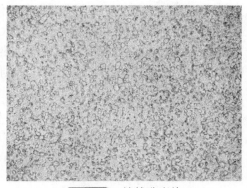

图 5.16　粒状珠光体

球化退火主要用于过共析钢，如碳素工具钢、合金工具钢和轴承钢等，目的是消除钢中的片层状珠光体，代之以粒状珠光体，不仅可改善其切削加工性能，而且可以减少过共析钢的淬火变形和开裂。

亚共析钢也可以采用球化退火，使其塑性变形能力显著提高。所谓铆螺钢，其供货状态就是采用球化退火，以提高钢的冷镦性能。

（6）去应力退火（低温退火）

去应力退火是将工件加热到 500℃～650℃（低于 A_1 点），经适当保温使工件的内应力得到调整和松弛，然后缓冷的一种热处理工艺。

去应力退火的目的是为了消除铸、锻、焊和切削加工等过程中产生的内应力。去应力退火的特点是加热温度低于临界点 A_1，退火过程中没有相变发生。

5.2.2　钢的正火

正火处理可认为是退火处理的一种特殊形式。正火与完全退火相比，正火的加热温度略高于退火处理，亚共析钢为 A_{c3}+(30～50)℃，过共析钢为 A_{cm}+(30～50)℃。正火与退火的主要区别在于退火是炉冷，而正火是在空气中冷却。

正火处理在生产上得到广泛应用，主要有以下几方面：

① 正火处理是某些中、低碳碳钢零件的最终热处理。

② 在一定条件下，可用正火代替调质处理（淬火+高温回火）作为一般结构零件的最终热处理，简化热处理工艺。

③ 改善切削加工性能，为淬火作组织准备。亚共析钢（特别是低碳钢）在退火状态下，由于铁素体数量较多且珠光体分散度小，硬度偏低，切削时容易产生"黏刀"现象，正火处理可增加珠光体的数量和分散度，增加硬度，从而改善亚共析钢的切削加工性能。由于正火后所得到的组织比较均匀，可作为淬火前的准备工序，以减少淬火时的变形和开裂倾向。

④ 消除或减少过共析钢的网状渗碳体组织，为球化退火作组织准备。由于正火的冷却速率较大，可阻止或减少奥氏体在冷却过程中析出二次渗碳体。

⑤ 对于淬透性较好的合金钢，正火后必须进行高温回火处理。

⑥ 正火是返修处理前的一种预先热处理。当工件因淬火不当，需要进行返修（重淬）时，必须先进行一次正火，否则重淬时容易产生变形或开裂。

5.2.3　钢的淬火

（1）淬火的定义及目的

钢的淬火是把钢加热到临界点（A_{c1} 或 A_{c3}）以上，经适当保温后快冷，使奥氏体转变成马氏体的一种热处理工艺。

淬火的目的是把奥氏体化的工件全部淬成马氏体，以便在适当温度回火后，获得所需要的力学性能。

淬火和回火通常是不可分割的，淬火后一般都必须进行回火。

（2）淬火加热温度

淬火加热温度的选择应以得到细而均匀的奥氏体晶粒为原则，以便冷却后获得细小的马氏体。

亚共析钢的淬火温度为 A_{c3} 以上 30℃～50℃，淬火后获得马氏体组织。如果淬火温度选择在 A_{c1}～A_{c3} 之间，一部分先共析铁素体依然存在，淬火后在高硬度的马氏体中混杂着低硬度的铁素体，造成硬度不足，降低力学性能，因此亚共析钢不能采用不完全淬火。如果淬火温度远高于 A_{c3} 点，奥氏体晶粒粗化，淬火后获得的马氏体组织较粗，残余奥氏体增多，降低强度和塑性，且淬火变形大，容易造成淬火开裂。

过共析钢的淬火温度为 A_{c1} 以上 30℃～50℃。如淬火前原始组织是球化组织，在此温度淬火后，就能获得马氏体和颗粒状渗碳体组织，残余奥氏体较少，使钢的硬度提高，耐磨性增强。如果加热至 A_{ccm} 以上，先共析渗碳体全部溶入奥氏体，使奥氏体的溶碳量增加，马氏体点 M_s 和 M_f 降低，淬火后不仅保留大量残余奥氏体，而且获得的马氏体粗大，因而硬度低、耐磨性较差、韧性降低，所以过共析钢不能加热至 A_{ccm} 以上进行淬火。

对于合金钢，可根据其临界温度 A_{c1} 和 A_{c3} 按上述原则来定。若钢中含有强碳化物形成元素，如钒、铌、钛等，其奥氏体晶粒粗化温度高，淬火温度应偏高一些，以加速这类元素所形成的碳化物的溶解，增大奥氏体中的含碳量和合金元素含量，从而提高过冷奥氏体的稳定性，提高淬火后获得的马氏体的硬度。反之，对于含碳、锰较高的本质粗晶粒钢，应采用较低的淬火温度，以避免奥氏体晶粒粗化。

（3）冷却介质

淬火时工件的冷却速率必须大于临界冷却速率才能获得马氏体，否则工件不能淬硬和达到一定的淬硬深度。但是冷却速率过大，在奥氏体向马氏体转变过程中，将产生巨大的组织应力和热应力，使工件有变形或开裂的危险。钢的理想淬火冷却过程是：650℃以上时可以缓慢冷却；650℃～400℃之间应快速冷却，避免发生珠光体或贝氏体转变；400℃以下应缓慢冷却通过马氏体转变区域，以减小马氏体转变时所产生的组织应力。

常用的淬火介质有水、碱水、盐水、矿物油等，它们都不是理想的冷却介质。从高温区（550℃～650℃）的冷却能力来看，碱水和盐水最大，其次是水，它们的缺点是低温区（200℃～300℃）冷却速率太大，工件容易淬裂。油在低温区冷却速率合适，但在高温区冷却能力较低。实际生产中应根据钢种的特性来选择冷却介质，如碳钢的临界冷却速率大，可采用冷却能力较强的介质，如水、盐水；

合金钢的临界冷却速率小，可采用比较缓和的冷却介质，如油。

（4）钢的淬透性

1）淬透性的概念

钢件淬火时，其截面上各点的冷却速率不同，表面冷却最快，越往中心越慢，冷却速率大于临界冷却速率的表面层将转变为马氏体，冷却速率小于临界冷却速率的心部将转变为部分马氏体和部分屈氏体（或贝氏体），甚至会得到索氏体、珠光体或珠光体和铁素体的混合物等。因此，从零件表面到中心，其硬度变化是表层硬度最高，越往中心硬度越低。通常把淬成马氏体的那一层深度叫做淬透层深度。

钢的淬透性与淬硬性是不等同的，所谓钢的淬透性是指钢在淬火时获得马氏体层深度的能力，是钢材本身固有的一个属性，主要与钢的过冷奥氏体稳定性或与钢的临界冷却速率有关。而钢的淬硬性指钢在理想条件下进行淬火所能达到的最高硬度的能力，主要与钢的碳质量分数有关。还应特别指出，钢的淬透性与零件的淬透深度（淬硬深度）之间不能混为一谈，钢的淬透性是钢材本身固有的属性，不取决于其他外部因素；而零件的淬透深度除取决于钢材的淬透性外，还与所采用的冷却介质、零件尺寸等外部因素有关。

此层深度可以用金相法或硬度法加以确定。由于金相法比较麻烦，故多用硬度法。为了测量方便，通常规定淬透层的深度是从表面至半马氏体层（50%马氏体+50%屈氏体）的深度。半马氏体层的硬度等于马氏体的硬度和屈氏体硬度的平均值$\left(\dfrac{M+T}{2}\mathrm{HRC}\right)$，其大小主要决定于钢的含碳量。由表面至半马氏体层的深度越大，钢的淬透性越高。

2）淬透性的影响因素

① 钢的化学成分：图 5.17 为钢中含碳量对碳钢临界淬火冷却速率的影响。由图可见，对过共析钢而言，在含碳量为 0.77%～1%时，随着含碳量的增加，临界冷却速率下降，淬透性提高；含碳量超过 1%则相反。对亚共析钢而言，随着含碳量的增加，临界冷却速率下降，淬透性提高。

合金元素对临界冷却速率的影响如图 5.18 所示，除 Ti、Zr 和 Co 外，所有合金元素都提高钢的淬透性。如 45 钢与 40Cr 钢，其含碳量差不多，但由于前者不含铬元素，后者含约 1%的铬元素，在同等热处理条件下，它们的淬透性就显然不同，45 钢只能淬透 3.5mm～9.5mm，而 40Cr 钢可淬透 25mm～32mm。

② 奥氏体化温度：提高奥氏体化温度，不仅能促使奥氏体晶粒增大，而且促使碳化物及其他非金属夹杂物溶入并使奥氏体成分均匀化，这均将提高过冷奥氏体的稳定性，从而提高淬透性。

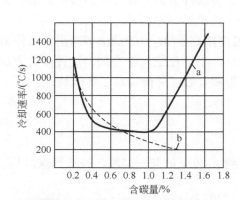

图 5.17　含碳量对临界冷却速率的影响
a—在正常淬火温度区间加热　b—高于 A_3 温度加热

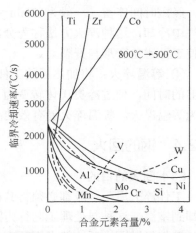

图 5.18　合金元素对临界冷却速率的影响（含 0.3%C）

③ 第二相的存在和分布：奥氏体中未溶的非金属夹杂物和碳化物的存在以及其大小和分布，影响过冷奥氏体的稳定性，从而影响淬透性。

3）淬透性的实用意义

淬透性是钢材的主要工艺性能指标，在钢材选用方面也是必须考虑的重要因素之一。

在淬火时，淬透性好的钢材，可以选用冷却能力弱的淬火介质（如油等），以便使工件在淬火时减小变形和开裂的倾向。所以，对于形状复杂的工件，多选用淬透性好的钢材。

淬透性高的钢，经淬火和高温回火处理，其力学性能沿截面均匀分布。因此，对整个截面上都要求较高力学性能的零件，必须根据零件的具体尺寸选用淬透性较高的钢材。

并非所有工件一律要求淬透，对于仅要求表面耐磨，工作时承受冲击的冷冲模具，则应选用淬透性较低的钢材，否则会因为整个截面淬透而太脆，以致不能使用。

（5）常用淬火方法

① 单液淬火：淬火时将工件投入一种淬火介质中，直至转变结束，称为单液淬火。这是生产中最常用的一种淬火方法。碳钢淬透性差，多用水淬；合金钢水淬容易开裂，而且合金钢的淬透性较大，故常用油淬。

② 双液淬火：为了利用水在高温区快冷的优点，避免水在低温区快冷的缺点，可采用先水淬后油冷的双液淬火法。

③ 分级淬火：将加热后的工件首先淬入稍高于该钢 M_s 点温度的盐浴或碱浴

内，经短时间停留（一般为 2min～5min），待其表面与心部温差减小后再拿出在空气中冷却，这种淬火方法称为分级淬火。分级淬火后工件内应力很小，能有效地使工件避免变形与开裂。

④ 等温淬火：将加热后的工件淬入温度略高于 M_s 点的盐浴或碱浴中，停留足够的时间，使过冷奥氏体转变为下贝氏体，然后在空气中冷却，这种淬火方法称为等温淬火。等温淬火能有效地减小变形和开裂，并能提高工件的韧性。

5.2.4 钢的回火

（1）回火的目的

工件淬火后，一般都必须将其再加热到 A_1 以下的某一温度，经适当保温后，冷却到室温，这种热处理工艺称为回火。

工件经过回火后才能在实际中使用。

回火的目的大体可归纳为：

① 按照各种工件性能的要求，采用不同的回火温度，以得到所需要的组织和性能；

② 消除或减少工件在淬火时所产生的内应力，使其在使用过程中不致发生裂纹与变形；

③ 稳定工件尺寸。

（2）淬火钢在回火时的组织和性能变化

淬火钢在不同温度下回火，所得到的组织不同，性能差别很大，总的趋势是随着回火温度升高，其强度、硬度降低，而塑性、韧性提高。回火时钢的性能变化与其内部所发生的组织变化有关。淬火钢在回火过程中发生的组织变化有以下四个方面。

① 马氏体的分解：马氏体是碳在 α 铁中的过饱和固溶体，是一种不稳定的组织，有转变为更稳定组织的倾向。回火时，马氏体中过饱和的碳以碳化物形式析出，使马氏体的过饱和度减小。

高碳马氏体的过饱和度较大。在低于 250℃回火时，其过饱和的碳以 ε 碳化物（化学分子式 $Fe_{2.4}C$）析出，ε 碳化物以极其微小的薄片，弥散分布在马氏体片内。当温度超过 250℃，渗碳体开始形核并长大，ε 碳化物溶解，其中的碳就扩散到新形成的渗碳体中。碳钢马氏体的分解过程到 350℃基本结束，高于 350℃后 α 铁已不再是过饱和状态，但此时 α 铁的形态仍保持马氏体的针状。若连续升高回火温度到 450℃以上，饱和的体心立方 α 铁将开始再结晶，失去针状特征，变成多边形晶粒的铁素体。

含碳量低于 0.4%的淬火钢，在回火过程中不析出 ε 碳化物，过饱和的碳直接以渗碳体形式沉淀出来。

②　残余奥氏体的分解：高碳钢淬火后有较多的残余奥氏体，它在回火时要发生分解。当在 250℃～350℃ 范围内回火时，残余奥氏体分解为过饱和的 α 固溶体和薄片状 ε 碳化物的复相组织，两者保持共格，相当于回火马氏体或下贝氏体。

③　ε 碳化物转变为渗碳体：低温析出的 ε 碳化物是亚稳定相，在 250℃～400℃ 范围内，随温度升高，自发地向稳定相渗碳体转变。转变过程是以 ε 碳化物重新溶入 α 固溶体而稳定相渗碳体不断析出这样一种方式进行的，在转变过程中，α 固溶体只起到碳原子的输送通道作用，刚形成的渗碳体仍是薄片状。温度升高到约 400℃ 后，α 固溶体完成了分解，但仍然保持针状外形。ε 碳化物已消失，渗碳体逐渐聚集长大成细粒状。

④　渗碳体的聚集长大和 α 固溶体的再结晶：400℃ 以上渗碳体明显聚集长大。长大过程是通过不稳定的、细小的渗碳体质点重新溶入 α 固溶体，而较稳定的、颗粒较大的渗碳体的进一步长大来完成的。450℃ 以上 α 固溶体将开始再结晶，从而失去其针状形态，而成为多边形铁素体。

（3）回火的分类及应用

根据工件使用时所要求的力学性能，回火分为低温回火、中温回火和高温回火。

①　低温回火：在 150℃～250℃ 之间进行，回火后组织为回火马氏体。其目的是降低淬火所形成的内应力，使之具有一定韧性，并保持钢的高硬度。低温回火一般用来处理要求高硬度和高耐磨性的工件，如刀具、量具、滚动轴承和渗碳件等。

②　中温回火：在 350℃～500℃ 之间进行，回火后组织为回火屈氏体。中温回火后具有高的弹性极限，并具有一定的韧性。中温回火主要用于各种弹簧。

③　高温回火：在 500℃～650℃ 之间进行，回火后组织为回火索氏体。习惯上把淬火+高温回火称为调质处理。调质处理后既有高的强度极限和屈服极限，又有足够的塑性和韧性，故具有高的综合力学性能。调质处理广泛用于要求高强度并受冲击或交变载荷的重要工件，如连杆、轴类等。

5.3　钢的化学热处理

化学热处理是将钢制零件置于含有某种化学元素的介质中加热、保温，使活性介质中某些元素（金属或非金属元素）渗入钢件表面改变其表面的成分和组织，赋予钢件表面以新的物理、化学及力学性能的热处理工艺称"化学热处理"。

化学热处理的主要用途有三个方面：一是强化表面，提高表面层强度，主要是疲劳强度和耐磨性，如渗碳、渗氮、碳氮共渗等；二是提高表面层硬度或降低摩擦系数，增加耐磨性，如渗硼、渗碳化物形成元素、渗硫、硫氮共渗、氧氮碳共渗等；三是改善表面化学性能，提高耐蚀性和抗高温氧化性，如渗铬、渗硅、渗铝及铬硅铝共渗等。

5.3.1 化学热处理的一般原理

（1）分解
钢渗碳时：

$$2CO \longrightarrow CO_2 + [C]$$

$$C_nH_{2n} \longrightarrow nH_2 + n[C]$$

$$C_nH_{2n+2} \longrightarrow (n+1)H_2 + n[C]$$

钢渗氮时：

$$2NH_3 \longrightarrow 3H_2 + 2[N]$$

（2）吸收

$$3Fe + 2CO \longrightarrow Fe_3C - CO_2 \uparrow$$

$$3Fe + CH_4 \longrightarrow Fe_3C + 2H_2 \uparrow$$

$$8Fe + 2NH_4 \longrightarrow 2Fe_4N + 3H_2 \uparrow$$

吸收的强弱主要取决于被渗入零件的成分、组织结构、表面状态和渗入元素性质。

（3）扩散
扩散是活性原子金属表面吸附后，借助原子的扩散运动向工件内部迁移的过程。

5.3.2 影响化学热处理过程的主要因素

影响化学热处理过程的主要因素有：渗入温度；渗入时间；渗入介质的活性。

5.3.3 钢的渗碳

（1）渗碳的目的与分类
渗碳就是将低碳钢工件放在富碳气氛的介质中进行加热（温度一般为880℃～950℃）、保温，使活性碳原子渗入工件表面，从而提高表层碳浓度，使工件的表面被碳所饱和而获得高碳的渗层组织。

渗碳的目的主要有：①增加钢中表面硬度的耐磨性；②提高钢件表面接触疲劳；③获得良好的综合性能（齿轮：表面耐磨，中心有一定韧性）。

对于在交变载荷、冲击载荷、较大接触应力和严重磨损条件下工作的机器零件，如齿轮、活塞销和凸轮轴等，要求工件表面具有很高的耐磨性、疲劳强度和抗弯强度，而心部具有足够的强度和韧性，采用渗碳工艺则可满足其性能要求。

在实际生产中，根据介质的不同状态可分为固体渗碳、液体渗碳和气体渗碳三种，应用最多的为气体渗碳，它是在具有增碳气氛的气态活性介质中进行的渗碳工艺，是目前应用最广泛、最成熟的渗碳方法。

（2）渗碳工艺

① 渗碳剂的选择：渗碳剂必须具有以下特性。（a）应有足够的活性，渗碳能力强。（b）良好的气氛稳定性，杂质少。（c）碳氧比值要大于 1 [指分子中碳氧的原子比（C/O）]；当比值大于 1 时，在高温下除分解出大量的 CO 和 H_2 外，还有一定的活性碳原子；碳氧比越大，分解出的活性碳原子越多，渗碳能力越强。（d）裂解后产气量高，不易产生大量的炭黑，因为沉积在工件表面上的炭黑会影响渗碳速率和质量。

常用的渗碳剂有：煤油、苯、甲苯、甲醇、乙醇、丙酮、天然气、城市煤气、液化石油气、氰盐（NaCN、KCN）、碳化硅、木炭、"603"、"654" 无毒渗碳剂。

② 渗碳温度：由于 γ-Fe 的溶碳能力较 α-Fe 大，因此通常的渗碳温度为 920℃～950℃，此时渗碳钢处于全部奥氏体状态。

③ 渗碳时间：渗碳时间主要取决于要求获得的渗碳层厚度，渗碳层的厚度与时间呈抛物线关系，渗碳初期速率较快，曲线较陡，随着时间增加，渗碳速率减慢，渗碳层中碳浓度梯度逐渐减小，曲线趋于平缓。在实际生产中，常根据渗碳平均速率来计算保温时间，渗碳钢在 RJJ 型渗碳炉中用煤油作渗碳剂，于 900℃ 左右渗碳，时间与渗碳层厚度的关系可参考表 5.1。

表 5.1　渗碳层厚度与时间的关系

渗碳时间/h	2	4	6	8
渗层厚度/mm	0.4～0.7	0.7～1.0	1.0～1.3	1.2～1.5

（3）渗碳后的热处理及组织

① 渗碳后的热处理：渗碳只能改变零件表面的化学成分，要使零件获得外硬内韧的性能，渗碳后还必须进行淬火加低温回火，回火温度一般为 160℃～180℃，保温时间不低于 1.5h，以改善渗碳钢的强韧性和稳定零件的尺寸。

根据工件的成分、形状和力学性能的要求不同，渗碳后常采用以下几种热处理方法。

（a）直接淬火+低温回火

渗碳后工件从渗碳温度降至淬火温度，均温后直接进行淬火，淬火后再进行低温回火。其工艺曲线见图 5.19。此法常用于气体渗碳及液体渗碳，而固体渗碳由于操作上的困难，很少采用。淬火前应先预冷的目的是减少变形，并使表面残余奥氏体量因碳化物的析出而减少。预冷温度应稍高于钢的 A_{r3}，防止心部析出铁素体。

直接淬火的优点是易于操作，零件的氧化脱碳及淬火变形均较小。但本质粗晶粒钢制工件在渗碳时奥氏体晶粒容易长大，如果采用直接淬火，则会使韧性显著下降。因此只有本质细晶粒钢（低合金渗碳钢）在渗碳后才经常采用直接淬火工艺。20CrMnTi、20MnVB 等钢在气体或液体渗碳后大多采用直接淬火。

（b）一次淬火+低温回火

一次淬火法是将渗碳后的零件于空气中或缓冷坑（周期式渗碳炉）或缓冷室（连续式渗碳炉）中冷至室温，然后重新加热进行淬火和低温回火。其工艺曲线如图 5.20 所示。该工艺在现实生产中被广泛采用。淬火温度应略高于钢的 A_{c3}，对于只要求表层有较高耐磨性而不考虑心部强度的零件，淬火温度一般在 $A_{c1}\sim A_{c3}$ 之间。淬火温度要根据渗层的组织来选择，假如有网状碳化物且十分严重，就必须采用高的淬火温度来消除网状碳化物。

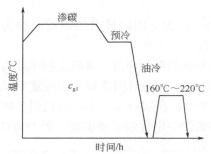

图 5.19　直接淬火+低温回火工艺曲线

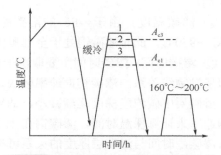

图 5.20　一次淬火+低温回火工艺曲线

1— 保证心部组织和性能要求的淬火；2— 兼顾表面和心部
组织性能的淬火；3— 保证表面组织和性能要求的淬火

该工艺工序较简单，便于操作，质量易于控制；而且可细化晶粒，表层不会出现网状渗碳体，提高了工件的力学性能。该工艺适用于固体渗碳的碳钢和低合金渗碳钢零件，也用于气体、液体渗碳后的粗晶粒钢及渗碳后不能直接淬火或需机加工的零件。

（c）二次淬火+低温回火

将渗碳工件冷至室温后，再进行二次淬火，然后低温回火，如图 5.21 所示。这是一种同时保证心部与表面都获得高性能的热处理方法。第一次淬火，加热心部到 A_{c3} 以上，目的是消除网状碳化物或细化晶粒，碳钢通常为 880℃～900℃，水冷；合金钢为 850℃～870℃，油冷；第二次淬火是为改善渗层组织和性能，获得针状马氏体和均匀分布的未溶碳化物颗粒及少量的残余奥氏体，心部是细粒状的铁素体+珠光体（指碳钢）或低碳马氏体+少量铁素体（指合金钢），第二次淬火的温度为 A_{c1} 以上 40℃～60℃。两次淬火有利于减少表面残余奥氏体的数量，达到对硬度和耐磨性的要求。该工艺的缺点是工艺周期长，能源消耗大，容易造成零件的养护、脱碳及变形，生产成本较高，主要适用于有过热倾向的碳钢和表面要求具有高耐磨性、心部要求具有高冲击性的重载荷零件，即对力学性能要求很高的重要渗碳零件的热处理。该工艺目前已较少应用。

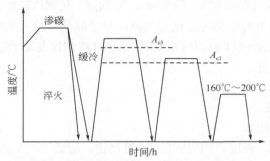

图 5.21　渗碳后二次淬火+低温回火工艺曲线

（d）二次淬火+冷处理+低温回火

对高强度的渗碳件在二次淬火后，需进一步减少表面的残余奥氏体量，通常在低温回火前增加冷处理工序（−80℃～−70℃），用于进一步提高表层硬度。

（e）淬火前进行一次或多次高温回火

该工艺主要应用于高强度合金渗碳钢，如 12CrNi3A、12Cr2Ni4A、18Cr2Ni4WA 等。因增加奥氏体稳定性的合金元素含量较多，淬火后渗层的残余奥氏体量可达 20%～50%，严重地降低了表面硬度（只有 HRC50～55）和尺寸稳定性。故在淬火之前进行一次或两次高温（600℃～650℃）回火，使合金碳化物析出并聚集这些碳化物在随后淬火加热时不能充分溶解，从而使奥氏体中合金元素及碳质量分数降低，M_s 点升高，淬火后残余奥氏体减少。

② 渗碳后的组织：渗碳零件经过热处理后，表层的组织应为细针状的回火马氏体、均匀分布的细粒状碳化物以及少量的残余奥氏体。其心部是低碳马氏体或低碳马氏体加少量的铁素体。

5.3.4　钢的氮化

（1）氮化的特点

氮化是将活性氮原子渗入钢件表面层的过程，即表面被氮原子饱和的过程，又称渗氮。

氮化有以下优点：①有较高的硬度和耐磨性；②有较高的疲劳强度；③变形较小；④有较高的抗蚀性；⑤较小的"咬卡"性。

（2）氮化工艺

渗氮工件在渗氮前应进行调质处理（调质组织检查 GB11354—89）。渗氮温度为 500℃～600℃，渗氮介质为氨气。

（3）渗氮层深度的测量

按照 GB11354—89 规定检查测定。

① 显微硬度法（仲裁法）：用 2.94N（0.3kgf）从试样表面测至比基体维氏硬度值高 50HV 处的垂直距离为氮化层深度；对于氮化层硬度变化很平缓的钢件，其氮化层深度可以从试样表面沿垂直距离方向测到比基本维氏硬度值高 30HV 处，作为氮化层深度。

② 金相法。

③ 断口测定法。

（4）渗氮层的组织

经渗氮处理后，表层为回火索氏体+氮化物，心部为回火索氏体。

5.3.5　碳氮共渗

钢的碳氮共渗又称氰化，是一种同时向钢中渗入 C、N 两种原子以提高零件硬度、耐磨性和疲劳强度的化学热处理。

（1）碳、氮的优缺点和应用

① 优点：（a）可以获得比渗碳更高的硬度和耐磨性，而且具有抗"咬卡"性能，同时可以获得比氮化更高的硬化层和较小的脆性，以及钢的疲劳性能；（b）碳氮共渗温度一般较渗碳温度低，因此可以直接淬火，简化工艺，减少变形，延长设备寿命；（c）由于表面层氮的渗入，使钢具有高的淬透性，因此在一定条件下代替合金。

② 缺点和局限性：（a）渗层较薄，对承受很高的压强和有渗层要求厚的零件不能满足；（b）渗层抗冲击性能较渗碳差，不能承受较大的冲击载荷。

（2）碳氮共渗分类

碳氮共渗分为三类：高温碳氮共渗（900℃～950℃）；中温碳氮共渗（760℃～860℃）；低温碳氮共渗（500℃～600℃）。

（3）中温碳氮共渗组织

① 中温碳、氮共渗缓慢组织：最表面白色区域-富氮层；第三层为过渡层，即亚共析区心部组织为铁素体+珠光体。

② 碳、氮共渗层的淬火组织：表面为氮化马氏体；次表面为 M+残余奥氏体；M 体+屈氏体；屈氏体。

（4）碳氮共渗层深度的测定方法

① 维氏硬度法（仲裁法）：（a）离表面 3 倍于有效硬化层处的硬度小于 HV450 时（中心硬度），界限值为 HV550。（b）离表面 3 倍于有效硬度大于 HV450 时（中心硬度），采用比 HV550 大的界限值（以 HV25）为一级。

② 金相法：碳、氮共渗深度=过共析+共析+$\frac{1}{2}$亚共析（过滤区）。

对于高铬钢（1Cr13，2Cr13）：碳、氮共渗深度=过共析+共析+$\frac{2}{3}$过滤区。

5.3.6　渗硼

将钢的表面渗入硼元素以获得铁的硼化物的工艺称为渗硼。渗硼能显著提高钢件表面硬度（HV 2000～3000）和耐磨性，以及具有良好的红硬性及耐蚀性。

（1）渗硼分类

渗硼的方法可分为液体、固体、气体、等离子法。表 5.2 为各种方法所用的渗硼介质。

表 5.2　渗硼介质和渗硼方法

渗硼方法	渗硼介质	工艺特点
气体	$BCl_3(BF_3、BBr_3)+H_2$ $B_2H_6+H_2$ $(CH_3)_3B、(C_2H_5)_3B$	用电阻丝加热，也可用感应加热，到温后通入渗硼介质
等离子态	$B_2H_6+H_2$	利用辉光放电离子化，在电场作用下，硼离子正向工件
液体	$Na_2B_4O_7+SiC$（硼铁） $Na_2B_4O_7$+还原剂+中性盐	工件浸在熔融的盐浴中
	$Na_2B_4O_7+NaCl+B_2O_3$ HBO_2+NaF 熔化的氟化物+硼或固体硼化物	电解，工件作阴极，石墨作阳极
固体	非晶硼+活化剂 硼铁+活化剂 B_4C+活化剂	粉末装箱，在箱式电炉中加热或将渗硼介质和石墨混合在流动粒子炉中加热
	$B_4C+Na_3AlF_6$+硅酸乙酯 硼铁+ Na_3AlF_6+水玻璃	制成膏剂涂在工件表面，感应加热或保护条件下加热，将膏剂涂于铸型型腔表面，利用钢水热量实现铸渗

（2）渗硼层的热处理及组织

为提高基体材料的力学性能，使薄的硼化物层获得强有力的支承，渗硼后一般需进行淬火、回火处理。承受大负荷的零件，经渗硼后空冷再进行重新加热淬火和回火处理。渗硼件淬火工艺要根据基体材料的化学成分确定，淬火温度应取常规淬火温度的下限。为了防止硼化物过烧，渗硼件淬火加热必须低于 Fe 和 Fe_2B 的共晶转变温度。淬火时，硼化物不发生相变，但基体发生相变，因此渗硼层容易出现裂纹和崩落，这就要求尽可能采用缓和的冷却方法，淬火后应及时进行回火。渗硼后的热处理对渗层硬度和耐磨性基本上无影响，但能在一定程度上调整渗硼层的脆性。回火温度提高，基体比容减少，表面残余压应力增加，可减少脆断脆性，增加剥落脆性。回火温度的选择，应根据渗硼件服役条件和失效形式而定。

钢的表面渗入硼后，由于硼在 γ-Fe 中的溶解度很小（≤0.008%），因此立即形成 Fe_2B，再进一步提高浓度则形成硼化物 FeB。渗硼层组织自表面至中心只能看到硼化物层，如浓度较高，则表面为 FeB，其次为 Fe_2B，呈梳齿状楔入基体。

（3）硼化层的性能

渗硼具有比渗碳、碳氮共渗高的耐磨性，又具有较高耐浓酸（HCl，H_3PO_4，H_2SO_4）腐蚀能力及良好的耐盐水、苛性碱水溶液的腐蚀，但耐大气及水的腐蚀能力差。渗硼层还有较高的抗氧化及热稳定性。

5.3.7 渗铝

（1）渗铝分类

铝层能形成致密的氧化膜，提高钢铁材料的抗高温氧化性及耐蚀性，特别是对提高抗高温氧化性很有效。形成铝层的方法很多，有电镀、气相沉积、热镀、热喷涂等。粉末渗铝工艺简单，由于扩渗温度太高、工件变形大、心部组织太粗而应用不太多。但在苛刻的高温下工作的耐热钢、镍基合金和钴基合金件，有的仍使用固体粉末法渗铝。使用最多的是热镀铝，如大量生产的热镀铝钢板、钢丝。机械能助渗铝新技术将渗铝温度降低到 600℃ 左右，将透烧和扩渗时间总和缩短到 1h～4h，节能相对显著，工件基本无变形，产品质量高，可能逐步代替热镀铝在工业上推广应用。

（2）渗铝层的组织与性能

渗铝层组织从表面至心部，最外层是不易腐蚀的铝铁金属间化合物，主要是 Fe_2Al_5 或 $FeAl_3$；次表层是由针状组织组成的一个薄层，是铁铝化合物 Fe_3Al、超结构固溶体 FeAl 与 α 固溶体两相混合；再往里是柱状晶的含铝的 α 固溶体，内部是基体。

钢渗铝在氧化介质中形成与基体金属结合牢固的 Al_2O_3 和尖晶石型氧化物（$FeO \cdot Al_2O_3$）膜。由于它紧固致密、具有良好的防护作用，既可提高表面抗氧化性、耐蚀性，又可保持心部韧性。渗铝层抗大气腐蚀优于渗锌。渗铝层还能抗 H_2S、SO_2、碳酸、硝酸、液氨及水煤气的腐蚀，特别是抗硫化氢腐蚀的能力尤为显著。具有高抗氧化能力的渗铝层的含铝量不能小于 12%，最好是 32%～33%。

5.4　有色金属的热处理

对有色金属及其合金最常使用的热处理是退火、固溶处理及时效。形变热处理也有应用，化学热处理应用较少。

5.4.1　退火

根据所要达到的具体目的，退火分为去应力退火、再结晶退火、均匀化退火和同素异构重结晶退火。

（1）去应力退火

铸件、焊接件、切削加工件、塑性变形工件往往有很大的残余应力，使合金的应力腐蚀倾向大大增加，组织及力学性能的稳定性显著降低，因此必须进行去应力退火。去应力退火就是把合金加热到一个较低的温度（低于材料的再结晶起始温度），保温一定时间，以缓慢速率冷却的一种热处理工艺，如图 5.22 中曲线 1 所示。

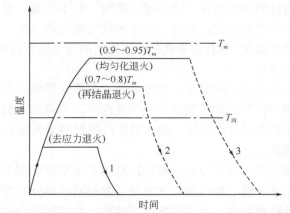

图 5.22　去应力退火、再结晶退火和均匀化退火规范示意图

（T_m 为合金熔点的热力学温度）

去应力退火的过程是一个回复过程。影响去应力退火质量的最主要因素是加热温度。加热温度选择过高，则工件的强度、硬度降低较多，影响产品质量；加热温度选择过低，则需要很长的加热时间，才能较充分地消除内应力，影响生产效率。

（2）再结晶退火

把工件加热到再结晶温度以上，保持一定时间，而后以缓慢温度冷却（如图 5.22 中曲线 2 所示）的工艺过程称为再结晶退火。进行再结晶退火的目的是细化晶粒，充分消除内应力和使合金的硬度降低，塑性变形能力提高。对于不能热处理强化的合金，冷却速率大小对性能无影响，对于能热处理强化的合金则需缓慢冷却。

为了获得细晶粒组织，必须正确控制加热温度、保温时间和加热速率这三个因素。对同一合金来说，加热温度越高，保温时间就要越短，否则将进入聚集再结晶阶段，使晶粒长大。加热温度越低，保持时间就应越长，否则再结晶过程进行不充分，达不到再结晶退火的目的。但保温时间长，将降低生产率。

增加加热速率，提高加热温度，有利于获得高的生产率，得到细小均匀的组织。但保温时间要相应缩短。

对现有工业有色金属合金所使用的再结晶退火温度的统计表明，有色金属及其合金最佳的再结晶退火温度为 $(0.7\sim0.8)T_m$（T_m 为合金熔点的热力学温度）。

对于在加热或冷却过程中有溶解和析出相变，因而有热处理强化效果的合金进行再结晶退火时，冷却速率关系很大。这类合金在加热及保温过程中，强化相将溶入固溶体，并在冷却时又从固溶体中析出。若冷却速率很慢，强化相能从固溶体中充分析出，并长大为颗粒状，则合金的强度、硬度降低，塑性增大；若冷却速率快，将获得过饱和固溶体；冷却速率稍慢，但不够慢，则强化相只能呈弥散状态析出，来不及聚集粗化，此时，合金的硬度将仍然很高，特别是热处理强化效果大的合金更是如此。故对热处理强化效果大的合金进行再结晶软化退火时，必须以很慢的速率冷却。

由于再结晶退火后合金的强度、硬度降低，塑性变形能力大大提高，故在材料冷变形加工过程中，当其硬化到难于继续变形时，常常对它们也进行再结晶退火，使其软化。这种为了软化金属，便于继续冷变形的退火称为中间退火。

（3）均匀化退火

浇注铸件或铸锭时，由于冷却速率快，结晶在不平衡状态下进行，常常出现偏析、不平衡共晶体、第二相晶粒粗大以及硬脆相沿晶界分布等缺陷，使合金强度、硬度、抗蚀性严重降低。为了消除这类缺陷，需要进行均匀化退火，即将合金加热到接近熔点的温度，保持一定时间后，以缓慢速率冷却，如图 5.22 中曲线 3 所示。

在均匀化过程中，由于温度高，原子扩散快，树枝状偏析将消失；沿晶界分布的不平衡共晶体及其他不平衡相将被溶解；在均匀化温度下仍处于过饱和状态的固溶体，在均匀化保温过程中将析出过剩相；有的过剩相还可能被球化，从而显著提高合金的塑性以及组织和化学稳定性。合金化程度较高的变形合金的铸锭，在轧制前一般都要进行均匀化退火，以提高它们的塑性变形性能，提高生产率。

均匀化过程是一个原子扩散过程；因此均匀化退火又称为扩散退火。影响均匀化退火质量的因素主要是加热温度和保温时间，对某些合金，冷却速率和加热速率也有重要影响。

加热温度越高，原子扩散越快，故保温时间可以缩短，生产率得到提高。但是，加热温度过高容易出现过烧（即合金沿晶界熔化），以致力学性能降低，造成废品。有色金属合金的均匀化温度一般为 $0.95T_m$。保温时间决定于加热温度及合金的原始组织，合金化程度越高，合金组织越粗大，耐热性越好时，所需的保温时间就越长。铝、镁合金铸锭的均匀化一般为 8h～36h。经过变形的合金均匀化时间可大大缩短。

对于第二相在基体金属中溶解度变化大，因而能热处理强化的合金，其均匀化处理的冷却速率关系很大，一般需要很缓慢地冷却，才能使强化相析出呈颗粒状，使合金的硬度得以降低，塑性变形能力得以提高；冷却不够慢，强化相析出呈弥散状态则合金的强度、硬度将较高或很高。

对于形状复杂，合金化程度很高，组织复杂，因而塑性很差的铸件，加热速率不能快，否则所产生的热应力及组织应力将使铸件在加热过程中开裂。

5.4.2 固溶处理

对第二相在基体相中的固溶度随温度降低而显著减小的合金，可将它们加热至第二相能全部或最大限度地溶入固溶体的温度，保持一定时间后，以快于第二相自固溶体中析出的速率冷却（淬火），即可获得过饱和固溶体。这种获得过饱和固溶体的热处理过程称为固溶处理或淬火。固溶处理是有色金属合金强化热处理的第一个步骤。固溶处理后，随即进行第二个步骤——时效，合金即可得到显著强化。

有色金属合金固溶处理后，塑性和抗蚀性一般都显著提高，强度变化则不一样，大多数有所增加，但也有降低的，如铍青铜。

有色金属合金淬火的目的是把合金在高温的固溶体组织固定到室温，获得过饱和固溶体，以便在随后的时效中使合金强化。这与钢的情况不同。钢淬火的目的一般是为了得到马氏体，使合金大大强化，在随后的回火过程中，根据需要调整其性能（降低硬度、强度，提高塑性、韧性），以获得所需的强度与塑性的配合。

有些有色金属合金，如钛合金、Cu-Zn 合金、Cu-Sn 等合金，淬火也能得到马氏体组织，但由于这些合金的马氏体是置换式过饱和固溶体，因此它们的马氏体硬度比基本金属增加不多，达不到显著强化合金的目的。

影响固溶处理的主要因素是加热温度、保温时间和冷却速率。加热温度一般又称为淬火温度。淬火温度越高，保温时间越长，则强化相溶解越充分，合金元素在晶格中的分布也越均匀，同时晶格中空位浓度增加也有越多。这些因素结合起来，能较好地促进时效效果的提高。

最佳的淬火加热温度是能够保证最大数量的强化相溶入基体，但又不引起过烧及晶粒长大的温度。保温时间要保证能溶入固溶体的强化相充分溶入，以得到最大的过饱和度。因此，铸造合金，特别是成分复杂、强化相粗大的铸态合金的保温时间要比变形合金长得多。但是保温时间过长对变形合金和某些铸造过程中形成强烈内应力的多相铸造合金，会引起晶粒长大。

冷却速率不够快时，固溶体中的空位浓度会减小，从而使时效效果降低。淬火冷速小于过饱和固溶体发生分解的"临界冷速"时，不仅晶格中的空位浓度会更多地减小，而且固溶体还会发生不同程度的分解，使时效效果降低得很多。冷却速率过快，又会产生强大的内应力，使塑性较低的合金发生开裂，形成废品。因此，对于塑性较低的铸造合金，为了避免工件破裂，或减少淬火应力，需要在热水或油中淬火。有时为了减少淬火应力或工件变形，塑性较好的合金也在热水或油中淬火，但强度将有所损失。

5.4.3 时效

淬火获得的过饱和固溶体处于不平衡状态，因而有发生分解和析出过剩溶质原子的自发趋势。有的合金在常温下即开始进行这种析出过程，但由于温度低，一般只能完成析出的初始阶段；有的合金则要在温度升高，原子活动能力增大以后，才开始这种析出。前者称为自然时效，后者称为人工时效或回火。

过饱和固溶体的分解过程决定于发生分解温度。对大多数合金来说，在低温下的分解一般经历三个阶段。先是在过饱和固溶体中，溶质原子沿基体的一定晶面富集，形成偏聚区，即 G.P.区。G.P.区与母相共格，往往呈薄片状。进一步延长时间或升高温度，G.P.区长大并转变为一种中间过渡相，其成分及晶体结构处于母相与稳定的第二相之间的某种中间过渡状态。最后，中间过渡相转变为具有独立晶体结构的稳定的第二相。

时效使合金的强度、硬度升高，但塑性和抗蚀性下降。时效强化的效果决定于合金的成分、固溶体的本性、过饱和度、分解特性和强化相的本性等，因此有的合金系时效强化效果高，有的合金系则时效强化效果低。

对同一成分的合金来说，影响其时效强化效果的主要工艺因素有时效温度和时间，淬火加热温度和淬火冷却速率，以及时效前的塑性变形等。

（1）时效温度对时效强化效果的影响

对同一成分的合金在不同温度下进行时效时，合金硬化与时效温度的关系如图 5.23 所示。随着时效温度的升高，合金的硬度增大，当温度增至某一数值后达到极大值。进一步升高温度，硬度下降。合金硬度增大的阶段称为强化时效，下降的阶段称为软化时效或过时效。时效温度与合金硬化的这种变化规律同过饱和固溶体的分解过程有关。

如前所述，许多合金的硬化，在第一、二阶段之间或第二阶段，达到最大值，当固溶体分解进入第三阶段，特别是弥散相粗化阶段，合金硬度即剧烈降低。由于分解速率同温度有关，故在某一温度下，合金在给定的时效时间内，达到了具有最大强化效果的阶段，因此在曲线上出现极大值。进一步升高温度，固溶体的分解进入最后阶段，强化效果减弱。当弥散相聚集粗化到一定程度后，强化效果即完全消失。

不同成分的合金获得最佳强化效果的时效温度不同。所有有色金属合金的最佳时效温度与它们的熔点有关，并具有下列关系：

$$T_a = (0.5 \sim 0.6) T_m$$

式中，T_a 表示合金获得最佳强化效果的时效温度。

（2）时效时间对时效强化效果的影响

固定时效温度，对同一成分的合金进行不同时间的时效，其硬度与时效时间和温度的关系如图 5.24 所示，称为时效曲线。在较低温度时效时，硬化效果随温度的升高而增大，但达不到最高数值。当温度达到某一数值 [图 5.24 中的 t_4 即 $(0.5 \sim 0.6) T_m$] 后，曲线出现极大值，并获得最佳的硬化效果。进一步提高时效温度，则合金在较早的时间内即开始软化，而且硬化效果随温度的升高而降低，得不到最佳的硬化效果。

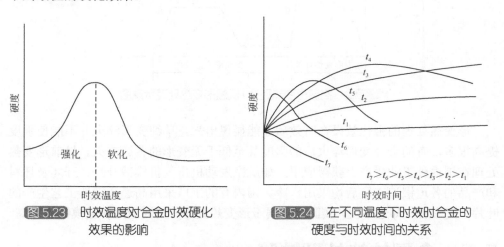

图 5.23　时效温度对合金时效硬化效果的影响

图 5.24　在不同温度下时效时合金的硬度与时效时间的关系

（3）淬火温度、淬火冷却速率和塑性变形对时效强化效果的影响

实验表明，合金淬火温度越高，淬火冷却速率越快，在淬火过程中固定下来的固溶体晶格中空位的浓度越大，则固溶体的分解速率及硬化效果都将增大。淬火冷却速率减慢时，晶格中淬火产生的过剩空位将减少，若冷却速率过低，则固溶体在冷却过程中还可能发生分解，使过饱和程度降低。无论减少晶体中过剩空位的浓度，或降低固溶体对溶质原子的过饱和度，都将降低合金的时效速率和时效硬化效果。

合金淬火后进行冷塑性变形将强烈影响过饱和固溶体的分解过程。可以认为，合金在淬火后进行冷塑性变形，其作用与高温快速淬火的作用相似，是增加过饱和和固溶体的晶格缺陷，从而提供更多的非自发晶核，提高固溶体的分解速率和析出物密度，得到更为弥散的析出物质点，使合金的硬化效果增大。

5.4.4 形变热处理

形变热处理是将变形和热处理结合起来进行的一种热处理工艺。根据变形温度的不同分为两类：变形加工在再结晶温度以上进行的称为高温形变热处理；在再结晶温度以下进行的称为低温形变热处理。根据不同情况这两种形变热处理可以分别进行，也可以组合进行。图 5.25 为一种 β 合金管材的形变热处理的组合工艺示意图。

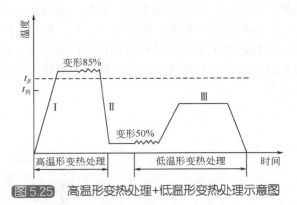

图 5.25 高温形变热处理+低温形变热处理示意图

形变热处理的强化效果在时效后才能显现出来。单纯变形淬火并不能使强度提高很多，有的合金变形淬火后的强度甚至低于无变形的普通淬火。目前形变热处理在国内外工业生产上获得应用，如航空发动机压气机模锻叶片，开坯及坯料和产品的各道锻造工序后均采用水冷。国内有的工厂采用高速锤锻造工艺生产的叶片，变形后冷却速率快，实际上亦属于形变热处理，其性能比普通模锻叶片高。

5.5 金属的热处理缺陷

热处理是通过改变材料内部微观组织结构，达到零件宏观性能要求的特种工艺，所以，热处理缺陷大部分是微观的，小部分是宏观的。热处理属批量连续生产，一旦发生热处理缺陷，一般情况涉及范围比较大。因此，热处理缺陷是危害性大的缺陷，应尽可能防止。

热处理缺陷一般按性质分为七大类，主要包括裂纹、变形、残余应力、组织缺陷、性能不合格、脆性及其他缺陷，见表 5.3。

表5.3　热处理缺陷的分类

缺陷类别	热处理缺陷名称
裂纹	淬火裂纹、延迟裂纹、回火裂纹、时效裂纹、冷处理裂纹、感应加热淬火裂纹、火焰加热淬火裂纹、剥落、分层、鼓包
变形	尺寸变形：胀大、缩小、伸长、缩短
	形状变形：弯曲、扭曲、翘曲
残余应力	组织应力、热应力、综合应力
组织缺陷	氧化、脱碳、过热、过烧、粗晶、魏氏组织、碳化物石墨化、网状碳化物、共晶组织、萘状断口、石状断口、鳞状断口、球化组织不良、反常组织、内氧化、黑色组织、渗碳层碳化物过多、心部组织铁素体过多、渗氮白层、渗氮化合物层疏松、针状组织、网状和脉冲氮化物、渗硼层非正常组织、硼化层孔洞、螺旋状回火带
性能不合格	硬度不合格、软点、硬化不均匀、软化不均匀、拉伸性能不合格、持久蠕变性能不合格、疲劳性能不合格、耐蚀性能不合格、渗碳表面硬度不足和心部硬度不合格、渗氮表面硬度不足和心部硬度不合格、感应加热淬火硬度不足和不均匀、火焰加热淬火硬度不足和不均匀
脆性	退火脆性、回火脆性、氢脆、σ脆性、300℃脆性、渗碳层剥落、渗氮层脆性、低温脆性
其他缺陷	化学热处理和表面热处理的硬化层深度不合格，真空热处理和保护热处理的表面不光亮与氧化色、表面增碳或增氮、表面合金元素贫化和粘连，铝合金热处理的高温氧化、起泡、包铝板铜扩散、腐蚀或耐腐蚀性能下降，镁合金热处理的熔孔、表面氧化、晶粒畸形长大、化学氧化着色不良，钛合金热处理的渗氢、表面氧化色，铜合金热处理的黑斑点、黄铜脱锌、纯铜氢脆、铍青铜淬火失色、粘连，高温合金热处理的晶间氧化、表面成分变化、腐蚀点和腐蚀坑、粗大晶粒或混合晶粒

5.5.1　热处理裂纹

　　裂纹是最危险的热处理缺陷，一般称为第一类热处理缺陷。热处理裂纹属于不可挽救的缺陷，一般只能将裂纹零件报废处理。如果漏检带到使用中去，很容易扩展引起断裂，造成重大事故。所以，热处理生产中要特别注意避免产生裂纹，并严格检查，防止漏检。

　　在热处理的整个过程中，如淬火加热和冷却、回火、冷处理、时效等各个工序中，如果某些因素（设计、工艺、设备、操作等）不当，都有可能产生裂纹。热处理裂纹包括淬火裂纹、加热裂纹、回火裂纹、冷处理裂纹、时效裂纹等，其中淬火裂纹是最常见的、影响最大的热处理裂纹。

　　淬火裂纹系宏观裂纹，主要由宏观内应力引起。在实际生产中，工件由于结构设计不合理、材料选择不当、淬火温度控制不正确、淬火冷速不合适等因素，一方面增大了显微裂纹的敏感度，增加了显微裂纹的数量，降低了材料的脆断抗力，从而增大淬火裂纹形成的可能性；另一方面增大了淬火内应力，使已形成的淬火显微裂纹扩展，形成宏观的淬火裂纹。

　　以裂纹形态及残余应力的类型作为分类依据，淬火裂纹可分为五类：纵向裂纹、横向裂纹（弧形裂纹）、网状裂纹、剥离裂纹和显微裂纹，如图5.26。

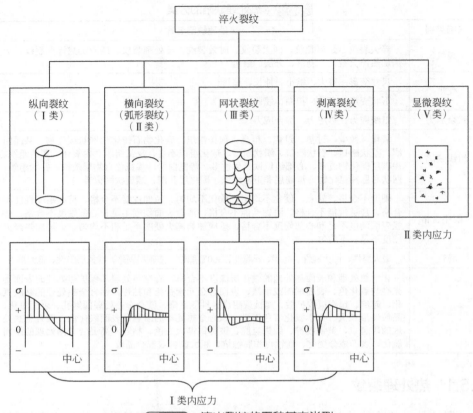

图 5.26　淬火裂纹的五种基本类型

（1）纵向裂纹

　　纵向裂纹，又称轴向裂纹，是生产中最常见的一种淬火裂纹。裂纹特征是沿轴向分布，由工件表面裂向心部，深度不等，一般深而长。由于工件几何形状的变化，裂纹方向也随着变化，或者由于内部组织缺陷的影响，裂纹的走向也将改变。图 5.27 是典型的纵向淬火裂纹。

　　纵向裂纹常发生在完全淬透的工件上。工件完全淬透时，中心和表面都是马氏体组织，内部硬度相近，但表面和中心的组织转变不是同时进行的。淬火时表面冷却快，先发生向马氏体转变，等表层马氏体转变完成时，中心才开始进行向马氏体转变。由于马氏体比容大，最终的组织应力在表面形成拉应力，心部形成压应力。同时，由于冷却的不同时性，热应力在表面是压应力，心部为拉应力。一般来说，相对截面尺寸不太大，工件全部淬透，与组织应力相比，热应力较小，二者叠加之后，表面为拉应力，心部为压应力。当表面的切向拉应力比轴向拉应力大，而且超过钢的破断抗力时，便形成由表面向内部的纵向裂纹。

钢件纵向裂纹的倾向与以下因素有关：

① 钢中含碳量。当钢中含碳量增加，且马氏体的固溶碳含量增加时，组织应力影响增大，纵向淬裂的倾向增大。

② 钢材冶金质量。当钢中夹杂物、碳化物含量高时，轧制或锻造钢材时，夹杂物和碳化物将沿着轴向呈线状分布或带状分布，则横向的断裂抗力要大大低于轴向断裂抗力。因此，在同样的淬火应力作用下，甚至是切向应力小于轴向应力时，也可能在工件中形成由表面向中心的纵向裂纹。

③ 钢件尺寸大小。钢件尺寸小，相变的不同时性和冷却的不同时性所引起的应力较小，不易淬裂；截面尺寸大的工件，表面呈压应力也不易淬裂。所以，对于一种钢在同一种淬火介质中淬火时，在淬透情况下存在一个淬裂的危险截面尺寸。图 5.28 是 45 钢与 55 钢淬火裂纹率与工件截面尺寸的关系，可见对裂纹最敏感的截面尺寸是 5mm～8mm，其峰值在 6mm～7mm 之间，峰值处裂纹出现率高达 100%。

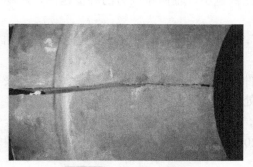

图 5.27　纵向淬火裂纹

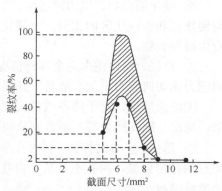

图 5.28　45 钢和 55 钢淬火裂纹率与工件截面尺寸的关系

④ 零件形状的影响。零件形状对淬火裂纹的影响是比较复杂的。圆套或空心厚壁管类零件，淬火裂纹常产生在内孔壁上。淬火时由于内孔冷却较慢，热应力较小，内孔表面在组织应力作用下一般处于拉应力状态，而且切向拉力较大，内孔越小，冷却速率越慢，热应力大为减小，切向拉应力变得更大，当应力超过断裂抗力则产生纵向裂纹。

⑤ 淬火加热温度。淬火温度升高，奥氏体晶粒长大，钢的断裂抗力降低，则淬裂倾向增大。

（2）横向裂纹（弧形裂纹）

横向裂纹断口与工件轴线垂直，裂纹不是起源于表面，而是在内部，并以放射状向周围扩展。横向裂纹多发生在以下情况：

① 较大工件未淬透时，在淬硬区与非淬硬区过渡处有一个最大轴向拉应力，

从而引起横向裂纹。横向裂纹从内部产生，垂直于轴向扩展，而且当应力发生变化，或钢的断裂强度降低时，裂纹才扩展到表面。

② 在表面淬火时，硬化区和非硬化区之间存在较大的切向或轴向拉应力，从而形成过渡区裂纹，这种裂纹由过渡区向表面扩展表现为呈表面弧形裂纹。

③ 工件的凹槽、棱角、截面突变处时常发生弧形裂纹。

④ 淬火工件有软点时，软点周围有一个过渡区，该处拉应力很大，从而引起弧形裂纹。

⑤ 带槽、中心孔或销孔的零件淬火时，槽、中心孔或销孔部位冷却较慢，淬硬层较薄，过渡区易形成弧形裂纹。

钢件的横向淬火裂纹的形成倾向与以下因素有关：

① 钢的成分。与低碳钢相比，在有相同大小未硬化心部时，高碳钢具有更大的轴向拉应力，更易引起横向裂纹。

② 硬化层分布。钢的淬透性、工件的截面大小、淬火加热温度等因素，可影响硬化区和非硬化区的比例。非硬化区比例越小，轴向拉应力的峰值越高，越易发生横向裂纹。

③ 直径。钢件在未完全淬透情况下，随直径的增大，中心拉应力变大，且轴向应力比切向应力更大，故易开裂。

④冶金质量。对于淬不透的大型工件，若钢件内部有冶金缺陷，如白点、夹杂、疏松、缩孔残余等，则首先从缺陷处产生内部横向裂纹。

⑤ 形状。空心圆柱体，当内孔小时，内表面冷却不良，产生拉应力，易开裂。如石油打捞公锥，内孔小且长（内孔$\phi 20mm \times 900mm$），曾产生过成批内孔开裂的质量事故。

由于工件形状各式各样以及热处理工艺因素的影响，使内应力和材料的脆断抗力变化复杂化，横向裂纹和纵向裂纹可同时出现在一个工件上。

（3）网状裂纹

网状裂纹的外部特征见图 5.29。这种裂纹是一种表面裂纹，其深度较浅，一般在 0.01mm～1.5mm 左右。裂纹走向任意，与工件外形无关，许多裂纹相互连接形成网状。裂纹分布面积较大 [图 5.29（a）]。当裂纹变深时，网状逐渐消失；当达到 1mm 以上时，就变成任意走向的或纵向分布的少数裂纹了 [图 5.29（d）]。

网状裂纹的形成与工件表层受二维拉应力有关。当工件表层具有二维拉应力且拉应力较大、表层又较脆、断裂强度较低时，容易形成这类裂纹。

表面脱碳的高碳钢工件淬火后极易形成网状裂纹。这是因为表面脱碳层淬火后，内层马氏体含碳量比表层高，表层形成的马氏体与内部的马氏体体积差增大，使表层造成很大的多向拉应力。图 5.30 为表面脱碳的高碳钢圆柱体淬火后的残余应力及分布情况。从图中可见，在脱碳层中形成了特殊的应力分布，特别是油淬

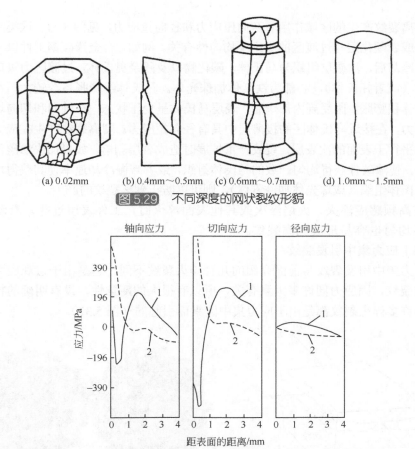

(a) 0.02mm　　(b) 0.4mm～0.5mm　(c) 0.6mm～0.7mm　(d) 1.0mm～1.5mm

图 5.29　不同深度的网状裂纹形貌

轴向应力　　切向应力　　径向应力

应力/MPa

距表面的距离/mm

图 5.30　表面脱碳的高碳钢圆柱体（ϕ18mm）淬火后的热处理应力情况

1—$w_C = 0.7\%$，900℃，水淬；2—$w_C = 0.5\%$，$w_{Cr} = 1.0\%$，850℃，油淬

后的表层，无论是轴向或切向应力均为拉应力，而且应力值都很大。因此，在某些合金钢中，脱碳的工件油淬后便可能形成网状裂纹。一些在机械加工中未完全除去脱碳层的工件，在高频淬火或火焰淬火时也会形成网状裂纹。在生产实际中发现，**40CrMnMo** 锻件毛坯，因加工余量较少，粗加工后，仍留有黑皮，淬火后在原黑皮处（即脱碳层）出现网状裂纹。但是，并非脱碳层一定产生网状裂纹。当表层完全脱碳时，淬火后表层为铁素体，因铁素体塑性较好，易变形，导致应力松弛，则不易形成网状裂纹。

（4）剥离裂纹

剥离裂纹的特征是淬火后裂纹发生在工件次表层，裂纹与工件平行。这种裂纹多发生在表面淬火，或表面渗碳、碳氮共渗、渗氮和渗硼等化学热处理的工件中，裂纹的位置多在硬化层和心部交界处，即多产生在过渡区。

剥离裂纹产生的区域作用着两向压应力和径向拉应力，见图 5.31。这类应力与硬化层或者硬化层与过渡区的组织不均匀性有关。例如，合金渗碳钢工件以一定速率淬火冷却后，渗碳层组织为马氏体、碳化物以及残余奥氏体，过渡区为贝氏体加马氏体（或者托氏体），心部为铁素体加珠光体。马氏体线膨胀系数较大，在相变时产生体积膨胀，因受到内部牵制，表层马氏体呈受压状态，在轴向和切向均表现为压应力，在接近马氏体区的极薄层中具有径向拉应力。剥离裂纹产生在应力急剧变化的平行于表面的次表层，裂纹严重扩展时造成表层剥落。如果加快渗碳件的冷却速率，使渗碳件获得均匀一致的马氏体组织，或者减慢冷却速率使其获得均匀一致的托氏体组织（或珠光体加铁素体），则可以防止剥离裂纹的产生。

在高频感应淬火、火焰淬火或其他表面淬火时，工件表层过热，沿硬化层组织不均匀也容易形成剥离裂纹。

（5）应力集中引发裂纹

应力集中引发裂纹与前面介绍的几种淬火裂纹不同。它是由于宏观应力集中引起的裂纹，因应力同许多因素有关，所以有很大的随意性，没有明确的特征。生产中许多淬火裂纹都是由于应力集中因素而引起的（图 5.32）。

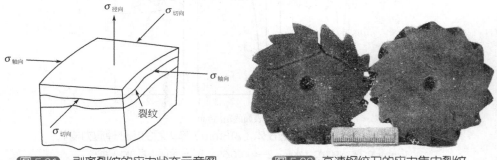

图 5.31　剥离裂纹的应力状态示意图　　　　图 5.32　高速钢绞刀的应力集中裂纹

应力集中由零件的几何形状和截面变化引起。当构件上不同部位的截面尺寸相差很大时，在不同部位冷却速率差异加大，不同部位马氏体相变的不同时性加大，组织应力增大。应力集中部位一旦产生淬火拉应力，会使拉应力在局部位置增加，当应力超过材料脆断抗力时，则产生应力集中裂纹。

除构件的结构和外形外，过深的切削加工刀痕往往也会引起应力集中，淬火时容易沿刀痕形成裂纹。有时在钢件上面打印标记处也会引起应力集中裂纹。

此外，非金属夹杂物及碳化物等，特别是当其数量较多，且分布不合理时，不仅使断裂强度降低，往往会引起应力集中，造成淬火裂纹。

（6）过热淬火裂纹

由于原始组织不合格，或者淬火加热温度过高，或淬火加热时间过长。易引起奥氏体晶粒长大。在快速冷却淬火时，形成一种宏观上没有规律性、显微观察为组织粗大、裂纹沿晶界分布的淬火裂纹，称之为过热淬火裂纹。

（7）预防淬火裂纹的方法

预防淬火裂纹首先应从产品设计抓起，应正确地选择材料、合理地进行结构设计、提出恰当的热处理技术要求。零件设计完成以后，热处理工艺人员要对图样进行工艺性审查。最后，工艺人员要正确制定热处理工艺，选择合适的加热温度、保温时间、加热介质、冷却介质和冷却方法以及操作要点，现场施工技术员要进行工艺验证，操作者要正确执行工艺，正确进行操作。

预防淬火裂纹的措施和方法见表 5.4。

表 5.4　预防淬火裂纹的措施和方法

项目	措施	方法
产品设计	正确选择材料	在满足技术性和经济性的前提下，选择淬裂倾向小的材料；降低碳含量，少量合金化；V、Ti、Nb 微量合金化，降低 Si、B、Al 合金元素含量；对于形状复杂的工件，为避免淬火开裂，选择淬透性较好的钢，并用冷却能力弱的淬火介质
	合理的结构设计	截面尺寸均匀；圆角过渡；尽量避免过大的形状和尺寸差异
	合适的热处理技术条件	满足工作要求前提下，尽量减少淬火硬化程度和部位，以局部淬火或表面硬化代替整体淬火；根据零件服役要求，合理调整淬火件各部分的硬度；注意钢材的质量效应，根据零件截面尺寸合理确定切实可行的技术条件；避免在第一类回火脆性区回火
工艺路线	合理安排冷、热加工的工序和位置	对于硬度要求不太高的零件，可先进行调质处理，再机械加工至零件最终尺寸
	正确安排预备热处理	对于有尖角、截面变化较大的工件，淬火前又具有较大残余应力的情况，应进行淬火前的高温回火（或低温退火）； 对于某些形状复杂、精度要求高的零件，在粗加工与精加工之间、淬火之前应进行消除应力退火； 对于截面尺寸较小的高碳钢工件，预备热处理提供球状珠光体组织； 对于截面尺寸较大的高碳钢工件，淬火前采用正火处理，获得细片状珠光体，以期淬火时增加淬硬层深度，防止弧形裂纹； 为消除亚共析钢中魏氏组织、过热组织，应采用比正常退火（正火）温度稍高的温度加热，然后以较快冷却速率冷却（风冷或雾冷）
	严格控制淬火前组织	对于高铬钢、轴承钢和高速钢，严格控制碳化物偏析，偏析较重的工件，可采用降低淬火温度方法避免淬火裂纹
	及时回火	淬火后及时回火；对于淬火裂纹敏感性强的钢件，利用淬火余热进行自回火
合理的热处理工艺参数	加热温度	一般情况，亚共析钢淬火加热温度为 A_{c3}+(30～50)℃，过共析钢材用 A_{c1}+(30～50)℃。工件形状简单，可采用上限加热温度，形状复杂、易淬裂的零件应采用下限加热温度。选用冷却速率缓慢的冷却介质淬火时，同时适当提高淬火加热温度；亚共析钢在略低于 A_{c3} 温度下，奥氏体化后淬火成为亚温淬火，可提高钢的韧度、降低脆性转变温度、消除回火脆性，还可以大大减少淬裂趋向；高碳工具钢低温淬火工艺，可以提高韧度，减少折断和崩刀，延长使用寿命，还有利于减少变形和开裂

项目	措施	方法
合理的热处理工艺参数	保温时间	保温时间应包括工件表面加热到炉温的时间，透烧时间和完成组织转变所需时间；高合金钢、高速钢、工具钢、磨具钢等淬火加热保温时间应取保温时间上限或适当延长；碳钢和低合金钢可以采取"零"保温淬火，在保证零件性能前提下，缩短工艺周期，减少淬火裂纹
	加热介质	尽量选择淬裂倾向小的加热设备，真空炉最不易产生淬火裂纹，保护气氛炉、电炉、盐炉、火焰炉的淬裂趋势依次递增
	加热速率	在不产生开裂和变形允许的情况下，尽量提高加热速率，以减少氧化脱碳、降低消耗、提高效益；碳素钢、低合金钢和中合金钢快速加热时无产生裂纹的危险，高碳高合金钢加热速率过快可能产生裂纹，应限制加热速率或采取预防措施
	淬火方式	在保证淬硬前提下，选择增加热应力、减少相变应力的淬火方式：预冷淬火；多介质淬火；分级淬火；等温淬火；薄壳淬火；间断淬火；浅冷淬火；局部淬火
	淬火介质	合理选择淬火介质，满足零件淬火要求情况下，尽量选择冷却能力较弱的淬火介质

5.5.2 热处理变形

工件的热处理变形主要是由热处理应力造成的。工件的结构形状、原材料质量、热处理前的加工状态、工件的自重以及工件在炉中加热和冷却时的支承或夹持等因素都可能引起变形。

淬火变形对热处理质量影响最大。因为淬火过程中，组织的体积变化大，加热温度高，冷却速率快，故淬火变形最为严重。此外，淬火工艺通常安排在工件生产流程后期，严重的淬火变形往往很难通过最后的精加工加以修正，工件将因形状尺寸超差而报废，造成先前各道工序人力物力的损失；即使对淬火变形的工件能够进行校正和机加工修整，也会因此增加生产成本。工件热处理后的不稳定组织和不稳定的应力状态，在常温和零度以下温度长时间放置和使用过程中，逐渐发生转变而趋于稳定，也会伴随引起工件的变形，这种变形称为时效变形。时效变形虽然不大，但是对于精密零件和标准量具也是不允许的，实际生产中应予以防止。

工件的热处理变形分为尺寸变化（体积变形）和形状畸变两种。尺寸变形可归因于相变前后比体积差，形状畸变则是由于热处理过程中，各种复杂应力综合作用下，不均匀的塑性变形造成的。这两种形式的变形很少单独存在，但对于某一具体工件和热处理工艺，可能以一种形式的变形为主。

（1）尺寸变化

不同的组织具有不同的体积。淬火成马氏体的钢在回火过程中，发生复杂的组织变化，因而其体积变形随回火温度和时间而异。碳钢在 100℃～200℃温度区内回火，马氏体分解析出 ε 碳化物或 η 碳化物等中间碳化物，体积发生收缩；在 200℃～300℃温度区内回火，中、高碳钢的残余奥氏体发生分解，形成碳化物导致体积膨胀；回火温度高于 300℃，中间碳化物逐渐被渗碳体所取代，体积再度缩小。回火温度继续升高，渗碳体发生粗化和球化，在 400℃左右铁素体开始发生回复和再结晶，其体积不再发生变化。图 5.33 为碳钢的回火转变温度与尺寸变化示意图。碳钢的上述回火转变温度与尺寸变化随钢的碳含量和加入合金元素而改变。

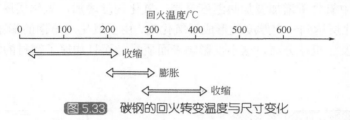

图 5.33　碳钢的回火转变温度与尺寸变化

（2）形状畸变

工件热处理的形状畸变有多种原因：加热过程中残余应力的释放，淬火时产生的热应力、组织应力，以及工件自重使工件发生不均匀的塑性变形。

工件在热处理前由于各种原因可能存在内应力，例如，细长零件的校直、大进给量切削加工等因素，都会在工件中形成残余应力。热处理加热过程中，由于钢的屈服强度随温度升高而降低，当工件中某些部位的残余应力达到其屈服强度时，就会引起工件的不均匀塑性变形而造成形状畸变和残余应力的松弛。

加热时产生的热应力，受钢的化学成分、加热速率、工件大小和形状的影响很大。导热性差的高合金钢，加热速率过快、工件尺寸大、形状复杂、各部分厚薄不均匀，致使工件各部分的热膨胀程度不同而形成很大的热应力，导致工件不均匀塑性变形，从而产生形状畸变。

与加热相比，工件冷却时产生的热应力和组织应力对工件的变形影响更大。热应力引起的变形主要发生在热应力产生的初期，这是因为冷却初期工件内部仍处于高温状态，塑性好，在瞬时热应力作用下，心部因受多向压缩易发生屈服而产生塑性变形。冷却后期，随工件温度的降低，钢的屈服强度升高，相对来说塑性变形变得更加困难。冷却至室温后，冷却初期的不均匀塑性变形得以保持下来造成工件的形状畸变。

5.5.3　组织缺陷

热处理产生的组织不合格是指通过宏观和微观分析发现的组织不符合技术条件要求的热处理组织缺陷。

（1）氧化与脱碳

1）氧化

钢在空气等氧化性气氛中加热时表面产生氧化层，氧化层由 Fe_2O_3、Fe_3O_4、FeO 三种铁的氧化物组成。外表面有过剩的氧存在，因而形成含氧较高的氧化物 Fe_2O_3；在基体的内部，由于氧含量少而金属含量高，因而形成含氧较低的氧化物 FeO，氧化层中间部分为 Fe_3O_4，即由外层到内层氧化程度逐渐减轻，见图 5.34。

随气氛中氧含量增加及加热温度升高，氧化程度增加，氧化层厚度增加，见图 7.35。氧化层达到一定厚度就形成了氧化皮，由于氧化皮与钢的膨胀系数不同，使氧化皮易发生机械分离，这不仅影响表面质量，而且加速了钢材的氧化。

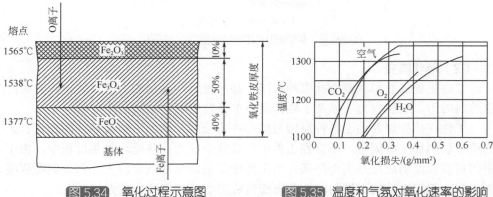

图 5.34 氧化过程示意图　　图 5.35 温度和气氛对氧化速率的影响

氧化使金属表面失去金属光泽，表面粗糙度增加，精度下降，这对精密零件是不允许的。钢表面氧化皮往往是造成淬火软点和淬火开裂的根源。氧化使钢件强度降低，其他力学性能下降。钢表面氧化一般同时伴随表面脱碳。

2）脱碳

脱碳是指钢在加热时表面碳含量降低的现象。脱碳的实质是钢中碳在高温下与氧和氢等发生作用生成一氧化碳或甲烷，其化学反应如下：

$$2Fe_3C+O_2 \longrightarrow 6Fe+2CO$$
$$Fe_3C+2H_2 \longrightarrow 3Fe+CH_4$$
$$Fe_3C+H_2O \longrightarrow 3Fe+CO+H_2$$
$$Fe_3C+CO_2 \longrightarrow 3Fe+2CO$$

这些反应是可逆的，氧、氢、二氧化碳、水使钢脱碳，一氧化碳和甲烷可以使钢增碳。一般情况下，钢的氧化脱碳同时进行，当钢表面氧化速率小于碳从内层向外层扩散的速率时发生脱碳，因此，氧化作用相对较弱的气氛中容易产生较深的脱碳层。

脱碳层由于被氧化，碳含量较低，金相组织中碳化物较少。脱碳层包括全脱碳层和半脱碳层两部分，全脱碳层显微组织特征为全部铁素体，半脱碳层是指全脱碳层的内边界至钢含量正常的组织处，典型脱碳层组织见图 5.36。

脱碳在钢表面形成铁素体晶粒有柱状和粒状两种，见图 5.37。钢在 $A_1 \sim A_3$ 或在 $A_1 \sim A_{cm}$ 区域内加热使脱碳形成柱状晶脱碳，钢在 A_3 以上加热或 A_1 以上加热、弱脱碳产生粒状晶脱碳。

随加热温度升高、加热介质氧化性增强，钢的氧化脱碳增加，见表 5.5。

脱碳会明显降低钢的淬火硬度、耐磨性及疲劳性能，高速钢脱碳会降低红硬性。严重的脱碳将使表层出现非马氏体组织，降低表层硬度，使表层呈现残余拉应力状态，使疲劳强度下降。试验表明，0.22mm 的脱碳层使 Cr-3%Ni 钢的弯曲疲劳强度降低 40%。当 CrMnTi 钢的渗碳层由于脱碳使其硬度降低到 HRC41～42 时，疲劳极限下降 50%。

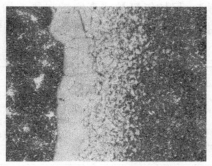

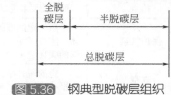

图 5.36　钢典型脱碳层组织

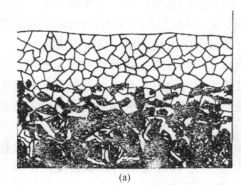

(a)

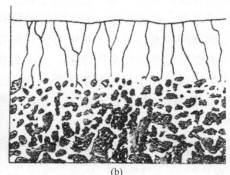

(b)

图 5.37　脱碳组织的两种形态

表 5.5　50 钢在空气电炉中加热 3h 的氧化脱碳情况

加热温度/℃	900	950	1000	1050	1100	1150	1200
氧化皮深度/mm	0.06	0.07	0.15	0.32	0.33	0.35	0.42
脱碳层深度/mm	—	0.01	0.02	0.03	0.03	0.05	0.05

3）防止和减轻氧化脱碳的措施

防止和减轻氧化脱碳的措施见表 5.6。防止氧化脱碳的有效措施是采用盐浴炉、保护气氛炉或真空炉加热，如采用空气炉或燃烧炉加热时，必须采取适当保护措施，如涂保护涂料、包套、装箱、控制炉气还原性等。

表5.6 防止或减轻氧化脱碳的措施

加热介质	防止或减轻氧化脱碳的措施
空气	工件埋入石英砂＋铁屑珠装箱加热可防氧化，再填木炭粉可防止氧化脱碳；工件表面涂防氧化脱碳涂料；采用不锈钢套密封加热；采用密封罐抽真空或抽真空后通保护气氛；采取感应加热、激光加热等快速加热，可防止或减少氧化；已脱碳件可在吸热气氛中复碳
火焰炉燃烧产物	调节燃烧比，使炉气带还原性；利用燃烧产物净化后通入罐内作保护气
盐浴	严格按要求脱氧；中性盐添加木炭粉、CaC、SiC等含碳活性组分；使用长效盐
保护气氛	采用一定纯度的惰性气体保护可防止氧化，若防脱碳则应使用深度净化惰性气体，使 O_2 含量 $<10\times10^{-6}$，露点 $<-50℃$；制备气氛可控碳势，使碳势接近或等于钢的碳含量
真空	一定的压升率，防止"穿堂风"；回充气体或冷却气体要达到保护气体的净化水平

（2）过热与过烧

1）过热

金属或合金在热处理加热时，由于温度过高，晶粒长得很大，以致性能显著降低的现象，称为过热。过热组织包括：结构钢的晶粒粗大、马氏体粗大、残余奥氏体过多、魏氏组织、高速钢的网状碳化物、共晶组织（莱氏体组织）、马氏体型不锈钢的铁素体过多、黄铜合金脱锌使表面出现白灰，酸洗后呈麻面等。

典型的过热组织见图5.38。过热组织按正常热处理工艺消除的难易程度，可分为稳定过热和不稳定过热两类。一般过热组织可通过正常热处理消除，称为不稳定过热组织；稳定过热组织是指经一般正火、退火和淬火不能完全消除的过热组织。

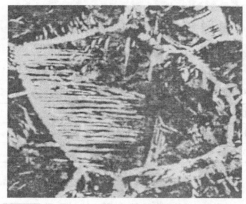

图5.38 典型的过热组织（铁素体魏氏组织）

过热的一个重要特征是晶粒粗大，它将降低钢的屈服强度、塑性、冲击韧度和疲劳强度，提高钢的脆性转变温度；另一个重要特征是淬火马氏体粗大，它将降低冲击韧度和耐磨性能，增加淬火变形倾向和淬火开裂倾向。

钢中含有过热缺陷时，断口微观上还可能会呈萘状及石状特征，会大大降低钢的力学性能和使用性能。

各种过热组织的特征和预防措施

见表 5.7。为了防止产生过热，应正确地制定并实施合理的热处理工艺，严格控制炉温和保温时间。一般过热组织可以通过多次正火或退火消除，对于较严重的过热组织，不能用热处理消除，必须采用高温变形和退火联合作用才能消除。

表 5.7 过热组织特征及预防措施

名称	主要特征	预防挽救措施
晶粒粗大	奥氏体晶粒度在 3 级以下	防止过热，采取严格控制炉温、保温时间，降低加热速率或阶段升温；通过多次正火或退火消除；石状断口不能用普通热处理消除，必须通过高温变形细化晶粒，再进行退火消除
马氏体粗大	马氏体板条或针较长，在 7～8 级	
残余奥氏体过多	碳含量和合金元素多的钢种淬火组织中残余奥氏体多	
魏氏组织	亚共析钢的铁素体在奥氏体晶界及解理面析出，呈细小的网格组织	
网状碳化物	过共析钢过热，在显微组织中出现网状沿晶界分布碳化物	
石墨化（黑脆）	高碳钢退火组织中部分渗碳体转变为石墨，断口呈黑灰色	
共晶组织	高速钢过热出现共晶莱氏体组织	
萘状断口	断口有许多取向不同、比较光滑的小平面，像萘状晶体一样闪闪发光	
石状断口	在纤维断口基机体上，呈现不同取向、无金属光泽、灰白色粒状断面	
δ 铁素体过多	Cr13 型不锈钢过热，在组织中有大量 δ 铁素体	

2）过烧

加热温度接近其固相线附近时晶界氧化和开始部分熔化的现象，称为过烧。过烧组织包括晶界局部熔化、显微空洞，铝合金表面发黑、起泡、断口灰色无光泽，镁合金表面氧化瘤等。典型的过烧组织见图 5.39。

过烧组织使零件性能严重恶化，极易产生热处理裂纹，所以过烧是不允许的热处理缺陷，一旦出现过烧，整批零件只能报废。因此，在热处理生产中要严防过烧。

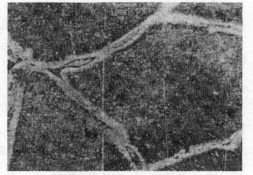

图 5.39 典型的过烧组织

5.5.4 回火脆性

钢淬火成马氏体后，在回火过程中，随着回火温度的升高，硬度和强度降低，塑性和韧性提高。但是有些情况下，在某一温度区间回火时，韧性指标随回火温度的变化曲线存在低谷，出现回火脆性现象，见图 5.40。

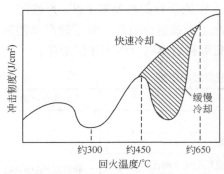

图 5.40 结构钢的回火脆性示意图

图中纵轴：冲击韧度/(J/cm²)；横轴：回火温度/℃，标注"约300"、"约450"、"约650"，曲线标注"快速冷却"、"缓慢冷却"

（1）第一类回火脆性

钢在回火过程中，可能发生两种类型的脆性，一种脆性通常发生在淬火马氏体于200℃～400℃回火温度区间，这类回火脆性在碳钢和合金钢中均会出现，它与回火后的冷却速率无关，即使回火后快冷或重新加热至该温度范围内回火，都无法避免，这种回火脆性称为第一类回火脆性（也称不可逆回火脆性、低温回火脆性）。扭转与冲击载荷对回火脆性敏感程度大，而拉伸和弯曲应力对回火脆性敏感程度小。因此，对于应力集中比较严重、冲击载荷较大或承受扭转载荷的工件，要求较大的塑性和韧度与强度相配合时，第一类回火脆性的产生极大地增加了工件脆性开裂的危险性，应该避免在该温度区间回火。在这种情况下，第一类回火脆性应作为一种热处理缺陷对待。但是对于应力集中不严重，承受拉伸、压缩或弯曲应力的工件，例如某些冷变形工磨具，其使用寿命主要取决于疲劳裂纹的萌生而不是裂纹扩展抗力，选择材料和制定热处理工艺时，应主要考虑在保证材料具有适当的塑性和韧度条件下，追求高的强度，并不一定把第一类回火脆性视为一种必须避免的热处理缺陷，有时甚至可以利用该温度区间回火出现的强度峰值，来达到充分发挥材料强度潜力、延长工件使用寿命的目的。

合理的选材和热处理可以抑制和防止第一类回火脆性的产生。从减少杂质元素在晶界偏聚的角度，冶炼上可采用真空熔炼、电渣重熔等技术以便从根本上减少磷、硫等有害杂质的含量，也可以通过加入合金元素将有害杂质固定在晶内的方法以避免杂质向晶界偏聚。例如，加入钙、镁和稀土元素，能够减少硫向晶界的偏聚。为了扩大高强度钢的使用范围，可以通过加入硅的方法推迟马氏体的分解，提高第一类回火脆性的温度区间。工艺上采用形变热处理、亚临界淬火和循环热处理等措施减小晶粒度，降低晶界的平均杂质含量，能够减小钢的第一类回火脆性。

采用工艺手段改变回火过程中析出的 Fe_3C 形态，可以减小钢的第一类回火脆性。例如，40CrNi 钢（3140 钢）炉内回火和感应加热回火试验结果表明，炉内回火在 270℃左右出现明显的第一类回火脆性，韧-脆转化温度为-50℃；感应加热回火没有明显的第一类回火脆性，韧-脆转化温度降到-135℃，电镜和 X 射线分析发现，270℃炉内回火的碳化物为长片状，感应加热回火的碳化物均为细球状。

（2）第二类回火脆性

另一种脆性发生在某些合金结构钢中，这些钢在下面两种情况下发生脆化：①高于 600℃温度加热回火，在 450℃～550℃温度区间缓慢冷却；②直接在

450℃～550℃温度区间加热回火。这种脆性可以采用重新加热至 600℃以上温度，随后快速冷却的方法予以消除，这种脆性为第二类回火脆性（也称可逆回火脆性、高温回火脆性）。图 5.41 为淬火镍铬钢在 400℃～650℃温度区间回火时，回火后冷却速率对其冲击吸收功的影响。回火后炉冷的钢在 500℃～550℃附近生了明显的脆化。钢发生第二类回火脆性时，其室温冲击韧性大幅降低的同时，韧-脆转变温度显著提高，见图 5.42。

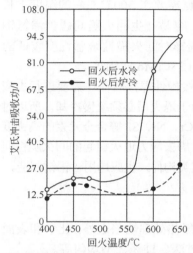

图 5.41　镍铬钢的第二类回火脆性

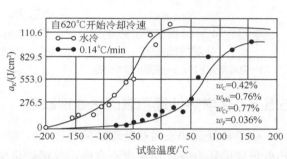

图 5.42　第二类回火脆性对韧脆转变温度的影响

为了抑制和防止第二类回火脆性，可采取如下措施：

① 提高钢水纯净度，尽量减少钢中 P、Sb、Sn、As 等有害杂质元素的含量，从根本上消除或减小杂质元素在晶界的偏聚。

② 钢中添加 Mo（w_{Mo}= 0.2%～0.5%）或 W（w_W=0.4%～1.0%）以延缓 P 等杂质元素向晶界的偏聚。这种方法在生产上得到了广泛的应用，如汽轮机主轴、叶轮和厚壁压力容器广泛采用含 Mo 钢制造。但是这种合金化的方法有其局限性，对于那些在回火脆性温度下长期使用的工件，仍不能避免回火脆性问题的发生。

③ 高温回火后快速冷却。对于大型工件，由于心部冷却速率达不到要求使这种方法受到限制；另一方面即使能够通过快速冷却抑制了回火脆性的发生，但又会在工件中产生很大的残余内应力，故对于大型锻件，往往需要采用低于回火脆性温度（450℃）进行补充回火。

④ 采用两相区淬火，以便使组织中保留少量的细条状过剩铁素体，这些铁素体在加热时往往在晶粒内杂质处形核析出，使杂质元素集中于铁素体内，避免了它向晶界偏聚；另外，两相区淬火可以获得细小的晶粒，从而减轻和消除了回火脆性。

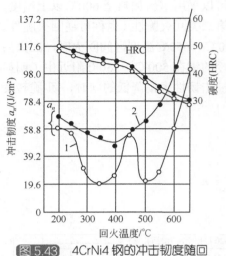

图 5.43 4CrNi4 钢的冲击韧度随回火温度的变化

1—常规淬火工艺；2—高温形变热处理

⑤ 细化奥氏体晶粒。

⑥ 采用高温形变热处理可以显著减小甚至消除钢的回火脆性。图 5.43 为高温形变热处理对 40CrNi4 钢冲击韧度的影响。可以看出，采用高温形变热处理，该钢的回火脆性基本上可以得到消除。

⑦ 渗氮需要在 500℃ 左右的温度下长时间加热，容易产生回火脆问题。渗氮钢应当尽量选择对回火脆性敏感程度较低的含钼钢，如 38CrMoAl 钢等。

⑧ 焊接构件焊接后往往需要进行去应力退火。由于退火后必须缓慢冷却，所以对于含 Mn、Cr、Ni、Si 等合金元素的高强度钢，必须考虑去应力退火引起的回火脆性问题。对于这类构件，也应选用含钼钢制造。

5.5.5 化学热处理和表面热处理缺陷

化学热处理和表面热处理缺陷见表 5.8，除一般热处理缺陷之外，化学和表面热处理缺陷还有硬化层深度不合格，包括硬化层过深、过浅、不均匀等。

化学热处理和表面热处理都是表面强化技术，希望获得最佳的表面硬化层，提高零件的疲劳强度，弯曲强度及良好的耐磨性、抗腐蚀性能等。当硬化层不足时，零件所期望的性能和寿命将受影响。硬化层过厚，将使零件脆性增加，容易造成早期失效。

表 5.8 化学热处理和表面热处理常见缺陷

热处理类型		常见热处理缺陷
化学热处理	渗碳及碳氮共渗	硬化层深度不合格、表面硬度不足、心部强度超差、渗层粗大或网状碳化物、黑色组织、内氧化、心部组织粗大和铁素体过多，脱碳，变形过大，裂纹
	渗氮及氮碳共渗	硬化层深度不合格、渗层脆性表面硬度不足及软点、表面白亮层、渗层网状或脉状氮化物、变形超差、裂纹与剥落、表面氧化色、表面亮点及花斑
	渗硼、渗硫及渗金属	硬化层深度不合格、渗层脆性、渗硼层疏松和孔洞、结合力不好、裂纹与剥落、分层与鼓包、渗层不连续、腐蚀
表面热处理	感应加热淬火	硬化层深度不合格、表面硬度低、软点与软带，硬化层组织不合格、变形过大、开裂、残余应力大、尖角过热
	火焰加热淬火	硬化层深度不合格、表面硬度低、软点与软带、硬化层不均匀、变形过大、开裂、过热、过烧

实践篇

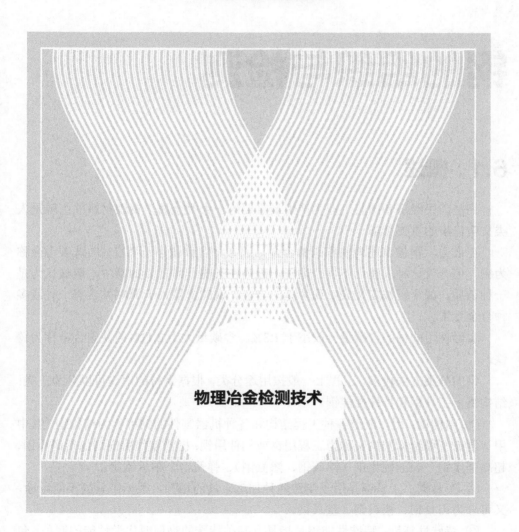

物理冶金检测技术

第6章

钢的组织与检测

6.1 概述

钢是国民经济和国防工业生产中最重要的一大类金属，钢铁材料的出现是人类文明进步的重要标志。

在过去，钢被表述为铁和碳的合金，通常将含碳量小于2.11%的铁碳合金称为钢。但今天这种表述已不再合适了，因为在某些非常重要的钢中，碳被认为是一种杂质。如今钢被定义成以铁为基的合金、铁的含量大于50%并含有一种或多种合金元素。

实际使用的钢的含碳量一般小于1.3%。含碳量大于2.11%的铁碳合金称为铸铁。

钢的分类方法较多，工程上一般按用途分类，根据钢材的用途可以分为三类：结构钢，工具钢和特殊性能钢。

① 结构钢：用于制造各种工程结构和各种机器零件的钢种称为结构钢。其中用于制造工程结构的钢又称为工程用钢或构件用钢；机器零件用钢则包括调质钢、超高强度钢、表面硬化钢（渗碳钢、渗氮钢）、弹簧钢、轴承钢等。

② 工具钢：工具钢是用于制造各种加工工具的钢种。根据工具的不同用途，又可分为刃具钢、模具钢、量具钢。

③ 特殊性能钢：特殊性能钢是指具有某种特殊的物理或化学性能的钢种，包括不锈钢、耐热钢、耐磨钢、电工钢等。

6.2 钢的组织

6.2.1 结构钢

结构钢在航空工业中主要用于制造重要受力结构件、紧固件和传动构件等零件，具有高的强度、塑性和韧性，良好的疲劳性能和工艺性能。

根据化学成分的不同，结构钢可分为碳素结构钢和合金结构钢；按照冶炼方法不同，可分为平炉钢、转炉钢、电渣重熔钢以及双真空熔炼（真空感应＋真空电极自耗重熔）钢；根据用途不同，可以划分为调质钢、超高强度钢、表面硬化钢、弹簧钢、轴承钢等。

6.2.1.1 调质钢

调质钢通常是指最终热处理采用调质处理（淬火＋高温回火）的合金结构钢，其抗拉强度在 600MPa～1400MPa 范围，而其中最典型的是强度不小于 980MPa 的合金钢。调质钢在航空上广泛使用，一般用作轴类零件、重要螺栓及某些承载较小的齿轮等零件。

根据淬透性的高低，调质钢大致可分为低淬透性、中淬透性和高淬透性三类。低淬透性调质钢油淬临界直径约为 15mm～25mm，合金元素总含量一般小于 2.5%，典型钢种有 45、40Cr 等；中淬透性调质钢油淬临界直径约为 25mm～60mm，30CrMnSiA 是其典型代表；高淬透性调质钢油淬临界直径约为 60mm～100mm，合金元素总含量比前两类钢要多，40CrNiMoA 是高淬透性调质钢的代表。航空上使用的大多属于中淬透性和高淬透性调质钢。

常用钢号有：30CrMnSiA、40CrNiMoA、37CrNi3A、38CrA、40CrA、18Cr2Ni4WA、18Mn2CrMoBA（GC-11）等。

调制钢常用的热处理工艺如下。

① 预备热处理：调质钢经热加工之后，必须经过预备热处理以降低硬度，便于切削加工，消除热加工时造成的组织缺陷（如带状组织）、细化晶粒、改善组织，为最终热处理做好准备。对于合金元素含量较低的钢，可进行正火或退火处理；对于合金元素含量较高的钢，正火处理后可能得到马氏体组织，尚需再在 A_{c1} 以下进行高温回火，使其组织转变为粒状珠光体，降低硬度，便于切削加工。

② 最终热处理：调质钢的最终热处理是淬火＋高温回火（大多为 500℃～650℃），最终获得回火索氏体组织，具有良好的综合力学性能。

为避免第二类回火脆性，高温回火的冷却方式大多采用水冷或油冷，较少采用空冷。

图 6.1 30CrMnSiA 的金相组织
（回火索氏体）

调质钢的金相组织一般为回火索氏体，图 6.1 为 30CrMnSiA 的金相组织放大 750 倍后的照片效果。

6.2.1.2 超高强度钢

超高强度钢并没有严格的定义，航空上一般把屈服强度超过 1400MPa 的钢称为超高强度钢，其主要用来制造承受很高工作应力的制件。

超高强度钢通常按所含合金元素的总量分为低合金超高强度钢、中合金超高强度钢和高合金超高强度钢三类。

低合金超高强度钢是在合金调质钢的基础上发展起来的，其碳含量在 0.3%～0.45%，合金元素含量不超过 6%。主要钢种有：40CrMnSiVA（GC-4）、30CrMnSiNi2A、40CrNi2Si2MoVA（300M）等。

中合金超高强度钢合金元素含量为 5%～10%，碳含量为 0.3%～0.45%，加有较多量的铬、钼、钒等元素，回火时具有二次硬化现象，一般在淬火加高温回火状态下使用。中合金超高强度钢的工作温度可达 300℃～500℃，和低合金超高强度钢一样，对缺口和应力腐蚀也较为敏感。中合金超高强度钢在飞机上应用不多，我国的 38Cr2Mo2VA（GC-19）已工程实际应用。

高合金超高强度钢合金元素含量大于 10%，碳含量较低，含有较多的镍、钴等元素。高合金超高强度钢主要有两大系列，一类是 Ni-Co-Cr-Mo 系的二次硬化钢，另一类是 18Ni 型马氏体时效钢。高合金超高强度钢具有高强、高韧、低的缺口敏感性和良好的焊接、成形性能，是超高强度钢的发展方向。主要钢种有：16Co14Ni10Cr2Mo（AF1410）、23Co14Ni12Cr3Mo（AerMet100）、18Ni、20Ni、25Ni 系列马氏体时效钢。

（1）超高强度钢的热处理工艺

① 低合金超高强度钢

30CrMnSiNi2A、40CrMnSiMoVA：预备热处理——正火+高温回火或退火+高温回火；最终热处理——淬火+低温回火或等温淬火。

300M：预备热处理——正火+高温回火；最终热处理——淬火+低温回火。

② 中合金超高强度钢

38Cr2Mo2VA（GC-19）：预备热处理——正火+高温回火或退火；最终热处理——淬火+高温回火。

③ 高合金超高强度钢

AF1410：预备热处理——900℃正火+680℃高温回火；最终热处理——830℃空冷或 860℃油冷淬火+（−73℃）冷处理+510℃时效。

AerMet100：预备热处理——900℃正火+ 680℃高温回火；最终热处理——885℃淬火+（−73℃）冷处理+482℃时效。

18Ni 系列马氏体时效钢：815℃/1h 固溶+400℃～510℃时效 3h～6h。

（2）超高强度钢的金相组织

低合金超高强度钢最终热处理后的金相组织为回火马氏体和少量的残余奥氏体，见图 6.2。对于 30CrMnSiNi2A，若采用等温淬火，则组织为下贝氏体。

中合金超高强度钢最终热处理后的金相组织为回火索氏体。

高合金超高强度钢最终热处理后的金相组织为回火马氏体+金属间化合物，见图 6.3。

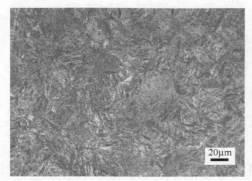 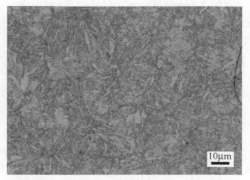

图 6.2　低合金超高强度钢（30CrMiSiNi2A）的金相组织　　图 6.3　高合金超高强度钢（A-100 钢）的金相组织

6.2.1.3　表层硬化钢

（1）渗碳钢

航空上有许多重要零件，如齿轮、分气轴、活塞销等，往往要求表面具有高的硬度和耐磨性，而心部则要求具有足够的强度和韧性，使零件既有耐磨的表面而又能承受大的交变应力和冲击载荷。为了满足上述要求，通常采用渗碳钢来制造这类零件。即选用低碳钢材，通过渗碳使低碳表面变成高碳，然后经淬火加低温回火，使表面得到高的硬度（一般 HRC56～65）和高的耐磨性，而心部仍保持足够的强度和韧性。渗碳钢的碳含量一般在 0.12%～0.25%范围内。航空上常用的渗碳钢有 15CrA、15CrVA 、12CrNi3A、12Cr2Ni4A 和 18Cr2Ni4WA 等。大多数现用渗碳钢在经渗碳、淬火后，为保持其高硬度，均采用低温回火（150℃～180℃），使用温度不高。渗碳钢的发展方向是提高使用温度，也就是要提高渗碳层的抗回火能力，使其在淬火后能在较高温度下回火而不致明显降低硬度。目前能在 300℃ 下使用的渗碳钢有 13Cr4Mo4Ni4V（对应美国的 M50NiL）和 16Cr3NiWVMoNb（对应俄罗斯的 ДИ39）等。

渗碳后的热处理工艺：渗碳钢的热处理制度一般为淬火+低温回火，但对于高强度渗碳钢 M50NiL 来说，热处理制度为淬火+冷处理+高温回火（多次）。

渗碳钢的金相组织：热处理后的组织表层为针状马氏体+碳化物+少量残余奥氏体，见图 6.4；心部为板条马氏体，见图 6.5。

图 6.4 渗碳层的金相组织　　　图 6.5 渗碳钢的心部组织

（2）渗氮钢

渗氮钢没有专门的钢种，一般是使用含铬、钼、铝、钨、钒和钛等合金元素的调质钢。渗氮钢一般用于不承受大的冲击载荷、但要求高耐磨性的零部件，如作动筒、齿轮、涡轮轴等。与渗碳相比，氮化后工件可获得更高的表面硬度和耐磨性。钢中最有效的氮化元素是铝、铌、钒，所形成的合金氮化物最稳定，其次是铬、钼、钨的合金氮化物。这些合金氮化物的尺寸在 5nm 左右，并与基体共格，起着弥散强化作用。

最常使用、历史最长的氮化用钢是 38CrMoAlA。由于含 Mo 抑制了第二类回火脆性，因此普遍用来制造要求表面硬度高、耐磨性好、心部强度高的渗氮件。其他常用的渗氮钢有 32Cr3MoVA、30Cr2Ni2WA 等。

渗氮钢的热处理工艺：渗氮前，调质处理，即淬火+高温回火；渗氮，500℃～600℃。

渗氮钢的金相组织：渗氮层为回火索氏体+氮化物，见图 6.6；心部为回火索氏体，见图 6.7。

图 6.6　渗氮层的金相组织

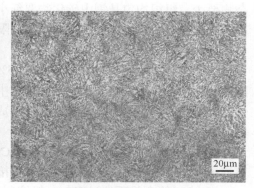

图 6.7　渗氮钢的心部组织

6.2.1.4　弹簧钢

弹簧钢分为碳素弹簧钢和合金弹簧钢。碳素弹簧钢用于制造小截面（直径＜12mm～15mm）弹簧，用冷拔钢丝和冷成形法制成，常用牌号有 65 钢、70 钢、85 钢；合金弹簧钢常用牌号有 65Mn、55Si2Mn、55SiMnVB、60Si2Mn、60Si2CrVA、55CrMnA、60CrMnMoA、50CrVA、60CrMnBA、30W4Cr2VA 等。以 Si、Mn 合金化的弹簧，如 65Mn、60Si2Mn，用于汽车、拖拉机、机车的板簧和螺旋弹簧；以 Cr、V、W 合金化的弹簧，如 50CrVA，用于 350℃～400℃以下重载、较大型弹簧，如阀门弹簧、高速柴油机气门弹簧。

弹簧钢的热处理工艺：弹簧钢成形后一般进行淬火和中温回火。对于含 Si 弹簧钢来说，回火温度一般为 400℃～450℃。

弹簧钢的金相组织：弹簧钢经淬火和中温回火后，组织为回火屈氏体，见图 6.8。

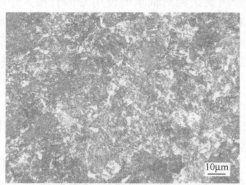

图 6.8　弹簧钢的金相组织

6.2.1.5　轴承钢

滚动轴承是各种机械传动部分的基础零件之一，其工作条件极苛刻。由于滚动体和套圈滚道之间接触面积很小，因而接触压应力可高达 3000MPa～5000MPa，循环次数每分钟可高达数万次。此外，还要承受离心力和摩擦磨损。

（1）轴承钢的性能特点

轴承钢的性能特点包括：①高接触疲劳强度；②高硬度和耐磨性；③足够的韧性和淬透性；④一定耐蚀能力和良好尺寸稳定性。

对轴承钢的基本质量要求是纯净和组织均匀。纯净就是杂质元素及非金属夹杂物要少，组织均匀是钢中碳化物要细小，分布要均匀。轴承钢经热处理后要求高而均匀的硬度和耐磨性，高的弹性极限和高的接触疲劳强度。

（2）轴承钢的合金化特点

① 高碳：轴承钢的碳含量高（0.95%～1.10%），以保证轴承有高的硬度及耐磨性。决定钢硬度的主要因素是马氏体中的碳含量，只有碳含量足够高时，才能保证马氏体的高硬度。此外，碳还要形成一部分高硬度的碳化物，进一步提高钢的硬度和耐磨性。

② 合金元素：其基本合金元素为 Cr 元素（0.40%～1.65%），主要作用为提高淬透性；细化碳化物；提高耐磨性和接触疲劳抗力。

钢中 Cr 的含量不能过多，一般控制在 1.65%以下。如若 Cr＞1.65%，则将增加残余奥氏体的数量，降低硬度及尺寸稳定性。另外，Cr 的含量过高，还会增加碳化物的不均匀性，降低钢的韧性和疲劳强度。为提高轴承的使用温度，采用高速钢制造轴承，如 Cr4Mo4V、W9Cr4V2Mo 等，称为高温轴承钢，即加入 W、V、Mo 等合金元素，这些碳化物硬度很高，在回火时弥散析出 MC 型、M_2C 以及 M_6C 等碳化物，产生二次硬化效应，显著提高钢的热硬性和耐磨性。

③ 高的冶金质量：由于轴承的接触疲劳性能对其微小缺陷十分敏感，所以非金属夹杂物对轴承的使用寿命有很大影响。危害最大的是氧化物，其次为硫化物和硅酸盐，它们的多少主要取决于冶金质量及铸锭操作，因此在冶炼和浇注时必须严格控制其数量。轴承钢成分对纯净度要求极高，应使 S＜0.02%，P＜0.027%。近年来广泛应用真空高频熔炼、自耗电极真空电弧熔炼以及真空脱氧处理，取得了显著效果。

（3）常用的轴承钢

轴承钢分为高碳铬轴承钢和渗碳轴承钢。高碳铬轴承钢常用牌号有 GCr15、Cr4Mo4V、W9Cr4V2Mo 等。

除了高碳铬轴承钢外，渗碳轴承钢也越来越受到重视。轴承的内外圈及滚动体经渗碳—淬火—低温回火后，表面具有高硬度、高耐磨和抗接触疲劳性能，而心部具有很高的冲击韧度。目前国内主要用这类钢制造受冲击负荷的特大型轴承和少数中小型轴承，常用的牌号有 G20CrMo、G10CrNi3Mo 及 G20Cr2Mn2Mo 等。

（4）高碳铬轴承钢的热处理与组织

高碳铬轴承钢的热处理包括正火、球化退火、淬火、冷处理、低温或高温回火。正火的目的是消除网状渗碳体。球化退火：加热温度为 780℃～800℃，得到球状珠光体组织，其目的是便于切削，使碳化物细小均匀，为淬火做准备。淬火：细针状马氏体+残余奥氏体。加热温度在 A_{c1}～A_{ccm} 之间，加热温度过高将会增加残余奥氏体的数量，并会由于过热得到粗大马氏体，以致急剧降低钢的冲击韧度和疲劳强度。对 GCr15 钢来说，淬火温度应严格控制在 840℃±10℃，淬火组织应为隐晶马氏体和细小均匀分布的碳化物及少量的残余奥氏体。冷处理：-60℃～-80℃，消除残余奥氏体，使精密零件尺寸稳定。低温回火：GCr15钢一般在 160℃保温 3h 或更长，组织为回火马氏体+未溶碳化物，见图 6.9，回火硬度在 HRC60～66。

图 6.9　GCr15 的金相组织

高温轴承钢的热处理：（a）对于Cr4Mo4V，1090℃油淬+550℃回火 3 次，见图 6.10；（b）对于 W9Cr4V2Mo，1185℃油淬+550℃回火 3 次，见图 6.11。

高温轴承钢的组织：回火马氏体+碳化物（一次碳化物和二次碳化物）+少量残余奥氏体，见图 6.10 和图 6.11。

图 6.10　Cr4Mo4V 的金相组织

图 6.11　W9Cr4V2Mo 的金相组织

6.2.2　工具钢

用来制造各种切削工具（刃具）、模具和量具的钢称为工具钢。根据工具的工作条件，对工具钢的要求是高硬度、高耐磨性和红硬性（在高温下保持高硬度的能力），并有一定的塑性和韧性等。工具钢的碳含量高，一般均在 0.7%～1.30%之间，加入的合金元素多为碳化物形成元素，如铬、钨、钼、钒等，以形成足够数量的碳化物，提高钢的硬度和耐磨性。

根据化学成分分类，可分为碳素工具钢、合金工具钢和高速钢。

根据用途分类，可分为刃具钢、模具钢和量具钢。

6.2.2.1 碳素工具钢

碳素工具钢的含碳量在 0.65%～1.35%之间，除 Si、Mn 元素外，不含其他合金元素。热处理为淬火＋低温回火，淬透性较低，需要水淬。

常用的碳素工具钢主要有 T8A、T10A、T12A 等。

碳素工具钢组织主要有退火组织和淬火组织。

（1）退火组织

球化退火后，在铁素体基体上分布着球状碳化物。退火的组织的评定按 GB 1298《碳素工具钢技术条件》进行。

（2）淬火组织

碳素工具钢淬火组织为高碳马氏体＋残余奥氏体，低温回火后的组织为隐晶马氏体＋碳化物。组织评定方法按 JB 2406《工具钢热处理金相检验》进行。

6.2.2.2 合金工具钢

（1）刃具钢

低速刃具主要用碳素工具钢及低合金工具钢制作。碳素工具钢的主要钢号为 T8A～T13A，工作温度不超过 200℃；低合金工具钢则是在碳素工具钢的基础上加入总量在 3%以下的合金元素，如 Cr、Mn、Si、W、V 等，常用钢号有 Cr2、9Mn2V、9CrSi、CrWMn、CrMn 等，工作温度在 250℃以下。

热处理为淬火+低温回火，组织为回火马氏体+碳化物。

（2）模具钢

模具钢主要包括热作模具钢和冷作模具钢。

① 冷作模具钢

一般可分为两类：一类是用于有剪切作用的模具，如切边模、冲裁模等；另一类是用于在拉、压或冲击力作用下在模腔内使金属冷变形的模具，如冷镦、冷拔、冷挤压、搓丝等模具。冷作模具工作条件的共同特点是工作温度低，一般工具温升不超过 200℃～300℃，工具在工作时承受高的压力或冲击力，并且工具不断与被加工的金属材料表面相摩擦。这就要求模具必须具有高的强度、硬度、高的耐磨性以及足够的韧性。一般情况下，模具热处理后，要求硬度为 HRC58～60，受冲击力小的模具可取 HRC62～64，受冲击力大的模具则应为 HRC56～58。

形状简单的冷作模具，一般用碳素工具钢制作；截面尺寸较大、要求淬透性较高的模具，一般用 9CrSi、9Mn2V、CrWMn 或 GCr15 等低合金工具钢制作。形状复杂、尺寸精度要求高（热处理变形要求小）、耐磨性要求高的模具，一般用中合金或高合金模具钢制作，如 Cr12、Cr12Mo、Cr12MoV、Cr4W2MoV、6Cr4W3Mo2VNb、6Cr4Mo3Ni2WV 等。

② 热作模具钢：热作模具钢应具有高抗热塑性变形能力、高韧性、高热疲劳性能，良好的抗热烧蚀性。其类型很多，主要有热锻模、热挤压模和压铸模等。

热锻模以 5CrMnMo 和 5CrNiMo 钢用得最多，经淬火、高温回火得到回火屈氏体（小型模具）或回火索氏体组织（中、大型模具）。热挤压模在工作时常被加热到较高的温度，为满足高温硬度和抗热疲劳性能的要求，常使用一些类似高速钢的钢种，如 3Cr2W8V、低碳高速钢，以及 $\sigma_s > 1962\text{MPa}$ 的马氏体时效钢。

③ 模具钢的组织检验：模具钢的低倍组织、非金属夹杂物、共晶碳化物不均匀度、脱碳层、晶粒度、带状组织、显微组织等检查按 GB/ 24594 《优质合金模具钢》进行。

（3）高速钢

高速钢顾名思义是适于高速切削的工具钢。除要求高硬度、高耐磨性以外，还要求高红硬性，即在高速切削条件下刀刃不会因发热而软化的性能。这类钢在适当淬火、回火热处理后，硬度一般高于 HRC63，高的可达 HRC68～70，并且在 600℃ 左右仍可保持 HRC63～65 的高硬度。

① 高速钢的化学成分及分类：

高速钢的碳含量为 0.7%～1.6%，以保证与碳化物形成元素形成足量碳化物，并保证得到高硬度的马氏体基体。

高速钢中加入 W、Mo、V 主要是形成 MC、M_2C 以及 M_6C 型等碳化物，这些碳化物硬度很高，在回火时弥散析出，产生二次硬化效应，显著提高钢的热硬性和耐磨性。加入 Cr 主要是为了提高淬透性，也能提高钢的抗氧化、脱碳和耐腐蚀能力。有些高速钢中加入 Co 可显著提高钢的红硬性。Co 虽然不能形成碳化物，但能提高淬火温度，使奥氏体中溶解更多的 W、Mo、V 等元素，促进回火时合金碳化物的析出。同时 Co 本身可形成金属间化合物，产生弥散强化效果，并能阻止其他碳化物的聚集长大。

按照合金元素特点分为 W 系高速钢，W-Mo 系高速钢，高 Co 高速钢，Al 高速钢，高碳-高钒高速钢。

常用高速钢有 W18Cr4V、W6Mo5Cr4V2、W6Mo5Cr4V2Al、M42、M50（Cr4Mo4V）等。应用最广泛的高速钢分别是 W 系的 W18Cr4V 和 W-Mo 系的 W6Mo5Cr4V2。

② 常用热处理工艺：淬火+高温回火。如 W9Cr4V2Mo：1185℃油淬+550℃回火 3 次。

③ 高速钢的组织：回火马氏体＋碳化物（未溶碳化物、析出碳化物）＋少量残余奥氏体。

6.2.3　特殊性能钢

具有特殊使用性能的钢种叫做特殊性能钢。特殊性能钢包括不锈钢、耐热钢、耐磨钢、磁钢等。这里只介绍工程中最常用的不锈钢和耐热钢。

6.2.3.1 不锈钢

不锈钢可分为马氏体不锈钢、铁素体不锈钢、奥氏体体不锈钢、奥氏体-铁素体不锈钢、沉淀硬化不锈钢五大类。

（1）马氏体不锈钢

① 合金化特点：马氏体不锈钢的基本成分是 11%～17%Cr、0.1%～1.0%C、0～4%Ni，有时还加入 W、Mo、V、Nb、Ti、Si 等元素。航空上应用的有 Cr13 型和 Cr17 型马氏体不锈钢、Cr12 型热强马氏体不锈钢、高碳不锈钢。

② 常用马氏体不锈钢的性能与用途

Cr13 型马氏体不锈钢：包括碳含量在 0.1%～0.4%的各种 Cr13 型不锈钢，如 1Cr13、2Cr13、3Cr13、4Cr13 等。1Cr13 和 2Cr13 适合于制造受力不大的耐腐蚀零件，3Cr13 适合于制造不锈弹簧零件，而 4Cr13 适合于制造耐磨耐腐蚀零件。

Cr17 型马氏体不锈钢：航空上常用的 Cr17 型不锈钢为 1Cr17Ni2 和 1Cr17Ni3。1Cr17Ni2 钢淬火后为马氏体+δ 铁素体复相组织，而适当提高了镍含量的 1Cr17Ni3 钢淬火后组织中基本不含或仅有少量的 δ 铁素体。该类钢常用作衬套、螺栓、壳体、喷嘴等。

Cr12 型热强不锈钢：高铬不锈钢在 400℃～500℃长期加热后，常会出现钢的强度升高，韧性大幅度降低，并且伴随着耐蚀性的降低。由于这一现象多见于加热温度在 475℃左右，因此被称为 475℃脆性。这是由富铬的 α'' 相的沉淀析出所致。如将铬含量降至 12%以下，即可使 α'' 相不析出，所以热强马氏体不锈钢的铬含量一般多为 11%～12%。航空上使用最多的是 1Cr11Ni2W2MoV 和 1Cr12Ni2WMoVNb（GX-8）。经过复杂合金化的 Cr12 型马氏体不锈钢具有很高的热强性，不仅中温瞬时强度高，而且中温持久性能及蠕变性能也相当优越，抗应力腐蚀及冷热疲劳性能良好，特别适合于在 550℃～600℃以下及湿热条件下工作的承力件及焊接结构件，如三通、四通、弯管头、壳体、压气机转子叶片、螺栓、机匣等。

高碳不锈钢：高碳不锈钢为过共析钢，在淬火+低温回火状态下使用。航空上常用的此类钢为 9Cr18、Cr12MoV 等。该类钢具有高的硬度和耐磨性及优良的耐蚀性能，适合于制造在腐蚀环境中工作的耐磨零件，如半球环、滑套等。

③ 常用马氏体不锈钢的热处理及组织

马氏体不锈钢通常采用的最终热处理工艺包括淬火+高温回火（调质）、淬火+低温回火等。

最终热处理采用淬火+高温回火（调质）的有：1Cr13、2Cr13、1Cr17Ni2、1Cr17Ni3、1Cr11Ni2W2MoV、1Cr12Ni2WMoVNb 等，组织为索氏体或索氏体+少量δ铁素体，见图 6.12。

最终热处理采用淬火+低温回火的有：3Cr13、4Cr13、9Cr18、Cr12MoV 等，组织为回火马氏体+碳化物+残余奥氏体，见图 6.13。

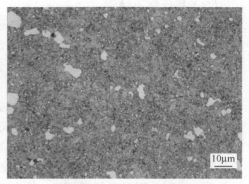

图 6.12　1Cr17Ni2 的金相组织　　　　图 6.13　9Cr18 的金相组织

（2）铁素体不锈钢

① 合金化特点：这类钢在加热和冷却时都不发生 $\alpha \Leftrightarrow \gamma$ 相变，始终保持铁素体组织。其基本成分为：15%～30%Cr、0～2%Ni、低碳（C≤0.1%）、少量的钛、钼等。主要钢种包括 Cr13 型、Cr16-19 型、Cr25-28 型。武器装备上使用的铁素体不锈钢较少，目前航空上只使用了 1Cr17Mo、Y1Cr17 两个牌号。铁素体不锈钢在强氧化性介质（如硝酸）中有很强的耐蚀性。

铁素体不锈钢为高铬不锈钢，具有明显的 475℃ 脆性和低温脆性，通常通过加入少量的钛或 2%Ni 来提高铁素体的低温韧性。

② 常用铁素体不锈钢的性能与用途

Cr13 型（如 0Cr13、0Cr13Al、0Cr11Ti 等）：常用作耐热钢如汽车排气阀等。

Cr16-19 型（Cr17、Cr17Ti、Cr18Mo2Ti 等）：可耐大气、淡水、稀硝酸等介质腐蚀，常用作加注阀、排放阀、柱门塞等。

Cr25-28 型（如 Cr25、Cr25Ti、Cr28、Cr28Mo4 等）：常用作耐强腐蚀介质的耐酸钢。

③ 常用铁素体不锈钢的热处理及组织：铁素体不锈钢有时也可产生晶间腐蚀，但避免这种腐蚀的热处理工艺恰好与奥氏体不锈钢相反。铁素体不锈钢自 900℃ 以上急速水冷后，很容易遭受晶间腐蚀。这种易受晶间腐蚀的状态（敏化态）经过 650℃～850℃ 加热后便可消除。这是因为 C、N 在铁素体中的固溶度很小，易在晶界析出碳化铬，因而形成贫铬区引起晶间腐蚀。一方面，碳化铬在铁素体晶界的析出，用一般的水冷无法抑制；另一方面，由于 Cr 在铁素体中的扩散较在奥氏体中扩散快，因而在 650℃～850℃ 短时加热即可消除贫铬区，从而消除了晶间腐蚀。

所以铁素体不锈钢的热处理通常为 650℃～850℃ 退火，组织为铁素体+碳化物。

（3）奥氏体不锈钢

① 合金化特点：奥氏体不锈钢是应用最多、最广泛的一类不锈钢。这类钢的基本成分是 18%～25%Cr、8%～20%Ni，低碳（一般小于 0.1%），为了改善性能，也加入 Mo、Cu、Mn、N、Nb、Ti 等合金元素。Ni 是扩大 γ 相区的合金元素，在含 18%Cr 的钢中加入 8%Ni，可使钢在室温下具有单相奥氏体，因此奥氏体不锈钢的典型成分是 18%Cr、8%Ni。所有镍铬奥氏体不锈钢都是在此基础上发展起来的，故习惯上将这类钢称为 18-8 型奥氏体不锈钢。用 Mn 或 Mn+N 可代替部分 Ni，从而发展出 Cr-Ni-Mn 和 Cr-Ni-Mn-N 型钢种。

② 常用奥氏体不锈钢的性能与用途：奥氏体不锈钢具有良好的抗氧化、耐腐蚀性能，极高的室温及低温韧性，优良的塑性和冷成形工艺性能。广泛用作飞机、发动机的燃油导管、液压导管及其他管线、散热器、各种钣金、焊接构件，还可以通过冷变形制造弹性元件。

主要缺点：对晶间腐蚀和应力腐蚀比较敏感。大量研究结果表明，奥氏体不锈钢在 50℃ 以上含氯离子的水溶液中特别容易产生应力腐蚀。

③ 常用奥氏体不锈钢的热处理及组织：奥氏体不锈钢在加热、冷却过程中无相变，不能通过热处理强化。

奥氏体不锈钢热处理的目的是：（a）为了获得均匀的单相奥氏体组织，防止产生晶间腐蚀；（b）消除加工硬化，软化材料，以便进一步进行冷变形；（c）消除加工应力，提高弹性元件的使用性能。

奥氏体不锈钢的热处理方法主要有：固溶处理、稳定化处理、去应力回火。

（a）固溶处理：固溶处理既是大部分奥氏体不锈钢的最终热处理，也是冷变形（冷拔、冷轧、拉深等）工序间的软化处理工艺。

常用的固溶处理工艺是：加热至 1000℃～1100℃，保温一段时间后水冷，对于薄壁零件允许空冷。

（b）稳定化处理：对于以 Ti、Nb 等元素稳定化的奥氏体不锈钢，如 1Cr18Ni9Ti，固溶处理后需再经稳定化处理才能保证无晶间腐蚀。

稳定化处理工艺为：850℃～880℃ 保温 5h～6h 后空冷。这样处理的目的是让 TiC 或 NbC 充分析出，避免析出 $Cr_{23}C_6$ 型碳化物。

（c）去应力回火：对于用冷作硬化状态的奥氏体不锈钢钢丝或钢带制成的弹性元件，通常需在成形后进行去应力回火，消除加工应力，提高弹性元件的使用性能。去应力回火工艺为：400℃～450℃ 保温 2h～4h 后空冷。

奥氏体不锈钢的组织为奥氏体+个别碳化物或奥氏体+个别碳化物+少量 δ 铁素体，见图 6.14。

（4）奥氏体-铁素体不锈钢

① 合金化特点：在 18-8 型奥氏体不锈钢的基础上，通过提高铬含量、降低

镍含量，可获得组织为 $\gamma+\delta$ 铁素体的双相不锈钢。

② 常用奥氏体-铁素体不锈钢的性能与用途：奥氏体-铁素体双相不锈钢具有比单相奥氏体不锈钢高的强度和抗应力腐蚀性能，但是奥氏体-铁素体双相不锈钢的热加工工艺性能不好。由于 δ 相和 γ 相在高温时的变形抗力不一致，δ 铁素体变形抗力小，γ 奥氏体变形抗力大，因而在变形过程中，当变形量大时，容易沿 γ/δ 相界产生裂纹。

图 6.14　1Cr18Ni9Ti 的金相组织

典型钢种有：1Cr21Ni5Ti、0Cr21Ni6Mo2Ti 及 1Cr18Ni11Si4AlTi（GX-2）等。奥氏体-铁素体双相不锈钢适合于制造要求耐腐蚀的焊接、钣金零件，如发动机机匣外壳、燃烧室外壁、空气散热器等。

③ 常用奥氏体-铁素体不锈钢的热处理及组织：这类钢一般在固溶处理状态使用，为奥氏体和铁素体双相组织，且奥氏体含量大于 50%。1Cr18Ni11Si4AlTi 钢固溶状态下奥氏体为主要组织成分，铁素体以 10%～20%为最佳；1Cr21Ni5Ti 钢固溶状态下奥氏体与铁素体约各占 50%，但化学成分波动可使铁素体从约 20%～30%变化到 70%～80%。

（5）沉淀硬化不锈钢

① 合金化特点及分类

沉淀硬化不锈钢按基体组织的不同可以分为奥氏体型沉淀硬化不锈钢和马氏体型沉淀硬化不锈钢。马氏体型沉淀硬化不锈钢又可分为半奥氏体沉淀硬化不锈钢（奥氏体-马氏体过渡型不锈钢）和马氏体沉淀硬化不锈钢。沉淀硬化不锈钢兼有奥氏体不锈钢和马氏体不锈钢的优点，在固溶状态下具有较好的成形性能，而在最终热处理状态下具有较高的强度。

半奥氏体沉淀硬化不锈钢的基本成分是 14%～17%Cr，≤7%Ni，少量钼、铝、钛、铜等。固溶处理后为奥氏体，适合于成形加工，但其 M_s 点可以调整控制，通过中间调整处理或冷处理，可使奥氏体转变成马氏体，使钢得到强化，并在时效时有沉淀硬化效应，使其进一步硬化，可获得比 12%Cr 马氏体不锈钢更高的使用强度。航空上使用的半奥氏体沉淀硬化不锈钢有 1Cr15Ni4Mo3N、0Cr17Ni7Al、0Cr17Ni5Mo3、0Cr12Mn5Ni4Mo3Al（69111）、0Cr16Ni6、0Cr14Ni6Cu2MoNbTi 等。

通过适当调整半奥氏体沉淀硬化不锈钢中的铬、镍含量，可使钢在固溶后冷至室温即可获得马氏体，但此时的马氏体强度并不太高，塑性很好，在随后的时效过程中，从马氏体基体中析出金属间化合物，使马氏体产生沉淀硬化，这样的不锈钢则称为马氏体沉淀硬化不锈钢。航空上使用的马氏体沉淀硬化不锈钢有 0Cr15Ni5Cu4Nb（15-5PH）、0Cr17Ni4Cu4Nb（17-4PH）、0Cr15Ni7Mo2Al（PH15-7Mo）、0Cr13Ni8Mo2Al（PH13-8Mo）等。

奥氏体沉淀硬化不锈钢固溶处理后为奥氏体（该奥氏体比较稳定，通常不会转变为马氏体），时效时在奥氏体基体中析出金属间化合物（如 Ni_3AlTi 等），使奥氏体得到强化。奥氏体沉淀硬化不锈钢具有比奥氏体不锈钢高的室温强度和高温持久、蠕变性能，在 650℃ 以下具有很高的热强性，并弥补了 Cr12 型热强马氏体不锈钢（如 1Cr11Ni2W2MoV）与高温合金之间在使用温度上的空当。我国航空上使用的奥氏体沉淀硬化不锈钢主要是 1Cr11Ni23Ti3MoB 和 1Cr11Ni20Ti2B。

② 常用沉淀硬化不锈钢的热处理及组织

（a）半奥氏体沉淀硬化不锈钢　其热处理一般需经过以下三个过程：固溶处理、调整处理、时效处理。

固溶处理的目的是使钢获得介稳定的奥氏体组织，便于加工成形。

固溶处理后进行的调整处理，其目的是升高 M_s 点，获得必要数量的马氏体，从而使钢强化。调整处理经常采用以下三种方法：中间时效法、高温调整及深冷处理法、冷变形法。

中间时效法（简称 T 处理法）：固溶处理后再加热到 760℃，保温 1.5h，空冷。因为在加热过程中有 $Cr_{23}C_6$ 碳化物自奥氏体中析出，降低了奥氏体中的碳及合金元素含量，其 M_s 点升高到 70℃ 以上，随后冷却到室温便得到马氏体+δ铁素体+残余奥氏体组织。

高温调整及深冷处理法（R 处理法）：固溶处理后，先加热到950℃，保温一定时间，由于有少量的碳化物自奥氏体中析出，升高了 M_s 点，冷却到室温可得到少量的马氏体，之后再经-70℃冷处理，就获得了必要数量的马氏体。

冷变形法（C 处理法）：固溶处理后，在室温下进行冷变形，通过应变诱发马氏体相变，以获得必要数量的马氏体。此法多用于形状简单的零件。

时效处理（H 处理）是使此类钢强化的另一途径，当时效温度高于 400℃，会从马氏体基体中沉淀析出金属间化合物，使钢进一步得到强化。

根据调整处理的方法不同，沉淀硬化不锈钢的热处理制度可分为三种，即 RH 制度、TH 制度和 CH 制度。三种热处理制度的流程图见图 6.15。

0Cr17Ni5Mo3 钢为典型的半奥氏体沉淀硬化不锈钢，其标准热处理制度为：1050℃淬火（固溶处理）＋950℃正火（高温调整处理）+ (−70)℃/2h 或 (−50)℃/4h 冷处理＋450℃/1h 回火（时效）。

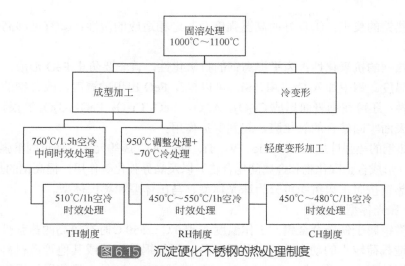

图 6.15　沉淀硬化不锈钢的热处理制度

1Cr15Ni4Mo3N 钢零件的热处理过程通常为：退火→淬火→冷处理→回火。与典型的半奥氏体沉淀硬化不锈钢不同，在 1Cr15Ni4Mo3N 钢的热处理过程中没有高温调整处理，避免了在晶界上析出碳化物，因而 1Cr15Ni4Mo3N 钢可以获得更高的塑性和韧性。其组织为马氏体+金属间化合物，见图 6.16。

（b）马氏体沉淀硬化不锈钢　其热处理过程通常为：退火→淬火→回火（时效）。淬火后一般不进行冷处理，如遇热处理后强度偏低，也可在淬火后增加冷处理。组织为马氏体+金属间化合物。见图 6.17。

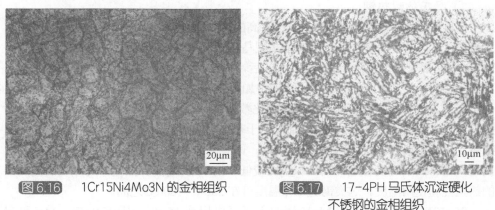

图 6.16　1Cr15Ni4Mo3N 的金相组织　　图 6.17　17-4PH 马氏体沉淀硬化不锈钢的金相组织

（c）奥氏体沉淀硬化不锈钢　其热处理过程为：固溶+时效，或固溶+冷变形+时效。弹簧类零件一般采用后一种热处理制度。组织为奥氏体+金属间化合物。

6.2.3.2　耐热钢

耐热钢的工作条件：①需要在高温下承受各种载荷（拉伸、弯曲、扭转、疲劳、冲击）；②与高温蒸气、空气、燃气接触。

耐热钢的要求：①良好的高温强度及与之相适应的塑性；②有足够高的化学稳定性。

耐热钢的抗氧化性：为了提高钢的抗氧化性，首先要防止 FeO 形成，或提高其形成温度。钢中加入 Cr、Al、Si，可以提高 FeO 出现的温度，改善钢的高温化学稳定性；还可在钢表面形成 Cr_2O_3、Al_2O_3、$FeO\text{-}Cr_2O_3$、$FeO\text{-}Al_2O_3$ 等很致密的、与钢件表面牢固结合的氧化膜，起到保护作用。

耐热钢的热强性加入 W、Mo、V、Ti、Nb、Al、B 等元素，通过固溶强化、沉淀强化（形成合金碳化物和金属间化合物）以及晶界强化等作用，提高钢的热强性。

耐热钢按照正火组织可分为珠光体型、马氏体型和奥氏体型。

1）珠光体型耐热钢

这类钢属于低碳合金钢，工作温度在 450℃～550℃时有较高的热强性。主要用于制造载荷较小的动力装置上的零部件，例如锅炉钢管或其他管道材料。常用的典型钢种有 15CrMo 和 12Cr1MoV，其中 12Cr1MoV 是大量使用的钢管材料。这类钢中的 Cr 可提高钢的抗氧化性和耐气体腐蚀能力；Cr、Mo 可溶于铁素体，提高其再结晶温度，从而提高基体金属的蠕变强度；V、Ti、Mo、Cr 能形成稳定弥散的碳化物，起沉淀强化作用。

珠光体耐热钢的热处理一般采用正火（950℃～1050℃）加高温回火（600℃～750℃），得到铁素体-珠光体组织。正火冷却速率快些可以得到贝氏体组织，提高其持久强度。回火温度高些，可以得到弥散的碳化物并使组织更加稳定。

2）马氏体耐热钢

低碳的 Cr13 型马氏体不锈钢虽然有高的抗氧化性和耐腐蚀性，但组织稳定性差，只能做 450℃以下的汽轮机叶片。Cr12 型马氏体耐热钢是通过加入 Mo、W、V、Nb、N、B 等元素来进行强化。加入 W、Mo 后，消除了 Cr_7C_3，只出现单一的 $(Cr, Mo, W, Fe)_{23}C_6$，并具有沉淀强化作用。钢中加入 V 或 Nb，能析出 VC 或 NbC，起沉淀强化作用。加入氮后，也能增加沉淀强化数量，有利于加强沉淀强化效应。W、Mo 除部分溶于 $M_{23}C_6$ 和 M_6C 外，大部分溶于基体起固溶强化作用。钢中 W、Mo 比例影响到钢的强度和韧性，若 W 低 Mo 高，则有高的韧性和塑性，但蠕变强度较低；反之，则有高的蠕变强度而韧性和塑性较低。钢中 B 起晶界强化作用，从而提高钢的热强性和使用温度。这类钢的工作温度可在 550℃～600℃之间。

2Cr12MoV 和 2Cr12WMoV 钢的主要强化相是 $M_{23}C_6$，固溶有 W、Mo 和 V 而提高了稳定性，高于 650℃才开始显著聚集增大。由于钢中合金元素含量高，因而有很高的淬透性。1Cr9W2MoVNbNB 钢采用多元合金复合合金化，钢中强化相有 MC、MN、$M_{23}C_6$ 和 M_6C。

3）奥氏体型耐热钢

由于 $\gamma\text{-}Fe$ 原子排列较 $\alpha\text{-}Fe$ 致密，原子间结合力较强，再结晶温度高。因此，奥氏体耐热钢比珠光体、马氏体耐热钢具有更高的热强性和抗氧化性。最高工作温度可达 850℃。

这类钢中加入大量的 Cr 和 Ni 是为了提高钢的抗氧化性和稳定奥氏体，也有利于提高热强性。加入 W、Mo、V、Ti、Nb、Al、B 等元素，起强化奥氏体（W、Mo 等）、形成合金碳化物（V、Nb、Cr、W、Mo 等）和金属间化合物（Al、Ti、Ni 等）以及强化晶界（B）等作用，可进一步提高钢的热强性。

奥氏体耐热钢可分为固溶强化型、碳化物沉淀强化型和金属间化合物沉淀强化型三类。06Cr19Ni10、1Cr14Ni19W2NbB、1Cr18Ni14Mo2Nb 等属于固溶强化奥氏体耐热钢，以 W、Mo 进行固溶强化，以 B 进行晶界强化，可在 600℃～700℃以下使用，通常用来制作燃气轮机动、静叶片、喷气发动机排气管和冷却良好的燃烧室零件。

4Cr13Mn8Ni8MoVNb（GH2036，ЭИ481）钢，是国内外应用较多的一种以碳化物作强化相的奥氏体耐热钢，可在 600℃～700℃使用。GH2036 耐热钢用于工作温度在 650℃的零件，如涡轮盘。

GH132（A-286）是一种以金属间化合物作强化相的奥氏体耐热钢。合金元素 Ti 和 Al 在时效过程中能析出金属间化合物 γ' 相。γ' 相即 $Ni_3(Ti，Al)$ 金属间化合物的点阵常数与奥氏体基体相近，二者仅稍有差别。γ' 相析出时能形成共格，产生沉淀强化。

奥氏体耐热钢的热处理通常加热至 1000℃以上保温后油冷或水冷，进行固溶处理；然后在高于 60℃～100℃进行一次或两次时效处理，以析出强化相，稳定钢的组织，进一步提高热强性。

6.3　钢的金相检测

6.3.1　低倍组织

低倍组织检测又称宏观组织分析，是指用肉眼或低倍放大（通常小于 30 倍）条件下观察材料的宏观组织形貌，反映出各类宏观缺陷，以便检验原材料或零件制造中的冶金质量。航空常用的低倍检验方法为酸蚀法。常用的低倍组织检测标准有：GB/T 226《钢的低倍组织及缺陷酸蚀试验法》；GB/T 1979《结构钢低倍组织缺陷评级图》。

（1）酸浸试验

将制备好的低倍检验试样用酸液化学或电解腐蚀，以显示其宏观组织的方法称为低倍酸蚀检验。钢材中存在的各种缺陷如疏松、偏析、气泡、白点和夹杂等都可经腐蚀后在试样表面被显示出来。酸蚀试样应暴露钢材或零件最容易产生缺陷的部位，例如钢锭应在锭头部截取试样，钢材应在其两端分别截取试样。对钢材作检验时，大多取横向截面，经酸蚀后可暴露疏松、缩孔、气泡、翻皮、白点、轴向晶向裂纹等缺陷，但为了暴露带状组织和流线则应切取纵向试样。除非特别定，试样在酸蚀前应处于退火状态。

酸蚀试验是按国标 GB/T 226 进行的。

酸蚀试验包括热酸浸蚀、冷酸浸蚀和电解腐蚀三种方法。仲裁检验时，若技术条件无特殊规定，以热酸浸法为准。试验用酸密度如下：盐酸（1.19g/ml）；硫酸（1.84g/ml）；硝酸（1.40g/ml）。

① 热酸浸蚀法：热酸浸蚀法适用的钢种、酸液成分及浸蚀规范列于表 6.1 中。

表 6.1　热酸浸蚀试验规范

分类	钢种	酸蚀时间/min	酸液成分	温度/℃
1	易切削钢	5～10	1:1（容积比）工业盐酸水溶液	60～80
2	碳素结构钢、碳素工具钢、硅锰弹簧钢、铁素体型、马氏体型、复相不锈耐酸、耐热钢	5～20		
3	合金结构钢、合金工具钢、轴承钢、高速工具钢	15～20		
4	奥氏体型不锈钢、耐热钢	20～40		
		5～25	盐酸 10 份，硝酸 1 份，水 10 份（容积比）	60～70
5	碳素结构钢、合金钢、高速工具钢	15～25	盐酸 38 份，硫酸 12 份，水 50 份（容积比）	60～80

② 冷酸浸蚀法：常用冷酸浸液成分及其适用范围见表 6.2。

表 6.2　冷酸浸蚀试验规范

编号	冷蚀液成分	适用范围
1	盐酸 500ml，硫酸 35ml，硫酸铜 150g	钢与合金
2	氯化高铁 200g，硝酸 300ml，水 100ml	
3	盐酸 300ml，氯化高铁 500g 加水至 1000ml	
4	10%～20%过硫酸铵水溶液	碳素结构钢，合金钢
5	10%～40%（容积比）硝酸水溶液	
6	氯化高铁饱和水溶液加少量硝酸（每 500ml 溶液加 10ml 硝酸）	
7	硝酸 1 份，盐酸 3 份	合金钢
8	硫酸铜 100g，盐酸和水各 500ml	
9	硝酸 60ml，盐酸 200ml，氯化高铁 50g，过硫酸铵 30g，水 50ml	精密合金，高温合金
10	100g～350g 工业氯化铜氨，水 1000ml	碳素结构钢，合金钢

注：1. 选用第 1、8 号冷蚀液时，可用第 4 号冷蚀液作为冲刷液；2. 表中 10 号试剂试验验证时的钢种为 16Mn。

③ 电解腐蚀法：电解腐蚀的试验装置如图 6.18 所示。电解液槽通常用耐酸的硬塑料制作，槽的两侧安放两块普碳钢阴极，其大小和厚度与作为阳极的被电解腐蚀的试样相适应。腐蚀试样放在两极之间，平行排放且腐蚀面要平行于极板面，试样腐蚀面之间的距离应不小于 20mm。槽内酸液成分为 15%～30%（体积分数）工业盐酸水溶液。电源由变压器输出端提供，电压小于 36V，电流在 0～100A 内可调。

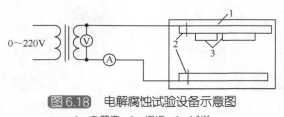

图6.18　电解腐蚀试验设备示意图
1—电解槽；2—极板；3—试样

电解腐蚀时，试样浸没在室温的液槽中，通常使用电压小于 20V，电流密度为 $0.1A/cm^2$～$1A/cm^2$，时间 5min～30min。腐蚀好的试样的清洗、干燥程序与冷酸浸蚀法相同。

电解腐蚀法所用的酸液浓度较低，对空气污染小，可同时检验大批量和大尺寸的试样，效率较高。

（2）低倍组织与缺陷的评定

钢的低倍组织与缺陷评定通常按 GB/T 1979《结构钢低倍组织缺陷评级图》进行，该标准的评级图适用于评定碳素结构钢、合金结构钢、弹簧钢材（锻、轧坯）横截面酸浸低倍组织的缺陷评定。评定时根据钢材横截面尺寸选取相应的评级图，评级图中各类缺陷有的分为四级，有的分为三级，有的只列一张典型图片（如夹渣和异金属夹杂物）。下面分述各类缺陷的特征、产生原因和评定原则。

① 一般疏松：一般疏松的形貌如图 6.19 所示，表现为组织不致密，在整个截面上呈分散的暗点和空隙。在放大镜下空隙呈不规则空洞或圆形针孔。一般疏松是由于钢液以枝晶方式结晶在枝晶间区存在微孔隙和偏析低熔点元素、气体和非金属夹杂物经酸蚀后显示出来的。评定原则是根据分散在整个截面上暗点和空隙的数量、大小及分布状态，并考虑枝晶的粗细而定。

② 中心疏松：中心疏松形貌如图 6.20 所示，在试片中心部位呈集中分布的空隙和暗点。通常由于钢锭中心部位最后凝固收缩得不到钢液补充造成疏松和在该区严重的气体和夹杂物偏析所致。评定原则以暗点和空隙的数量、大小、及密集程度而定。

③ 锭型偏析：锭型偏析形貌如图 6.21 所示，是腐蚀较深的由暗点和空隙组成的框带，一般呈方形，与原锭型横截面形状相似，是钢液结晶时柱状晶与中心

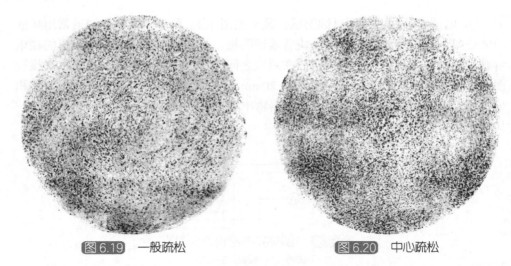

图6.19　一般疏松　　　　　图6.20　中心疏松

粗等轴晶交界处成分偏析与杂质偏聚所致。评定原则根据方框形区域组织疏松程度和框带的宽度加以评定。

④ 点状偏析：点状偏析形貌如图 6.22 所示，在酸浸蚀片上呈不同形状和大小的暗色斑点。是钢液结晶时冷却缓慢产生较严重的成分偏析，偏析区气体和杂质大量存在所致。评定原则以斑点数量、大小和分布状况而定。

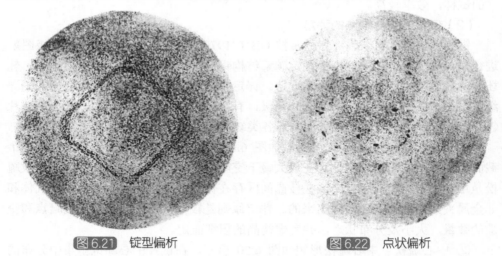

图6.21　锭型偏析　　　　　图6.22　点状偏析

⑤ 皮下气泡：皮下气泡形貌如图 6.23 所示，是一些呈分散或成簇分布的细长裂纹或椭圆形气孔，细长裂纹多垂直于钢材表面。皮下气泡是由于钢锭模内壁清理不良和保护渣不干燥等原因造成。评定原则是测量气泡离钢材表面的最远距离。航空热加工用钢不允许有皮下气泡存在；冷加工用钢如皮下气泡在公差范围内，可车削掉使用。

⑥ 内部气泡：内部气泡的形貌如图 6.24 所示，呈直线或弯曲状的长度不等的裂缝，其内壁光滑，有的伴有微小可见夹杂物。内部气泡是由于钢中含有较多气体所致，是镇静钢中不允许存在的缺陷。

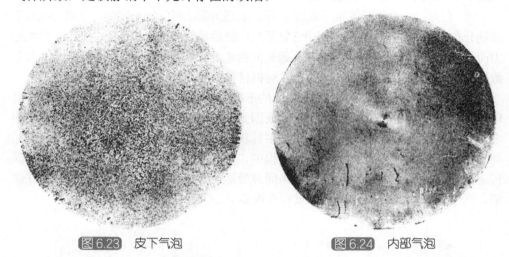

图 6.23　皮下气泡　　　　　　　　　　图 6.24　内部气泡

⑦ 残余缩孔：残余缩孔形貌如图 6.25 所示，是在中心区呈不规则的折皱裂纹或空洞，在其上或附近常伴有严重的疏松、夹杂物（夹渣）和成分偏析等。残余缩孔是钢锭集中收缩部分在热加工后未切除尽而部分残留，有时也出现二次缩孔。评定原则是以裂缝或空洞大小而定。航空用钢对该评定原则应慎重掌握，原则上该缺陷是不允许存在的，但允许切除后重新复验，直至不出现该缺陷为止。

⑧ 翻皮：翻皮形貌如图 6.26 所示，呈灰白色或暗色的，聚集大量夹杂物的不规则小条带，其周围有气孔和夹杂物。有时条带上嵌着肉眼可见的炉渣或耐火

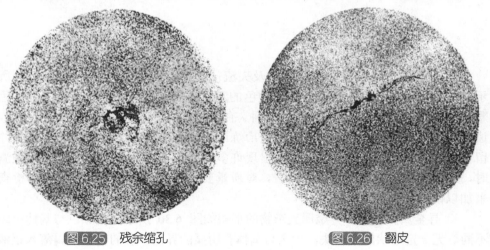

图 6.25　残余缩孔　　　　　　　　　　图 6.26　翻皮

材料的夹杂，是钢锭浇注过程钢液表面氧化膜翻入钢液内部，凝固前未能浮出所致。评定原则是航空用钢属不允许缺陷，但不可作整批报废的依据，可根据翻皮长度和离钢材表面最远距离来处理。

⑨ 白点：白点的形貌如图 6.27 所示，表现为锯齿形的细小发裂，呈辐射状或不规则分布。白点产生的原因是钢中含氢量高，经热加工后再冷却过程中，由于组织应力而产生的裂缝。评定原则是对需要锻轧的钢坯，可根据酸浸蚀片上裂缝的大小和条数评级，以锻压后能否消除白点为准，对钢材和锻件白点是不允许存在的缺陷。

⑩ 轴心晶间裂缝：轴心晶间裂缝的形貌如图 6.28 所示。以晶间裂缝形式出现在钢的轴心部位，成蜘蛛网状。其成因是由于最后凝固区枝晶间补缩不足和非金属夹杂物聚集，在凝固后冷却时发生体积收缩产生径向拉应力，使晶界、枝晶间和夹杂物群集处开裂。在热加工过程中，大部分裂纹被焊合，未焊合的裂纹保留下来形成了轴心晶间裂缝。轴心晶间裂缝破坏了金属的连续性，属于不允许缺陷，一般可根据其分布面积和严重程度而定。

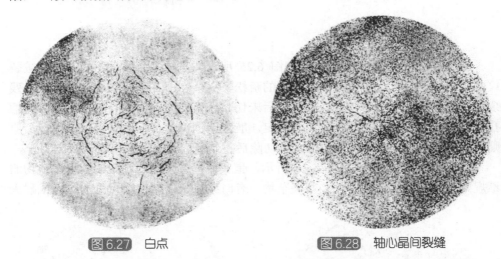

图 6.27　白点　　　　　　　　　　　图 6.28　轴心晶间裂缝

⑪ 非金属夹杂物（目视可见）及夹渣：非金属夹杂物的形貌如图 6.29 所示，是一些目视可见的不同形状和颜色的颗粒，其颜色为夹杂和夹渣的固有色彩，最常见的有白色、米黄和灰暗几种。有些碱性夹杂在酸浸时被浸蚀成空洞，边缘不整齐，呈海绵状。该类缺陷是冶炼或浇注系统的耐火材料或脏物进入并留在钢液所致。评定时，当试片上出现许多空隙或空洞而目视未见夹杂或夹渣时，则不评为非金属夹杂物或夹渣，对质量要求高的钢种可进行高倍补充检查来加以确定。

⑫ 异金属夹杂物：异金属夹杂物的形貌如图 6.30 所示，是颜色与基体组织不同、无一定形状的金属块，大多与基体有明显的界面。有的异类金属落入钢液

时间较长，在其界面上形成过渡层而使界面不清，产生的原因是由于炉料未化清或浇注系统掉入异金属所致。由于异类金属夹杂对性能影响较大，所以是不允许的缺陷。

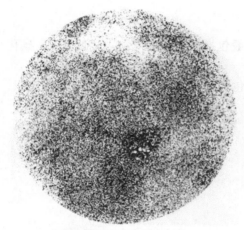

图 6.29 非金属夹杂物

图 6.30 异金属夹杂物

6.3.2 高倍组织

钢的高倍组织检测包含内容和项目较多，如非金属夹杂物、脱碳层、晶粒度、显微组织、渗层组织等。常用的检测标准主要有：GB/T 13299《钢的显微组织评定方法》、GB/T 11354《钢铁零件 渗氮层深度测定和金相组织检验》、HB5022《航空钢制件渗氮、碳氮共渗金相组织检验标准》等。下面列举常用组织检验相关内容。

（1）渗碳层深度及渗层金相组织检测

① 金相法测渗层深度：过共析+共析+1/2 过渡区（测量渗层深度，830℃±10℃加热保温炉冷却至 400℃后空冷，4%硝酸酒精腐蚀）。

② 硬度法测渗层深度：表面至硬度为 HV550 的距离为有效渗碳层深度。国际上已普遍采用这种方法。

③ 渗层金相组织检测：组织为马氏体+碳化物+少量残余奥氏体（具体按照 HB 5492《航空钢制件渗碳、碳氮共渗金相组织检验标准》进行）。所检测的项目一般包括淬火马氏体针的粗细，碳化物的数量和分布特征，残余奥氏体的数量及心部游离铁素体。

（2）渗氮层金相组织检测

渗氮前调质处理后的组织应是回火索氏体，不允许有粗大的索氏体和大块游离铁素体。渗氮层的组织应是索氏体加适当分布的氮化物，具体按 HB 5022《航空钢制件渗氮、氮碳共渗金相组织检验标准》进行。

（3）弹簧钢的组织检测

弹簧钢的高倍组织检测项目一般包括非金属夹杂物、脱碳层、晶粒度、显微组织等。

（4）轴承钢的组织检测

高碳铬轴承钢的高倍组织检测项目一般包括非金属夹杂物、显微组织、碳化物不均匀性、脱碳层等。

渗碳轴承钢的高倍组织检测项目一般包括非金属夹杂物、晶粒度、显微组织、烧伤等。

第 7 章

高温合金的组织与检测

7.1 概述

高温合金是在 600℃～1200℃高温下能承受一定应力，并具有抗氧化或抗腐蚀能力的合金，是目前军用和民用航空发动机以及燃气轮机高温零部件不可替代的关键结构材料，主要用于制造航空、舰艇和工业用燃气轮机部件，还用于制造航天飞行器、火箭发动机、核反应堆、石油化工设备以及煤的转化设备等。在先进的航空发动机中，高温合金占发动机材料总量的 40%～60%。高温合金质量的好坏，决定着发动机和燃气轮机性能的优劣。

目前全世界研制生产的高温合金有几百个牌号，中国的高温合金有近 200 多种，对于这些高温合金可以按不同方法进行分类。

（1）按照高温合金基体元素分类

① 铁基高温合金：是以高合金化的 Fe 基奥氏体或 Fe-Ni 基奥氏体为基体的高温合金，或者说是以 Fe 或 Fe-Ni 为主要元素的合金，含 Ni 量通常小于 40%，如 GH2135、GH2036、GH2132、GH2716、K213、K214 等。铁基合金的耐热强度低，抗氧化性低，长期使用组织稳定性差，因此，主要用于 650℃～700℃工作的零件，如涡轮盘。铁基高温合金有固溶强化、碳化物强化和金属间化合物强化三大类型。合金中除含 Ni 以获得奥氏体，含 Cr 以提高抗氧化性外，W 和 Mo 是铁基合金的主要固溶强化元素；以碳化物强化的合金中含有较高碳含量和碳化物形成元素 V、Nb、Ti 等；金属间化合物沉淀强化型合金通常加入 Al、Ti、Nb 等元素形成 γ'(Ni$_3$Al) 和 γ''(Ni$_3$Nb) 强化相。

② 镍基高温合金：是以高合金化的 Ni 基奥氏体为基体的高温合金，或者说是以 Ni 为主要元素的合金及 Ni-Al 系金属间化合物高温合金，如 GH4698、GH4742、GH4033、GH4133、GH4049、GH4037、K417、K002、DZ125、DD403 等。在 650℃～1000℃ 范围内具有较高的强度，良好的抗氧化性和抗腐蚀性，广泛地用来制造航空涡轮发动机、各种燃气轮机热端部件，如涡轮工作叶片、导向叶片、涡轮盘和燃烧室等。镍基高温合金通过固溶强化、第二相强化和晶界强化等手段达到其高温强度。Cr、Co、W、Mo 等为固溶强化元素；Ti、Al、Nb、Ta、Hf、V、C 等为形成 γ'，γ'' 和碳化物等第二相强化元素；B、Zr、Mg、Ce 等为晶界强化元素。

③ 钴基高温合金：是以高合金化的 Co 基奥氏体为基体的高温合金，或者说是以 Co 为主要元素的合金，如 GH5605、GH5188、GH6159、K640、DZ640M 等。在 730℃～1100℃ 具有一定的高温强度，良好的抗热腐蚀和抗氧化能力。该类合金中含 Cr 较高，并含有 W、Mo、Ta、Nb 等元素，是一种以碳化物为主要强化相的高温合金。主要碳化物有 MC，$M_{23}C_6$ 和 M_6C（M 代表金属元素）等。钴基合金中温强度较低，但由于碳化物的热稳定性好，在高于 980℃ 具有较高的强度、良好的抗高温腐蚀性和抗热疲劳性，因此适于用作燃气轮机的导向叶片和喷嘴等。

（2）按照合金的成型工艺分类

① 变形高温合金：合金通过真空冶炼等工艺浇铸成钢锭，然后通过锻造、轧制等热变形，制成饼坯、棒、板、管等型材，最后模锻成盘、叶片等毛坯，经热处理后加工成盘、叶片等零件，这类合金有 GH2132、GH2984、GH4033、GH4413、GH4169 等。

② 铸造高温合金：合金通过真空重熔直接浇铸成叶片、叶盘等零件。这类合金又可以分为普通精密铸造合金（K），如 K417、K640、K23、K002 等；定向凝固高温合金（DZ）DZ125、DZ417G、DZ640M、DZ40M 等；单晶高温合金（DD），如 DD403、DD406 等。

③ 粉末高温合金：将高合金化难变形高温合金用气体雾化等方法制备成高温合金粉末，然后用热等静压或热挤压等方法将粉末制成棒材，最后制成涡轮盘等零件，这类合金有 FGH4095、FGH4096 和 FGH4097 等。

机械合金化方法制备的氧化物弥散强化高温合金也属于粉末高温合金。这类合金是将元素粉末、中间合金粉末和氧化物弥散相 Y_2O_3 等混合均匀，加入高能球磨机中，合成氧化物弥散均匀的合金粉末，然后通过热等静压或热挤压，制成棒材或再轧成板材，最后加工成涡轮叶片、导向叶片等零件，如 MGH2756、MGH2757 和 MGH4754 等。

7.2　高温合金的组织

7.2.1　高温合金中合金化元素的作用

高温合金基体是高合金化的奥氏体，涉及的合金元素有近 20 种，主要有 Ni、Fe、Co、Cr、Mo、W、V、Al、Ti、Nb、Ta、C、B、Zr 等。由于合金元素的复杂性及元素间的交互作用，其在高温合金中具有非常复杂的作用，在基体中通过固溶强化、沉淀强化和晶界强化等途径强化合金。

（1）主要合金化元素及其作用

高温合金的各种合金化元素，在合金中部分或全部固溶于合金中，或者以化合物形式析出，对合金的性能起到了至关重要的作用，主要表现在以下几个方面。

① 形成奥氏体基体的元素：Ni、Fe、Co。

② 稳定表面的元素：Cr、Al、Ti、Ta、Y、Hf。其中，Cr、Al、Y、Hf 提高合金的抗氧化能力；Cr、Ti、Ta 有利于抗热腐蚀。

③ 固溶强化元素：W、Mo、Cr、Re。固溶进入 γ 基体中，起到固溶强化作用。

④ 金属间化合物形成元素：Al、Ti、Nb、Ta、Hf 和 W。其形成金属间化合物 Ni_3Al、Ni_3Nb、Ni_3Ti 等，上述元素可固溶进金属间化合物，进一步强化金属间化合物。

⑤ 碳化物、硼化物形成元素：C、B、Cr、Mo、W、Ta、Nb、V、Ti、Hf 等元素可形成各种类型碳化物、硼化物相强化合金。

⑥ 晶界和枝晶间强化元素：B、Mg、Ce、Y、Zr、Hf 等元素以第二相或间隙元素形式强化晶界或枝晶间。

各元素在高温合金中的作用主要表现如下。

① Ni：通常作为基体元素，它可以溶解比较多的合金元素进行合金化，使 γ 基体保持稳定性，在高温合金中应用最广泛，当代先进航空发动机用材总重量 50% 以上使用了镍基合金。铁基高温合金通常加入小于 40% 的镍稳定奥氏体。钴基高温合金为提高高温条件下钴基奥氏体稳定性，通常加 20% 的镍，以抑制它在较低温度下向密排六方结构转变，且可降低变形钴基合金变形抗力。因此镍的重要作用是：作为镍基合金基体元素；其次是使铁基钴基合金扩大奥氏体区域，形成稳定奥氏体；此外，Ni 还能与 Al、Ti、Nb 等形成金属间化合物强化合金。

② Co：Co 基合金熔点高，持久断裂曲线比较平缓，在高温下承载能力高于镍基和铁基合金，Co 也具有优越抗热腐蚀和冷热疲劳性能，常用于涡轮导向叶片。Co 主要固溶于 γ 基体中，少量进入 γ'，Co 在 γ 和 γ' 中分配比例为 1 : 0.37，Co 在 M_6C 碳化物和 μ 相中也有相当高的溶解度。Co 主要起固溶强化作用，降低了

基体的堆垛层错能，降低 Al、Ti 在基体中的溶解度，从而增加 γ' 相数量和提高 γ' 相的溶解温度，该作用对提高合金蠕变抗力效果显著。多晶合金中，Co 可增加 Cr、Mo、W、C 在 γ 相中的溶解度，减少次生碳化物析出，改善晶界碳化物形态。

③ Fe：主要作为高温合金基体元素，与镍配合稳定奥氏体。Fe 与 Ni 晶格常数相差 3%，且能够降低镍基奥氏体堆垛层错能，有利于屈服强度提高，起到固溶强化作用。

④ Cr：主要固溶于 γ 基体中，少量进入 γ'，Cr 在 γ 和 γ' 中分配比例为 $1：0.14$。Cr 主要固溶强化 γ 基体，并能在晶界上析出碳化物来强化晶界，且能够降低固溶体堆垛层错能，有利于持久强度提高。Cr 在 γ 基体中很重要的作用是形成 Cr_2O_3 型氧化膜，保护合金表面不受 O、S 盐化物作用而防止氧化和热腐蚀。但 Cr 的有害作用是促进形成 σ 相，使组织稳定性变坏，同时 Cr 的高温强化作用远低于 Mo、W。

⑤ W：其固溶于 γ 基体中，有固溶强化作用，W 进入 γ' 相，并影响其他元素在 γ 基和 γ' 相之间分配，改变 γ、γ' 晶格常数和错配度，提高高温性能。同时 W 还促进 M_6C 碳化物和 μ 相生成。

⑥ Mo：主要固溶于 γ 基体中，能有效提高合金再结晶温度和扩散激活能，提高合金热强性，亦能导致 γ' 数量增加，Mo 进入 γ' 相，改变基体与 γ' 错配度，Mo 也可以细化晶粒。Mo 加入合金易形成碳化物 M_6C，沿晶分布的颗粒状 M_6C 对提高高温持久性能有重要作用。Mo 易于偏析于枝晶间，形成不致密的氧化膜，对合金抗氧化性能不利。

⑦ Al、Ti：高温合金中形成 γ' 的主要元素，这两个元素在 γ 和 γ' 中分配比例为 $1：0.24$ 和 $1：0.1$。在 γ' 中 Ti 可置换部分 Al，减小 Al 的溶解度，促进 γ' 析出。高温合金之所以具有高的高温强度，主要依靠 γ' 相的沉淀强化作用。但 Al、Ti 超量可能出现有害的 β-NiAl 相或 η-Ni_3Ti 相。Ti 是碳化物形成元素，Al、Ti 能提高合金表面稳定性，Al 能提高抗氧化能力，Ti 则有利于提高抗热腐蚀能力。

⑧ Nb、Ta：是 γ' 相形成元素，可进入 γ' 相并置换部分 Al、Ti，固溶强化，延缓 γ' 相聚集长大，提高高温强度。Nb、Ta 与 C 的亲和力高于 Ti，可形成 NbC、TaC。在高 Nb 的 Ni 基或 Fe-Ni 基合金中还会形成 γ''-Ni_3N_6 和 δ-Ni_3Nb，但过多 Nb 会引起 Laves 相析出。Ta 除有效提高合金热强性以外，也增加合金抗氧化性和耐腐蚀性。

⑨ Zr、Hf：为强烈形成 γ' 相元素，在 γ 相中溶解度极低。Zr 最初微量添加强化晶界，Hf 则提高合金中温强度和塑性。Zr、Hf 为强正偏析元素，偏析于晶界和枝晶间，促进 $(\gamma+\gamma')$ 共晶形成，也是强碳化物形成元素，其与 S 有强亲和力，能净化晶界和枝晶间，其亦能形成金属间化合物 Ni_5Zr 和 Ni_5Hf，降低合金熔点。

⑩ V：其主要分布于 γ 和 γ' 相，起到固溶强化作用，且能细化晶粒，改善缺口敏感性和热加工塑性，形成 VC，有第二相沉淀强化作用。

⑪ C、B：为高温合金中两个最为重要的晶界、枝晶间强化元素，在 γ 相中溶解度极低，又不进入 γ' 相，偏聚于晶界和枝晶间的 C、B，除作为间隙元素填充这些区域的间隙，减慢扩散，从而降低晶界和枝晶间开裂倾向外，还形成碳化物、硼化物，强化晶界和枝晶间。主要形成碳化物为 MC、M_6C、$M_{23}C_6$，硼化物为 M_3B_2。由于 C、B 化物固结了一定数量的 TCP 相形成元素，因此 C、B 是高温合金中显微组织稳定剂，B 的稳定作用更强。

⑫ Mg、La、Ce、Y：属微量添加元素，加入量小于 0.02%。其与 O、S 有强亲和力，能清除合金有害杂质和气体，进一步净化和强化晶界。Mg 偏聚于晶界，使 M_6C 碳化物呈颗粒状分布，阻止沿晶裂纹扩展，提高高温强度。Y 可显著改善单晶抗氧化性，提高热疲劳性能。

（2）高温合金的主要强化途径

性能优异的高温合金常采用多种元素综合强化，综合利用固溶强化、第二相强化（沉淀强化和弥散强化）和晶界强化，同时综合利用先进工艺技术实现工艺强化，如采用新工艺，或改善熔炼、凝固结晶、热加工、热处理和表面处理等工艺环节而改善合金结构强化合金。

① 固溶强化：固溶强化是将合金元素加入 Ni、Fe、Co 基合金中，使其形成合金化的单相奥氏体而得到的强化。

从其物理本质分析，固溶强化与下列因素有关：

（a）与溶质元素尺寸相关弹性应力场有关。Mott 等认为均匀分布于基体的溶质原子可以产生长程内应力场，增加为错运动阻力。

（b）静电交互作用引起的非均匀分布固溶强化。位错的弹性畸变导致电子流动形成电偶极子，增加位错运动阻力。

（c）化学交互作用引起的非均匀分布固溶强化。溶质原子在层错处平衡浓度差异导致位错运动阻力。

（d）短程原子有序分布引起固溶强化。

总之，高温合金中合金元素的固溶强化作用首先是与溶剂、溶质元素尺寸差异相关，其次与两者电子、化学因素差别有关，而这些因素也决定着合金元素在基体中的溶解度因素。固溶度小的元素比固溶度大的元素有更强烈的固溶强化作用，但溶解度限制其加入量，固溶度大的元素可增加加入量而获得更大强化效果。

② 第二相强化：第二相强化是高温合金的主要强化机制，可分为时效析出沉淀强化、铸造第二相骨架强化和弥散质点强化。沉淀强化主要是指 γ'、碳化物强化；弥散质点强化指氧化物质点或其他化合物质点的强化；钴基铸造高温合金常由骨架状碳化物强化。

第二相质点的大小、间距、数量和分布直接影响强化机制和效果。质点尺寸大，间距大，位错更易于绕过第二相质点，强化程度下降；其他条件不变，第二相数量增加，强化作用显著。利用共格应变强化机制强化合金的 γ' 相由于难熔合金元素的加入，高温稳定性提高，使固溶强化和第二相强化得到更佳配合。

铸造钴基高温合金中晶界或枝晶界骨架状碳化物，使得晶界、枝晶界变形阻力增加，使得合金强度增加。

③ 晶界强化：高温合金在高温下变形时，晶界原子排列不规则，存在晶体缺陷、杂质偏聚等因素，使其晶界成为薄弱环节，易于沿晶断裂。因此晶界强化是高温合金的基本问题。

（a）净化晶界：有害杂质、低熔点元素、化合物或共晶体，使得合金热加工性能和高温性能显著降低，需要严格控制。如控制 N_2、H_2、O_2、S、P 及铋、碲、硒、铅、铊等含量会显著提高合金高温性能。

（b）微合金化：稀土元素及 Mg、Ca、Ba、B、Zr、Hf 等元素可以净化合金或微合金化改善合金性能。如碱土、稀土元素与气体元素和 P、S 等杂质元素有较强亲和力，形成难熔化合物，消除晶界危害元素；另有一些元素，可以偏聚于晶界，改善晶界结构，起到强化晶界的微合金化作用。

（c）控制晶界：是有效的晶界强化方法。如控制晶粒大小、晶界平直度，消除横向晶界（垂直于应力）。

④ 工艺强化途径：通过引进新工艺提高合金性能。例如：形变热处理强化（将形变和热处理工艺结合，优化组织结构，提高合金强度）、复相组织强化（尺度相差不多的两相混合组织，定向共晶和纤维强化高温合金就属于此类）、单晶取向与织构控制、快速凝固、粉末高温合金、机械合金化等。

7.2.2　高温合金相构成

高温合金相构成复杂，以 γ 固溶体为基体，主要通过金属间化合物和固溶强化方式强化合金，由于状态的不同，其析出相也存在类型、数量、分布和形态的差异。其中金属间化合物包括几何密排相（GCP）、拓扑密排相（TCP）及间隙化合物，如：γ' 相、μ 相、σ 相及 MC、M_6C、$M_{23}C_6$ 碳化物，M_3B_2 间隙相等。

（1）γ 固溶体

基体为面心立方固溶体，主要是由 Ni、Cr、Mo、Co 元素形成的置换固溶体，合金元素溶解其中的一个作用便是改变镍的点阵常数，见图 7.1，实现固溶强化作用。由图可见 W、Mo、Nb 等难熔元素对提高合金的高温强度非常有效。一般镍基高温合金，γ 相含量达 40%～90%（质量分数），不同温度下，各种元素在 γ 相中溶解度不同，因而有 γ' 相析出、碳化物反应及 μ 相、σ 相形成，该相直到熔化前都不发生溶解。

（2）金属间化合物

1）几何密排相（GCP）

GCP 相是密排有序结构，即由密排面按不同方式堆垛形成，只是密排面上 A、B 原子排列方式和堆垛方式不同，形成了多种结构。常见的 GCP 相有 γ' 相（L），η 相（Ni₃Ti），δ 相（Ni₃Nb）等。这里主要介绍 γ' 相。

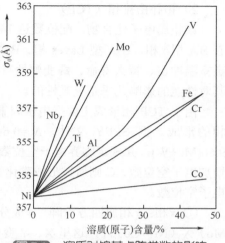

图 7.1　溶质对镍基点阵常数的影响

γ' 相晶体结构为面心立方有序结构，据 γ' 相成分不同，其点阵常数略有变化，通常在 0.356nm～0.361nm 范围。由于 γ' 相与 γ 相的结构相似，所以 γ' 相在时效析出时具有弥散形核、共格、质点细而间距小、相界面能低而稳定性高的特点。此外 γ' 相本身有较高的强度，并在一定范围内随温度升高而提高，且有一定塑性，这些特点使 γ' 相成为镍基高温合金的最主要强化相。

铸造高温合金中 γ' 相有次生和共晶 γ' 相两种。次生 γ' 相系合金凝固时从 γ 相中脱溶出来的，对大多数普通多晶铸造高温合金 γ' 相的沉淀温度约在 1220℃ 以下。γ' 相析出速率与合金的过饱和度有关，过饱和度低的合金，虽然初期 γ' 相析出较快，但要充分析出就需要长时间时效。γ' 相还具有高温回溶和低温再析出的特点，可用不同温度多次时效获得大小不同的 γ' 相，改进材料综合性能。

γ' 相成分复杂，除 C、B 以外，其他合金元素在该相中均有一定的溶解度，尤其是 Al、Ti、Nb、V、Hf 等 γ' 相形成元素在该相中有更大的溶解度，γ' 相形成因子 Σ(Al+Ti+Nb+Ta+V+Zr+Hf+1/2W) 的原子百分数由 3%增至 18%，γ' 相含量由 10%增至 60%左右（质量分数），γ' 相尺寸由几百埃增至 1μm～2μm，形态也呈现多样，如：球状、立方状、胞状、筏排状。

γ' 相形态的主要影响因素为析出温度和点阵错配度。低 γ' 相形成因子合金，其点阵错配度低，易形成球状 γ' 相，与基体界面为共格型，共格应力随错配度增加；中等 γ' 相形成因子的合金，由于点阵错配度高，形成方形和球状两种 γ' 相，方形 γ' 相与基体界面为位错或部分位错型，共格应力小；高 γ' 相形成因子的合金形成多种形态 γ' 相。铸造高温合金中，由于 γ' 相形成元素分布不均，在枝晶干区、枝晶间及晶界部位，γ' 相的形态、大小也有所不同。

γ' 相的尺寸对合金性能有重大影响。一般情况下，凝固后冷却缓慢的铸件，γ' 相要比快冷的粗一些，枝晶间 γ' 的要比枝晶干的粗。当 γ' 相数量较少时，尺寸对强度的影响非常敏感，当 γ' 相数量达 40%以上时，尺寸对强度影响敏感性减弱。

2）拓扑密排相（TCP）

该相属电子化合物，配位数达 14～16，得到空间利用率高的堆垛结构，主要有 BA 型 σ 相、B_2A 型 Laves 相、B_7A_6 型 μ 相等。TCP 相常引起合金脆化，对合金室温冲击、持久寿命、蠕变塑性有严重损害，当存在中等到大量针状 σ 相时，其对性能的影响几乎是灾难性的。

由于 TCP 相形成主要受电子因素的影响，因而电子空位数 N_v 则决定着 TCP 相的形成。据 SPEY 文件，$N_v=0.66Ni+1.71Co+2.66Fe+3.66Mn+4.66Cr+6.66Zr+9.66(Mo+W)$，并规定临界电子空位数为 2.65。当 Al、Cr、Mo、Ti 增加，会迅速增加电子空位数，C 则通过形成碳化物消耗大量 Cr、Mo，减少其过饱和度，降低电子空位数。

① σ 相：σ 相属四方点阵，其成分范围较宽，镍基高温合金中 σ 相组成为（Cr、Mo）X（Ni，Co）Y，这里 X、Y 变化范围很大。镍基高温合金形成 σ 相需要足够的 Co、Cr、Mo 等过渡元素，基体贫镍将增加 σ 相析出倾向，富 Al、Ti 合金，由于更多 Ni 元素形成了 γ' 相，为 σ 相析出创造了成分前提。Ni 阻止 σ 相形成，Fe、Co、Cr、W、Mo、Al、Ti、Si 都促进 σ 相形成，因而一些渗层（渗 Cr、Al）下易出现 σ 相。

铸造合金的偏析对 σ 相形成有很大影响，枝晶间 Co、Cr、Mo 等元素富集，造成 σ 相优先析出于枝晶间或共晶 γ' 周围，后于枝晶内以针状组织长大，而枝晶干区无 σ 相析出。影响 σ 相析出的主要因素为合金成分、铸造工艺、热处理及应力等因素。镍基高温合金 σ 相形成温度范围 700℃～980℃，析出峰温度为 850℃。σ 相形态为细小片状、针状，量更多时可呈魏氏组织。

② μ 相：在形成 M_6C 的合金里，倾向形成 μ 相，μ 相为 B7A6 型，属三角晶系，结构复杂。主要由 Ni、Co、Mo、W 等元素形成，可表示为 $(Fe，Co，Ni)_7(Cr、Mo、V、Nb、Ta)_6$，800～1140℃为 μ 相析出温度范围，常析出于枝晶间隙，呈短针状。合金含大量 W、Mo 是生成 μ 相的必要条件，在 Co、Mo、W 含量较高的合金里，可由液相直接在共晶 γ' 周围及枝晶间析出 μ 相。

镍基高温合金中 μ 相的出现与电子空位数有关，Woodyatt 把高 Mo、W 合金出现 μ 相的临界电子空位数定为 $N_v=2.30$，μ 相形成倾向还与 (Mo+W)%（原子）及 Mo%（原子）/(Mo+W)%（原子）两个参数有关，只有当 $N_v<2.30$，(Mo+W)%（原子）<4.3%和 Mo%（原子）/(Mo+W)%（原子）<0.3 时合金才不出现 μ 相。

μ 相二维形貌为针状，三维形貌为片状。μ 相对性能的损害主要是室温冲击值、中温和高温持久性能，高 Mo601 合金 1%含量的 μ 相便使室温冲击值、中温和高温持久性能剧烈下降。

（3）间隙化合物

过渡元素与 C、B 等元素常形成碳、硼化物等间隙相，间隙相一般以固溶体的形式存在。间隙相具有高熔点、高硬度、高脆性，它对合金的强度和塑性影响很大，一般认为：在高温对持久强度有利；形态对塑性有影响；碳化物反应时影响组织稳定性。

因此研究间隙相的成分、类型、形态及影响的条件很有必要。

① M_6C 碳化物：具有复杂面心立方结构，在高 Mo、W、Co 的镍基铸造合金中，凝固形成初生 M_6C，显微硬度 14500MPa。M_6C 的形成与合金化、浇铸后的冷却速率（缓冷有利于 M_6C 形成），富钼碳化物呈不规则条块状，其最大尺寸可达 0.1mm，大块状 M_6C 严重损害力学性能，初生 M_6C 不能通过固溶处理消除。M_6C 可通过高温热处理或时效从固态析出，称为次生 M_6C，K_5 合金次生 M_6C 析出范围为 850℃～1210℃，析出峰 950℃～1100℃，当 W、Mo 等高熔点元素增加时，M_6C 的稳定温度向高温移动。次生 M_6C 常在晶界及枝晶间以颗粒状、片状析出，大量析出时沿晶界呈链状分布，能提高持久性能。

② $M_{23}C_6$ 碳化物：具有复杂面心立方结构，在高 Cr 合金中形成普遍，形成温度范围 650℃～1100℃，850℃～950℃可达高峰。常出现在晶界、孪晶界、晶内及碳化物周围。初生碳化物呈骨架状，分布于枝晶间；次生碳化物主要以粒状、针状存在，晶界粒状或链状 $M_{23}C_6$ 阻碍晶界滑移，提高持久强度。次生 $M_{23}C_6$ 由 MC 分解或从溶解剩余碳的合金基体形成。

③ MC 碳化物：具有面心立方结构，常以 TiC、NbC、VC 等单碳化物形式存在，当存在几种元素时，可相互置换。

MC 碳化物有初生和次生两种。在合金凝固后期形成初生 MC，次生 MC 为合金初熔温度以下热处理或长期使用中，由基体或其他相转变生成。

MC 碳化物的形态一般为质点状、点条状和骨架状，常出现在枝晶间，与基体之间无取向关系。其形貌与性能密切相关，粗骨架状 MC 容易成为疲劳裂纹的萌生区域，对疲劳有极大损害；小块状分布于晶界和枝晶间有利于提高持久性能。MC 碳化物以何种形态存在，取决于形成 MC 元素和凝固条件，含 Ti 的 MC 倾向形成块状，含 Nb 的 MC 倾向形成骨架状；快冷易形成点条状，缓冷易形成骨架状。

④ 硼化物：高温合金中具有四方晶体结构的 M_3B_2 间隙相，M 为 Ni、Co、Cr、W、Mo 等元素。硼化物一般分布于晶界和枝晶间，常与共晶 γ' 在一起，并处于共晶 γ' 周围，大量集中于铸件后凝固区。其形态一般呈块状、骨架状，与成分及冷却速率有关，快冷呈小块状。M_3B_2 是一种很稳定的相，在 1100℃以下（几十小时）热处理，无明显变化，1150℃以上保温，有较明显的溶解、聚集。在 1200℃～1220℃该相溶解，聚集作用更加明显。由于 M_3B_2 的析出，有利于稳定高温合金显微组织，它抑制了片状 M_6C 及 σ 相的形成。

7.2.3 典型高温合金相随热暴露温度的变化

高温合金相构成复杂，其经过长期时效后，有些相会发生分解，也会析出一些新相，下边以 Ni 基高温合金 K23 为例介绍合金随热暴露温度和时间的变化。其铸态组织见图 7.2 和图 7.3。

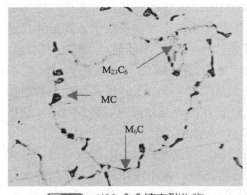

图 7.2 K23 合金铸态碳化物

图 7.3 铸态枝晶干区 γ′相

（1）不同温度热暴露后 K23 合金碳化物类型、形态、数量变化

MC 型碳化物高温不稳定，会通过式（7-1）和式（7-2）方式分解生成 $M_{23}C_6$ 和 M_6C 碳化物。

$$MC（1）+ \gamma \longrightarrow M_6C + \gamma' \qquad (7-1)$$

$$MC（1）+ \gamma \longrightarrow M_{23}C_6 + \gamma' \qquad (7-2)$$

不同状态热暴露后，K23 合金中碳化物的类型、形态、数量及分布随热暴露状态的变化情况如下。铸态下 K23 合金碳化物的类型主要为岛状、条块状 MC 碳化物，少量初生 $M_{23}C_6$ 和 M_6C 碳化物，主要分布在晶界、枝晶间及晶内；经过 900℃～1100℃热暴露后，由于 MC 碳化物分解或从溶解剩余碳的合金基体脱溶生成了较多的沿晶界、枝晶间分布的 $M_{23}C_6$ 和 M_6C 碳化物，在 1000℃～1050℃时，该碳化物呈现沿晶界的链状分布特点，在 1100℃热暴露时，$M_{23}C_6$ 和 M_6C 碳化物开始回溶，碳化物呈断续链状分布；在 1200℃以上热暴露时，$M_{23}C_6$ 和 M_6C 碳化物完全回溶，MC 碳化物也有部分回溶，碳化物在晶界、枝晶间呈岛状、条块状分布。随着热暴露温度的升高，碳化物数量逐渐减少。见图 7.4。

（2）不同温度热暴露后 γ′相的变化

K23 合金 γ′相为该合金的主要强化相，分析在无应力状态下不同温度热暴露后，γ′相形态、数量、分布、尺寸的变化，以及这种变化对合金的高温稳定性影响意义重大。对不同热暴露状态样品 γ′相形态、数量、分布、尺寸随热暴露温度的变化情况具体表现在以下几个方面。

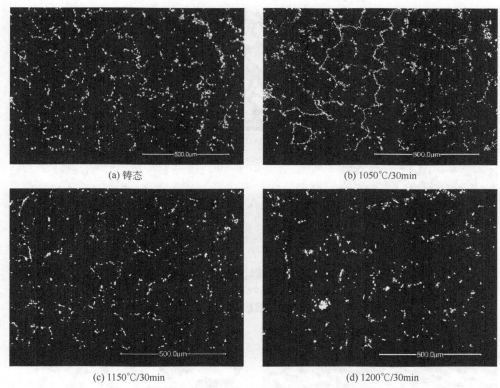

(a) 铸态　　　　　　　　　　　　　　　　(b) 1050℃/30min

(c) 1150℃/30min　　　　　　　　　　　　(d) 1200℃/30min

图 7.4　不同温度热暴露后碳化物变化

① 在无应力状态下 γ' 相的变化：γ' 相在 900℃～950℃热暴露 30min 后，与铸态相貌相似，主要为立方状、球状，少量晶界胞膜状，在整个基体弥散分布，数量尺寸无明显变化；在 1000℃～1100℃热暴露 30min 后，γ' 相的形态变化为两种尺寸的球状，少量立方状，少量晶界胞膜状，在整个基体弥散分布，数量略有减少；在 1150℃以上热暴露 30min 后，仅有少量球状 γ' 相在枝晶间及晶界区残留，枝晶干区 γ' 相则完全回溶，数量急剧减少，γ' 相尺寸明显减小；1200℃以上热暴露，γ' 相完全回溶；而 850℃热暴露 100h 后，γ' 相主要为立方状，轻微球化，少量晶界胞膜状，在基体中弥散分布，与铸态及 900℃～950℃热暴露 30min 后的 γ' 相形貌相似（见图 7.5）。

② 热暴露样品经持久试验后 γ' 相的变化：由于持久试验后样品的状态更接近叶片的服役状态，对不同温度热暴露后进行了 850℃、325MPa 持久约 200h 样品的 γ' 相形状与数量的变化如下。

经过 850℃、325MPa 持久试验后，原来立方状或球状的 γ' 相形态发生了显著变化。[001] 取向平行于主应力轴的晶粒，γ' 相沿着与主应力垂直方向定向排列，形成垂直于主应力方向的若干 γ' 相小薄片，即发生了 γ' 相筏排化；明显偏离上述取向的晶粒，γ' 相形态则形成球状或聚集大块状，聚集粗化明显（见图 7.6）。

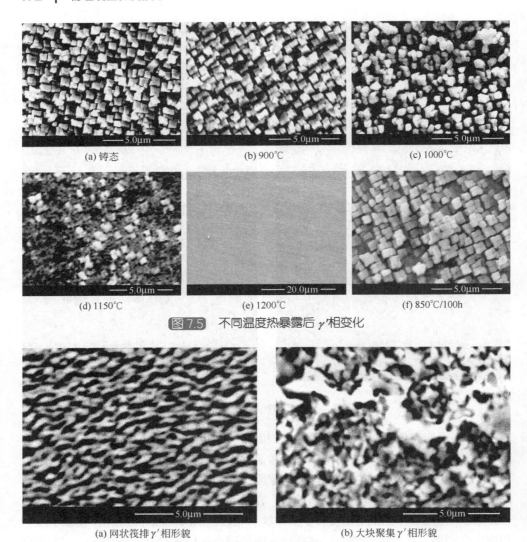

(a) 铸态　　　　　　　　(b) 900℃　　　　　　　　(c) 1000℃

(d) 1150℃　　　　　　　(e) 1200℃　　　　　　　(f) 850℃/100h

图 7.5　不同温度热暴露后 γ'相变化

(a) 网状筏排 γ'相形貌　　　　　　　　(b) 大块聚集 γ'相形貌

图 7.6　长期持久试验后 γ'相形貌

（3）不同温度热暴露后 σ 相的变化

通过不同温度和时间（30min、60min、120min、240min）热暴露及 850℃、325MPa 持久试验后样品显微组织分析，发现在 900℃～1250℃短时热暴露（≤240min）无σ相析出，但经 850℃、325MPa 持久试验或铸态样品在无应力状态下经 850℃、100h 长时热暴露后，其晶界及枝晶间的碳化物富集区，均有大量针状σ相析出，σ相沿一定的晶体学方向生长，呈长针状或薄片状交错分布，见图 7.7。晶界和枝晶间的碳化物富集区是σ相的优先析出区域。

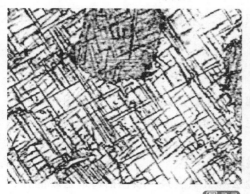

图 7.7　σ相形貌

　　晶界和枝晶间的碳化物富集区之所以成为σ相的优先析出区域，这是由于在晶界和枝晶间区富含碳化物和 γ′ 相，造成基体贫碳和镍元素，但贫 Ni 和 C 将增加σ相析出倾向；由能谱测得σ相组分主要由 Mo、Cr、Co、Ni 元素构成，与 $M_{23}C_6$ 型碳化物构成元素相似（见表 7.1），同时，σ相与 $M_{23}C_6$ 型碳化物具有相似的结构，除去 $M_{23}C_6$ 碳化物中的碳原子，σ相只需稍微调整原子位置就可以转变成σ相，因而σ相常在 $M_{23}C_6$ 型碳化物上成核。

表 7.1　σ相与 $M_{23}C_6$ 型碳化物的组分比较

元素	组分含量/%			
	Mo	Cr	Co	Ni
σ相	38.04	35.82	11.62	14.53
$M_{23}C_6$ 型碳化物	8.97	62.90	9.94	18.19

　　高温合金基体成分复杂，工艺使用条件不同，其使用态及长期时效后相的构成、数量、形态、分布、组分均会对合金性能产生明显影响，掌握这些相的特点及变化规律，消除不利影响，才能充分发挥合金优势。

7.3　高温合金的金相检测

　　由于合金成分复杂，相构成也很复杂，正确识别高温合金的组织和相构成是非常重要的。通常需要综合利用宏观、光学金相显微镜、扫描电子显微镜、透射电子显微镜、能谱仪、电子探针、X 射线衍射仪及化学相分析技术。

　　主要涉及的检测标准有：HB 7782《定向凝固叶片中再结晶的检测与评定方法》；GB/T 14999.7《高温合金铸件晶粒度、一次枝晶间距和显微疏松测定方法》；HB 20058《铸造高温合金显微疏松评定方法》；GB/T 14999.4《高温合金显微组织试验法》等。

本节重点结合几种高温合金典型组织分析，介绍高温合金组织、相构成和变化特点。

7.3.1 铸造高温合金组织

铸造高温合金广泛应用于发动机零部件，尤其是涡轮叶片广泛采用铸造高温合金。由于工艺方法不同，有等轴晶、定向凝固和单晶铸造，其组织与工艺密切相关。

（1）铸造高温合金宏观组织和缺陷检验

与其他铸造合金相同，铸造高温合金宏观组织检验一般包括铸造宏观晶粒、枝晶及气孔、夹渣、裂纹等内容，其宏观组织形貌与其铸造工艺也密切相关。

① 宏观晶粒：铸造高温合金宏观晶粒检查主要是检验晶粒均匀性和晶粒尺寸，但因铸造工艺方法不同，其宏观晶粒形态各异，晶粒尺寸也有很大差异。

图 7.8 为典型铸造棒横切面的宏观晶粒。其中，（a）图是铸造棒材横剖面晶粒分布，最外层为等轴细晶区，而后为柱状晶区，心部为粗大等轴晶区。（b）图是典型分布不均匀的由等轴向柱状过渡晶粒形貌。图 7.9 为典型定向凝固合金的宏观晶粒，其晶粒沿一定晶体学方向生长形成方向一致的柱状晶粒。图 7.10 和图 7.11 为典型单晶的宏观缺陷形貌，控制不好时出现多晶缺陷或再结晶晶粒。

 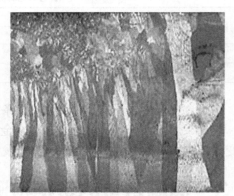

(a) 铸造棒材横剖面晶粒分布　　　　　　　　(b) 典型晶粒分布不均匀

图 7.8　典型铸造棒横切面的宏观晶粒

② 枝晶：枝晶是铸造合金特有的宏观组织特征，开始时形成棒状主干，主干上形成二次干，进而形成三次或更高次干。图 7.12（a）为 K242 合金横截面枝晶组织，碳化物沿晶界和枝晶间分布，形成网络状形貌；图 7.12（b）为单晶枝晶形貌。由于铸件壁厚差异或冷却速率的差异，常引起枝晶密度和微区成分变化。规律是凝固速率快，获得细小的枝晶组织，晶粒细小，成分偏析也相对较小。相反较慢的冷却速率易于获得粗大的枝晶，晶粒大，析出相分布不均。

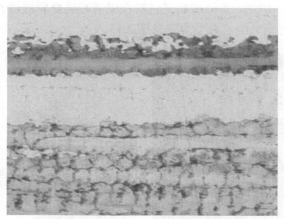

图 7.9 典型定向凝固合金的宏观晶粒

图 7.10 典型单晶合金再结晶晶粒

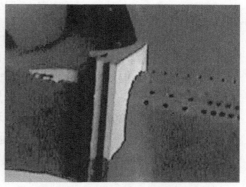

图 7.11 典型单晶合金再结晶晶粒

1mm

(a) K242合金枝晶形貌

1mm

(b) 单晶枝晶形貌

图 7.12 铸造合金枝晶形貌

③ 铸造夹渣：坩埚、炉渣或模壳材料在浇铸时随金属液进入铸型，最后凝固在零件中，形成铸造夹渣，典型形貌见图 7.13。

(a) 铸造夹渣表面形貌   (b) 铸造夹渣剖面形貌

图 7.13 典型铸造夹渣形貌

④ 铸造裂纹：铸造冷却过程中由于收缩受阻，在热应力及相变应力作用下，在某些壁厚变化大或转接 R 部位易于形成铸造热裂纹或冷裂纹。

⑤ 铸造显微疏松：铸造合金与其他铸造一样，存在铸造显微疏松，当疏松超出要求级别时成为缺陷。一般是在零件厚大或冒口附近取样，要求高的零件规定有特殊的截面进行铸造显微疏松检查，通常在抛光后，采用 100 倍显微观察，选择 0.5mm×2mm 的视场面积计算疏松面积百分比，或与标准图片比对，确定具有一定含量疏松的视场个数。图 7.14 是典型铸造显微疏松形貌。

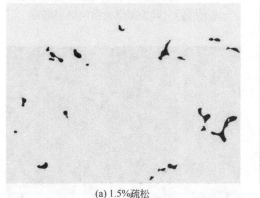

(a) 1.5%疏松   (b) 2.0%疏松

图 7.14 典型铸造显微疏松形貌

（2）等轴晶铸造高温合金

本节介绍钴基铸造高温合金 K640 和镍基铸造高温合金 K002。

① K640 合金显微组织：K640 合金主要化学成分见表 7.2。其通常为铸态使用，典型组织为 γ 基体上分布有骨架状 M_7C_3（约占质量百分比 5.3%）型碳化物，极少量 M_6C 和 $M_{23}C_6$ 碳化物，见图 7.15（a）。750℃～800℃长期时效后 M_7C_3 分解，并析出弥散细小的 $M_{23}C_6$ 碳化物，见图 7.15。

表 7.2　K640 合金主要化学成分

元素	C	Cr	Co	W	Fe	Mn	Si	Ni
含量w/%	0.45～0.55	24.5～26.5	余量	7.0～8.0	≤2.0	≤1.0	≤1.0	9.5～11.5

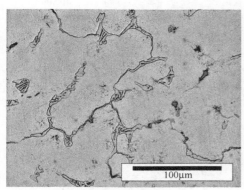 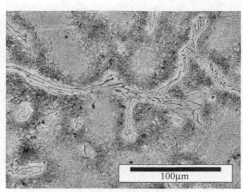

(a) K640铸态组织　　　　　　　　　　(b) K640长期时效后组织

图 7.15　K640 合金显微组织

当零件超过规定温度短时服役后，其显微组织会发生明显变化，在 1000℃左右时，组织表现为骨架状 M_7C_3 碳化物分解，大量 $M_{23}C_6$ 和 M_6C 碳化物析出，见图 7.16（a）；当温度达到 1150℃左右时，M_7C_3 碳化物大量分解，$M_{23}C_6$、M_6C 碳化物长大，见图 7.16（b）；随着温度进一步升高，次生 $M_{23}C_6$、M_6C 碳化物大量回溶，见图 7.16（c），温度在 1250℃左右时，$M_{23}C_6$、M_6C 碳化物完全回溶，M_7C_3 碳化物也大量回溶，聚集球化，出现明显过热，见图 7.16（d）。

② K002 合金显微组织：合金主要化学成分见表 7.3。K002 合金一般为铸造后经 870℃、16h，空冷处理后使用。典型显微组织为 γ 基体+γ' 相+γ-γ' 共晶+碳化物（包括富 Ta、Hf 的 MC 型碳化物）+M_3B_2 硼化物，极少量 Ni_5Hf 和硫化物，见图 7.17。

表 7.3　K002 合金主要化学成分

元素	C	Cr	Co	W	Al	Ti	Hf	Ta	Zr	B	Ni
含量（w）/%	0.13～0.17	8.0～10.0	9.0～11.0	9.0～11.0	5.25～5.75	1.25～1.75	1.3～1.7	2.25～2.75	0.03～0.08	0.01～0.02	余量

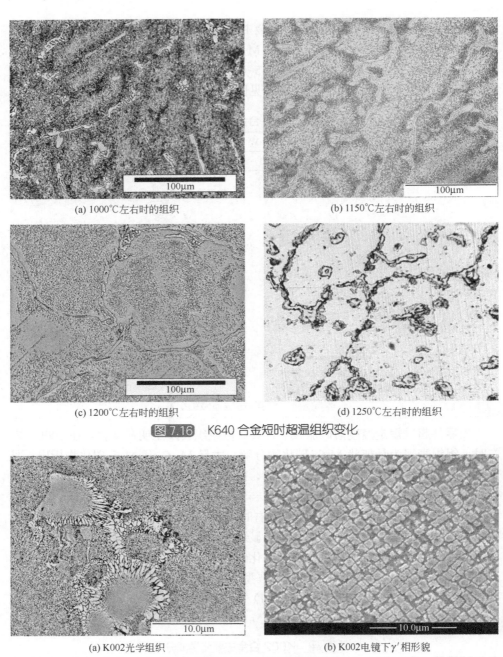

(a) 1000℃左右时的组织

(b) 1150℃左右时的组织

(c) 1200℃左右时的组织

(d) 1250℃左右时的组织

图 7.16　K640 合金短时超温组织变化

(a) K002光学组织

(b) K002电镜下γ′相形貌

图 7.17　K002 合金典型组织

　　当 K002 长时高温服役后，析出少量 $M_{23}C_6$、M_6C 碳化物，Ni_5Hf 溶解析出细小 HfC，长期时效不析出 TCP 相。

当零件超过规定温度短时服役后，其显微组织会发生明显变化。在 1150℃ 以下时，γ' 相会长大，球化；当温度超过 1150℃ 时，其 γ' 相会向 γ 基体回溶，枝晶干区 γ' 相大量回溶，枝晶间区会有少量残留，出现明显过热；当温度达到 1250℃ 时，γ' 相完全回溶，共晶初熔，出现过烧。见图 7.18。

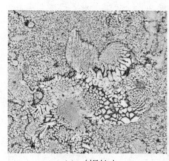 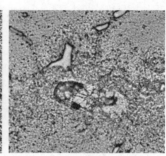

(a) γ' 相长大　　　　　(b) 大量 γ' 相回溶　　　　　(c) 共晶初熔

图 7.18　K002 合金短时超温组织变化

（3）定向凝固高温合金

由于叶片裂纹多沿横向晶界起始并扩展，消除横向晶界，可极大提高叶片抗裂纹生长能力，借此通过控制凝固过程，获得垂直于应力方向的柱状晶，形成定向凝固柱晶合金。DZ125 就是一种典型定向凝固合金，常用于涡轮转子叶片，其最佳工作温度在 980℃～1020℃ 之间，具有优越的高温性能。合金主要化学成分见表 7.4。

表 7.4　DZ125 合金主要化学成分

元素	C	Cr	Co	W	Al	Ti	Hf	Ta	Zr	Mo	B	Ni
含量（w）/%	0.07～0.12	8.4～9.4	9.5～10.5	6.5～7.5	4.8～5.4	0.7～1.2	1.2～1.8	3.5～4.1	0.03～0.08	1.5～2.5	0.01～0.02	余量

其通常在精铸后经 1180℃/2h+1230℃/3h/空冷+1100℃/4h/空冷+870℃/20h/空冷热处理后使用。典型组织为 γ 基体+γ' 相+碳化物（包括 MC、$M_{23}C_6$、M_6C 型碳化物等）+M_3B_2 硼化物，极少量 Ni_5Hf 和硫碳化合物 $(M，Hf)_2SC$，其中 γ' 相约占到 60%，γ' 相中有 10%（体积分数）为 γ-γ' 共晶，经固溶处理后降至 6%。900℃ 长期时效后，γ' 相聚集长大，有应力作用时出现 γ' 相垂直于应力方向的筏排化，MC 碳化物分解，析出 $M_{23}C_6$、M_6C 型碳化物，不析出 TCP 相。典型组织见图 7.19。DZ125 的另一种组织特点就是出现表面再结晶，其深度约 20μm～40μm，破坏了合金的单向性能，需要加以控制，这些再结晶晶界处形成了粗大，见 γ' 相（图 7.20）。

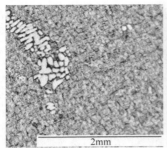
(a) 热处理后光学组织

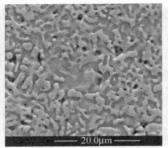
(b) 长期时效后 γ′ 相聚集

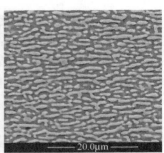
(c) 长期时效后 γ′ 相筏排化

图 7.19　DZ125 合金典型组织

(a) 低倍

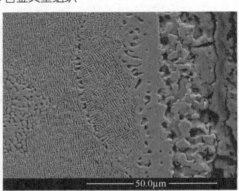
(b) 高倍

图 7.20　DZ125 合金表面再结晶

　　当零件超过规定温度短时服役后，其显微组织会发生明显变化。1150℃ 以下时，主要是 MC 碳化物分解，$M_{23}C_6$ 碳化物析出，γ′ 相会长大、球化；当温度达到 1200℃ 时，γ′ 相向 γ 基体回溶，出现明显过热；当温度更高时 γ′ 相全部回溶，γ - γ′ 共晶初熔，见图 7.21。

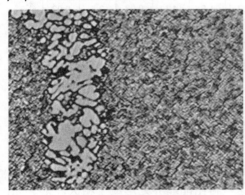
(a) 1100℃空冷组织

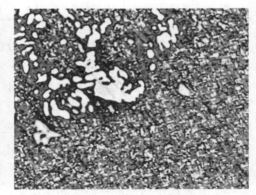
(b) 1200℃空冷组织

图 7.21　DZ125 合金短时超温组织变化

（4）单晶高温合金

控制铸造凝固过程使定向生长的晶粒只有一个有效生长，消除了晶界，形成单晶合金。由于单晶合金具有优越的高温性能，在航空工业中广泛应用。

DD6 合金就是我国研制的一种新型单晶合金，其主要成分见表 7.5。

表7.5 DD6 合金主要化学成分

元素	C	Cr	Co	W	Al	Mo	Hf	Ta	Nb	Re	B	Ni
含量（w）/%	0.001～0.04	3.8～4.8	8.5～9.5	7.0～9.0	5.2～6.2	1.5～2.5	0.05～0.15	6.0～8.5	0.0～1.2	1.6～2.4	≤0.02	余量

DD6 合金铸态时组织为 $\gamma + \gamma'$，其 γ' 相有三种形态：共晶 γ'，粗大 γ' 和细小 γ' 相，γ' 相尺寸约 0.3μm～0.5μm，总量 65%。典型组织见图 7.22。

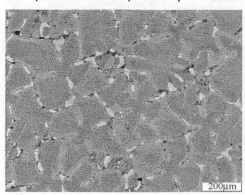

(a) 低倍

(b) 高倍

图 7.22 DD6 合金铸态组织

DD6 合金通常在精铸后采用 1290℃/1h+1300℃/2h+1315℃/4h/空冷+1120℃/4h 空冷+870℃/32h/空冷处理，获得 $\gamma + \gamma'$ 相组织后使用。热处理后典型组织见图 7.23。

(a) 低倍

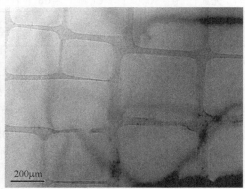

(b) 高倍

图 7.23 DD6 合金显微组织

DD6 合金在 1093℃长期时效后，其 γ' 相会粗化、筏排化，不出现 TCP 相，短时超温服役，其 γ' 相会回溶，γ' 相完全回溶温度为 1305℃。

在单晶合金中经常会出现再结晶情况，它同定向凝固一样，破坏了合金性能，需要加以控制。还有铸造疏松也是单晶常见缺陷组织。见图 7.24 和图 7.25。

 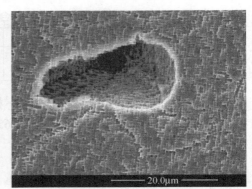

图 7.24 DD6 合金再结晶界面　　　图 7.25 DD6 合金单晶疏松形貌

7.3.2 变形高温合金组织

变形高温合金在航空发动机上大量应用，用于涡轮叶片、盘、燃烧室和紧固件等。本节列举用于航空发动机涡轮部件常用材料 GH105 和 GH4169 典型组织。

（1）GH105 合金组织

GH105 合金为时效强化型镍基变形高温合金，用于制造航空发动机涡轮叶片、高温螺栓等高温零部件，其主要化学成分见表 7.6。

表 7.6 GH105 合金主要化学成分

元素	C	Cr	Co	Al	Ti	Mo	B	Ni
含量（w）/%	0.12~0.17	14.0~15.7	18.0~22.0	4.5~4.9	1.18~1.5	4.5~5.5	0.003~0.01	余量

GH105 合金热处理制度为 1150℃/4h/空冷+1030℃/16h/空冷+700℃/16h，空冷。经 1150℃、4h 固溶后，其碳化物和 γ' 相溶入基体，冷却时，晶内析出细小 γ' 相，冷至 750℃晶界析出少量细小 $M_{23}C_6$ 碳化物；在经 1030℃、16h 固溶空冷后，γ' 相部分溶解，再进行 700℃、16h、空冷处理，晶界析出链状碳化物，出现大小两种尺寸 γ' 相。其热处理后典型组织为 γ 基体+γ' 相+碳化物，见图 7.26。

当零件超过规定温度短时服役后，其显微组织会发生明显变化，1000℃以下时，主要是 MC 碳化物分解，$M_{23}C_6$ 碳化物析出，γ' 相会长大，球化；当温度达到 1050℃时，γ' 相会向 γ 基体回溶，出现明显过热；当温度达到 1200℃时，γ' 相和 $M_{23}C_6$ 碳化物已完全固溶（透射电镜的细小 γ' 相为空冷时析出），MC 碳化物回溶、球化。见图 7.27。

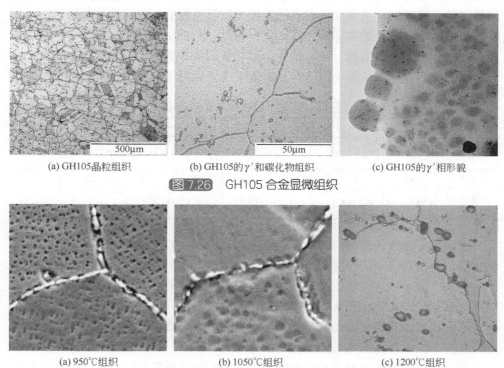

(a) GH105晶粒组织　　　　　(b) GH105的 γ' 和碳化物组织　　　　　(c) GH105的 γ' 相形貌

图 7.26　GH105 合金显微组织

(a) 950℃组织　　　　　(b) 1050℃组织　　　　　(c) 1200℃组织

图 7.27　GH105 合金短时超温组织变化

GH105 合金宏观组织常见的缺陷是白亮或黑色条带，沿轧制方向分布，这种条带属于碳化物偏析。白亮条带内碳化物数量少，基体晶粒粗大；相反，黑色条带内碳化物数量多，聚集分布，晶粒细小。见图 7.28。

(a) 宏观形貌　　　　　(b) 光学形貌　　　　　(c) 电镜形貌

图 7.28　GH105 合金碳化物偏析

（2）GH4169 合金组织

GH4169 合金是一种沉淀硬化型变形高温合金，在-253℃～700℃温度范围内具有良好的综合性能，650℃以下的屈服强度居变形高温合金的首位，并具有良好的抗疲劳、抗辐射、抗氧化、耐腐蚀性能，以及良好的加工性能和焊接性能。能够制造各种形状复杂的零部件，在宇航、核能、石油工业及挤压模具中得到了极为广泛的应用。可制成盘、环、叶片、轴、紧固件和弹性元件、板材结构件、机匣等零部件在航空上长期使用。合金的化学成分见表 7.7。

表7.7 GH4169 合金主要化学成分

元素	C	Cr	Co	Ni	Al	Mo	Ti	Fe
含量（w）/%	≤0.08	17.0～21.0	≤1.0	50.0～55.0	0.30～0.70	2.80～3.30	0.75～1.15	余量
元素	Nb	B	Mg	Mn	Si	P	S	Cu
含量（w）/%	4.75～5.50	≤0.006	≤0.01	≤0.35	≤0.35	≤0.015	≤0.015	≤0.30

GH4169 合金具有不同的热处理制度，以控制晶粒度，控制 δ 相形貌、分布和数量，从而获得不同级别的力学性能。典型热处理制度如下：

① (1010～1065)℃±10℃/1h/油冷、空冷或水冷+720℃±5℃/8h，以 50℃/h 炉冷至 620℃±5℃/8h/空冷。

经此制度处理的材料晶粒粗化，晶界和晶内均无 δ 相，存在缺口敏感性，但对提高冲击性能和抵抗低温氢脆有利。

② (950～980)℃±10℃/1h/油冷、空冷或水冷+720℃±5℃/8h，以 50℃/h 炉冷至 620℃±5℃/8h/空冷。

经此制度处理后，材料中的 δ 相较少，能提高材料的强度和冲击性能。该制度也称为直接时效热处理制度。

GH4169 合金标准热处理状态的组织由 γ 基体、γ'、γ'、δ、NbC 相组成。γ'' (Ni$_3$Nb) 相是主要强化相，为体心四方有序结构的亚稳定相，呈圆盘状在基体中弥散共格析出，在长期时效或长期应用期间，有向 δ 相转变的趋势，使强度下降。γ'[Ni$_3$(Al, Ti)] 相的数量次于 γ'' 相，呈球状弥散析出，对合金起一部分强化作用。δ 相主要在晶界析出，其形貌与锻造期间的终锻温度有关。终锻温度在 900℃，形成针状，在晶界和晶内析出；终锻温度达 930℃，δ 相呈颗粒状，均匀分布；终锻温度达 950℃，δ 相呈短棒状，分布于晶界为主；终锻温度达 980℃，在晶界析出少量针状 δ 相，锻件出现持久缺口敏感性；终锻温度达到 1020℃或更高，锻件中无 δ 相析出，晶粒随之粗化，锻件有持久缺口敏感性。锻造过程中，δ 相在晶界析出，能起到钉扎作用，阻碍晶粒粗化。典型组织见图 7.29。

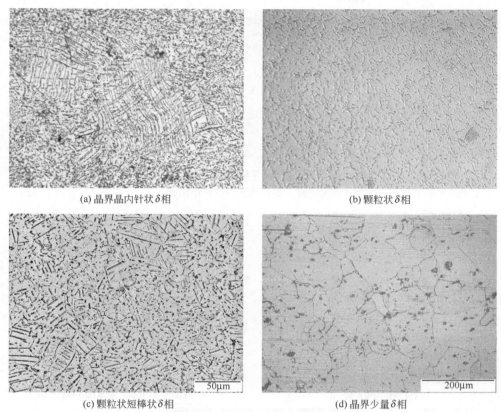

(a) 晶界晶内针状 δ 相　　　　　　　　　　(b) 颗粒状 δ 相

(c) 颗粒状短棒状 δ 相　　　　　　　　　　(d) 晶界少量 δ 相

图 7.29　GH4169 合金显微组织

　　主要强化相 γ'' 最高稳定温度是 650℃，开始固溶温度为 840℃～870℃，完全固溶温度是 950℃，γ' 相析出温度是 600℃，完全溶解温度是 840℃；δ 相的开始析出温度是 700℃，析出峰温度是 940℃，980℃开始熔化，完全熔化温度是 1020℃。

　　GH4169 合金宏观组织常见的组织缺陷有黑斑、白斑和条带组织，这都归结于铌偏析程度。熔速快，易形成富铌的黑斑；熔速慢，会形成贫铌的白斑；电极棒表面质量差和电极棒内部有裂纹，均易导致白斑的形成。因此铌偏析程度与熔速和均匀化等冶金工艺直接相关。

　　① 条带组织：亮条带 MC 和 δ 相含量少，属于贫 C、Nb、Ti 的偏析；黑色条带内表现为 MC 和 δ 相富集，无 Laves 相，属于富 C、Nb、Ti 偏析，不称为黑斑。见图 7.30。

　　② 黑斑：黑斑内富含 Laves 相、μ 相、MC 碳化物、δ 相及其他金属间化合物相，在腐蚀表面呈现局域黑色，是导致化合物聚集的固溶元素正偏析，黑斑内肯定有 Laves 相（富 Nb 扑密排脆性相）。见图 7.31。

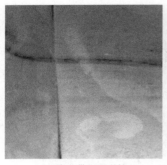
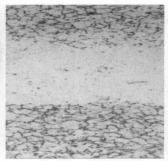

(a) 亮条带宏观形貌   (b) 亮条带显微组织   (c) 黑条带显微组织

图 7.30   GH4169 合金条带组织

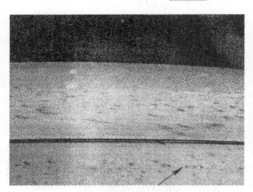
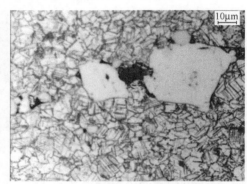

(a) 黑斑宏观形貌   (b) 黑斑显微组织 (白块Laves相)

图 7.31   GH4169 合金黑斑组织

黑斑是一种宏观通道偏析。在凝固过程中，两相区内枝晶生长时，部分溶质元素 Nb、Ti、C 排入枝晶间的残余熔体内，在重力的作用下，富溶质元素的熔体与正常熔体之间由于密度的差异而产生流动。当熔化速率快、熔池较深、凝固速率相对较低时，富 Nb、Ti、C 得熔体呈一通道流动，在凝固前沿往前推进时，富Nb、Ti、C 的熔体凝固后形成黑斑。

黑斑内有 Laves 相和大量针状 δ 相偏聚，所以会造成高温强度、疲劳性能和塑性下降。

③ 白斑：由于 C、Nb、Ti 等元素贫化，腐蚀后形成的亮偏析区。显微组织有极少或无 δ 相，见图 7.32。

熔炼时熔速慢，或电极棒中有缺陷时，熔炼过程中电弧不稳定，将挥发的锭冠、格架等贫 Nb、Ti 元素的金属扫落入了熔池，这些落入熔池的金属熔化并凝固截留在凝固的前沿，则形成了贫 Nb、Ti 元素负偏析的白斑缺陷。

白斑区域由于溶质元素的贫化和硬度下降，材料的抗拉强度下降、持久缺口敏感、疲劳性能降低。

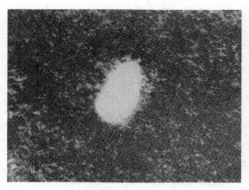
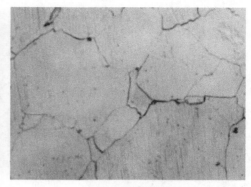

(a) 白斑宏观形貌　　　　　　　　　　(b) 白斑显微组织

图 7.32　GH4169 合金白斑组织

7.3.3　粉末高温合金组织

　　粉末高温是采用粉末冶金工艺制备的新型高温合金，强度水平较高，晶粒细小，组织均匀。采用真空感应熔炼母合金，雾化制取预合金粉末，以热等静压（1130℃～1150℃，2h～4h）或等温锻造等工艺制成毛坯，通过热处理工艺控制晶粒尺寸。

　　FGH96 合金为损伤容限型第二代粉末高温合金，在当前 750℃工作条件下，适于制造高推比，高燃效发动机的涡轮盘、封严盘、承力环及其他热端部件。其主要化学成分见表 7.8。

表 7.8　FGH96 合金主要化学成分

元素	Cr	Co	W	Mo	Ta	Nb	Al
含量（w）/%	15.5～16.5	12.5～13.5	3.8～4.2	3.8～4.2	<0.2	0.6～1.0	2～2.4
元素	Ti	Zr	Si	B	Fe	C	Ni
含量（w）/%	3.5～3.9	0.025～0.05	<0.2	0.06～0.015	<0.5	0.02～0.05	余量

　　FGH96 合金一般的热处理制度为 1140℃～1150℃/2h/油淬+760℃/8h/空冷，获得 γ 基体+弥散分布 γ' 相组织，基体组织均匀，晶粒细小，晶粒度 6～10 级，其基体弥散不同尺寸 γ' 相，大尺寸分布于晶界，小尺寸位于晶内。γ' 相析出峰为 1030℃～1090℃，在 1120℃～1130℃完全固溶。典型组织见图 7.33。

　　夹杂物、原始粉末颗粒边界和热诱导孔洞是粉末高温合金的一类组织特征，其组织与制粉、固实工艺密切相关，缺陷组织严重威胁到零件的使用性能，应该加以控制。

图 7.33 FGH96 合金显微组织

（1）粉末合金的夹杂物

粉末合金的夹杂物主要有：无机夹杂，如陶瓷夹杂；有机物，如橡胶、纤维；异金属等。无机夹杂主要来源于坩埚、漏包和喷嘴等耐火材料及脱氧产物等；而有机夹杂主要来自储粉罐、阀门、粉末处理线的真空系统；异金属夹杂来源于上批留下的雾化合金或包套材料。这些夹杂物与基体的界面常成为疲劳裂纹形核源或裂纹扩展通道。见图 7.34。

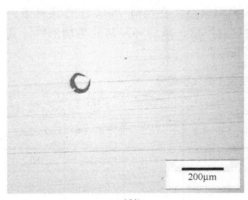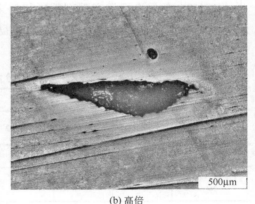

(a) 低倍   (b) 高倍

图 7.34 粉末高温合金夹杂物

（2）原始粉末颗粒边界（PPB）

PPB 是粉末高温合金的又一类主要缺陷，来源于制粉工艺、储运过程和环境污染等环节。PPB 是粉末颗粒表面富集 Ti、Cr、Al 的氧化物，以及表面吸附的 O_2、C 在热等静压中与内部迁移的 Ti、C 一起，在颗粒边界形成 $(Ti，Nb)C_{1-x}O_x$ 的薄膜，形成合金中的弱界面，阻碍了金属颗粒间的扩散连接，使合金产生 PPB 裂纹源和裂纹扩展通道，降低合金塑性和疲劳性能。图 7.35 是 FGH96 合金典型 PPB。

(a) 球形　　　　　　　　　　　　　　　　(b) 长方形

图 7.35　FGH96 合金典型原始粉末颗粒边界

（3）热诱导孔洞

热诱导孔洞是不溶于合金的惰性气体引起的，在热成型和热处理过程中，这些气体在粉末颗粒间膨胀，致使合金形成不连续孔洞。这些惰性气体来源：①惰性气体产生的空心粉；②合金粉末脱气不完全；③包套泄漏，热等静压时高压惰性气体进入。

第 8 章

铝合金的组织与检测

8.1 概述

在有色金属中，铝及铝合金在航空航天器的制造中是应用最广泛的一类金属结构材料，在地壳中的蕴藏量铝占首位。由于铝合金有高的比强度和比刚度等许多优良的特性，成为现代化工业中不可缺少的材料。

铝及铝合金具有以下特点：

① 纯铝的密度为 $2.7g/cm^3$，仅为铁的 $1/3$。铝合金的密度与纯铝相近，强化后铝合金与低合金钢的强度相近，铝合金的比强度要比一般高强钢高许多。

② 优良的理化性能。铝的导电性好，仅次于银、铜和金。铝及铝合金有相当好的抗大气腐蚀能力，磁化率极低，接近于非铁磁性材料。

③ 可加工性良好。铝及退火状态下的铝合金塑性很好，易于铸造、锻造、切削及加工成型；还可通过热处理时效获得很高的强度。

铝合金通常按热处理特性、性能、用途或合金系列来分类。按合金元素含量高低及生产工艺特点分为"铸造铝合金"和"变形铝合金"。变形铝合金按其成分及性能特点，又分为纯铝、防锈铝、硬铝合金、超硬铝合金及锻铝合金等；按其热处理性能，又可分为可热处理强化和不可热处理强化铝合金。工程上常用的铝合金大都有与图 8.1 类似的相图。

凡位于相图上 D 点成分以左的合金，在加热至高温时能形成单相固溶体组织，塑性变形能力好，适合于冷热加工而制成类似半成品或模锻件，称为变形铝合金。变形铝合金中成分低于 F 的合金，因不能进行热处理强化，称为不可热处理强化

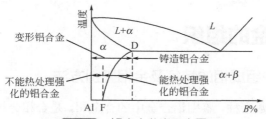

图 8.1　铝合金分类示意图

L 表示液相；B% 表示合金中铝元素的含量

的合金；成分介于 F 和 D 之间的合金，可进行固溶和时效，称为可热处理强化的合金。凡位于 D 点成分以右的合金为铸造铝合金。

常用铝合金制品状态代号和主要状态标识分别见表 8.1 和表 8.2。

表 8.1　常用铝合金制品状态代号

序号	名称	代号
1	退火	M
2	淬火	C
3	自然时效	Z
4	人工时效	S
5	淬火+自然时效	CZ
6	淬火+人工时效	CS
7	硬	Y
8	热轧、挤压	R

表 8.2　主要状态标识

序号	名称	代号	序号	名称	代号
1	退火	O	9	固溶热处理并人工时效	T6
2	原加工状态，是最初加工状态，如热轧、挤压等	F	10	固溶热处理后过时效/稳定化	T7
3	经过冷加工产生变形硬化	H	11	固溶热处理冷作后人工时效	T8
4	从成形温度冷却并自然时效至大体稳定状态	T1	12	固溶热处理人工时效后冷作硬化	T9
5	从成形温度冷却并冷作硬化和自然时效至大体稳定状态	T2	13	从成形温度冷却，冷作硬化后人工时效	T10
6	固溶热处理后，经冷加工后再自然时效至大体稳定状态	T3	14	固溶处理状态，一种不稳定状态，仅适用于固溶处理后室温下自然时效的合金	W
7	固溶热处理并自然时效至大体稳定状态	T4	15	从退火或 F 状态经固溶处理后再自然时效	T42
8	从成形温度（如挤压）冷却后人工时效	T5	16	从退火或 F 状态经固溶处理后再人工时效	T62

8.2 铝合金的组织

8.2.1 铝合金中组成相的特征及金相鉴别方法

铝合金的相有数十种，鉴别铝合金中的合金相，是金相分析的一个重要方面。金相方法鉴别相主要是通过合金成分、状态、相的分布、形态、颜色，以及各种浸蚀剂的不同程度的浸蚀下的颜色变化、显微硬度等方面进行鉴别。

进行合金相分析时，必须参阅相关图册，根据合金的成分、冷却条件及所含杂质分析其应具有的基本组成相和可能出现的其他合金相。多数还需通过 X 射线结构分析或电子探针、扫描电镜微区成分分析等来测定其结构和组成。

对常用铝合金性能影响较大的相的金相特征如下。

Si：初生 Si 呈灰色针状，变质 Si 呈粒状，不受试剂作用。

Mg_2Si：与 α 共晶的 Mg_2Si 呈鱼骨状或枝杈状。用酸性浸蚀剂很快被腐蚀，用碱性腐蚀剂不腐蚀。

$CuAl_2$：未浸蚀时为亮灰色略带微弱的玫瑰红。通常呈圆形或不规则，受部分试剂作用（0.5%HF 混合酸）而变色。

AlSiMnFe：常呈骨骼状浅灰色。

$Al_9Fe_2Si_2$：其形态为片状或宽针状，呈浅灰色。受部分试剂（0.5%HF）作用而不同程度变暗。

$CuMg_4Al_6$：不规则圆形。用酸性浸蚀剂很快被腐蚀，用碱性腐蚀剂不腐蚀。

Al_3Ti：抛光状态下呈棒状或长片状，不受浸蚀。

以上各相以单相分布在基体中或以共晶形式存在。强化物经热处理后部分固溶，时效后弥散析出；杂质相和未固溶强化相变形后均被破碎，沿变形方向分布。

8.2.2 铸造铝合金

因合金元素含量较高，含有共晶组织，溶液流动性好，收缩性好，抗热裂性高，具有良好的铸造性能，可以直接浇铸在砂型或金属型内制成各种形状复杂的甚至薄壁的零件或毛坯，称为铸造铝合金。

（1）铸造铝合金的组织特点

① 铸件凝固冷却较慢，组织较粗大，各种初晶、共晶形成的相结晶成较粗大的片状、块状、针状或骨骼状等，而铝固溶体晶粒生长成明显的树枝状。

② 由于铸造合金有较高的合金元素，易形成粗大而数量较多的共晶组织，分布在α(Al) 固溶体晶粒边界和枝晶间，形成枝晶网络。

③ 铸件形状不同，各部位冷速不同，形成结晶的不平衡而产生成分和组织的

不均匀，以及初晶、共晶的偏析等各种组织变化较大，给金相组织的鉴别带来很多困难。

铸造组织中还存在较多缺陷，如夹杂、缩孔、疏松、针孔、气泡和裂纹等。

（2）铸造铝合金的分类及其相组织

① Al-Si 系合金：如 ZL101、ZL102、ZL105。硅是铝硅合金中主要的合金元素（含量 5%～13%）。为了进一步提高性能通常要加入少量的 Mg、Cu 等元素。该类合金的主要金相组织是由粗大的针条状的共晶硅和块状初晶硅分布在 $\alpha(Al)$ 基体上。通常组成相包括：$\alpha(Al)$，Si(初晶+共晶)、Mg_2Si、Al_2Cu 强化相和 $\beta(Al_9Fe_2Si_2)$、AlFeMnSi 等杂质相。

该类合金 Si 含量大，由于 Si 的脆性大，机械性能和加工性能很差，往往多通过加入钠、锂、钾等"杂质"元素进行"变质"处理，以改变共晶 Si 相的形貌，从而提高机械性能。通常在金相显微镜下，未变质的共晶硅呈现针状，且较粗大；变质共晶硅呈现圆粒状或短针状。另外由于多可通过热处理强化，因此大都是在淬火时效状态下使用。

该类合金铸造性能良好，机械性能较高，是工业中应用最广泛的铸造合金。

② Al-Cu 系合金：如 ZL201、ZL202、ZL203。Cu 是 Al-Cu 系合金中主要的合金元素（含量 4%～11%），为改善合金性能，合金中加入一定量的 Si、Mn、Ti、Zr 元素，另外还存在少量的 Fe 等杂质元素。其组成相主要包括：$\alpha(Al)$、Al_2Cu、$Al_9Fe_2Si_2$、Al_3Ti、$Al_{12}CuMg_2$ 等。

该类合金具有高的强度和耐热性，铸造性能与抗蚀性较差。该类合金由于可通过热处理强化，因此大都是在淬火时效状态下使用。

③ Al-Mg 系合金：如 ZL301、ZL303、ZL305。Mg 是 Al-Mg 系合金中的主要元素（含量 5%～13%），为了改善铸造和机械性能往往加入 Mn、Zn、Mn、Ti、Si 等合金元素。主要组成相有 $\alpha(Al)$、Mg_5Al_8、Mg_2Si、$CuMg_4Al_6$、$Fe_2Si_2Al_9$、Al_3Ti 等。对 ZL301、ZL305 合金通常在固溶处理+自然时效状态下使用。

该类合金的主要优点是办学性能高，抗蚀性好，密度小。

④ Al-Zn 系合金：如 ZL401、ZL402。该类合金主要元素为 Zn，由于 Zn 在 Al 中有很高的固溶度，所以合金中不出现 Zn 的化合物。加入 Mg、Si 元素会形成 Mg_2Si，以提高合金的铸造性能。其组成相主要包括 $\alpha(Al)$、Si、Mg_2Si、$Fe_2Si_2Al_9$ 等相。

该类合金在铸造冷却后具有淬火效应，通过人工或自然时效后即可获得高的力学性能。

⑤ Al-稀土元素为基的铸造合金：该类合金是近期发展的耐热合金，它除了较高的 Re 外，还含有 Cu、Ni、Mn、Mg、Zr 等元素。主要相有 $\alpha(Al)$、AlFeMnSi 等相。

典型铸造铝合金的形貌见图 8.2～图 8.6。

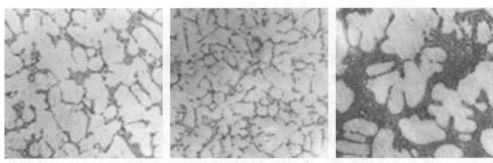

图 8.2 铸造组织中的 α 固溶体+共晶硅组织（100×）

腐蚀剂：4%NaOH 水溶液。

组织说明：α 固溶体+共晶硅组织（α 为白色基体，共晶硅呈细点状和细针状分布）。

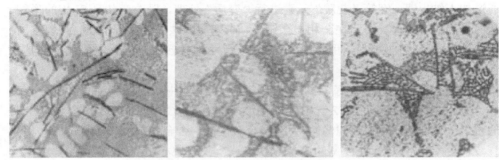

图 8.3 常见的铁化物夹杂形貌（300×）

腐蚀剂：20%H_2SO_4 水溶液浸蚀 30s 左右（腐蚀前为白亮色，腐蚀后为黑色）。

组织说明：黑色针状物为铁化物（$Fe_2Si_2Al_9$），白色基体为 α 固溶体，呈细点状和细针状分布的灰色物质为共晶硅。

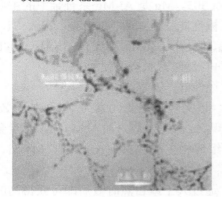

ZL201 铸造组织

图 8.4 腐蚀剂：Keller's 腐蚀剂，室温腐蚀（500×）

组织说明：ZL201 中白色为 α 固溶体，黑色小骨骼状组织为 Mg_2Si 相，灰色点状及小条状为共晶硅。

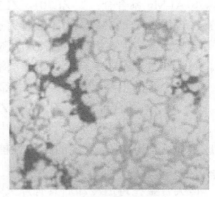

ZL201 疏松组织形貌

图 8.5 腐蚀剂：Keller's 腐蚀剂，室温腐蚀（200×）

组织说明：ZL201 中白色为 α 固溶体，黑色块状为疏松，灰色点状及小条状为共晶硅。

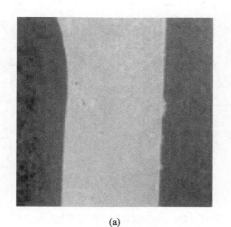 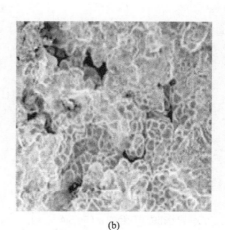

(a)   (b)

图 8.6 显微疏松低倍形貌（a）及在扫描电镜下的形貌（b）

8.2.3 变形铝合金

合金元素含量较铸造铝合金低，在加热至高温时能形成单相固溶体组织，塑性变形能力好，适合于冷热加工（如轧制、挤压、锻造等）而形成类似的半成品或模锻件称为变形铝合金。

（1）变形铝合金的组织特点

变形铝合金经热态压延、挤压、锻造或冷态拉伸等加工后，使铸态晶粒，枝晶网状化合物、粗大的杂质相被破碎，延变形方向延伸呈条状排列，具有明显的方向性。热处理后组织经重新形成晶界观察不到铸态组织，有不溶杂质相存在。

（2）变形铝合金的分类及其相组织、热处理特性

① 纯铝：如 L1（1070）、L2（1060）等。工业纯铝铝含量在 98.0%～99.0%，含有 Mg、Si、Zn、Mn 等杂质元素，主要相包括 $\alpha(Al)$、Si、Fe_3Al、Fe_3SiAl_{12} 等相（见图 8-7）。

纯铝的固溶成分不随温度而改变，故不能通过热处理使之强化。

② 防锈铝合金：如 LF2（5A02）、LF21（3A21）、LF6（5A06）等。主要包括 Al-Mn、Al-Mg 系合金。加入 Mn 能提高耐蚀性，加入 Mg 可适当提高强度。主要相包括 $\alpha(Al)$、$MnAl_6$、$(FeMn)Al_6$、Mg_2Al_3、Mg_2Si、Mg_5Al_8 等（见图 8.8）。

该类合金主要特点是具有良好的抗腐蚀性能。不能进行热处理强化，力学性能比较低，为了提高其强度，可用冷作硬化方法使其强化。

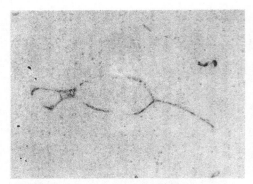
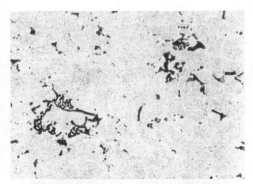

图8.7 工业纯铝 L2 轧制后退火处理，
混合酸水溶液浸蚀（100×）
沿晶界分布的亮灰色的 α（Fe₃SiAl₁₂）相，
基体为α固溶体

图8.8 LF6 退火，混合酸水溶液
浸蚀（300×）
细小的 β（Mg₂Al8）相质点，黑色骨骼状是 Mg₂Si 相，
灰色和浅灰色块状分别为 MnAl₆ 和 (FeMn)Al₆ 相

③ 硬铝：如 LY12（2A12），LY11（2A11）。主要指 Al-Cu-Mg 系合金，Cu 和 Mg 为主要元素，还有少量 Mn，其组成相主要有$\alpha(Al)$、$CuAl_2$、Al_2CuMg、Mg_2Si、$(FeMn)Al_6$、$Al_{12}Mn_3Si$ 等（见图 8.9）。

该类合金的固溶体成分随温度而改变，可通过淬火及随后的时效处理，使合金强度大为提高，属可热处理强化的铝合金。

该类合金的耐腐蚀性能差，固溶处理的淬火温度范围很窄。温度低了不能获得最大的时效效果，若超过温度范围则易造成过烧。

该类合金淬火后常采用自然时效（高温工作构件除外）。一般在室温停留 4～6 天后都可达到最高强度。人工时效容易产生晶间腐蚀倾向，故一般不采用。

④ 超硬铝：如 LC4（7A04）、LC9（7A09）等。该类合金属 Al-Zn-Cu-Mg 系，合金中主要含较高含量的 Zn 和一定量的 Cu、Mg，有异常的沉淀硬化作用，使强度、断裂韧性优于硬铝。主要相包括 Al_2CuMg、$AlZnMg$、Mg_2Si、$CrAl_7$、$MnAl_6$、$(FeMn)Al_6$、$AlFeMnSi$ 等（见图 8.10）。

该类合金与硬铝相比，强度更高，主要缺点是抗蚀性差，耐热性较低。淬火温度范围比较宽，通常采用人工时效，因为超硬铝自然时效的时间很长，要经过 50～60 天才能达到最大强化效果。

⑤ 锻铝合金：LD2（6A02）、LD5（2A50）、LD7（2A70）。该类合金指 Al-Mg-Si-Cu 系合金，含有 Cu、Mg、Si、Fe、Ni 等元素，成分较复杂，主要有 $\alpha(Al)$、Mg_2Si、$CuAl_2$、$CuMgAl_2$、$FeNiAl_9$、$AlMnSi$、$AlFeMnSi$ 等（图 8.11）。

该类合金中合金元素较多，但含量较低，故有优良塑性，热加工性能好，锻造性和耐蚀性较好，力学性能可与硬铝相当，经淬火和人工时效后可获得最大的强化效果，故一般采用淬火+人工时效。

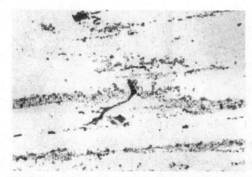

图 8.9 LY12 锻造后固溶处理，混合酸水溶液浸蚀（500×）

沿压延方向分布的大黑块为 Al₁₂Mn₃Si，白色块状为(FeMn)Al₆ 相

图 8.10 LC4 固溶后分级时效，混合酸水溶液浸蚀（200×）

断续状浅灰色 (FeMn)Al₆ 相和暗褐色的残留 S(Al₂CuMg)相及 AlFeMnSi 等不溶杂质相

⑥ Al-Li 合金：近年开发了新型的 Al-Li 合金，由于 Li 的加入使铝合金密度降低 10%～20%，该类合金综合力学性能和耐热性好，耐蚀性较高，已达到部分取代硬铝和超硬铝的水平，使合金的比刚度、比强度大大提高，是航空航天等工业的新型的结构材料。

8.2.4 铝合金的强化

铝合金的强化途径主要有：热处理强化（固溶强化+时效强化）、形变强化、细化晶粒强化、过剩相强化等。

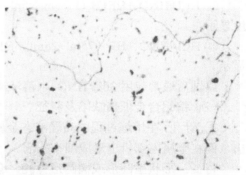

图 8.11 LD2 于 590℃固溶后水冷，混合酸水溶液浸蚀（500×）

少量剩余的 Mg₂Si 和不溶的 AlFeMnSi 相

其中，对工业纯铝和防锈铝通常采用形变强化方式进行强化；对硬铝、超硬铝、锻铝和铸造铝合金通过淬火（固溶处理）及随后的时效处理来提高强度，即热处理强化。

铝合金的热处理强化是基于合金元素和一些强化相在 $\alpha(Al)$ 中固溶度随温度的变化而不同，冷却后可获得过饱和固溶体，随后在较低温度下保温一定时间，可弥散析出从而使合金强化。前者称为固溶或淬火，后者称为时效。在室温下进行的时效称为自然时效；在加热条件下进行的时效称为人工时效。如果人工时效的时间过长或温度过高，反而使合金软化，这种现象称为过时效。

铝合金的淬火加热温度一般较接近合金中低熔点晶体的熔化温度，目的是使合金元素和强化效果更充分。

8.3 铝合金的金相检测

8.3.1 低倍组织

铝合金常用的检验方法有：GB10851《铸造铝合金针孔》；GB/T 3246.2《变形铝及铝合金制品低倍组织检验方法》；JB/T 7946《铸造铝硅合金金相》等。在检验标准中详细规定了铝合金低倍组织检验时的试样制备、试样浸蚀、组织检验、缺陷分类及典型形貌等。同时还包括断口检验方法和晶粒度检验方法。应注意的是，铝合金低倍晶粒度的级别表示与高倍晶粒度级别表示正好相反，级别越大，表示晶粒越粗。

（1）常用铝合金低倍腐蚀剂及配方

① 80g/L～120g/L NaOH 水溶液：适用于所有铝合金；

② $HCl+HNO_3+HF+H_2O$（5ml+5ml+10ml+380ml）：适用于退火态硬合金晶粒度显示；

③ $HCl+HNO_3+HF$（75ml+25ml+5ml）：适用于纯铝、防锈铝等软合金晶粒度显示。

腐蚀后通常应用 30% HNO_3 水溶液清洗以去除表层黑膜后进行观察。

（2）铸铝合金低倍缺陷及特征

① 针孔：在熔炼过程中高温液态金属溶入的部分氢气在铸造凝固时未完全逸出，而在金属内部析出形成细小孔洞。

特征：形状呈圆形或椭圆形针孔，有时也呈网状分布的针孔，轮廓清晰，内壁光滑，互不连通。

② 疏松：在合金液体冷却凝固的结晶过程中形成的缺陷。

特征：一般产生在晶粒粗大、组织不致密部位，分布不均匀，形状不规则，高倍下沿晶界呈点状或半网状空洞分布。

③ 缩孔：金属凝固过程中收缩未得到充分补缩，在铸件最后凝固部位形成的缺陷。

特征：缺陷呈管状或枝杈状孔洞，形状不规则，位于最后凝固热节部位。

④ 裂纹（分为热裂纹和冷裂纹）

（a）热裂纹：合金在凝固范围内结晶和收缩过程中形成的裂纹。

特征：多发生在铸件尖角处和厚薄断面交接处，断裂面无金属光泽，呈褐色或暗黑色的氧化色。高倍下裂纹沿晶界和枝晶网状发展。

（b）冷裂纹：合金在凝固后形成的裂纹。

特征：一般较细小，断口表面清洁或有轻微氧化色，高倍下呈穿晶穿过枝晶网的混合形。

⑤　夹杂（夹渣）：由于高温液体金属表面氧化膜遭到破裂形成碎片，可造成材料等不易上浮入渣和熔剂夹渣而形成的缺陷。

特征：有氧化夹杂的合金断口呈暗黑色，灰色或金黄色斑状，有熔剂夹杂的断口缺陷处有腐蚀现象。

（3）常见的变形铝合金低倍缺陷及特征

①　粗晶环：由于金属在挤压过程中挤压强烈变形区处于再结晶不完善状态，当淬火或退火加热和保温过程产生的少量再结晶核心吞并已再结晶的小晶粒并迅速长大，形成表层粗晶和内层细晶的两个组织区域。检查粗晶环的低倍试样应经淬火处理。

粗晶环深度的测量一般取其最大深度，对于制品断面形状复杂的粗晶环，则在环区一侧取长、宽方向的正方形，其边长即为粗晶环的深度。

特征：两种晶粒区域界面清晰，晶粒尺寸差别较大，挤压方式不同，则粗晶区分布形态不同，单孔挤压呈圆环状，多孔挤压呈月牙状。典型形貌见图 8.12～图 8.14。

图 8.12　六角棒材的环状粗晶环

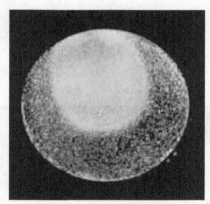

图 8.13　棒材的月牙状粗晶环

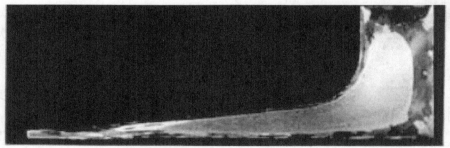

图 8.14　挤压型材的粗晶环

② 非金属夹杂：可分为外来夹杂和氧化膜夹杂，典型形貌见图 8.15 和图 8.16。

（a）外来夹杂：由混入铸锭的熔渣或落入铸锭的非金属物质形成的缺陷。

特征：呈褐色或凹陷黑色点状和不规则状存在，分布无规律。

（b）氧化膜夹杂：由于再熔炼和浇注过程中金属液发生湍流、翻滚、飞溅等引起金属氧化及黏附在工具上的氧化膜卷入铸锭形成的缺陷。

特征：经碱液浸蚀后氧化膜呈短线状的黑色裂缝，一般长度小于 10mm，宽度约 0.1mm～0.2mm，易造成挤压件和模锻件发生局部分层。

 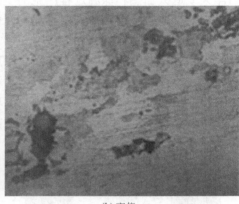

(a) 低倍　　　　　　　　　　　　　　　　　　　　(b) 高倍

图 8.15　非金属夹杂低倍及对应的高倍形貌

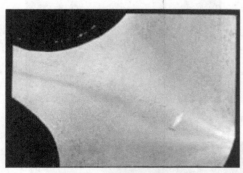

图 8.16　氧化膜低倍组织

③ 缩尾：由于挤压过程中速率、方式、润滑条件、模孔排列等因素使变形件内、外层金属流动不均匀，中心层金属流动速率大于周边层金属流动速率形成的裂纹状缺陷。典型形貌见图 8.17。

特征：缺陷分布在挤压尾端中心部位，呈漏斗状或折皱状的为一次缩尾，呈同心圆或月牙状裂缝为二次缩尾。在变形区可见小裂缝或连续点状缺陷。

但那种与二次缩尾相似呈年轮状金属流动的痕迹，金属基体的连续性未受到破坏，称为环状条纹。缩尾不允许存在，环状条纹允许存在。

④ 成层：由于坯料切尾不够，或因铸锭内存在夹渣、气泡等缺陷，在加工时造成的一种开裂形缺陷。典型形貌见图 8.18 和图 8.19。

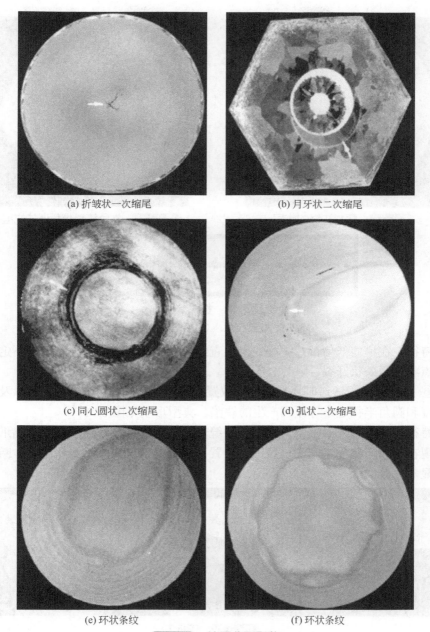

(a) 折皱状一次缩尾

(b) 月牙状二次缩尾

(c) 同心圆状二次缩尾

(d) 弧状二次缩尾

(e) 环状条纹

(f) 环状条纹

图 8.17　缩尾典型形貌

　　特征：常产生在横向尾端试片边缘或夹角处，呈圆弧状或线状裂纹。从尾端至前端深度逐渐减少，存在分层的试片表面一般伴随有明显的起皮、起泡现象。

　　⑤ 板材分层：分为张开型和夹杂型两种。典型形貌见图 8.20。

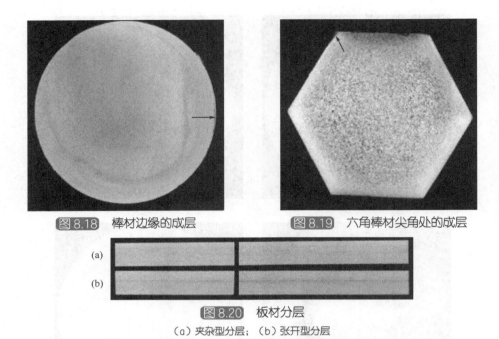

图 8.18　棒材边缘的成层　　　　图 8.19　六角棒材尖角处的成层

(a)

(b)

图 8.20　板材分层

（a）夹杂型分层；（b）张开型分层

特征：在横向低倍试片中心线上呈直线或线段状的开裂或分布部位不定的暗黑色点状或短条状开裂。

⑥ 压折：由于锻造时坯料尺寸及放置位置选择不当，锻造速率过快以及模槽内斜度和圆角半径过小等原因产生的缺陷。典型形貌见图 8.21。

特征：裂纹由外向里斜向延伸，裂缝较粗，尾端比较圆钝，有时呈鸡爪形，常出现在肋条与腹板之间的过渡圆弧位置，并有局部金属流纹不顺现象。断口可见明显氧化色。

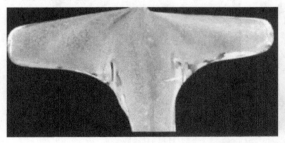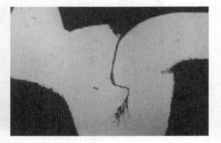

图 8.21　压折

⑦ 纹理不顺：由于模具设计及工艺选择不当，锻造时金属流动受阻形成的缺陷。又分为涡流和穿流。穿流通常是不允许缺陷。典型形貌见图 8.22。

特征：流线未沿基体锻件外形分布，形成旋涡状或沿分模面穿筋流动，形态较明显。

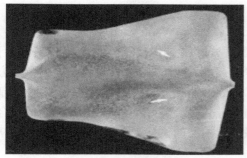
(a) 年轮状涡流

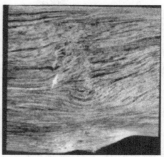
(b) 旋涡状涡流

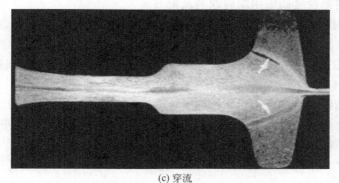
(c) 穿流

图 8.22　纹理不顺典型形貌

⑧ 锻造裂纹：主要由于锻造工艺选择不当而造成的锻造过程中产生的裂纹。存在于分模面的裂纹称为切边裂纹。

⑨ 淬火裂纹：经淬火处理的加工制品低倍试片上，沿晶界开裂的网状裂纹。多位于边部粗晶区，严重者则能扩展到细晶区。典型形貌见图 8.23。

特征：高倍观察呈沿晶扩展。

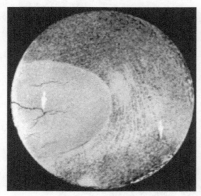
(a) 淬火裂纹 (已扩散到细晶区)

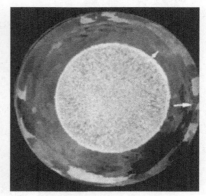
(b) 粗晶区内淬火裂纹

图 8.23　淬火裂纹典型形貌

8.3.2　高倍组织

高倍组织检测是相对低倍组织检验而言，通常指在放大倍数大于 50 倍情况下，依靠特殊设备（金相显微镜，扫描电镜等）观察分析材料的组织特性的一种检验方法。

对铝合金常用的显微组织检测方法有：GB/T 3246.1《变形铝及铝合金制品显微组织检验方法》；GB 10850《铸造铝硅合金过烧》；JB/T 7946《铸造铝硅合金金相》。在检验方法中，对铝合金显微组织检测的试样制备、试样浸蚀、组织形貌、晶粒度测定等作了详细规定。

（1）常用铝合金高倍组织腐蚀剂及配方

① $HCl+HNO_3+HF+H_2O$（3ml+5ml+2ml+190ml）：适用于铝及铝合金的一般组织（过烧、高温氧化、晶粒度），也称为 Keller's 腐蚀剂；

② $HCl+HNO_3+HF+H_2O$（5ml+5ml+10ml+380ml）：适用于显示包铝及铜扩散；

③ $HF+H_2O$（0.5ml+100ml）：适用于铝及铝合金的一般组织。

（2）铸造铝合金的高倍组织检测

铸造铝合金的高倍组织检测除了相分析外，日常检测主要包括变质评定、热处理过烧、晶粒度评级等。典型形貌见图 8.24。

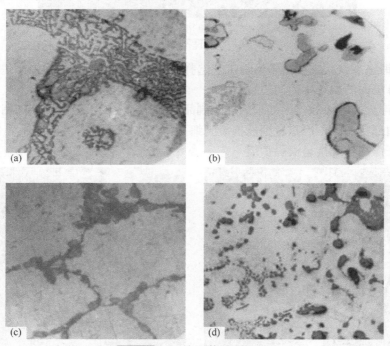

图 8.24　过烧形貌（300×）

腐蚀剂：Keller's 腐蚀剂，室温腐蚀。

组织说明：由于固溶处理温度过高引起过烧，使共晶硅聚集长大，并发生熔化。

（3）变形铝合金的高倍组织检测

对变形铝合金，通常检测的项目有过烧、高温氧化、铜扩散和晶间腐蚀。

① 过烧：铝的熔点较低（658℃），其合金及低熔点共晶体等更低。当铝合金淬火时，为了使合金元素及第二相充分固溶，加热温度多是在低熔点或共晶体熔点以下 5℃～20℃。当淬火加热温度过高，保温时间过长，可能使金属温度达到或超过合金中低熔点共晶体的熔点或固相线，使共晶或固溶体晶界产生复熔的现象叫过烧。

在目前的材料技术标准以及铝合金热处理工艺控制中，对经热处理强化的铝合金都要进行过烧检查，是铝合金淬火后必须进行的工序。

特征：在宏观上过烧零件表面会呈现不规则排列的起泡、结疤现象，且失去金属光泽呈暗灰色；显微试样经腐蚀后，在显微镜下用 200 倍～500 倍观察，出现以下三种特征之一均可判为过烧：（a）熔共晶球；（b）界局部复熔加宽；（c）在三个晶粒交界处出现复熔三角形。复熔共晶球在高倍下可看到内部的复杂结构。

过烧会使材料力学性能恶化，尤其强度及延伸率、疲劳性能会大大降低。典型形貌见图 8.25～图 8.32（下面 8 个图中除图 8.28 外均采用 Keller's 腐蚀剂）。

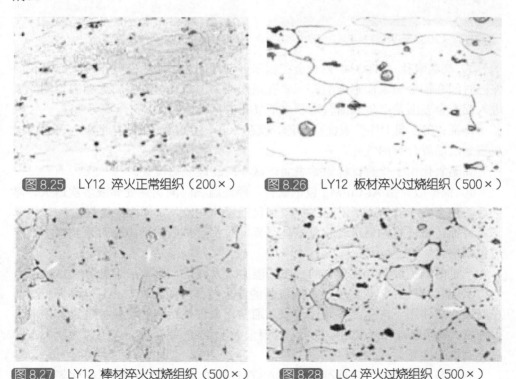

图 8.25　LY12 淬火正常组织（200×）　　图 8.26　LY12 板材淬火过烧组织（500×）

图 8.27　LY12 棒材淬火过烧组织（500×）　　图 8.28　LC4 淬火过烧组织（500×）

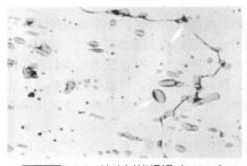

图 8.29　LD7 淬火过烧组织（500×）

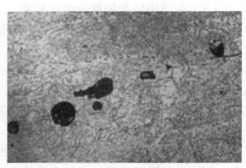

图 8.30　7050 淬火过烧组织 1（500×）

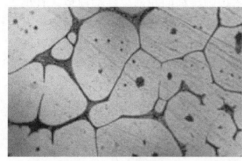

图 8.31　7050 淬火过烧组织 2（500×）

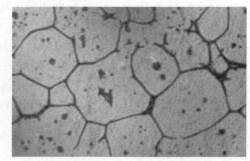

图 8.32　7050 淬火过烧组织 3（500×）

② 高温氧化（HTO）：铝合金在固溶处理期间，炉腔内空气湿度大或过长的保温时间在铝合金表面形成氢孔或多孔组织叫高温氧化。有资料介绍固溶期间氢进入铝合金表面是产生表面气泡和皮下气孔的直接原因。

特征：在宏观上零件表面会起泡，或在 200～500 倍显微试样上靠近表面内层观察到沿晶界分布的气孔。

高温氧化由于检查试样原始表面，试样应经镶嵌后检查。

③ 铜扩散：指 Al-Cu-Mg 包铝板材，经高温长时间加热处理或多次退火、淬火后，使合金中的铜原子沿晶界扩散到包铝层的现象。试样应经镶嵌。

特征：试样腐蚀后可观察到基体晶界向包铝层扩散，严重时可看到铜扩散穿透包铝层。

严重的铜扩散会导致合金的抗腐蚀能力大大降低。典型形貌见图 8.33。

④ 晶间腐蚀：淬火温度过低或过长的淬火转移时间会使 $CuAl_2$ 沿晶界析出而在腐蚀介质作用下产生晶界腐蚀现象，通常用来评估铝合金在热处理过程中的淬火程度。晶间腐蚀会降低力学性能。含铜量大于 4% 的铝合金在人工时效状态下对晶界腐蚀很敏感。

通常晶间腐蚀的评定标准可参考 ASTM G110《浸入氯化钠+过氧化氢溶液中

可热处理铝合金耐晶间腐蚀评定标准试验方法》、MIL-H-6088《铝合金热处理》、GB 7998《铝合金晶间腐蚀测定方法》等。其大致过程如下（不适用于不能热处理强化的铝合金，如防锈铝）。

（a）对晶间腐蚀试样，其表面所有外来物必须清除，包括涂层、包铝层等。尤其对包铝层，可用化学去除法：在室温下完全浸入 10%氢氧化钠溶液中腐蚀 5min～15min，然后浸入 30%左右的硝酸中去除黑膜直至表面光洁，用水洗净备用（如果包铝层未除尽，试样应作废）。

（b）浸入试验前将去除包铝层等的试样浸入腐蚀清洗液中（70%的硝酸 50ml+48%的氢氟酸 5ml+蒸馏水或去离子水 945ml）1min 以产生均匀的表面状态，用蒸馏水或去离子水清洗后在室温下浸入 70%的硝酸中 1min，然后用蒸馏水或去离子水清洗，空气中干燥。

（c）将准备好的试样浸入温度为 30℃±3℃（标准不同温度约有差异）的溶液中（57g 氯化钠+30%的过氧化氢 10ml+蒸馏水或去离子水至 1L）6h。试样表面积与试验溶液体积间的比值要小于 20mm²/ml。

（d）将浸入腐蚀 6h 后的试样清洗并干燥，取样、镶嵌、抛光后（通常横截面至少大约 20mm 长）在显微镜下放大 100 倍～500 倍观察，如不能准确判定是否有晶间腐蚀产生时，可将试片在 Keller's 腐蚀剂中腐蚀 6s～20s 后吹干再观察显微晶粒结构。

特征：在 100 倍～500 倍下先直接在抛光状态下观察晶界，或浸蚀后沿表面层出现局部晶界加粗现象。典型形貌见图 8.34。

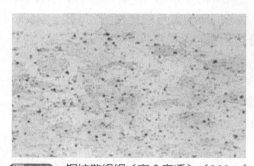

图 8.33　铜扩散组织（完全穿透）（200×）　　　图 8.34　2024 晶间腐蚀形貌

第 9 章

钛合金的组织与检测

9.1 概述

钛合金具有高比强度、较宽的工作温度范围和优异的腐蚀抗力，在航空航天等领域得以广泛应用。如在航空发动机上，目前先进发动机压气机盘、压气机叶片和风扇叶片以及机匣等均由钛合金制造；在先进飞机上钛合金也获得大量应用，如苏-27 飞机上各种钛合金零件重量约占飞机结构重量的 15%；美国第三代战斗机 F-14 和 F-15 上钛合金零件的总重量占飞机结构重量的比例分别高达 24%和27%，而美国第四代战斗机 F-22 上的钛合金用量已达 41%。

从不同的角度，通常将钛合金按以下几方面进行分类。

① 按退火状态组织分为三类：α 钛合金、β 钛合金和 $\alpha+\beta$ 钛合金。

② 按成形工艺分为三类：变形钛合金、铸造钛合金和粉末冶金钛合金。

③ 按应用性能分为四类：结构钛合金、耐蚀钛合金、生物工程钛合金和功能钛合金（形态记忆、储氢、超导等）。

④ 按应用温度范围分为三类：高温（热强）钛合金、常温钛合金和低温钛合金。

9.2 钛合金的组织

9.2.1 化学元素对钛及其合金的影响

钛和铁一样具有同素异构转变。钛有两种同素异形体，在 882.5℃以下为具有

密排六方晶格的 α 相，而在高于 882.5℃直到熔点 1668℃之间具有体心立方晶格的 β 相，即在 882.5℃存在 $\alpha \to \beta$ 转变。$\alpha \to \beta$ 的转变温度称为 β 相变点。β 相变点对钛的成分十分敏感，如杂质元素氧和氮的含量在一定范围内的变化，可使 β 相变点在 865℃~920℃范围内变化。钛和钛合金在相变点以上或以下变形加工和热处理，所得的组织、性能差别很大。因此，β 相变点是制定钛合金热加工工艺规范的一个重要参数。

9.2.1.1　杂质元素的影响

钛及其合金中的杂质元素主要有氧、氮、碳、氢、铁、硅等。这些元素通常与钛形成间隙或置换固溶体，过量时则可以形成脆性化合物，使钛及其合金的强度提高，但却使塑性急剧下降。上述杂质元素按其对钛及其合金的影响程度，可分为三种类型，即氧、氮、碳为第一类，氢为第二类，铁和硅为第三类。

（1）氧、氮、碳

氧、氮、碳提高 $\alpha \to \beta$ 相变温度，扩大 α 相区，是稳定 α 相的元素，能使钛的抗拉强度大幅升高，其中氮的强化作用最大，但却使塑性急剧下降，并导致断裂韧度、热稳定性、抗蠕变等性能下降。为了保证材料的塑性和韧性，在钛和钛合金中均对氧、氮、碳的含量有严格限制。近年来发展了一些间隙元素含量特别低的高纯度钛合金，以适宜在低温工作或在要求有高的断裂韧度时使用，降低间隙元素含量可大大提高钛及其合金的断裂韧度。

另外，钛合金中的氮、氧、碳会使铝含量升高。当 α 相中的铝含量达到 9%（质量分数）以上，会形成共格有序相 Ti_3Al，使合金变脆。在振动条件下，氧会沿 α 相界迅速扩散，也会使局部区域的铝含量升高，导致在平均铝含量远低于 9%（质量分数）的合金中析出 Ti_3Al 相。

（2）铁和硅

铁和硅均属 β 稳定化元素。微量铁和硅在溶解度范围内与钛形成置换固溶体，因而对钛合金性能影响的作用不像间隙元素氧、氮、碳那样大，如含 0.05%（质量分数）的铁和硅使钛的强度分别提高 10MPa 和 12MPa，远低于同样氧、氮、碳含量使钛强度分别提高约 60MPa、120MPa 和 34MPa 的水平。铁与钛易于形成共析反应，在高温长时间工作条件下，组织不稳定，蠕变抗力差，微量的硅对蠕变抗力则有一定贡献。铁和硅作为杂质元素，在合金中含量一般应分别低于 0.3%（质量分数）和 0.15%（质量分数）。

（3）氢

钛极易吸氢引起氢脆，因此自 20 世纪 40 年代钛工业发展以来，氢一直被视为对钛合金有害的杂质元素，几百个微克/克的氢含量就可造成钛合金力学性能的严重损伤。

氢导致钛合金的断裂韧度急剧下降，如氢含量由 10μg/g 增大到 50μg/g，可使

Ti-6Al-4V 的断裂韧度 K_{Ic} 下降 25%~50%而抗拉强度基本不变。

当含氢的 β 钛共析分解以及含氢的 α 钛冷却时，均可析出氢化物 TiH。含 TiH 的合金，由于基体与氢化物之间的结合力较弱，且二者的弹塑性差别较大，受力后应变不协调，因而裂纹一般沿基体与氢化物之间界面萌生并快速扩展，导致开裂。

对钛合金而言，如何控制氢含量，一直是冶金和材料学者共同关心和研究的重要问题。然而 20 世纪 50 年代末期，Zwicker 等人首次提出了氢可增加纯钛热塑性的观点，并得到了试验验证。70 年代末及 80 年代初期，苏联、美国、日本和中国的研究者们陆续获得了利用氢作为暂时性合金元素改善钛合金的热塑性，以及细化普通钛合金组织与改善力学性能的研究成果，而且进一步将研究范围由纯钛扩展至两相钛合金，取得了重大进展。

9.2.1.2 合金元素的影响

由于固态下的相转变对于钛合金具有重要的作用，因此，把合金元素对钛的相变点的影响作为合金元素作用的基础。

根据合金元素对钛相变温度的影响，可将杂质以及工业钛合金中常用的合金元素分为三类，即 α 稳定元素、β 稳定元素和中性元素。合金元素分类的展开示意图列于图 9.1。

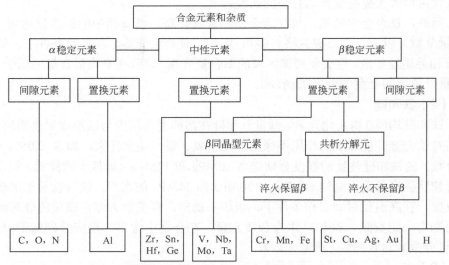

图 9.1　钛的合金和杂质元素分类示意图

合金元素对钛合金的强化效果不仅取决于元素与钛原子大小的差别，还与元素的电子层结构、晶体结构的差别有关。表 9.1 给出了每加入 1%（质量分数）合金元素对合金抗拉强度的贡献。

元素	α 稳定元素	中性元素		β 稳定元素						
	Al	Sn	Zr	Mn	Fe	Cr	Mo	V	Nb	Si
$\Delta\sigma$/MPa	49	24.5	19.6	73.5	73.5	63.7	49	34.3	14.7	117.6

表9.1　钛加入 1%（质量分数）合金元素增加的强度值

9.2.2　钛合金的显微组织

9.2.2.1　高倍显微组织

钛合金一般以 α 固溶体、β 固溶体或两者的组合为基体。三类合金在示意图上的位置见图 9.2。下面按 α、近 α、$\alpha+\beta$、近 β 和 β 五类合金叙述。

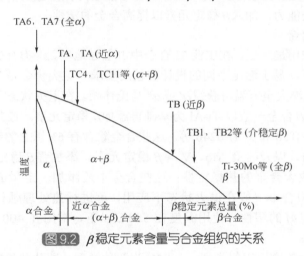

图 9.2　β 稳定元素含量与合金组织的关系

（1）α 钛合金

由于工业纯钛在退火状态下为单相 α，所以也将其并入 α 钛合金叙述。

工业纯钛的抗拉强度可高达 500MPa，接近高强铝合金水平。工业纯钛具有很好的塑性，易于加工成型，其焊接性能及抗蚀性能也很好。在航空工业上常用作 350℃以下工作的飞机构件，如蒙皮、隔热板以及受力不大的锻件等。工业纯钛在化工、造船、发电等领域也得到广泛应用。纯钛的热处理只用退火；纯钛只能用冷变形来强化；当需要恢复塑性并保证一定的强度时可进行再结晶退火。工业纯钛中一般含 0.10%~0.40%氧和 0.03%~0.05%氮。在这些含量范围内，钛的强度随氧、氮含量的增加而直线上升。加入 0.01%氮对钛的拉伸强度的影响近似地相当于 0.02%氧或 0.03%碳的作用。

α 钛合金在退火状态下具有 α 单相组织，我国的 TA4、TA5 和 TA6 属 Ti-Al 二元合金，含 Al 在 3%~5%之间。TA4 用作焊丝；TA5 及 TA6 强度高于纯钛，用于一般结构件或耐蚀结构件。TA7 是典型的 α 型合金，为 Ti-5Al-2.5Sn 三元合金。该合金具有中等强度和较高的耐热性，应用较广。α 型合金的不足是缺少热处理强化能力，一般在退火状态应用。

（2）近 α 钛合金

于 α 合金中添加少量 Mn、V、Zr、Mo 等元素，可进一步提高合金的室温及高温性能，并改善工艺塑性。低铝当量近 α 合金具有较低的室温强度和较高的塑性，这是由于合金中含有少量 β 相所致。这种合金具有好的焊接性能和热稳定性能。我国的 TC1 合金（Ti-2Al-1.5Mn）属于这类合金。高铝当量近 α 合金的主要特点是具有最好的高温抗蠕变能力，良好的热稳定性和焊接性能。这类合金含有一定数量的强稳定 α 元素 Al、Sn 和 Zr 可在不显著降低塑性的情况下，进一步提高合金的抗蠕变能力，加入 β 稳定元素以提高合金的塑性。

（3）$\alpha+\beta$ 合金

这类合金应用最广泛，在工业 Ti 合金中占主导地位。这类合金的性能变化范围大，适应性好，易于满足不同的设计与使用要求。这类合金是马氏体型的，即合金从 β 区温度淬火至室温可获得 α' 或 α'' 马氏体相。在退火状态下这类合金含有 $\alpha+\beta$ 两相。$\alpha+\beta$ 合金一般以 Ti-Al 为基础再添加 β 稳定元素。最常用的有 TC4、TC6、TC11，苏 BT8 和美 Ti-6246 等。这些合金除含有 6% 以上的铝外，还添加一定量的 Sn 和 Zr，以及含有 Mo、V 等 β 稳定元素。添加强 β 稳定元素以提高室温拉伸强度和改善合金的热稳定性；这些合金中还添加一定量的硅，以提高抗蠕变性。$\alpha+\beta$ 型合金一般在退火状态下应用，可进行热处理强化。此类合金有着高的强度和良好的塑性，使用温度在 550℃ 以下，常用在 400℃～500℃ 的温度范围。

① $\alpha+\beta$ 合金的常用组织类型：一般分为四种类型，即片状组织、网篮组织、双态组织和等轴组织，它们的金相组织形貌示于图 9.3。

（a）片状组织：亦称魏氏组织，通常变形合金加热到 β 区温度固溶处理后合金组织为单相 β，在随后的缓冷（炉冷）过程中 β 相分解形成 $\alpha+\beta$ 片状组织。在 β 区温度压力加工直到变形结束，然后缓冷到室温或铸造的 $\alpha+\beta$ 合金由液态冷却至室温皆可得片状组织。片状组织具有完整的 β 晶粒边界，在原始 β 晶粒内存在许多集团（集束），每个集团内的 α 片彼此取向不同。魏氏组织拉伸塑性很低，疲劳性能也非常低，但魏氏组织的断裂性韧好。

（b）网篮组织：通常在 β 转变温度附近区域加热变形，或先加热到稍高于 β 转变温度，在进行热加工的过程中再降温至 $\alpha+\beta$ 区温度变形至终结，冷却到室温后即获得网篮组织。网篮组织的特点是断续的 α 相形成原始 β 晶粒的轮廓，晶内为网篮状编织组织。网篮组织的拉伸塑性比魏氏组织好得多，断裂韧性与蠕变性能好，可用于制造对疲劳性能要求不高的零件。

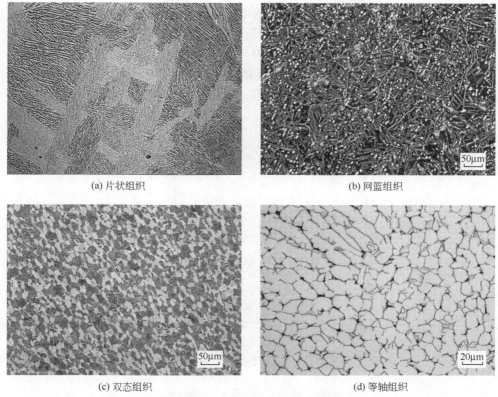

(a) 片状组织　　　　　　　　　　　　　　(b) 网篮组织

(c) 双态组织　　　　　　　　　　　　　　(d) 等轴组织

图 9.3　$\alpha+\beta$ 钛合金常见组织形态

（c）双态组织：在 $\alpha+\beta$ 温区上部加热并进行热变形，可获得这类组织，其特点是在转变了的 β 相的基体上分布一定量的初生 α 相，初生 α 相呈等轴状。双态组织有着较好的强度与塑性以及高的疲劳强度、持久与蠕变强度。对于在较高温度下长期受应力的零件，双态组织更为可取。

（d）等轴组织：在 $\alpha+\beta$ 温区较下部加热并进行热变形，可形成这样的组织，但变形量要足够大。等轴组织的特点是等轴状的 α 相（其数量大约 50%）分布在转变了的 β 相基体上。等轴组织有着最好的拉伸塑性和疲劳强度。

②　固溶温度和冷速对组织的影响：$\alpha+\beta$ 合金可进行等温退火、双重退火、强化热处理和高温形变热处理等，合金在 $\alpha+\beta$ 温区或 β 温区加热，以不同的冷速冷却。固溶温度与冷速影响着合金的相组成与形态。在这方面各 $\alpha+\beta$ 合金的情况大同小异，现以 TC11 为例，简述如下。

TC11 合金的 β 转变温度大约为 900℃。图 9.4 示出各种状态下 TC11 合金的组织。高于 β 转变温度淬火得 α'' 马氏体，990℃淬火组织中出现 α 相。随淬火温度降低，α'' 马氏体逐渐变得细小且 α 相数量增多。当淬火温度接近 900℃时，得到曲折、拉长的 α 相及其背底 β 相。在透射电镜照片上可看到马氏体片中的内孪晶，马氏体内也有着大量位错。空冷组织中仅含 α 和 β 两相。高于 β 转变温度空冷的组织由连续的晶界 α 相和薄而平的 α 相及片间 β 薄层所组成。随固溶温度降低，α 片变小并出现少数等轴 α 相。再继续降低固溶温度，等轴 α 相数量增大，β 转变区逐渐变得在金相上为暗区，难以辨别其细节。透射电镜观察说明 α 片中有孪晶。

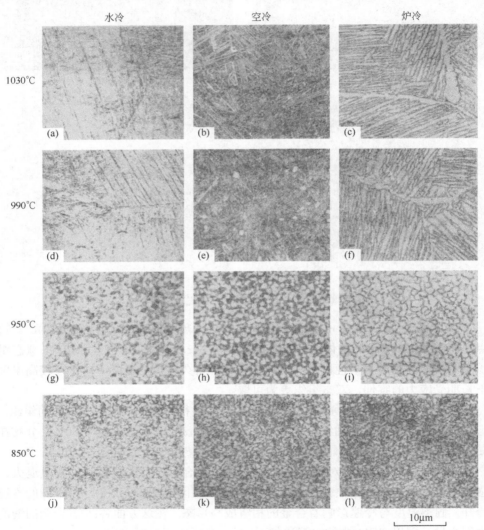

图 9.4　不同固溶温度和冷速对 TC11 钛合金微观组织的影响

高于 β 转变温度固溶后炉冷的组织中出现粗大且连续的晶界 α 相和粗大 α 片组成的集束，片间为 β 层。固溶温度降低，晶界 α 也变得破碎，集束中的 α 片宽度变小和变短，出现编织状的 $\alpha+\beta$ 两相区和等轴 α 相。在 β 转变温度以下，固溶温度越低，初生 α 相的体积份额越大，并且初生 α 相彼此衔接。透射电镜发现，在高于 β 转变温度加热后炉冷却合金中出现粗宽的界面相。随固溶温度下降，界面相宽度变小和出现等轴 α 相。

③ 合金长时间热暴露后的组织变化

热稳定性是热强钛合金的重要使用性能指标。所谓热稳定性是指合金在高温长期服役后的组织稳定性和性能稳定性。长时间热暴露会导致合金中出现组织变化，从而造成合金的室温塑性下降与断裂韧性变坏，即出现热暴露脆性。导致这种脆性的原因有两方面：表面氧化污染和内部微观组织变化。

合金长时间在高温空气中热暴露导致表面氧化，氧向内部扩散形成表面氧化层。$\alpha+\beta$ 合金在 500℃长时间加热后形成浅蓝色或黑色的表面膜，此膜的结构为 Ti_2O_3 或 TiO_2 等。此膜下紧连接的是 α 相氧化层，约 $1\mu m\sim2\mu m$ 厚，再深入基体为富氧的 $\alpha+\beta$ 组织。氧化层的脆性很大，在承受拉伸载荷时，表面开裂，形成裂纹。

$\alpha+\beta$ 两相钛合金在服役的温度下（大约 500℃）热暴露促进 β 相分解，随着热暴露时间的延长，分解析出的次生 α 相不断长大，β 相的不断分解与已有的次生 α 相的长大是彼此重叠的过程。长时间的热暴露还会导致在初生 α 相中析出 Ti_3Al 相。Ti_3Al 有序相颗粒的析出导致滑移的平面化，使较多的位错集中在较少的滑移面内，而在晶界处产生位错塞积，在其头部产生高度应力集中，形成断裂源，导致合金脆化。热暴露所致内部组织脆化与表面氧化层皆使合金的断裂韧性下降。

（4）近 β 钛合金

可将这类合金再细分为近亚稳定 β 合金和亚稳定 β 合金。

① 近亚稳定 β 合金：近亚稳定 β 合金的 β 相条件稳定系数 $K_\beta=1.0\sim1.5$，即此类合金含有略大于临界浓度的 β 稳定元素。在从 β 相区温度淬火的组织中主要为 β 相。此类合金综合了马氏体 $\alpha+\beta$ 型和亚稳定 β 型合金的优点，在退火或固溶处理状态下具有很好的工艺塑性和成型性，其淬透性高，有良好的抗热盐应力腐蚀性能。通过淬火及时效处理，合金获得高的强度和断裂韧性。这类合金有 β-Ⅲ、Ti-10V-2Fe-3Al 合金等。下面以 Ti-1023 合金为例，简要说明这类合金在各种处理状态下的微观组织。

Ti-1023 合金的 β 转变温度为 805℃左右。在 805℃以上温度淬火，合金中主要含 β 相及少量 α'' 马氏体。α 相出现在 805℃淬火的合金中。随淬火温度降低，α 相数量增多。β 相出现在各淬火温度的试样中，ω_α 相出现在 730℃以上的各温度固溶后水淬的试样中。在高于 750℃淬火的试样中都能发现 α'' 马氏体。图 9.5 中（a）、（b）给出淬火试样的金相组织。

Ti-1023 合金 850℃水淬后，在 350℃时效 30min 后 α'' 逆转变为 β 相，$\alpha'' \to \beta$，和由 β 相中析出 ω 相，$\beta \to \beta + \omega_\alpha$。400℃时效 30min 后除析出 ω 相外，还发生 β 分解，即 $\beta \to \alpha + \beta$ 反应，析出 α 相。450℃以后 α 析出增多，还发生 $\omega \to \alpha$ 转变。510℃以上温度时效仅得 $\alpha + \beta$ 两相。

此合金 770℃淬火后合金中主要含 α 与 β 相，其次有少量 α'' 马氏体和 ω 相。低温时效可发生 $\alpha'' \to \beta$ 转变，350℃时效 30min 导致 $\omega_\alpha \to \beta$ 转变。400℃以上出现 $\beta \to \beta \to \omega$ 反应，还发生 $\omega \to \alpha$ 和 $\beta \to \beta \to \alpha$ 转变。510℃以上温度时效仅有 α 和 β 两相。

固溶处理温度选择在 β 转变点以下，一般在 730℃～770℃范围，随后在 510℃时效，以获得一定数量的初生 α 相，弥散分布的细小的 $\alpha + \beta$ 组织，达到优良的综合性能。

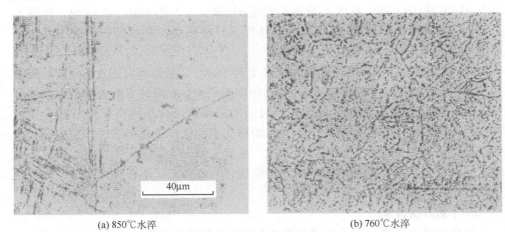

(a) 850℃水淬　　　　　　　　　　　　　(b) 760℃水淬

图 9.5　Ti-1023 合金的淬火组织

② 亚稳定 β 合金：亚稳定 β 合金含有大量的 β 稳定元素，其 β 相稳定系数约为 2。这类合金具有塑性好、强度高、深淬透性和高断裂韧性等优点，在淬火状态下具有良好的工艺塑性。该类合金从固溶处理温度快速冷却时，可使 β 相全部保留到室温。β 相为体心立方点阵，具有更多的活性滑移系，因而其变形性能好，淬火合金经适当的时效处理，使 α 相在 β 相基体上以弥散针状形式析出可得到高强度。

TB2 是国产亚稳定 β 合金，该合金在固溶处理状态下具有良好的工艺塑性，其板材可冷冲成半球形件，合金具有良好的焊接性能。此合金常用于飞机的各种铆钉，可进行冷镦。

亚稳定 β 合金的缺点是密度大，弹性模量小，且由于原子在 β 相中的扩散系数大，组织不稳定，抗蠕变性能差，故不宜高温使用。

③ β 钛合金：此类合金在各种状态下皆具有稳定的 β 组织，其特点是密度大，不能进行热处理强化，并且 Mo、V 等元素含量高。这类合金的优点是在腐蚀介质中的抗蚀性高，常用作抗蚀合金。

9.2.2.2　低倍组织

低倍组织检验是钛合金构件生产过程中重要的检验方法之一。也是控制钛合金零部件质量的最重要的检验手段之一。

低倍组织检验通常指钛合金经过腐蚀溶液腐蚀后，目视观察试样加工面，检查试样低倍组织以及缺陷，如偏析、折叠、裂纹、夹杂及严重的缺陷未清除区域。

一般对于 α-β 两相钛合金，棒材、挤压材、厚板以及挤压用毛坯件的低倍试样应从检验的产品上横向取样，然后沿纵向切取一半，以便检查横向及纵向表面。试样的横截面厚度应不小于 13mm。取自锻件或挤压用坯料的试样可在本熔炼炉号的 β 转变温度以下 30℃加热，保温 (60±5)min 以后，以相当于空冷或更快的冷速冷却后，再进行表面加工进行检查；也可以不经上述热处理，直接进行表面加工后进行检查。试样加工后，其受检面的表面粗糙度 Ra 应不大于 1.6μm。对于钛合金锻件，当尺寸允许时，应对锻件外表面进行粗加工，以确保去除 α 层。为保证消除晶间腐蚀及成品零件的氢脆，腐蚀后的锻件需保留有 0.8mm 的加工余量。仅进行过超声波检验的锻件表面可不再进行机加工，表面粗糙度 Ra 应不大于 3.2μm。

对于试样的腐蚀，可采用 13%～30%（体积分数）的硝酸+10.5%～16%（体积分数）的氢氟酸+余量的水作为腐蚀剂。腐蚀时溶液的腐蚀速率应保持在 5min 内能去除金属厚度为 0.05mm～0.10mm。当腐蚀完成后，应立刻从溶液内取出试样，并在干净的水中清洗几分钟，可采用加压的自来水进行冲洗以去除污迹并用干风吹干试样。

低倍组织检验中，对于钛合金宏观组织的分类评级一般分为Ⅳ类 12 级，见图 9.6。

Ⅰ类（1～3 级）为等轴模糊晶。从 1 级至 3 级，晶粒模糊程度稍有递减。

Ⅱ类（4～6 级）为拉长模糊晶。这些被拉长的原始 β 晶粒构成了锻件的流线。其中 4 级为高度拉长（相应变细）的模糊晶，5 级的拉长程度比 4 级差些，因而也显得稍粗；6 级为流线沿锻件外形分布的"年轮状"拉长模糊晶。

Ⅲ类（7～9 级）为半清晰晶（也称半模糊晶）。从 7 级到 9 级其晶粒尺寸渐增。

Ⅳ类（10～12 级）为等轴清晰晶。从 10 级到 12 级其晶粒尺寸渐增。

在通常情况下，宏观组织要求符合分类评级图的 1 级～8 级，即模糊晶的粗细暂不作限定，而半清晰晶的尺寸不得大于 8 级。

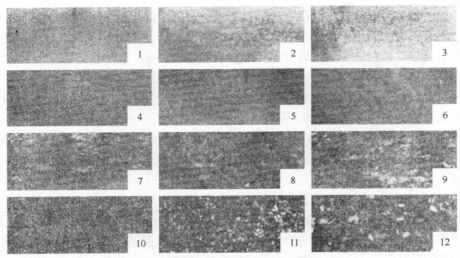

图 9.6　宏观组织分类评级图

　　下面以钛合金叶片为例来说明其重要性。叶片经粗抛光后，按腐蚀工艺规程规定，放置在含有氢氟酸的槽液中进行腐蚀。通过腐蚀，叶片表面可以显示出各式各样的缺陷，对每片叶片都要按技术条件认真进行检查。为了确定缺陷的性质，经常借助于金相、电镜、电子探针分析。概括起来，钛合金叶片经腐蚀后可以发现的缺陷主要有偏析、夹杂、烧伤、过热组织、超标的粗大初生 α 和长条 α。

　　不同的缺陷，经腐蚀后其形貌、颜色也各不相同。在腐蚀检验中，钛合金叶片出现较多的缺陷是初生 α 相粗大和长条 α。它们的形态是细小的"白亮点"和"白亮条"，分布在叶盆和叶背上，数量较多，疏密不均匀，尺寸较小，借助 10倍放大镜才能看清楚。富钛偏析（软偏析）呈"白亮带"，尺寸较大，纵向贯穿整个叶身，和锻造流线走向基本一致，比较容易发现。β 偏析呈"暗黑带"或"黑斑"，尺寸较大，分布在叶盆或叶背面上。硬偏析呈"白块状"或"不连续排列的小点状"，由于硬度很高，抛光时不易抛平，具有凸起发亮的鼓包特征。其他还有高铝 α 偏析和金属夹杂。为了准确地确定上述缺陷的性质，单从形貌上判断是不够的，必须借助于金相、电镜和电子探针分析。抛光烧伤的形貌是"白斑"，尺寸大小不等，在叶身上随机分布。严重的抛光烧伤成穿透性，在叶盆和叶背面呈对称分布。其他烧伤，如电解烧伤、电脉冲烧伤也经常出现，它们的形貌为"白亮点"周围被黄色的"环"包围，其实质是烧伤残余，其他大面积的烧伤在粗抛光时已被加工掉。过热组织在腐蚀检验中发现的不多，它的形貌是清晰晶粒（正常的组织为毛玻璃状），高倍下观察是魏氏组织或少量的初生 α 加网篮组织。

　　对叶片等高速转动部件而言，在腐蚀检验中发现的缺陷按下列原则处理：

　　① 金属和非金属夹杂，按熔炼炉批报废；

② 硬偏析（脆性偏析），按熔炼炉批报废；

③ 软偏析，包括富 Ti 偏析、β 偏析，可以重新组批，剔除有偏析的叶片，其他可以装机使用；

④ 高铝偏析，应根据不同的偏析程度和使用条件进行不同的处理；

⑤ 粗大初生 α 和长条 α 超标，可以重新组批，剔除超标的，其他可以使用；

⑥ 过热组织，按热处理炉批报废；

⑦ 各类烧伤，可以重新组批，剔除烧伤的，其他可以装机使用。

低倍检验除用于低倍晶粒度、裂纹、分层、涡流或穿流、金属或非金属夹杂等方面的判断外，也可用于对于偏析的判断，偏析在低倍检验中的判断方法主要有：

① 在低倍腐蚀后，偏析将在无光泽的灰色背底上呈现出银色的光泽斑；

② 偏析用橡皮擦不掉，而染色或污染的斑痕均可擦掉；

③ 偏析用砂纸磨去并重新腐蚀后，一般情况下在原来的位置又可重复出现；

④ 偏析与其他材料缺陷类似，可在产品中以不同尺寸、形状和不同的概率出现。

9.3 钛合金中常见的缺陷

9.3.1 与熔炼工艺相关的缺陷

与熔炼工艺相关的钛合金缺陷大致有三种类别：①金属夹杂，主要有钨、钼、钴夹杂；②非金属夹杂，主要有氧化物、氮化物、碳化物、硼化物；③化学成分偏析，包括间隙元素偏析，包括富氧、富氮、富碳的脆性偏析等；合金元素偏析，包括高铝α偏析、高钼（或铁、铬等β稳定元素）β偏析（简称β斑）、低合金元素；富钛偏析等。

9.3.1.1 金属夹杂

钛合金中的金属夹杂是在熔炼过程中产生的。常见的金属夹杂有钨夹杂、钴夹杂、难熔中间合金（钼、铌、钇）夹杂、工具材料夹杂等。图 9.7 为 ZTC4 钛合金断口上的钇夹杂，图 9.8 是在 TC9 钛合金铸锭中发现的钼夹杂。为了消除铸锭中的钼夹杂，一方面要控制铝-钼中间合金块的粒度（一般要求小于 3mm），以利于充分熔化；另一方面要选择合理的熔化工艺。

零部件制造过程尤其是工序后期发现的钼夹杂具有如下特点：

① 钛合金中钼金属夹杂在金相组织中一般呈现亮点。钼夹杂与基体合金中间存在明显的多层过渡组织，钼含量由夹杂到基体呈递减的趋势。

② 钼夹杂的显微硬度远低于基体组织。

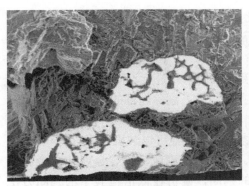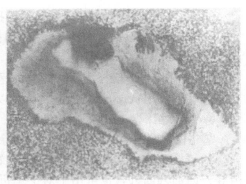

图 9.7　ZTC4 钛合金断口上的钇杂夹　　　图 9.8　TC9 钛合金铸锭中的钼夹杂

前苏联在钛合金零件加工过程中曾发现有工具材料夹杂，其形状在零件表面上呈现缩孔状，并带有比基体金属更硬的块状质点或夹杂的痕迹。在低倍试样上，这些缺陷呈细小的、分散的、光亮质点或呈链状，有时则为较大的异金属夹块（可达 6mm×2mm）。在高倍下观察，缺陷区有分散的、细小的、尺寸接近 10μm～50μm 的硬质点并伴有微孔，有时甚至存在较大的整体夹杂，夹杂周围伴有开裂的富氧区。光亮且耐腐蚀夹杂含钨高达 80%～90%（质量分数），含 4.5%～6.0%（质量分数）的钴，这些元素属刀具堆焊用的 BK4 和 BK8 硬质合金的成分，其显微硬度高达 14000MPa～30000MPa，而基体材料仅为 3000MPa～4000MPa。这些缺陷的来源与配料时进入不纯净的带有硬质合金刀块的钛屑有关。

9.3.1.2　非金属夹杂

钛合金的非金属夹杂是由于 α 相稳定元素（氧、氮、碳）的富集而形成的。其形貌为亮条或亮块，并伴随着材料的不连续性。在变形过程中，在缺陷部位出现疏松、空穴、裂纹，它们的形成主要是由于夹杂脆性大。这些缺陷在钛合金零件机械加工过程中或在腐蚀过程中显露在零件的表面上。

富氧 α 层显微硬度较高，塑性变形能力低，因而存在富氧 α 层夹杂的钛合金零部件，在工作应力作用下易于沿夹杂与基体的界面开裂。另一方面由于零件在加工过程中不断受到加热、挤压和应力的反复作用，富氧 α 层中富集的氧元素会在与基体的界面上形成浓度梯度，氧元素过高时，相当于 Al 含量增加，使界面区附近形成脆性区。应当说相对于其他非金属元素富集的夹杂，富氧夹杂一般不会形成氧化物夹杂，这是由于钛的氧化物 TiO_2 熔点为 1620℃，低于钛的熔点。为了提高钛合金的强度，有时人为地添加 TiO_2。而另外两种钛的氧化物 Ti_3O 和 Ti_6O 的熔点为 1800℃～1900℃，熔点虽略高于钛的熔点，但熔炼时的温度一般高于氧化物的熔点，也会熔化。当然有时熔化后来不及扩散会在局部形成氮化物夹杂，而氧化物夹杂属陶瓷夹杂，危害极大。图 9.9 为 TC11 钛合金棒材生产的某发动机六级压气机导向叶片上发现的富氧 α 层低倍和高倍组织。

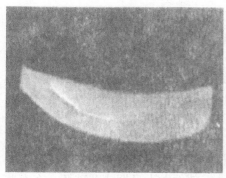
(a) 低倍形貌

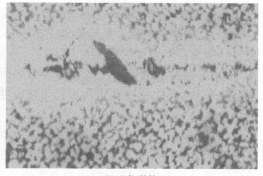
(b) 高倍形貌

图 9.9　TC11 钛合金叶片中的富氧 α 夹杂

非金属夹杂的另一形式是富集氮的夹杂，它也是一种硬 α 夹杂，属于钛的氮化物 TiN。我国目前采用的三次真空熔炼自耗电弧炉熔炼钛合金不足以消除 TiN 夹杂。美国已在熔炼工艺上作了改进，采用冷床炉熔炼，对减少 TiN 夹杂有很好的作用。氮化物夹杂的显微硬度在 7000MPa～25000MPa 范围内。造成氮化物缺陷的原因之一可能是用不太纯净的氩气来焊接初熔锭所致，也可能是海绵钛在制取过程中被污染所致。

富集碳的夹杂实质上是钛的碳化物 TiC。该类缺陷具有耐腐蚀性，呈亮快状，基体与夹杂之间有明显的过渡区。缺陷的硬度在 200g 载荷下测定一般在 12000MPa 以上，相当于基体材料的 3 倍。

另外在钛合金零件磨削过程中或在金相试样制备过程中也会产生"非金属"夹杂。由于这种夹杂不是在冶金过程中产生的，故称之为"伪缺陷"，见图 9.10。在做金相分析时，容易将这种缺陷误判为冶金缺陷，其实这种缺陷与非金属夹杂是有明显区别的，主要表现在夹杂物周围没有扩散层和富氧层。由于是嵌入颗粒，在其周围有明显的塑性变形。

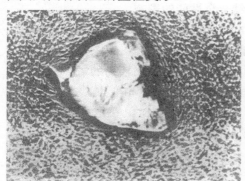
(a) 抛光时嵌入

(b) 磨削时嵌入

图 9.10　外物镶嵌在钛合金试样上的非金属夹杂

综上所述，非金属夹杂具有如下特点：

① 有明显的轮廓，尤其是形成氮化物、碳化物和硼化物等稳定的化合物的夹杂与基体材料有明显的界面。

② 显微硬度值很高，除富含 α 条带硬度比基体材料硬度高出约 30%～50%外，氮化物、碳化物和硼化物等的显微硬度比基体均高 2～4 倍，导致二者变形的不协调性。

③ 富含 α 条带周围易于形成 Ti_3Al 弥散析出，导致材料脆性增加。

基于上述特点，非金属夹杂很容易导致材料性能的下降，特别是在循环交变载荷作用下易于成为疲劳裂纹的萌生源，导致零部件发生早期疲劳破坏。在有些情况下，甚至发生构件在低应力下的脆断。

9.3.1.3 成分偏析

化学成分偏析是钛合金在冶炼过程中形成的冶金缺陷，对于 $\alpha+\beta$ 型双相钛合金，由于成分不均匀，必然会引起金相组织不均匀，导致缺陷区、过渡区与正常区的硬度有明显区别。硬度不均匀，必然会导致材料体积范围内的性能的不均匀性，这种性能的不均匀会降低材料的力学性能，尤其是界面两侧的变形不协调导致局部应力的提高，使疲劳裂纹易于萌生，降低疲劳裂纹萌生寿命。

在生产过程中，化学成分偏析是钛合金零部件常见的冶金缺陷之一。在原材料复验、半成品和成品零件进行 100%的检验时中均会遇到此类缺陷，该缺陷的宏观形貌为"亮条"、"亮带"、"亮块"、"暗条"、"暗带"等，用肉眼均可看到。

钛合金化学成分偏析具有不同的类型，其微观组织形貌和性能有较大的区别。按其形成原因分类，可分为间隙元素（氧、氮、碳）偏析和合金元素（铝、钼、锆）偏析；按缺陷区域的硬度高、低分类，可分为硬偏析（或脆性偏析）和软偏析；按缺陷区域的组织形貌分类，可分为 α 偏析和 β 偏析（β 斑或魏氏组织）。下面简述几种偏析的形貌、鉴别方法及其对钛合金性能的影响。

（1）钛合金的硬偏析（脆性偏析）

钛合金的硬偏析是由间隙元素氧、氮、碳形成的偏析。间隙元素氧、氮、碳是 α 稳定剂，在钛合金中形成 α 稳定区。由于局部存在较高的氧、氮、碳富集，其硬度显著高于附近的基体。这些间隙元素提高了 β 相变点，并使 α 相变脆，甚至形成脆性 Ti_3Al 相的弥散析出。当零件热加工时，在这种偏析区会产生微裂纹、孔洞。此类缺陷被称为 I 型缺陷或低密度缺陷，但其密度不一定低于基体。

在钛合金叶片精抛过程中，曾发现局部有凸起现象，而且比较光亮，经腐蚀后为一"白亮条"，见图 9.11。研究结果表明，该亮条为富间隙元素（碳、氧）的硬偏析。

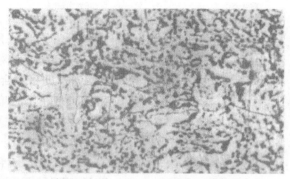

图 9.11 TC11 钛合金硬偏析高倍组织

（2）钛合金的高铝偏析

铝是 α 稳定剂，它优先溶于 α 相并升高 $\alpha \rightarrow \beta$ 转变温度。在钛合金熔炼过程中，工艺控制不当，在局部区域富集铝而形成 α 稳定区，该区含有大量的初生 α 相，其显微硬度略高于邻近的基体。当这种 α 被拉长时，则被称做"带状 α"。此类缺陷通常也被称为 II 型缺陷。在钛合金叶片中，高铝偏析典型的外观特征是在叶身上有纵向亮条，见图 9.12。

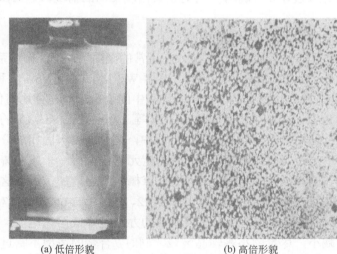

(a) 低倍形貌　　　　　　　　(b) 高倍形貌

图 9.12 TC11 钛合金叶片中亮条低倍和高倍形貌

（3）钛合金的 β 偏析（ β 斑）

20 世纪 70 年代初期，人们研究了 TC9 合金的双重热处理制度，以期提高该合金在 500℃下的热稳定性，在断口上出现了局部的提前相变区（即 β 斑点），见图 9.13。Chait 和 Desisto 在研究钛合金的断裂韧性时也发现了 Ti-662 合金 K_Q 值最低的试样中存在 β 斑，且裂纹沿 β 斑扩展。一些研究者对 Ti-662 钛合金的 β 斑进

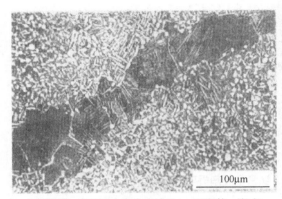

100μm

图 9.13　TC9 钛合金中富 Mo 元素的 β 斑点

行了系统的研究，发现该合金的 β 斑点常常是低周疲劳裂纹的起源，对高周疲劳寿命影响也较大。近年来，随着钛合金在我国航空工业中的应用不断增加，在钛合金棒材、叶片、盘件和飞机结构件上多次发现了 β 斑，材料涉及大多数的 β 合金和 α + β 合金，如 Ti-17、TC4、TC6、TC9、TC11、Ti-662、Ti-1023 等。

综合前人和我们对 β 斑点化学成分、显微硬度等的分析结果，可以看出，β 斑点具有如下特征：

① β 斑点内的组织为魏氏组织或 β 黑斑，并有明显的 β 晶界，在晶界上通常呈现出晶界 α；

② β 斑中的 Mo 元素明显高于基体，铝略低于基体，钛略低于基体；

③ β 斑的显微硬度略低于基体，有时也会出现偏高的情况，这与 β 斑中的合金元素含量有关；

④ β 斑偏析与基体之间存在一个过渡区。

根据钛合金的相图和合金的凝固理论，在正常的凝固条件下，偏析系数 $K_0 > 1$ 的合金元素，如 O、N、W、Mo、Ta、Nb（其中 W、Mo、Ta、Nb 是 β 稳定因素）不容易出现 β 斑点，除非熔炼过程中合金元素和中间合金未能充分均匀化。$K_0 < 1$ 的合金元素，如 Fe、Al、Ni、Cr、V、Mg、Si 等，特别是含 Fe、Cr 的合金，即使熔融状态下合金是均匀的，但在凝固的过程中，同一温度下固相成分和液相成分有差别，液相中总是含有比固相更多的 β 稳定元素的偏析，一般在铸锭的等轴区域。如果液相、固相线差距增大，出现 β 斑点概率明显增加，所以这种缺陷常能在 β 稳定系数 K_β 较高的合金中出现，如 BT22、BT3、Ti-662、Ti-17、Ti-1023 等。为了提高 β 合金铸锭的均匀性，比较有效的办法是降低熔化电流，减缓熔炼速率使熔池深度减小，尽量缩小等轴晶区域，同时 β 合金的铸型不宜过大。研究认为，为避免出现 β 斑点，合金的最大直径不宜超过 750mm。

E.Coyne 认为限制加热的上限温度，就可能使 β 斑的偏析区缺乏相转变的必要条件，从而降低其危害。众多的研究发现，β 斑点对拉伸性能、热稳定性、断裂韧性、高周疲劳、低周疲劳性能产生极其不利的影响，常常成为断裂的起源。大量的试验结果表明，凡存在 β 斑点的试样，在断口的相应部位均能找到一个脆性断裂区。因此应该在钛合金冶金质量上加以改进，在半成品的质量检验中加以控制。如在 1995 年 5 月以后出版的 Ti-1023 合金的标准中都规定了在最终热处理的产品中, 不允许存在初生 α 相小于 5%、任何方向上大于 0.75mm 的斑点。

(4) 钛合金的富钛偏析

钛合金含有多种合金元素。在钛合金冶炼过程中, 若工艺控制不当, 或海绵钛、中间合金的粒度分布不均匀, 均会造成合金元素分布不均匀, 引起局部区域合金元素贫化或富集, 致使该区域的合金相变点偏离正常合金的相变点, 在以后的热加工中出现异常组织, 形成冶金缺陷。由于富钛偏析区的显微硬度低于基体, 所以这类缺陷属于软偏析。

钛合金的富钛偏析有两种组织形貌: 一种是密集 α 组织, 另一种是魏氏组织。这与偏析区合金元素含量高低有关。这类偏析在生产过程中经常遇到, 特别是在腐蚀工序中遇到的"白亮条"缺陷, 多数属于这类缺陷, 见图 9.14 和图 9.15。

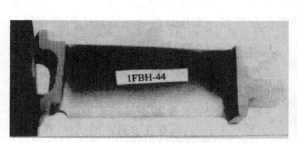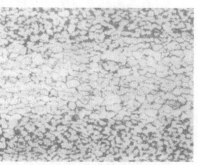

(a) 叶身部位的亮条　　　　　　　(b) 亮条区的密集 α 组织

图 9.14　TC11 钛合金叶片"亮条"形貌及其金相组织

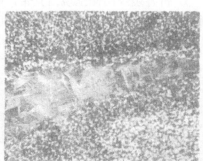

(a) 亮条低倍组织　　　　　　　(b) 亮条区魏氏组织

图 9.15　TC9 钛合金叶片"亮条"形貌及其金相组织

由化学成分偏析形成的"亮条"或"暗条"是一种冶金缺陷, 它是钛合金在冶炼过程中造成的。为了减少这类缺陷, 在合金冶炼过程中, 提高电极的压制质量和焊接质量, 控制海绵钛和中间合金的粒度, 增加冶炼过程中的重熔次数, 均能有效地消除"亮条"和"暗条"缺陷。

9.3.2　与其他工艺相关的缺陷

钛合金零件的缺陷也可来源于铸造、热变形、焊接、热处理、电解加工、电脉冲加工、机械加工、手工抛光等各个工艺过程。在上述工艺中产生的缺陷大致有四种类型：①破坏金属连续性的缺陷，如裂纹、折叠、缩孔、疏松等；②热变形或热处理工艺控制不当导致金相组织不合格；③零件表面烧伤，如抛光烧伤、磨削烧伤、电解烧伤、电脉冲烧伤、电接触烧伤、熔滴烧伤等。上述烧伤在局部区域不同程度地破坏了基体的组织，并产生拉伸残余应力，明显降低力学性能，特别是疲劳性能更为明显。

9.3.2.1　破坏金属连续性的缺陷

折叠是锻件常见的工艺缺陷。图 9.16 是 TC11 钛合金结构件加工后发现的折叠。某发动机七级转子叶片在成品荧光检验时也发现过锻造折叠残余。通过对锻造折叠进行宏观和微观分析以及显微硬度测量，发现钛合金半成品的折叠有如下特征：

①　锻造折叠裂口处比较圆滑，呈"嘴唇"形；裂口较宽，裂口两侧无冶金缺陷。

②　折叠形成的裂纹走向与零件表面呈一定的夹角，从零件表面开始，由浅到深逐渐向零件内部延伸，裂纹末端比较圆钝。

③　在折叠裂纹内部有氧化物夹杂，电子探针分析结果表明：基体与夹杂处，Ti、Al、Mo 含量基本相同，而氧元素高于基体。

④　折叠裂纹两侧呈现白亮带，耐腐蚀，形成富氧 α 层后，β 转变组织极少。显微硬度测量（在 100g 载荷下）富氧 α 层为 11000MPa～12900MPa（在深度 0.2mm 处），基体为 3200MPa～3500MPa。

(a) 裂纹外观形貌

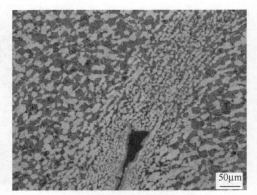
(b) 裂纹尖端金相组织

 图 9.16　TC11 钛合金叶片在顶锻时产生的折叠

⑤ 模锻折叠在钛合金零件上出现的位置比较固定,因为其形成与模具有直接的关系。

锻造裂纹是钛合金半成品常见的另一种缺陷。它产生的原因比折叠要复杂得多,不但与锻造工艺参数有关,而且与原材料、坯料表面质量等诸多因素有关。只有仔细地进行失效分析,才能准确地确定锻造裂纹产生的原因,提出预防措施。图 9.17 是 TC11 钛合金五级导向叶片在粗抛光时发现的锻造裂纹。经金相分析和断口分析,该裂纹具有以下特征:

① 裂纹两侧有较宽的富氧 α 带(大约 0.25mm),α 含量较基体明显增多,β 转变组织极少。证明该裂纹形成后,又经过了多次加热,使其两侧氧化。

② 裂纹尖端圆钝,并有塑性变形的流线特征。证明该裂纹形成后,又经过再次变形,使裂纹尖端承受张应力,该应力超过材料的屈服极限,产生塑性变形,从而使裂纹尖端变钝。因此,这种裂纹末端的"圆钝"与折叠末端的"圆钝"有本质的区别。

③ 断口分析发现,断面上几乎看不到断裂特征,氧化比较严重,大部分都是具有一定方向的摩擦变形痕迹。证明裂纹形成后,又再次变形,使裂纹的匹配面互相摩擦所致。这一现象与裂纹尖端出现塑性变形相吻合。

④ 裂纹两侧没发现冶金缺陷,基体金相组织正常。如果在一批叶片中只有极少数叶片存在裂纹,属于小概率事件,则可能是在锻造过程中某种特殊原因造成的。

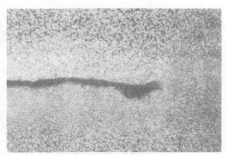

(a) 叶身上纵向穿透性裂纹　　　　　　　(b) 裂纹两侧组织形貌

图 9.17　TC11 钛合金五级导向叶片锻造裂纹形貌

9.3.2.2　热变形或热处理工艺控制不当造成的不合格金相组织

金相组织不均匀是钛合金铸锭或坯料在热变形过程中形成的冶金缺陷。众所周知,在采用常规退火工艺时,形成 $\alpha+\beta$ 钛合金不同组织的决定性因素不是热处理而是热机械变形。钛合金的组织在很大程度上取决于在变形温度下的变形程度、变形速率和随后的冷却速率。在钛合金热变形过程中,上述诸因素若控制不好,会在局部区域产生微观不均匀性。由于钛合金组织对热机械加工参数十分敏感，所以在钛合金半成品或型材的截面和长度上容易出现组织不均匀性。

在原材料复验和半成品检验中，均多次发现组织不均匀，出现粗大初生α（如图 9.18）和长条初生α（如图 9.19）；扭曲初生 α 束（如图 9.20）；还有残留的晶界α（如图 9.21）。上述组织形貌和尺寸均超出 GJB 494 的要求，致使原材料不合格和半成品叶片报废。

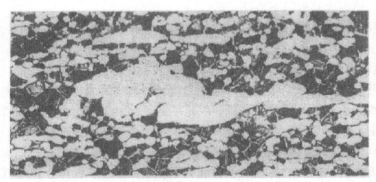

图 9.18　TC11 钛合金叶片半成品检验时发现的大块α相

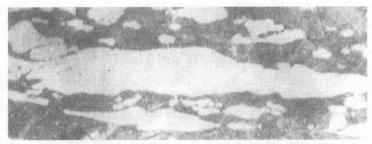

图 9.19　TC11 钛合金叶片半成品检验时发现的长条α相

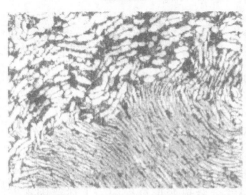

图 9.20　TC11 钛合金出现的扭曲α相

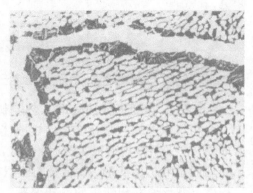

图 9.21　TC11 钛合金发现的原始β晶界

在钛合金叶片腐蚀工序检验时，经常发现叶身上有"亮点"和"亮条"，其中有很大一部分是由于组织不均匀引起的，例如大块 α + 长条 α [图 9.22（a）]、长条 α + 细小等轴 α [图 9.22（b）]。

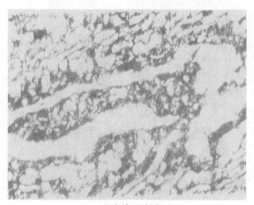

(a) 大块 α + 长条 α　　　　　　　　(b) 长条 α + 细小等轴 α

图 9.22　TC11 钛合金叶片叶身亮条区组织

在叶片组织中曾发现等轴初生 α 含量过低的不合格组织（图 9.23）。另外，在原材料复查中，多次发现 TC11 钛合金棒材出现过热组织。经金相分析，发现低倍是清晰晶粒组织；高倍组织为粗大的魏氏组织（图 9.24）、羽毛状的并列组织（图 9.25）和"十字架"组织（图 9.26）。

纵观以上钛合金的组织形貌，千差万别，花样繁多，究其形成原因，尽管十分复杂，但大致可以归结于以下原因：

① 变形量不够，原材料本身含有粗大初生 α 相，在以后的叶片锻造过程中未得到显著改善，遗传到叶片上。

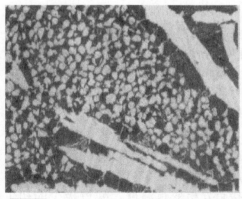

图 9.23　TC11 钛合金叶片上亮条区的组织

图 9.24　TC11 钛合金过热组织——粗大魏氏组织

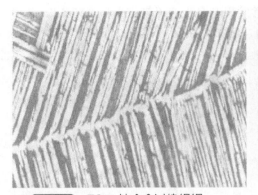

图 9.25 TC11 钛合金过热组织——羽毛状并列组织

图 9.26 TC11 钛合金过热组织——十字架组织

② 原材料在轧制过程中 $\alpha+\beta$ 区的变形量不足，致使片状 α 没有充分破碎，呈扭曲状排列。

③ 原材料在轧制过程中曾经出现过超温过热，产生过热组织，初生 α 量减少，这是由于组织粗化在以后的叶片锻造过程中未得到显著改善，遗传到叶片上。

④ 原材料在生产过程中出现跑温现象，其加热温度超出 $\alpha+\beta \rightarrow \beta$ 相变点，并随后缓慢冷却，致使 β 晶粒及 β 转变组织（魏氏组织）充分长大。

在腐蚀检验工序，常发现同批钛合金叶片中有少数叶片叶身上不同程度地显示出清晰晶粒（如图 9.27），大量统计表明，出现这种情况的概率约为 1.3%。金相分析发现，叶片整个横断面上均为魏氏组织，或少量的初生 α+粗大的 $\beta_{转}$ 组织。这表明，该叶片曾经历过加热温度超过或接近 β 相变点的历史。若魏氏组织中片状 α 束平直，无扭曲现象，且 β 晶界长而直，则可排除锻造超温的可能性。由于此类超温破坏出现的概率很低，也可排除热处理系统超温的可能性。因此，出现少数叶片超温一般是真空热处理时夹具歪斜造成少数叶片靠近炉丝或由于其他原因导致局部超温所致。此类缺陷曾出现过多起，具有如下特点：

① 出现超温过热组织的叶片的热处理炉批，炉温正常，炉膛内温度均匀区的大小和温度梯度均符合工艺要求。

② 出现超温过热组织的叶片数量较少，一般在 1%～6% 范围内。

③ 在超温过热叶片中，过热的程度差别较大，有的已超越 β 相变点温度，β 晶粒迅速长大，形成魏氏组织；有的接近 β 相变点温度，残留极少的初生 α（5%～10%），其余为粗大的网篮组织；

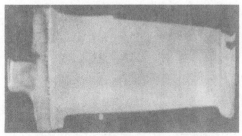

图 9.27 TC11 钛合金转子叶片低倍组织

有的稍超过正常加热温度,组织基本正常,但初生 α 含量低于25%,达不到GJB454的要求。

④ 这类缺陷在半成品检验时很难发现,因为每炉批仅抽检两件叶片进行高、低倍组织检查,一般很难发现。只有在成品叶片经腐蚀后100%检验时才能发现,而且只能发现严重超温显示清晰晶粒的叶片,而那些初生 α 相偏低超标,组织基本正常的叶片是无法发现的,存在着漏检现象。因此,为确保叶片质量,出现超温的炉批必须通过全部检查叶片的初生 α 含量来控制。

⑤ 这种少数叶片产生超温的原因,是真空热处理时装叶片的框架放置不正,出现歪斜,致使少部分叶片离开温度均匀区,靠近电炉丝而产生的超温。靠近炉丝最近的叶片超温最严重,出现魏氏组织,距炉丝稍远的叶片,超温便轻一些。因此,装炉前认真检查夹具位置,便可杜绝此类缺陷重复发生。

9.3.2.3　冷加工缺陷

目前,在钛合金零件加工中,车削、铣削、拉削、磨削、电解加工、电火花加工、手工抛光、振动光饰、喷丸强化等工艺被广泛应用。上述工艺使钛合金形成一定的几何形状和符合图纸要求的尺寸精度,但不同程度地在钛合金零件表面上产生物理和化学变化,对零件的表面完整性产生影响。

(1)钛合金的磨削烧伤

钛合金化学性能活泼,导热系数不高,黏性强,这些特性使得钛合金在磨削时,在磨料与零件表面接触区,磨削容易黏附和堵塞砂轮,造成砂轮切削性能急剧下降,磨削力增大,局部磨削温度升高,从而形成磨削烧伤。烧伤是硬度和颜色都不同于基体的局部缺陷。磨削烧伤严重时,零件表面会出现网状裂纹。

显示磨削烧伤的腐蚀剂配方为 15%～20%HNO$_3$+5%～10%HF+70%～80%H$_2$O。腐蚀时间5s～10s。经腐蚀后,烧伤区呈现"白斑",见图9.28。这种"白斑"的形成原因有两个:第一,轻度烧伤。零件表层局部受热后快冷的结果。在这种情况下,"白斑"区硬度低于基体,金相组织 β 相含量相对基体增高,这证明局部烧伤区的温度已达到800℃～850℃,并承受了快速冷却。这种烧伤属于第一类烧伤。第二,严重烧伤。零件表层局部受热区氧化,形成富氧层,组织发生明显变化,硬度高于基体。这种烧伤属于第二类烧伤。

(2)钛合金的抛光烧伤

随着航空发动机性能的不断提高,零部件的结构、形状更加复杂,对结构

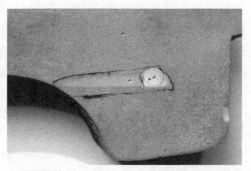

图 9.28　钛合金纵向试样磨削烧伤外观

件的型面尺寸精度和表面完整性提出了更高的要求。如某新型发动机转子叶片的进、排气边呈"鹰嘴"形，给叶片型面加工带来极大的困难。为了确保叶片的型面尺寸和表面粗糙度符合图纸要求，目前国内外普遍采用手工抛光工艺来精加工叶片的型面。

钛合金叶片手工抛光手艺是一项繁琐的手工劳动。叶片的抛光质量主要取决于操作工人的手工技巧和责任心。由于钛合金导热性差，抛光时如果掌握不当，在磨轮与叶片表面接触处产生的热量不能迅速传导，致使叶片表层引起小体积范围内温度升高，从而导致抛光烧伤。

在腐蚀检验工序，经常出现叶身上出现"白斑"。"白斑"的尺寸大小、形状和分布无规律性；出现的概率有时高、有时低，最高时可达 30%左右；"白斑"的明显程度也各不相同，有的隐约可见，有的特别明显。图 9.29 给出了钛合金抛光烧伤外观和组织高倍形貌。

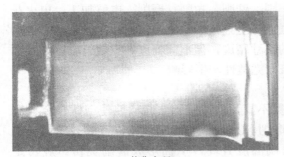
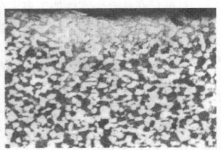

(a) 烧伤白斑　　　　　　　　　　　　(b) 白斑高倍组织

图 9.29　TC11 钛合金叶片身上的烧伤抛光

手工抛光对钛合金零部件表面完整性会产生不利影响。主要表现在两个方面：首先，由于磨料选择不当或操作失误，在表面局部区域产生高温，导致受高温影响的"小体积单元"急剧热膨胀，同时，周围的冷态金属对其产生约束。当热膨胀力大于钛合金的屈服强度时，便产生热塑性应变。在随后的冷却时，原来的"小体积单元"又产生收缩，同样又受到其周围冷态金属的约束，这样便产生残余拉伸应力，降低疲劳抗力。其次，叶片材料的正常组织受到破坏，钛合金的力学性能对组织变化十分敏感，特别是疲劳性能会明显下降。因此，对钛合金零部件如果必须采用手工抛光工艺时，应严格控制，以确保制造质量。

钛合金抛光烧伤具有如下基本特点：

① 烧伤位置的分布具有随机性，烧伤的程度也各不相同，有表层烧伤和穿透性烧伤。经腐蚀后，其宏观形貌均呈现为"白斑"。

② 烧伤"白斑"区的金相组织，初生 α 相减少，相界模糊，$\beta_{转}$ 的次生 α 相消失，显微硬度下降，表面氧化不明显。

③ 抛光烧伤在一般情况下属于第一类烧伤，经适当的退火后，烧伤的显微硬度可以恢复正常，表面氧化不明显。

④ 手工抛光烧伤受人为因素影响很大，在生产现场难以控制，但目前还找不到更好的工艺取代。

（3）钛合金的电解烧伤

钛合金和高温合金一样，具有较差的切削（铣削）性能，因此在飞机、发动机上采用电解加工的方法制造形状复杂的钛合金零件，例如机匣、整体叶盘、压气机叶片及飞机壁板等。

钛合金电解加工和高温合金一样，基于阳极溶解的原理。钛属于自钝化金属，在电解加工过程中有其特殊性：表面极易氧化而形成致密的氧化膜，在电解液中不产生晶界腐蚀，而高温合金却容易产生晶界腐蚀；经电解加工的钛合金表层 0.03mm～0.06mm 内，吸氢量高达 $(600～800)×10^{-6}$，超过允许氢含量的 6 倍左右。由于表层增氢而导致电解加工表面出现硬化现象，其硬化层深度大约为 6μm。

钛合金零部件在电解加工中容易出现短路烧伤，这通常是由于操作不当，电解模具（阴极）与钛合金零件（阳极）之间造成瞬间短路，局部产生高温，随后电解液又急剧冷却，导致产生电解烧伤。这种烧伤造成的损伤要比抛光烧伤严重得多。在烧伤核心区，存在有熔化烧损现象，形成麻坑，高低不平，呈黑色，而其周围呈淡黄色或蓝色，经腐蚀后黑色麻坑周围为白亮色，如图 9.30。沿烧伤区剖开制备金相试样进行观察，出现明显的三个区域，即烧伤区、过渡区和正常基体区，如图 9.31 所示。可以看出，在烧伤的核心区，温度已超过钛合金的熔点，基体已熔化形成铸造组织，如图 9.32（a）所示。过渡区为钛合金的淬火马氏体组织，如图 9.32（b）所示，而基体为初生等轴 $\alpha+\beta_{\text{转}}$ 组织。

电解烧伤区的显微硬度远远超过基体，属于第二类烧伤。电解烧伤区硬度急剧增高，使材质变脆，并伴随微裂纹的产生，破坏了叶片表面的连续性，在振动应力作用下，最容易诱发疲劳裂纹萌生。因此，电解烧伤是钛合金零部件不允许出现的工艺缺陷，必须严格控制。

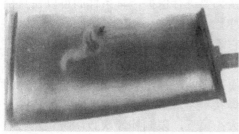

图 9.30 TC11 钛合金叶片电解烧伤形貌

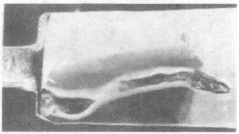

图 9.31 TC11 钛合金叶片电解烧伤金相组织

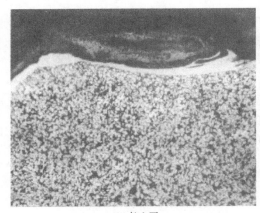

(a) 核心区　　　　　　　　　　　　　　　　(b) 过渡区

图 9.32　TC11 钛合金叶片电解烧伤区铸造组织

9.3.2.4　焊接缺陷

在实际应用中，钛及钛合金一般采用惰性气体保护或在真空环境中的焊接方法进行焊接，如钨极氩弧焊、等离子弧焊、激光焊、真空电子束焊、电阻焊以及真空和保护气氛钎焊等方法。钛及钛合金的熔焊工艺最常用，但是熔焊工艺的冶金过程也比较复杂，因此产生焊接缺陷的机会也多，对焊接接头的危害性大。在焊接结构的生产中，一般来说常见的焊接缺陷主要是裂纹和气孔。大多数钛及钛合金的焊接热裂纹倾向很小，在正常的焊接条件下不会产生热裂纹。钛及钛合金的裂纹主要是在较低温度下形成的冷裂纹，这种裂纹一般具有延迟开裂的特征。而一般认为钛及钛合金的焊接气孔主要是氢气孔。按气孔的分布位置可分为焊缝中气孔、熔合线气孔和热影响区气孔。钛合金气孔形貌见图 9.33。

焊接和热影响区的性能脆化、焊接残余应力和接头应力集中以及接头内氢的存在和不均匀分布是导致钛及钛合金焊接接头产生焊接裂纹的主要因素。防止钛合金焊接延迟裂纹，必须从以下几个方面着手：第一，使用纯度高的焊接材料，如焊丝、母材和保护气；第二，提高焊接保护效果，焊缝背面及高温冷却中的接头要进行保护，有条件的可以在真空冲氩室内焊接；第三，焊后真空热处理，它既可以起到除氢和消除应力的作用，又可以起到调整接头组织提高塑性的作用；第四，选用塑性好的焊丝及合适的焊接线能量防止有害相产生和晶粒长大；第五，限制补焊次数，防止热影响区的脆化。

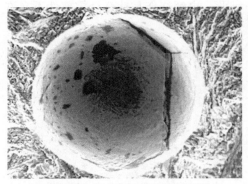

图 9.33　钛合金电子束焊缝气孔

由于焊接的冶金过程较为复杂，关于钛及钛合金的焊接气孔的形成机理还没有形成完全一致的看法，但多数看法倾向于认为氢是钛及钛合金焊接气孔的主要气体。气孔是钛及钛合金焊接最常见的缺陷，气孔的防止措施主要有两个方面：第一，与裂纹防止措施类似，使用纯度高的焊接材料，认真进行焊前清理，必要时进行脱气处理；第二，选用合适的焊接工艺可以减少气孔的产生。

9.3.2.5　铸造缺陷

由于钛合金在熔融状态下化学活性高，使其铸造工艺具有特殊性和复杂性，必须进行真空熔炼和离心浇铸，导致影响钛合金铸件质量的因素很多，容易在铸造过程中产生铸造缺陷。缺陷在形貌上与发生概率上都有其自身的特点。钛合金铸件缺陷主要包括：变形、气孔、缩孔和缩松、裂纹、黏砂、夹杂、冷隔和流痕、浇不足、毛刺、偏芯、跑火等。

9.3.3　钛合金的表面污染

由于钛及其合金的化学活性高，在热成型或热处理加热过程中会受到周围气氛的污染，其中危害最大的是与空气中的氧、氮、氢等气体发生反应形成的污染。

（1）氧污染

钛合金在空气中加热会发生氧化反应，表面通常形成一层很薄的氧化膜。随着加热温度的不同，氧化膜的颜色也随之发生变化。

氧化污染造成的危害主要是导致表面一定深度内的显微硬度升高、金相组织变化和试样或构件的塑性降低，因此可用金相法、拉伸试样的塑性变化、硬度法或其他先进仪器测试方法来测试或判断合金的氧化污染程度。但较为简单的操作是采用显微硬度法检测钛合金富氧层深度。

为了准确确定表面富氧层的深度和状态，取样或试验时严格保护好表面，在试样制备和观察分析过程中不能碰伤或脱落。通常采用镶样法。镶制试样应沿厚度方向，在条件许可的情况下最好在镶制试样前进行表面镀镍。

当合金氧化导致基本组织发生较大变化时，金相图谱法则变得较为直观。朱知寿研究员系统研究了几种常用钛合金在不同温度和不同时间氧化后的金相组织变化特征，在温度低于 800℃时，氧化层的组织变化不明显，富氧层和基体界面也不明显，这与氧在 α 相中的溶解度较大、扩散系数较小有关，导致钛合金富氧层组织和基体的组织区别不大。但当温度大于 800℃时，富氧层组织和基体的组织区别越来越大，靠近表面的组织细小、α 相含量较多。远离表面的组织 α 相含量相对减少，而 β 转变组织含量增加。

（2）氢污染

氢可溶解在钛原子的间隙中并相当迅速地扩散。它在高纯度 α 钛中的扩散率为 $0.6 \times 10^{-5} \mathrm{cm/s}$（500℃）～$0.52 \times 10^{-4} \mathrm{cm/s}$（1100℃）；钛可以从许多气体中吸收到氢，包

括水蒸气、氨、丙烷等。如果钛合金加热时有烃存在时，钛可以从烃中吸收到氢。钛合金零部件在进行化学铣削或酸洗时，也经常发生氢污染。以 TC9 钛合金叶片为例，给出了从原材料到成品件整个加工过程中氧和氢的变化情况。从中可以得知：

① 原材料经过模锻→热处理→化铣（去 α 层）工序后，锻坯急剧吸氢，其中化学铣削去 α 层工序增氢更为明显。

② 高温（990℃/1h）真空热处理能有效地除氢，使氢含量降至 $20×10^{-6}$ 以下，低温（530℃/2h）真空除氢，效果不太明显。

③ 叶片锻造毛坯经电解加工后，由于切除了氢含量较高的表面，氢含量显著下降。

④ 在所有的工序中，叶片边缘的气体含量总是高于叶片中间的部位。这是由于叶片边缘比较薄，叶片中间部位比较厚引起的偏差。

根据人们进行的大量研究工作，有关钛合金的氢污染问题可以概括为以下几点：

① 钛合金随着 β 相含量增加，氢的污染急剧增加。

② 双相钛合金具有连续的 β 网状组织，氢非常容易地渗透到合金中去。

③ β 型钛合金，可以看到氢聚集在晶粒边界上；α 型钛合金，氢被限制在薄的氢化物表层，只有大量吸氢时，氢才可能延伸到内部。

④ 钛合金氢污染随着时间的增加而增加，但是它增加的比率随着时间的延长而降低。

⑤ 在较低的温度下，氢污染对性能损害更大。

氢污染能降低钛合金室温冲击性能和疲劳强度。纯钛随着氢含量的增加，冲击韧度急剧下降。美国 GE 公司 Ti6Al4V 合金锻件进行室温高周疲劳试验，发现用化学铣削工艺产生的表面污染会明显降低钛合金的室温疲劳强度。

氢污染对钛合金的力学性能有明显的不利影响，而钛合金零件在加工过程中又不断地吸氢，为了确保钛合金零部件工作的可靠性，对成品钛合金零件往往进行除氢，使其氢含量控制在技术规定的范围内。

（3）氮污染

氮是钛的间隙固溶元素。它像氧一样，以同样的方式稳定 α 相。由于氮在钛中的扩散率低于氧，在同样的加热温度下，氮对钛合金的污染较氧要轻，不起重要作用。

氮在较高的温度（770℃）下，可以在钛合金表层形成氮污染层，对钛合金的力学性能产生不利的影响，在许多方面和氧污染一样产生相同的行为。

钛合金表层具有足够氮后，表面会硬化和脆裂，对钛合金的疲劳、弯曲、拉伸性能均极为敏感。例如，前苏联研究工作者报道的 BT-8 钛合金（Ti-6.5Al-3.5Mo-0.25Si），在 860℃下氮化 12h 后的疲劳强度下降为不到原来的 40%。Ti-8Al-1Mo-1V（TA11）合金缺口疲劳试验数据表明，喷丸可以使氮化后的疲劳强度提高 50%。

第 10 章

铜合金的组织与检测

10.1 概述

  铜及铜合金具有高的导电性、导热性，良好的耐蚀性、耐磨性和低的摩擦系数，无磁性，好的加工成形性，易连接，易光亮加工，通过适当的合金化、热处理和冷加工，可获得很宽的力学性能范围。铜及铜合金在航空工业中的应用很广泛，飞机中的配线、液压、冷却和气动系统需要使用铜材，轴承保持器和起落架轴承采用铝青铜管材，导航仪表应用抗磁铜合金，众多仪表中使用铍铜弹性元件等。

  杂质元素对铜及铜合金的物理和力学性能都有影响，当 Cu 中含有 Pb、Bi 时，与 Cu 形成低熔点（270℃、326℃）共晶体，在晶界形成薄膜，热加工时易熔化，导致晶间开裂。S、O 等也与铜形成共晶体，其熔点较高，因其共晶体中化合物（Cu_2O、Cu_2S）硬而脆，致使冷变形困难。

  Zn、Al、Sn、Mn、Ni 等元素在 Cu 中有较大的固溶度，可以起到固溶强化的作用；Ti 能细化晶粒，改善热轧性能；Be 在 Cu 中的固溶度随温度变化十分明显，能形成 CuBe 化合物，具有强烈的时效硬化效果。

  按制造工艺方法分为变形和铸造两大类，除高锡、铅、锰等专用铸造铜合金外，大部分铜合金可在变形和铸造两种状态下使用。

  按材料组成成分，铜合金可分为纯铜、黄铜、青铜和白铜。

10.2 铜合金的组织

10.2.1 纯铜

纯铜一般包括普通纯铜、无氧铜、脱氧铜及特种铜。纯铜以 T 和数字表示，数字表示其纯度，如 T1、T2、T3，由于含氧量较高，不能在还原性介质中加热，以免发生"氢脆"，主要用于导电导热元件。无氧铜则以 TU 及数字序号表示，数字代表其纯度，如 TU1、TU2，氧和杂质的含量极低，主要用于电真空器件。脱氧铜残留一定的脱氧剂元素，强烈降低铜的导电性，只宜作结构材料使用。特种铜含有不同的微量元素，主要用于导电结构件。

铸态纯铜具有等轴或柱状晶粒，在变形过程中，晶粒被破碎，并沿一定方向伸长，变形很大时会出现纤维状组织，再结晶退火后，组织细化。纯铜中的杂质元素可与 Cu 形成共晶体，分布于晶界上，含氧铜中易形成 Cu_2O、Cu_2S 分布于晶界或基体中，如图 10.1 所示。

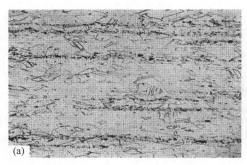 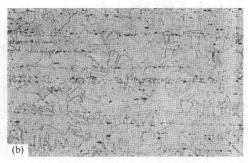

状态：冷拉   状态：600℃、1h退火
组织：变形α及Cu_2O夹杂   组织：α及Cu_2O夹杂
腐蚀剂：(A) $K_2Cr_2O_7+H_2O$；   腐蚀剂：(A) $K_2Cr_2O_7+H_2O$；
                  (B) $(NH_4)_2S_2O_8+H_2O$ (B) $(NH_4)_2S_2O_8+H_2O$

图 10.1 纯铜 T2 在变形（a）和退火（b）状态的显微组织

10.2.2 黄铜

以铜为基的铜与锌的合金称为黄铜，只含锌的铜-锌二元合金称为普通黄铜或简单黄铜，除 Zn 以外还含有其他添加元素如 Sn、Pb、Mn、Fe、Si、Ni、Al 等的多元合金称为多元黄铜（又称复杂黄铜或特殊黄铜），如铅黄铜、铝黄铜、锡黄铜等，黄铜以字母 H 表示。

Zn 在 Cu 中的固溶度很高，室温时达到 30%以上，并能与 Cu 形成 CuZn、Cu_5Zn_8 化合物。当 Zn 含量小于 30%时为单相 Cu 固溶体；当 Zn 含量增加时，则为 Cu 的固溶体与 CuZn 化合物组成的两相黄铜。Cu 中加入其他合金元素可提高二元黄铜的耐蚀性、力学性能和加工性能，同时可能存在一些单元质点或化合物相。

黄铜中主要组成相为 α 相（Cu 固溶体）、β 相（CuZn）和 γ 相（Cu_5Zn_8）。

α 相是以铜为基的固溶体，晶格常数随锌含量的增加而增大，α 固溶体塑性良好，适于冷热加工。黄铜 H80 的显微组织见图 10.2。

 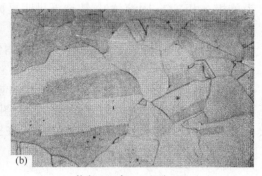

状态：冷变形　　　　　　　　　　　状态：650℃、1h退火
组织：α变形晶粒　　　　　　　　　组织：α
腐蚀剂：$FeCl_3+HCl+H_2O$　　　　腐蚀剂：$FeCl_3+HCl+H_2O$

图 10.2　黄铜 H80 在变形（a）和退火（b）状态的显微组织

β 相是以电子化合物 CuZn 为基的固溶体，具有体心立方晶格。高温下 β 相为无序固溶体，塑性较好，在 456℃～468℃以下转变为 β' 相（Cu 原子占据晶胞的顶角，Zn 原子占据晶胞的中心），此有序转变进行很快，自 β 区淬火也不能抑制其进行；有序化后，合金塑性降低，脆性增大，冷加工困难，因此含 β' 相的黄铜宜采用热压力加工。图 10.3 为铅黄铜在不同状态的显微组织。

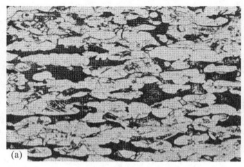 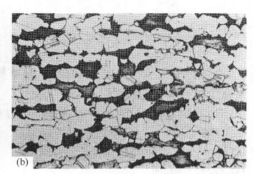

状态：冷拉　　　　　　　　　　　材状态：600℃、1h退火
组织：β、Pb点及变形α　　　　　组织：β、Pb点及α孪晶
腐蚀剂：$FeCl_3+HCl+H_2O$　　　　腐蚀剂：$FeCl_3+HCl+H_2O$

图 10.3　铅黄铜 HPb59-1 在变形（a）和退火（b）状态的显微组织

γ相是以电子化合物 Cu_5Zn_8 为基的固溶体，具有复杂立方晶格，硬而且脆，难以压力加工。因此工业用黄铜的含锌量在46%以下，即不含γ相。

10.2.3 白铜

以 Ni 为主要合金元素的铜合金称为白铜，白铜以字母 B 表示。

铜镍二元合金称为普通白铜，Ni 在 Cu 中无限固溶形成连续固溶体，室温下为单相 α相（Cu 固溶体），铸造下呈明显树枝状；含 Ni 量多的枝干耐蚀，在浸蚀后的金相组织中呈白色，枝晶间呈深色。

在白铜中加入 Zn、Mn、Al 等可获得锌白铜、锰白铜、铝白铜，也称为复杂白铜。

Zn 能固溶于 Cu 基体中，仍为单相，应用最广泛的锌白铜 BZn15-20 含 15%Ni 及 20%Zn，其组织为单相 α 固溶体，见图 10.4。锌白铜制品具有很高的耐蚀性，强度和弹性也很好，呈漂亮的银白色，在空气中不氧化，被称为"中国银"。

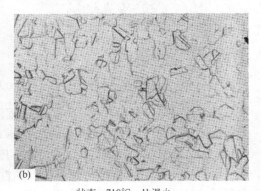

状态：冷轧　　　　　　　　　状态：710℃、1h退火
组织：变形α　　　　　　　　组织：孪晶α
腐蚀剂：$FeCl_3+HCl+H_2O$　　　腐蚀剂：$FeCl_3+HCl+H_2O$

图 10.4　白铜 BZn15-20 在变形（a）和退火（b）状态的显微组织

Mn 亦能大量溶入 Cu 基体中，显著提高 Cu-Ni 合金的强度和耐蚀性，并能提高合金的再结晶温度。

Al 在 Cu-Ni 中的溶解度随温度下降而减小，析出 Ni_3Al（θ）及 Ni_2Al（β）相。Cu-Ni-Al 合金可进行热处理强化，而且强化效果很大。

10.2.4 青铜

青铜是以除锌和镍以外的其他元素为主要添加元素的铜合金，以铜以外的第一主元素名称命名青铜的类别。青铜品种繁多，其中以锡青铜、铝青铜、铍青铜应用较广；还有硅青铜、锰青铜、钛青铜及锆青铜等，青铜以字母 Q 表示。

（1）锡青铜

室温下 Sn 在铜中有较大的固溶度，并能形成 $Cu_{31}Sn_8$ 电子化合物，加入 Zn、P、Pb、Ni 等可改善合金的性能。

Cu-Sn 合金的结晶温度间隔大，流动性差，加上 Sn 原子在 Cu 中扩散较慢，容易形成树枝状偏析。铸态组织中除 α(Cu) 基体外，沿晶分布有 $\alpha + Cu_{31}Sn_8$ 共析体。经退火后为单一 α 组织。锡青铜中还可能存在 $\alpha + Cu_3P$ 共晶体，$\alpha + \delta(Cu_{31}Sn_8)$ 共析体及 Pb 质点与 SnO_2 夹杂。见图 10.5。

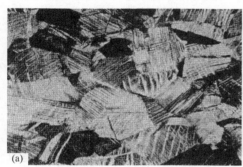 

状态：冷拉　　　　　　　　　　　状态：650℃、2h退火
组织：变形 α 及滑移线　　　　　组织：α
腐蚀剂：$FeCl_3+HCl+H_2O$　　　腐蚀剂：$FeCl_3+HCl+H_2O$

图 10.5　锡青铜 QSn6.5-0.4 在变形（a）和退火（b）状态的显微组织

（2）铝青铜

Al 在 Cu 中室温固溶度约为 9%，并能形成 Cu_3Al（β 相）及 $Cu_{32}Al_{19}$ 相，当 Al 含量小于 8% 时，合金为单相；含量高时则在高温时为 $\alpha + Cu_3Al$，亦可能出现 $\alpha + Cu_{32}Al_{19}$ 共析体。

添加 Fe、Mn、Ni 等元素可改善合金的力学性能和工艺性能，并能形成 $FeAl_3$、Ni_3Al、Ni_2Si 等及 Al_2O_3 夹杂。少量铁加入铝青铜后形成极细的 $FeAl_3$ 质点，分布于金属溶液中，作为 α 晶粒的非自发晶核，使合金晶粒细化。锰能强化 α 固溶体，提高合金强度，降低合金的共析转变温度，避免自发回火脆性。镍能大大提高合金的力学性能，特别是屈服强度。图 10.6 为铝青铜 QAl10-3-1.5 在退火和固溶状态的显微组织。

（3）铍青铜

Be 在 Cu 中极限溶解度为 2.7%，随温度下降急剧降低。在 300℃ 下仅为 0.02%，并能与 Cu 形成 CuBe 化合物，因而有很高的淬火时效强化效果。加入少量的 Ni，可降低 Be 的固溶度，抑制相变过程，延缓时效过程中固溶体的分解，并抑制再

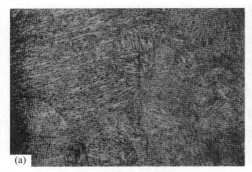
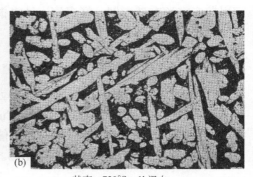

(a) 状态：840℃，20min固溶
组织：针状β'，黑点为Fe相
腐蚀剂：FeCl₃+HCl+H₂O

(b) 状态：730℃、1h退火
组织：α、(α+γ)及Fe相
腐蚀剂：FeCl₃+HCl+H₂O

图 10.6　铝青铜 QAl10-3-1.5 在固溶（a）和时效（b）状态的显微组织

结晶过程，促使组织细化均匀。Ni 又能形成 NiBe 化合物。合金中还加入少量 Fe、Ti、Mg 等改善合金的组织性能。Be-Cu 合金中的组成相主要为 α（Cu 固溶体）+ β（CuBe），亦可能存在 γ、NiBe 等相，α 相是以铜为基的固溶体，具有面心立方晶格，β 相是以电子化合物 CuBe 为基的无序固溶体，具有体心立方晶格，γ 是以电子化合物 CuBe 为基的有序固溶体，具有体心立方晶格。

　　Cu-Be 合金时效以连续和不连续析出两种方式进行。连续析出在晶内进行时，析出一种片状沉淀物 γ''，其原子有序排列并形成中间过渡的晶体结构，且与母相 {100} 面共格，最后转变为另一种与母相半共格的中间过渡相 γ'；不连续析出一般在晶界上非均匀地形核，然后长入相邻的晶体中，析出产物为中间过渡相 γ_1，其形态、晶格常数及位向与连续析出的产物 γ' 相同。见图 10.7。

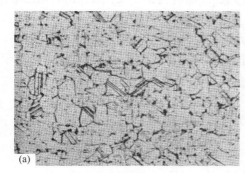
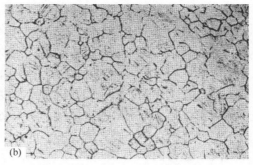

(a) 状态：780℃固溶
组织：α及β(点状)
腐蚀剂：FeCl₃+HCl+H₂O

(b) 状态：(786±5)℃固溶，(322~327)℃、2h时效
组织：α、β、γ''、γ₁(少量)
腐蚀剂：1%CrO₃水溶液（电解）

图 10.7　铍青铜 QBe2 在固溶（a）和时效（b）状态的显微组织

（4）其他青铜

除上述三种青铜外，青铜的种类还有很多，如硅青铜、钛青铜、锰青铜、铅青铜以及作为高导电材料用的铬青铜、锆青铜、镉青铜、镁青铜等。

10.3　铜合金的金相检测

10.3.1　低倍组织

对于铸造合金，主要检验内容包括疏松、气孔、夹杂、粗晶及冷隔等缺陷；对于变形合金，一般通过断口检验缩尾、分层及夹杂等。

铜合金宏观检验应参照 YS/T 448《铜及铜合金铸造和加工制品宏观组织检验方法》进行，该标准规定了铜及铜合金铸造和加工制品宏观组织及断口检验的试样制备、试样浸蚀、宏观组织检验、宏观照相及试验报告。

10.3.2　高倍组织

铜合金显微组织检验应参照 YS/T449《铜及铜合金铸造和加工制品显微组织检验方法》进行，该标准规定了铜及铜合金铸造和加工制品显微组织的试样制备、试样浸蚀、显微组织检验及试验报告。

铜合金质地较软，特别是纯铜制样比较困难，应避免样品变形、热切割、温度过高等，可采用手锯、剪切、刨、车、铣加工等取样，精细样品采用线切割取样，硬脆的中间合金采用锤击取样。

切取后的试样首先用锉刀锉去 1mm～2mm，并锉出一个平面；然后，依次采用不同粒度的水砂纸磨光，磨光可以用手工磨光，也可以用电动磨盘磨光，细磨磨痕达到一致后进行抛光。

抛光方式有机械抛光、电解抛光和化学抛光等。化学抛光是通过化学试剂对试样表面的溶解，达到抛光的目的。电解抛光适用于大批量生产检验和一般的组织检查，将磨光好的试样放入电解抛光装置，接通电源，抛光后取出，放入水中清洗即可。机械抛光是最常用的抛光方式，将细磨后的试样水洗后移至装有帆布的抛光盘上先进行粗抛，适当添加抛光剂，抛至细磨痕完全消失为止；粗抛光一次完成后，转动试样方向再抛一次，当上次磨痕很快消失时，然后用水洗净，进行细抛光；细抛光在装有毛毡的抛光盘上进行，添加粒度更细的研磨膏或浓度更稀的抛光剂，细抛光达到划痕方向一致时，用水清洗试样，然后进行精抛光；精抛光在装有呢绒或丝绒的抛光盘上进行，精抛光时用水润滑，抛到试样表面无划痕为止。

抛光好的试样，根据检查的目的，选用适当的浸蚀剂，以显示其显微组织。

浸蚀剂应使用化学纯以上药品配制，浸蚀剂含盐酸、三氯化铁等水溶液。浸蚀剂应现用现配，应在通风橱内进行，并避免与皮肤接触。取小块脱脂棉放入浸蚀剂中，用夹子夹住蘸有浸蚀剂的脱脂棉球，轻轻地在试样表面上擦拭几下，使试样表层变形层溶去，然后一边在试样表面滴上浸蚀剂，一边观察，待试样表面光泽变暗，组织显示后，迅速移至水下，冲去多余浸蚀剂，将试样表面倾斜约 45°，用少量酒精冲洗走残留水珠后，用电吹风吹干试样。浸蚀程度视金属的性质和检验目的而定，以显微镜下观察组织清晰为准。

检验内容包括：纯铜中氧含量的评定、晶粒度评定以及各种铜合金的组织分析。评定方法包括 YS/T 335《电真空器件用无氧铜含量金相检验方法》、YS/T 347《铜及铜合金-平均晶粒度测定方法》及 YB/T 5148《金属平均晶粒度测定方法》中第三系列评级图等。

10.3.3 铜及铜合金产品的常见缺陷

铜及铜合金铸造产品和加工产品的常见失效方式和缺陷可参见 YS/T 462《铜及铜合金管棒型线材产品缺陷》、YS/T 463《铜及铜合金板带箔材产品缺陷》及 YS/T 465《铜及铜合金铸造产品缺陷》。标准规定了铜及铜合金加工产品和铸造产品常见缺陷的定义及特征，分析了产生的主要原因，并给出了部分典型图片，适用于产品缺陷的分析和判定。

（1）管材、棒材、型材、线材、板材、带材、箔材制品缺陷

过热与过烧：在加热或加工过程中，由于温度高、时间长，导致组织及晶粒粗大的现象称为过热；严重过热时，晶间局部低熔点组元熔化或晶界弱化的现象称为过烧。

裂纹或开裂：表面出现连续和断续的不规则裂缝，轻微的称为裂纹，严重的称为开裂。当纯铜含氧量高时，在还原性气氛中退火，氢和其他气体渗入到铜的内部与氧作用形成水蒸气或 CO_2，导致纯铜变脆开裂，称为氢脆。

应力腐蚀开裂：在拉应力和特定腐蚀介质共同作用下发生脆性开裂现象，裂纹垂直于应力方向，断口呈脆性，多为突发性。经变形的黄铜零件或半成品，在放置几天后发生自行破裂的现象称为自裂，这是黄铜在潮湿的空气中因受残余拉应力的作用而产生的应力腐蚀断裂现象。

缩尾：缩尾是挤压制品尾部的一种特殊缺陷，在挤压末期，由于金属紊流，铸锭表面的氧化皮、润滑剂等污物流入其中，导致金属之间的分层。缩尾一般在制品横截面上呈环形、弧形或月牙形，个别多孔挤压缩尾成条状，从中心向边缘延伸。

断口缺陷：挤制品折断后，断口上出现针孔、夹杂、分层、撕裂、缩尾、层状断口及黄色组织，或由于组织不均匀导致的其他缺陷。

鼓泡：经挤制或拉伸、退火后的产品表面沿加工方向拉长的条状鼓起，剖开后为一空腔。

分层：沿加工方向剖开后呈现缝隙。

成分不均：不同部位的化学成分存在较大的差异现象。

机械损伤：外力作用引起的内外表面呈条状、束状、凹坑状尖锐沟槽状及其他形状的伤痕，常见的有擦伤、划伤、碰伤、压伤等。

偏心、破肚：管材挤压后，断面上厚度不均匀现象称为偏心；若挤压偏心管或管材偏心严重，从侧面挤穿或者管材严重偏心经进一步拉伸造成破肚。

型材扭拧：挤压后出现扭拧现象，俗称麻花。

撕裂：挤压或扒皮后，表面出现沿加工方向分布的片状、条状伤痕。

夹杂：表面和内部出现的与基体有明显分界面，性能相差悬殊的金属或非金属物。

压入物：金属或非金属物压入制品表面。

表面起皮、起刺：制品表面局部破裂翻起称为起皮；制品表面出现针状金属细丝翘起称为起刺。

起皱：表面不平整，呈现轻微波纹状凹陷和凸起。

表面环状痕：内外表面出现周期性环状凸起，俗称竹节。

凸筋：表面沿加工方向形成的长条状突起。

麻面：表面出现的微小的点状凹陷不平的粗糙面。个别的称为麻点，严重的称为麻坑。

脱锌：含锌铜合金制品经退火或酸洗后，表面出现灰白或泛红色斑现象。

腐蚀：制品表面与周围介质接触，发生化学或电化学反应，形成表面产物膜。

氧化：在较高温度下，与氧接触生成氧化物。

印痕、污斑：制品经加工、热处理、酸洗或放置一段时间后，表面形成水印、油印、油斑、乳液痕、酸洗水迹、污痕、绿锈等现象。

过酸洗、酸洗不良：制品经酸洗后出现麻面称为过酸洗；酸洗不彻底，表面镀铜等异常现象称为酸洗不良。

板形缺陷：由于金属加热不均匀、辊型不当以及轧制工艺不当等因素导致轧制的板形不均匀，常见的有板形波浪、侧弯、翘曲、楔形板和二筋板等。

压折、压漏：薄带材轧制后，表面形成局部折叠或折痕现象称为压折，压折一般沿加工方向分布，呈鱼鳞状、燕尾状。薄带材轧制后，形成沿加工方向分布的针眼状、半月圆状、不规则三角状的穿透性缺陷成为压漏。

辊印：板材、带材、箔材轧制后，表面呈现点状、条状、波纹状周期性凹陷或凸起。

绿锈：制品表面出现局部绿色或绿色斑痕锈迹现象。

侧边缺陷：板材、带材、箔材边部常见缺陷有翘边、飞边、毛刺和剪刃压痕。

（2）铸造产品缺陷

偏析：金属凝固后，铸锭中化学成分不均匀现象称为偏析，分显微偏析和宏观偏析两大类。显微偏析是指在一个晶粒范围内的偏析，分为晶内偏析和晶界偏析，晶内偏析亦称枝晶偏析或树枝状偏析；宏观偏析是指在较大区域内的偏析，亦称区域偏析，分正偏析、反偏析、比重偏析等。

气孔：金属在凝固过程中气体未能及时逸出而滞留于熔体内形成气孔。气孔一般呈圆形、椭圆形或长条形，单个或成串状分布，内壁光滑，按气孔在铸定中出现的位置分内部气孔、皮下气空、表面气孔。

缩孔与缩松：金属在凝固过程中发生体积收缩，熔体不能及时补充，出现收缩孔洞。容积大而集中的缩孔称为集中缩孔，细小而分散的缩孔称为缩松，其中出现在晶界和枝晶间的缩松又称显微缩松。

夹杂：与基体有明显分界面，性能相差悬殊的金属或非金属物。金属夹杂指不溶于基体金属的各种金属化合物初晶及未熔化完的高熔点纯金属颗粒以及外来异金属，非金属夹杂包括氧化物、硫化物、碳化物、溶剂、熔渣、涂料、炉衬碎屑以及硅酸盐等。夹杂在金属基体内有一定的形状和颜色，常见的有点状、球状、不规则块状以及针、片状或薄膜状等，经浸蚀后，颜色与基体有较大差异。

裂纹：金属在凝固过程中产生的裂纹称为热裂纹，凝固后产生的裂纹称为冷裂纹。热裂纹多沿晶界扩展，曲折而不规则，常出现分枝，裂纹内可能含有氧化膜或表面略带氧化色，冷裂纹常为穿晶裂纹，多呈直线扩展，且规则，裂纹较挺拔平直。

冷隔：铸锭表面出现折皱或层叠状的缺陷，或内部出现金属不连续现象。冷隔的铸锭外表面不平整，层与层之间不连续，横断面分层，中间往往有氧化膜并伴生气孔等缺陷，按出现的部位不同分表面冷隔、皮下冷隔和中心冷隔。

晶粒不均：铸锭不同部位晶粒大小差异较大的现象。扁锭结晶中心线偏离中心，两侧粗大柱状晶，方向相差较大，柱状晶扭曲，方向紊乱；圆锭偏心严重，局部粗大柱状晶，局部晶粒细小；悬浮晶或其他异常粗大晶粒。

麻面：铸锭表面的各种不平整现象。麻面上常有颗粒状凸起和砂眼，并伴生有涂料、覆盖剂、氧化物等污物。

毛刺：铸锭表面、边角出现尖锐状金属突起现象。

纵向条痕：铸锭表面呈现连续或断续的纵向条状凸起或凹陷。

竹节：具有拉停工艺的连铸坯，表面出现较大的周期性的凹凸现象。

第 11 章

焊接接头的组织与检测

11.1 概述

　　焊接作为材料的一种永久性连接方法已有上百年的历史了，是指通过适当的手段，使两个分离的物体（金属、非金属材料或异种材料）产生原子（分子）间结合而连接成一体的连接方法。随着技术发展，激光、电子束等新能源与焊接技术结合，出现了种类众多的焊接技术方法，如真空钎焊、激光焊、电子束焊接、摩擦焊、真空扩散焊、超声波焊等。

　　由于焊接是一个局部的迅速加热和冷却过程，焊接件受到四周工件本体的拘束而不能自由膨胀和收缩，冷却后在焊件中便产生焊接应力和变形，热过程和应力使得焊接接头及基体金属的组织及性能均会发生明显的变化。因此，焊接方法、工艺参数、选材及操作过程会直接影响到熔化、结晶以及固态相变过程，最终影响焊接组织、性能或产生焊接缺陷。

11.1.1 焊接的物理本质

　　焊接的本质在于实现材料的冶金结合，即原子（分子）间的永久结合。要实现材料焊接，必须借助外界足够的能量（热能或机械能）来实现。如熔焊通过加热熔化材料到液相，再凝固实现连接；压焊通过施加压力（加热或不加热）结合；钎焊通过液相钎料对固相母材吸附、浸润、铺展、扩散等结合。

　　以熔焊来讲，一般金属材料的熔焊都要经历快速加热—熔化—冶金反应—凝固结晶，最后形成接头。焊接过程见图 11.1。

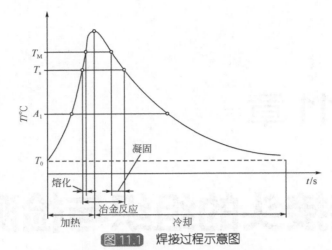

图 11.1 焊接过程示意图

T_M—熔点（液相线）；T_s—金属固熔点（固相线）；A_1—钢的 A_1 转变点；T_0—初始温度

由图 11.1 看出，熔焊加热至液相线以上，部分与炼钢或铸造相似，在冷却过程中有相变，因此部分与热处理相似。所以焊接是在热源作用下局部、快速、不平衡的连续加热和凝固过程，这样的过程使得焊接过程具有如下特点：

① 加热温度高。电弧高温可达 4000℃～7000℃，其熔池液态金属温度约为 1770℃±100℃，远高于通常的炼钢温度。近缝区的熔合线附近一般都在 1350℃ 以上。

② 加热速率快。焊缝金属熔化与凝固以及热影响区相变均在几秒钟内完成。

③ 高温停留时间短。一般几十秒钟之内就从 A_{c3} 以上温度冷却下来。

④ 局部加热、温差大。从冷态开始到加热熔化，形成熔池的温度可达 2000℃ 以上，母材又是冷态金属，两者温差大。并且随热源的移动，局部受热区也在不断移动，造成组织转变差异和整个接头组织不均匀。

⑤ 冷却条件复杂。熔池在运动状态下结晶，焊缝及热影响区的冷却方式以母材的金属热传导为主，在环境温度下的自然冷却是次要的。因此，在焊缝周围冷金属的导热作用下，焊缝和热影响区的冷却速率很快，有时可达淬火的程度。焊接后的冷却速率还会受到材料本身的导热性、板厚及接头形状、材料焊前的初始温度（环境温度或预热温度）等因素的影响，接头的冷却条件相当复杂。

⑥ 偏析现象严重。焊接熔池体积小，焊缝金属从熔化到凝固只有几秒钟时间。在如此短的时间内，冶金反应是不平衡的，也是不完善的，使焊缝金属的成分分布不均匀，有时区域偏析很大。

⑦ 组织差别大。焊接过程中温度高，液态金属蒸发，化学元素烧毁，有些元素在焊缝金属和母材金属之间相互扩散，近缝区各段所处的温度不同，冷却后焊接区的显微组织差别极大。

⑧ 存在复杂的应力。由于焊接是局部加热，熔池与母材间存在巨大温差，使焊接接头产生很大的内应力和变形，造成焊接条件下的复杂转变应力。

焊接过程的以上特点直接影响了焊缝和热影响区的组织结构、焊接缺陷、应力状态及焊接接头的性能。

11.1.2　焊接的分类

焊接分类的方法有很多，按照工艺过程特点分为熔焊、压焊和钎焊三个大类，见图 11.2。

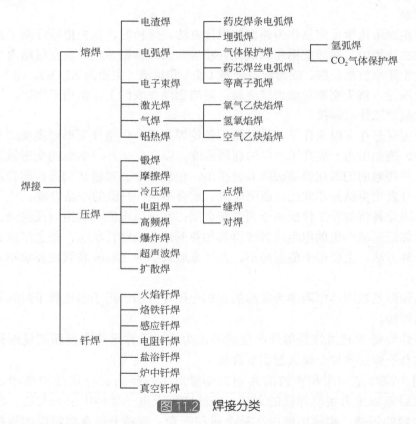

图 11.2　焊接分类

电渣焊是利用电流通过熔渣所产生的电阻热作为热源，将填充金属和母材熔化焊接。用于厚板拼接，炼钢厂高炉的垂直焊接，大型铸件、锻件的焊接。

电弧焊是利用电弧作为热源的熔焊方法，简称弧焊。其基本原理是利用电弧是在大电流（10A～200A）以及低电压（10V～50V）条件下，通过一电离气体时放电所产生的热量来熔化焊条与工件使其在冷凝后形成焊缝。手工电弧焊适用于各种金属材料、各种厚度、各种结构形状的焊接。

电子束、激光焊是利用加速和聚焦的电子束、激光束轰击置于真空或非真空中的焊件所产生的热能进行焊接的方法。利用电子束几乎可以焊接任何材料，包括难熔金属（W、Mo、Ta、Nb）、活泼金属（Be、Ti、Zr、U）、超合金和陶瓷等。此外，电子束焊接的焊缝位置精确可控、焊接质量高、速率快，在核、航空、火箭、电子、汽车等工业中可用作精密焊接。激光焊可焊材质种类范围大，亦可相互接合各种异质材料，但对焊件位置需非常精确，能量转换效率太低。

气焊是利用气体燃烧的火焰作为热源的焊接方法。适用于多种金属材料的焊接，设备简单、成本低廉、焊炬操作灵便，在小批量薄件焊接和修补焊等方面应用较普遍。

铝热焊用化学反应热作为热源的焊接方法。焊接时，预先把待焊两工件的端头固定在铸型内，然后把铝粉和氧化铁粉混合物（称铝热剂）放在坩埚内加热，使之发生还原放热反应，成为液态金属（铁）和熔渣（主要为 Al_2O_3），注入铸型。液态金属流入接头空隙形成焊缝金属，熔渣则浮在表面上。常用于钢轨、钢筋和其他大截面工件的焊接。

冷压焊是在室温条件下，借助压力使待焊金属产生塑性变形而实现固态焊接的方法。施加压力一般高于材料的屈服强度，以产生 60%～90%的变形量加压变形，工件接触面的氧化膜被破坏并被挤出，使纯洁金属接触达到晶间结合，金属组织部分发生再结晶和软化、退火现象。适合不允许升温的产品焊接。

电阻焊是将被焊工件压紧于两电极之间，并施以电流，利用电流流经工件接触面及邻近区域产生的电阻热效应将其加热到熔化或塑性状态，使之形成金属结合的一种方法。主要用于截面简单、直径或边长小于 20mm 和强度要求不太高的焊件。

高频焊是以固体电阻热为能源的固相电阻焊方法。用于制造管子时纵缝或螺旋缝的焊接。

爆炸焊是指利用炸药爆炸产生的冲击力造成工件迅速碰撞而实现焊接的方法。适合于焊接异种金属大面积复合板。

超声波焊是利用超声波的高频振荡能对工件接头进行局部加热和表面清理，然后施加压力实现焊接的方法。广泛应用于电子器件中引线与锗、硅上的金属镀膜的焊接，集成电路中各种金属与陶瓷、玻璃上的金属镀膜的焊接，热电偶焊接等。

扩散焊是在真空或保护气氛的保护下，在一定温度（低于母材的熔点）和压力条件下，使相互接触的平整光洁的待焊表面发生微观塑性流变后紧密接触，原子相互扩散，经过一段较长时间后，原始界面消失，达到完全冶金结合的焊接方法。适合于焊接异种金属材料、石墨和陶瓷等非金属材料、弥散强化的高温合金、金属基复合材料和多孔性烧结材料等。

11.2 焊接接头的组织

11.2.1 区域划分

熔焊是将待焊处的母材金属熔化以形成焊缝金属的焊接方法，它是焊接结构生产中最常用的工艺。图 11.3 是焊条电弧焊过程示意图，其电弧所到之处产生高热量，使金属熔化，形成熔池，而焊接先前焊过的区域发生降温凝固，因此焊接存在快速加热和冷却的热循环，其熔池到母材呈现很大的温度梯度，这也使得焊缝的不同部位呈现不同的组织结构特征，也就是说，在不同温度作用下，焊缝呈现不同的特征区域。

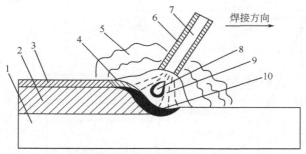

图 11.3　焊条电弧焊过程示意图

1—焊件；2—焊缝；3—渣壳；4—溶渣；5—气体；6—药皮；

7—焊芯；8—熔滴；9—电弧；10—熔池

图 11.4 是熔焊各区域加热温度范围与铁碳相图的关系。图中可见焊接接头大致可划分为焊缝、熔合区和热影响区三个区域。热影响区分为过热区、相变重结晶区和不完全重结晶区。

① 焊缝：熔池凝固后形成焊件结合部分，该部分形成焊缝。

② 熔合线（熔化焊）：焊接接头横截面上宏观腐蚀所显示的焊缝轮廓线。

③ 焊缝金属区：在焊接接头横截面上测量的焊缝金属的区域。熔焊时，由焊缝表面和熔合线所包围的区域。电阻焊时，指焊后形成的熔核部分。

④ 熔合区：焊缝与母材交接的过渡区，即熔合线处微观显示的母材半熔化区。区域很窄，金相观察难以区分，但对接头强度和韧性却有很大影响，常是产生裂纹和脆性破坏的发源地。

⑤ 热影响区：焊接过程中，熔合区以外未熔化，但金相组织和力学性能受焊接热影响发生变化的区域。

⑥ 过热区：又称粗晶区，是焊接热影响区中靠近熔合区的区域，因金属处于过热状态，晶粒显著长大粗化。

⑦ 相变重结晶区：又称正火区或细晶区。该区温度达到完全奥氏体相区，相当于正火温度，得到细小均匀组织。

⑧ 不完全重结晶区：又称不完全正火区或部分相变区。该区加热到的峰值温度在 A_{c1} 到 A_{c3} 之间，只有部分金属经受了重结晶相变，其余部分为没发生相变。因此，该区是一个粗晶粒和细晶粒的混合区。

⑨ 母材金属：被焊金属材料的统称。

对于有热源的压焊，其焊接接头会出现与熔焊相似的焊接区域，只是压焊的焊缝温度不一定超过熔点，也就是焊缝不一定是熔化再凝固组织，但周围同样存在变形和受热区；钎焊焊缝通常是母材不熔化，钎料熔化，因此钎料与母材结合部分会有互扩散化合区。

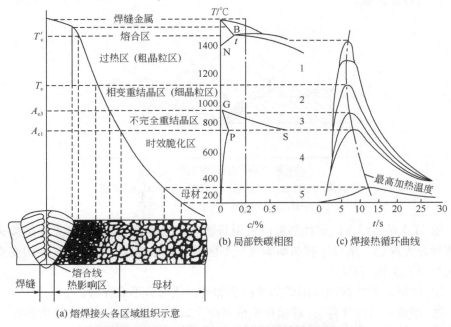

(a) 熔焊接头各区域组织示意

(b) 局部铁碳相图

(c) 焊接热循环曲线

图 11.4　熔焊各区域加热温度范围与铁碳相图的关系

11.2.2　熔焊接头金相组织

由于熔焊经历焊接热循环，涉及温度区间很宽，而且其加热、冷却条件有其特殊性，使得焊接接头部分呈现不同组织区域。图 11.5 为典型熔焊接头宏观组织。其焊缝晶粒粗大，组织沿母材金属方向的柱状晶粒特征，与熔合区晶粒连接，可见焊缝晶粒由与母材相连熔合区晶粒长出，由于沿冷却最快的熔池壁垂直方向生长，并且随着温度梯度的变化，柱状晶生长方向也会改变。中心部分为最后结晶区结合线，为最后凝固区。

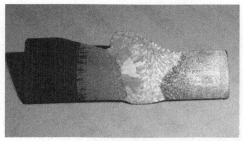
(a) 30Cr手工电弧焊接头

(b) TC4氩弧焊接头

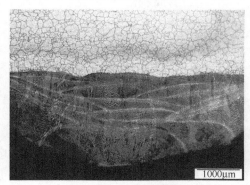
(c) GH99激光焊宏观形貌

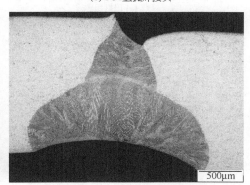
(d) GH4169电子束焊宏观形貌

图 11.5　不同工艺典型熔焊接头宏观组织

由于焊接工艺方法、母材材质、焊接厚度和焊接热输入量的差异,其焊接热影响区宽度区别很大,其中电子束焊和激光焊热影响区很小,约 0.5mm～1mm,各区特征不很明显。

图 11.6 为 30Cr 钢手工电弧焊接头各区域显微组织。其中,(a)为退火母材铁素体+珠光体组织;(b)为焊缝组织,呈现粗大魏氏组织特征;(c)为靠近焊缝的焊接热影响区,呈现连续晶界网状铁素体,晶粒粗大的魏氏组织特征;(d)为靠近母材热影响区,其晶粒细小,类似正火组织。

图 11.7 为奥氏体不锈钢氩弧焊焊缝。其中,(a)为奥氏体+少量碳化物的母材组织;(b)为焊缝组织,是奥氏体+沿枝晶网状分布的 δ 铁素体;(c)为焊接热影响区组织,可见奥氏体晶粒明显长大粗化。

图 11.8 为 TC4 钛合金氩弧焊各区组织。其中,(a)是母材组织,为等轴 $\alpha+\beta$ 两相组织;(b)是焊接热影响区组织,初生 α 数量减少,相界模糊;(c)是焊缝组织,初生 α 完全回溶,转变为魏氏组织。

1Cr13 为马氏体不锈钢,其焊接后直接可空冷淬火,其母材组织为回火索氏体或回火马氏体,焊缝各区组织均为马氏体,但焊接热影响区马氏体组织粗大,见图 11.9。

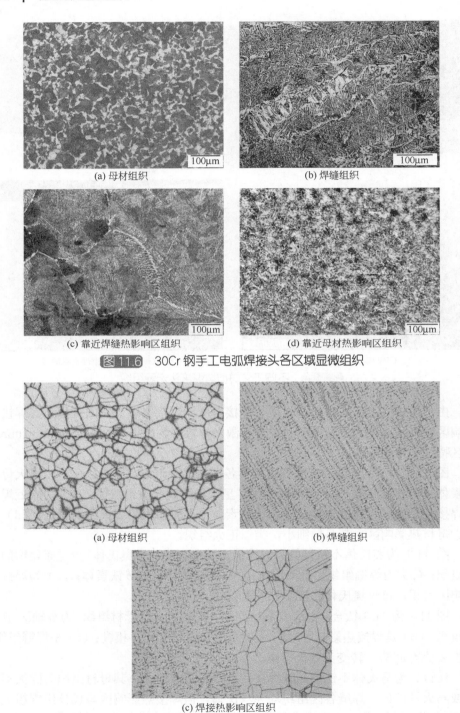

(a) 母材组织

(b) 焊缝组织

(c) 靠近焊缝热影响区组织

(d) 靠近母材热影响区组织

图 11.6 30Cr 钢手工电弧焊接头各区域显微组织

(a) 母材组织

(b) 焊缝组织

(c) 焊接热影响区组织

图 11.7 奥氏体不锈钢氩弧焊组织

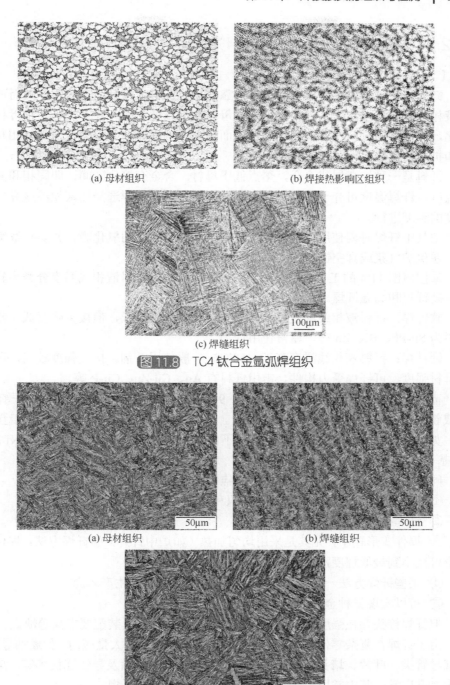

(a) 母材组织　　　　　　　　　　　(b) 焊接热影响区组织

(c) 焊缝组织

图 11.8　TC4 钛合金氩弧焊组织

(a) 母材组织　　　　　　　　　　　(b) 焊缝组织

(c) 热影响区组织

图 11.9　1Cr11Ni3MoVN 氩弧焊组织

11.2.3 钎焊接头金相组织

（1）钎焊工艺介绍

钎焊是一种金属热连接方法。其依靠熔化的钎料或接触面之间的扩散而形成的液相把金属连接起来，钎焊温度低于母材初熔温度。因此，钎焊是一种母材不熔化，靠熔化的钎料或者液相在母材表面润湿、毛细流动、填缝、与母材相互溶解和扩散而实现零件间的连接。

钎料是一种纯金属或合金，熔点低于母材。合金有熔化区间，即固相和液相线温度。钎焊温度可介于固相和液相线之间，大部分钎焊选择比液相温度高出几十度的温度进行。

空气中钎焊时要使用钎剂，以去除母材和钎料表面的氧化膜，并防止继续氧化。在保护气氛或真空钎焊时，可以不用钎剂。

除按照图 11.4 的工艺方法分类外，钎焊还可按照钎料液相线温度分类为软钎焊、硬钎焊和高温钎焊。

软钎焊：钎料液相线温度低于 450℃。其加热温度低，但接头强度低。常用钎料为 Sn-Pb、Bi、Zn 等，通常使用钎剂。

硬钎焊：钎料液相线温度高于 450℃。一般使用钎剂。接头强度较高，可达到母材强度，可钎焊受力构件。常用钎料有 Ag、Cu-Zn、Cu-P 等。

高温钎焊：钎料液相线温度高于 900℃，不用钎剂的钎焊。常用于钎焊钢或镍基合金，介于 1400℃～1500℃。钎焊过程中钎料和母材会发生相互反应，如溶解、扩散等，使得钎缝成分不同于钎料。常用钎料有 Fe 基、Ni 基、Co 基等。

同熔焊方法相比，钎焊具有以下优点：

① 钎焊加热温度较低，对母材组织和性能的影响较小；

② 钎焊接头平整光滑，外形美观；

③ 焊件变形较小，尤其是采用均匀加热（如炉中钎焊）的钎焊方法，焊件的变形可减小到最低程度，容易保证焊件的尺寸精度；

④ 某些钎焊方法一次可焊成几十条或成百条焊缝，生产率高；

⑤ 可以实现异种金属或合金、金属与非金属的连接。

但钎焊接头存在强度比较低，耐热、耐蚀能力较差及装配要求高等缺点。

由于钎焊在复杂零件连接的优势，其在航空工业上有大量应用，如燃油导管、空气导管类、叶片、堵头及机匣类零件、蜂窝结构、喷嘴及导线连接等等，应用范围非常广泛，其中常用的工艺方法有真空钎焊和火焰钎焊。

（2）钎焊接头组织

钎焊一般要经历钎焊和扩散两个工艺过程来实现，高温下钎料和母材的相互作用，包括钎料和母材局部的溶解、钎料组元的扩散等，钎缝组织将发生变化。钎焊接头组织、性能变化与钎料和母材的种类、钎焊间隙、钎焊温度、钎焊保温时间和钎焊后扩散处理等因素有关。

① 钎料和母材成分：若钎料与母材在液态和固态下均不发生物理化学作用，则它们之间的润湿作用就很差；若钎料与母材相互溶解或形成化合物，则液态钎料就能很好地润湿母材。

② 钎焊温度：随着加热温度的升高，液态钎料与气体的界面张力减小，与母材的界面张力降低，这有助于提高钎料的润湿能力。但是过高的钎焊温度会造成熔蚀、钎料流失和母材晶粒长大等现象。

③ 母材表面存在氧化物：在有氧化物的母材表面上，液态钎料往往凝聚成球状，不与母材发生润湿，也不发生填缝。

④ 母材表面粗糙度：母材表面的粗糙度，对钎料的润湿能力有不同程度的影响。

⑤ 钎剂：钎焊时使用钎剂可以清除钎料和母材表面的氧化物，改善润湿作用。

⑥ 间隙：间隙是直接影响钎焊毛细填缝的重要因素。毛细填缝的长度（或高度）与间隙大小成反比，随着间隙减小，填缝长度增加。

⑦ 钎焊后扩散处理：钎焊后扩散处理能够增强母材和钎料元素的互相融合，消除钎缝中的有害脆性相，提高钎缝熔点，增强接头强度。

钎焊接头组织不同于熔焊接头，其包括钎缝和化合物区两个部分。图 11.10 为 K40M 真空钎焊焊缝，中心的星状组织部分为钎缝，两侧灰白色区为化合物区。其中钎缝区基体为钴基固溶体，中心黑色和白色针状物为钎料共晶体。

图 11.11 以不锈钢 GH536 钎焊接头为例说明钎焊间隙及其组织特点。

(a) 钎缝宏观形貌

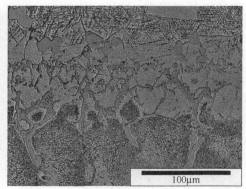

(b) 化合物区形貌

图 11.10　K40M 真空钎焊焊缝组织

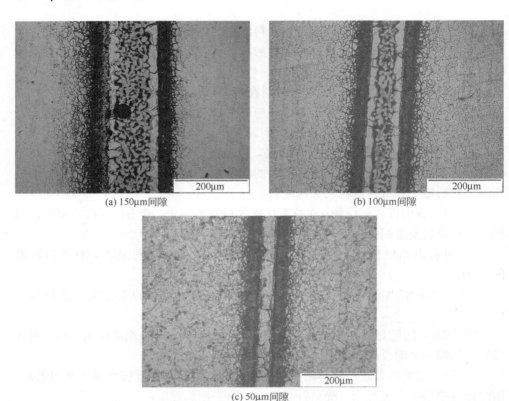

(a) 150μm间隙 (b) 100μm间隙

(c) 50μm间隙

图 11.11　GH536 不锈钢钎焊接头

当钎焊间隙为 100μm 和 150μm 时，钎缝由靠近母材的镍基固溶体和钎缝中共晶相两相组成。当间隙进一步减小时，钎缝主要为镍基固溶体，共晶消失。

另外扩散处理可使钎缝固溶体区扩大，化合物区增长，如图 11.12 为 DD5+GH536 钎焊组织。

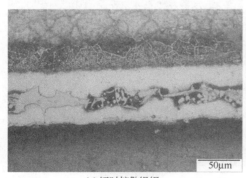

(a) 短时扩散组织 (b) 长时扩散组织

图 11.12　DD5+GH536 钎焊组织

　　钎焊是利用毛细现象使钎料在间隙内铺展并凝固，间隙一般为 0~0.15mm，大间隙时常出现钎料流失或未熔合，所以要求对机械加工和焊接装配精度有较高要求。对于间隙不好控制，存在大间隙的钎焊时，常用特殊的钎焊材料来钎焊。这种钎料通常由两部分粉末混合：①熔点较低钎料粉末；②同样颗粒度的金属粉末，其在钎焊温度下不熔化，在一定的钎焊温度下两种粉末烧结实现钎焊。图 11.13就是钎缝预填 FGH95 粉，再用 BNi-1a 钎料钎焊的高温合金大间隙接头组织，在颗粒周围有白色镍基固溶体，颗粒间有共晶和化合物。

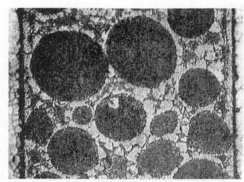

(a) 钎缝宏观形貌　　　　　　　　　　　(b) 钎缝放大形貌

图 11.13　预填 FGH95 粉的 BNi-1a 钎焊的高温合金钎缝

　　感应钎焊和火焰钎焊也是目前在航空中大量应用的钎焊工艺方法，主要用来钎焊导管、叶片阻尼台耐磨涂层等。图 11.14 为 TC4 叶片阻尼台感应钎焊碳化钨耐磨涂层，其中黑色基体为钛基钎料，白色颗粒为碳化钨颗粒；与钎焊层相邻部分有热影响区，该处形似熔焊热影响区，表现为初生 α 相减少回溶。图 11.15 为火焰钎焊燃油导管组织，黑白相间组织为钎焊焊缝共晶组织，两侧有白色相为固溶体，与母材相邻表面有钎料沿晶扩散区，火焰灼烧部位存在基体晶粒长大。

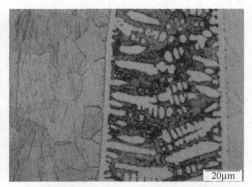

图 11.14　感应钎焊碳化钨耐磨涂层　　　　　图 11.15　火焰钎焊燃油导管组织

11.2.4　压焊接头金相组织

目前在航空工业应用较多的压焊接工艺主要有摩擦焊和电阻焊（点焊、缝焊）。其焊缝显微组织与熔焊有众多相似之处，但其焊接热影响区较小。本节以点焊为主说明压焊组织。

图 11.16 为 1Cr18Ni9Ti 不锈钢连续点焊焊缝宏观形貌和剖面焊缝组织。表面有滚轮挤压形成的凸边和鱼鳞纹，焊核内部为铸态组织，边缘为熔合线，两层板之间的缝隙叫结合缝，周边有很小的热影响区。

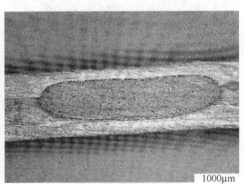

(a) 焊道宏观形貌　　　　　　　　　　(b) 焊核宏观形貌

图 11.16　1Cr18Ni9Ti 不锈钢连续点焊焊缝

点焊焊缝常见的组织特征见图 11.17。胡须组织和晶界加粗形如裂纹，但在抛光态无显示，内有金属填充，未破坏金属连续性的须状组织，通常是元素偏聚或微裂纹被金属液填充形成，易误判为裂纹，需抛光确认。舌状组织是组织偏析引起的。

图 11.18 所示为点焊常见缺陷组织，包括缩孔、未焊合、裂纹、结合线伸入焊核、热影响区晶界局部熔化等。

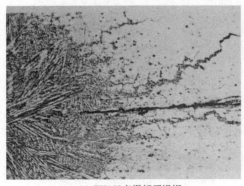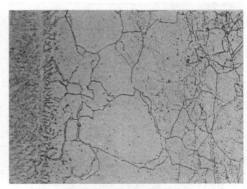

(a) GH140点焊胡须组织　　　　　　　　(b) GH30焊接热影响区粗晶

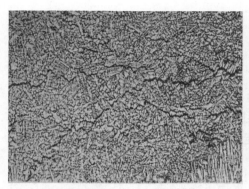

(c) GH44+GH30焊核中心晶界加粗

(d) GH30焊缝舌状组织

图 11.17　点焊焊缝常见的组织特征

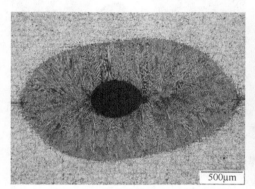

(a) 焊接缩孔

(b) 未焊合

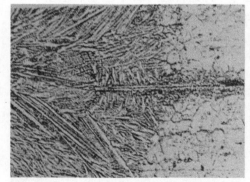

(c) GH44焊缝结合线伸入焊核

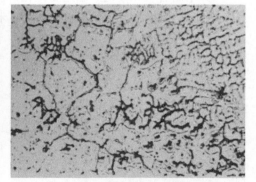

(d) GH140焊缝热影响区晶界局部熔化

图 11.18　点焊常见缺陷组织

11.3 焊接缺陷与检测

11.3.1 焊接缺陷

（1）焊接接头缺陷

由于焊接过程的复杂性，焊接接头中会产生各种形式的焊接缺陷，本部分以熔焊为主说明常见的焊接缺陷及其产生原因。

① 气孔：是熔池中的气泡在凝固时未能逸出而残留下来所形成的空穴（图 11.19）。

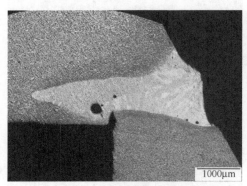

(a) 电子束焊缝气孔   (b) 激光焊气孔

图 11.19 气孔

焊缝中的气孔通常是由于焊接件或焊丝清理不良，保护气流量不当或气体不纯，再就是焊接速度过快，操作不佳造成。

② 未熔合及未焊透：未熔合是指焊道与母材金属之间或焊道与焊道之间，未完全熔化结合的部分［图 11.20（a）］。未焊透是指焊接时接头根部未完全熔透的

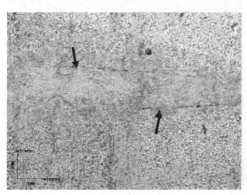
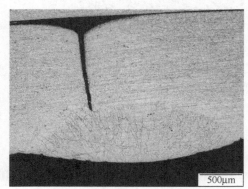

(a) 未熔合   (b) 未焊透

图 11.20 焊接接头未熔合和未焊透

现象，对接接头中也指焊缝深度未达到设计要求的现象 [图 11.20 (b)]。未焊合及未焊透通常是由焊接电流过小，焊接速度过快，焊丝加入过多或过早，装配间隙小，坡口较小等因素引起的。

③ 夹杂物：焊缝金属中残留的夹杂物主要有夹渣、夹杂物和金属夹杂三类。夹渣一般为残留在焊缝中的焊渣。夹杂物指因焊接冶金反应产生，焊后残留在焊缝金属中的微观非金属杂质（如氧化物、硫化物等），图 11.21 为铝合金焊接形成的氧化物夹杂。金属夹杂指残留在焊缝金属中的外来金属，如夹钨就是钨极进入到焊缝形成。

这些夹杂物通常是焊件表面清理不良，气体保护不良，引弧操作不当，电流偏大，钨极偏细，焊丝飞溅等因素引起的。

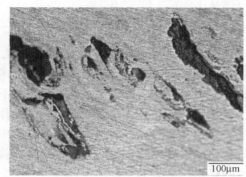

④ 焊接裂纹：是在焊接应力及其他致脆因素共同作用下，焊接接头中局部地区的金属原子结合力遭到破坏而形成新界面所产生的缝隙，裂纹具有尖锐的缺口和大的长宽比特征（图 11.22）。

图 11.21 铝合金焊接氧化物夹杂

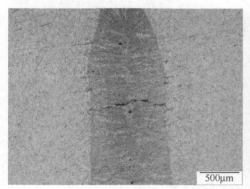

(a) GH4169电子束焊缝内裂纹

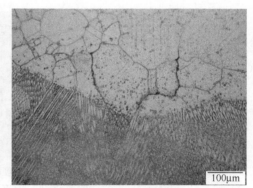

(b) GH99焊接热影响区裂纹

图 11.22 焊接裂纹

焊接裂纹的形成主要与材料因素（包括母材金属和填充金属），结构因素（包括接头形式、板厚、焊缝分布等），工艺因素（包括焊接方法、焊接工艺、冷却条件、焊后处理等技术措施）密切相关。这些因素决定了焊件裂纹的敏感度、焊接件拘束度和焊接残余应力的大小，直接影响到裂纹的产生与否。

焊接裂纹主要有两类：焊接热裂纹和冷裂纹，这两类裂纹的特点和成因见表 11.1。

表 11.1 焊接裂纹的特点和成因

名称	成因	裂纹特征				
		宏观	源区	扩展路径	裂纹周围	末端
热裂纹	1100℃～1300℃之间，因热应力作用形成。与基体金属、焊条成分有关	网状或曲线状	焊缝内	沿晶	有氧化、脱碳	
冷裂纹	100℃～300℃之间，因热应力、组织应力产生，特别是氢析出及聚集作用		应力集中区或组织过渡区	穿晶	很少氧化、脱碳	尖锐

⑤ 形状和尺寸不良：主要指焊缝的表面形状与原设计几何形状有偏差的现象。主要有咬边、焊瘤、烧穿、凹坑、未焊满、下塌、下垂、错边、焊缝成形不良、焊角不对称、焊缝宽度不齐、表面不规则等。

咬边是指焊接参数选择不当，或操作方法不正确，沿焊趾的母材金属部位产生的沟槽或凹陷。焊瘤则是指焊接过程中，熔化金属流淌到焊缝之外未熔化的母材金属上所形成的金属瘤。烧穿是指焊接过程中，熔化金属自坡口背面流出，形成的穿孔。见图 11.23。

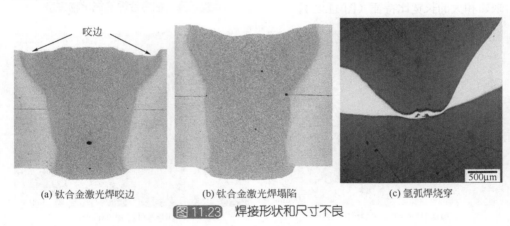

(a) 钛合金激光焊咬边   (b) 钛合金激光焊塌陷   (c) 氩弧焊烧穿

图 11.23 焊接形状和尺寸不良

⑥ 其他缺陷：常见的有电弧擦伤、飞溅物、表面撕裂、磨痕、凿痕、打磨过量等。

（2）钎焊缺陷

钎焊时，由于钎焊温度、间隙、表面状态等因素的影响会形成各种类型的钎焊缺陷。常见的缺陷及其成因如下。

① 填隙不良，部分间隙未填满：部分钎缝间隙无钎料填充称为填隙不良或未焊合，见图 11.24。

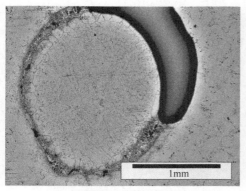
(a) 钎缝间隙过大引起填隙不良

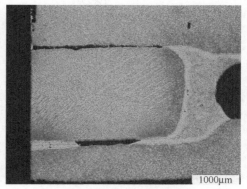
(b) 清洗不净引起填隙不良

图 11.24　填隙不良

可能产生的原因：（a）接头设计不合理，装配间隙过大或过小，装配时零件歪斜；（b）钎剂不合适，如活性差，钎剂与钎料熔化温度相差过大，钎剂填隙能力差等；或者是气体保护钎焊时气体纯度低，真空钎焊时真空度低；（c）钎料选用不当，如钎料的润湿作用差，钎料量不足；（d）钎料安置不当；（e）钎焊前准备工作不佳，如清洗不净等；（f）钎焊温度过低或分布不均匀。

② 钎缝气孔：钎缝中形成的孔洞状缺陷，见图 11.25。

可能产生的原因：（a）接头间隙选择不当；（b）钎焊前零件清理不净；（c）钎剂去膜作用或保护气体去氧化物作用弱；（d）钎料在钎焊时析出气体或钎料过热。

③ 钎缝夹渣：钎缝内不同于钎料的金属或非金属物为钎缝夹渣，见图 11.26。

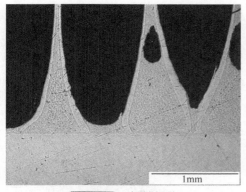
图 11.25　钎缝气孔

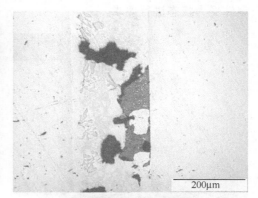
图 11.26　钎缝夹渣

可能产生原因：（a）钎剂使用量过多或过少；（b）接头间隙选择不当；（c）钎料从接头两面填缝；（d）钎料与钎剂的熔化温度不匹配，钎剂比重过大，加热不均匀。

④ 钎缝裂纹：见图 11.27。

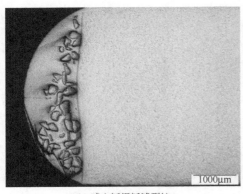

(a) 感应钎焊钎缝裂纹

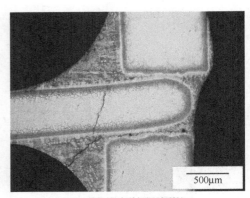

(b) 零件错动引起钎缝裂纹

图 11.27　钎缝裂纹

可能产生的原因：（a）由于异种母材的热膨胀系数不同，冷却过程中形成的内应力过大；（b）同种材料钎焊加热不均匀，造成冷却过程中收缩不一致；（c）钎料凝固时，零件相互错动；（d）钎料结晶温度间隔过大；（e）钎料结晶温度间隔过大；（f）钎缝脆性过大。

⑤ 钎料流失：见图 11.28。

产生的原因：（a）钎焊温度过高或保温时间过长；（b）钎料安置不当以致未起毛细作用；（c）局部间隙过大。

⑥ 钎料沿晶钎入：钎焊扩散过程中，由于温度过高或时间过长，导致钎料沿母材晶界扩散钎入，见图 11.29。其弱化晶界，严重削弱接头性能，深度需要依据零件受力状态进行要求。

图 11.28　钎料流失

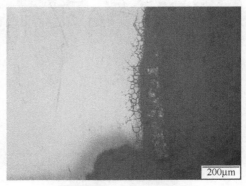

图 11.29　钎料沿晶钎入

⑦ 母材被溶蚀：见图 11.30。

可能产生的原因：（a）钎焊温度过高，保温时间过长；（b）母材与钎料之间的作用太剧烈；（c）钎料量过大。

(a) 钎焊蜂窝溶蚀

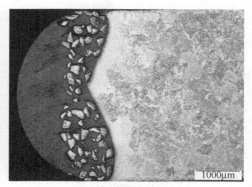

(b) 感应钎焊溶蚀

图 11.30　钎焊溶蚀

⑧ 钎焊过烧：图 11.31 属火焰钎焊时引起的过烧，通常是因钎焊温度过高，停留时间过长导致的。

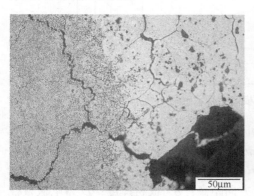

(a) 钎缝过烧

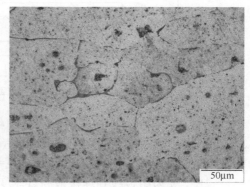

(b) 母材过烧

图 11.31　LD7 叶片钎焊过烧

11.3.2　焊接金相检测

就焊接金相检测而言，主要有两项任务：其一，检查焊接组织及缺陷；其二，对焊缝进行尺寸测量和计算。焊接组织和缺陷前面已论述，焊接接头金相检验方法和金属材料的金相检验本质上并无明显差异，因此本节主要说明焊接接头尺寸测量。

（1）焊接尺寸和热影响区测量

对于熔焊焊缝而言，常需要检测焊脚尺寸、熔深、错边量等尺寸，如图 11.32 所示。

（2）焊接尺寸计算

以点焊为例说明常用的焊头率、熔核宽、压痕深度等的计算，图 11.33 为点焊横向金相示意图。

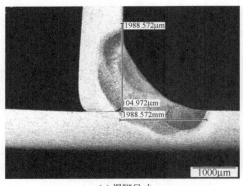

(a) 焊脚尺寸 (b) 电子束焊熔深

图 11.32 焊接尺寸测量示意图

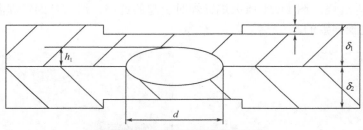

图 11.33 点焊横向金相示意图

$$焊头率=(h_1/\delta_1)\times100\% \qquad (11-1)$$
$$熔核宽=(d/D)\times100\% \qquad (11-2)$$
$$压痕深度=(t/\delta)\times100\% \qquad (11-3)$$

式中，h 为结合线到焊核最高点厚度方向距离；δ 为板材厚度；D 为电极直径或滚轮宽度；d 为沿结合线方向焊核宽度。

（3）钎焊间隙测量

为了确保钎焊质量，最大钎焊间隙控制是钎焊工艺关注的重点因素之一，所谓最大钎焊间隙是指当钎缝间隙大于某一值时，钎缝出现低熔点共晶和金属间化合物，把不出现脆性相的最大钎焊间隙称为最大钎焊间隙。钎焊后试样由于是母材向钎料溶解，直接测量的钎缝宽度不能很好代表实际间隙。

通常采用图 11.34 所示的楔形试样，由两件形状和尺寸形同的试件组成。为保证间隙，在试样间垫以不锈钢片，且在试样两端用氩弧焊定位，以保证间隙从 0～100μm 变化。钎焊后取钎缝截面，根据测点到原点的距离，即可确定该处钎焊间隙。根据钎缝金相组织，确定不出现脆性相的最大钎焊间隙。真实钎焊间隙则是利用楔形钎焊试样得到母材向钎料熔化的深度，由实际测得的钎缝宽度减去母材向钎料熔化深度得到。

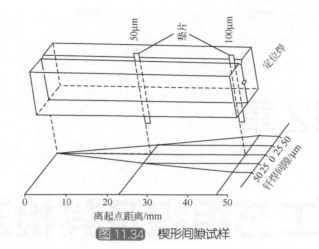

图 11.34 楔形间隙试样

（4）钎着率检查

钎着率是钎料填充所有焊缝的百分比，从总钎缝长度中扣除出现填隙不良、钎料流失、裂纹、夹渣、污染、气孔等缺陷的累加长度得到有效钎焊长度，用有效钎焊长度除以总钎缝长度而得到。钎着率直接关系到钎焊接头的结合强度。图 11.35 为典型钎缝钎着率检查的示意图，总钎缝长度 3mm，钎缝缺陷为 0，有效钎焊长度为 3mm，钎着率为 3/3×100%=100%。

图 11.35 钎着率检查示意图

第 12 章

特种工艺组织及其检测

12.1 概述

随着现代科学技术的发展，科技产品向着高精度、高性能、小型化和集成化方向发展，对制造技术提出了严峻挑战，传统制造工艺（如机械加工：车、铣、刨、磨、镗、钻等；热加工：锻造、铸造、热处理、焊接等）由于自身特点的局限，已经不能满足现代科技产品的需求。特种工艺技术在这种背景下应运而生，实现了传统工艺无法实现的加工效果，是对传统加工工艺方法的重要补充与发展，成为现代工业的一支生力军。

特种加工亦称"非传统加工"或"现代加工方法"，泛指用电能、热能、光能、电化学能、化学能、声能及特殊机械能等能量达到去除或增加材料的加工方法，从而实现材料被去除、变形、改变性能或被镀覆等。

特种工艺技术包含的工艺范围非常广，其内容也随着科学技术的发展不断丰富。就目前而言，各种特种工艺方法已达数十种，其中也包含一些借助机械能切除材料（磨粒流加工、液体喷射流加工、磨粒喷射加工、磁磨粒加工等等的加工方法）。一般按能量来源和作用形式及加工原理可分为电火花加工、电化学加工、高能束加工、物料切蚀加工、化学加工、成形加工和复合加工等。见表 12.1。

由于特种工艺技术不用成型工具，而是利用密度很高的能量束流进行加工，基于加工方法的不同，特种工艺技术解决了现代科技产品制造中用常规加工方法无法实现的加工难题，与传统机械加工方法相比具有许多独到之处：

表 12.1 典型特种工艺技术

特种工艺技术		主要能量形式	作用形式
电火花加工	电火花成形加工	电、热能	熔化、气化
	电火花线切割加工		
电化学加工	电解加工	电化学能	离子转移
	电铸加工		
	涂镀加工		
高能束加工	激光束加工	光、热能	熔化、气化
	电子束加工	电、热能	
	离子束加工	电、机械能	切蚀
	等离子弧加工	电、热能	熔化、气化
物料切蚀加工	超声加工	声、机械能	切蚀
	磨料流加工	机械能	
	液体喷射加工		
化学加工	化学铣切加工	化学能	腐蚀
	照相制版加工	化学能、光能	
	刻蚀加工	化学能	
	黏接		化学键
	光刻加工	光、化学能	光化学、腐蚀
	光电成形电镀		
	爆炸加工	化学能、机械能	爆炸
成形加工	粉末冶金	热能、机械能	热压成形
	超塑成形	机械能	超塑性
	快速成形	热能、机械能	热熔化成形
复合加工	电化学电弧加工	电化学能	熔化、气化腐蚀
	电解电火花机械磨削	电、热能	离子转移、熔化、切削
	电化学腐蚀加工	电化学能、热能	熔化、气化腐蚀
	超声放电加工	声、热、电能	熔化、切蚀
	复合电解加工	电化学、机械能	切蚀
	复合切削加工	机械能、声、磁能	切削

① 不单独用机械能,加工范围不受材料物理、力学性能的限制,能加工任何硬的、软的、脆的、耐热或高熔点金属以及非金属材料,如钛合金、高强钢、复合材料、工程陶瓷、金刚石、红宝石、硬化玻璃等高硬度、高熔点的难加工材料。

② 可实现非接触加工,易于加工复杂型面、微细表面以及柔性零件,如复杂零件三维型腔、型孔、群孔和窄缝等难加工零。

③ 可实现微细加工,易获得良好的表面质量,不存在加工中的机械应变或大

面积的热应变，其热应力、残余应力、冷作硬化、热影响区等均比较小，尺寸稳定性好。

④ 各种加工方法易复合形成新工艺方法，便于推广应用。

⑤ 特种加工对简化加工工艺、变革新产品的设计及零件结构工艺性等产生积极的影响。

这些特点使得特种工艺有很大的适用性和发展潜力，在模具、量具、刀具、仪器仪表、飞机、航天器和微电子元器件等制造中得到越来越广泛的应用。

本章就目前航空工业成功应用的几种特种工艺及其检测技术进行介绍，包括激光加工、电火花加工、电镀、阳极化、热热喷涂、喷丸等。

12.2　激光、电火花加工及其检测

12.2.1　激光、电火花加工特点

（1）激光加工

激光加工就是利用激光与物质相互作用特性进行打孔和切割、焊接、表面改性技术（激光表面相变及冲击硬化、激光表面熔凝、激光表面合金化及激光表面熔覆等）、刻蚀、铣削与毛化、材料沉积、激光快速成型技术、标记与标刻等的一门加工技术。

激光是一种强度高、方向性好、单色性好的相干光。其焦点处的功率密度达到 $10^7 W/cm^2 \sim 10^{11} W/cm^2$，温度可达 $10000℃$ 以上。用这种经聚焦的高能量激光束照射材料，材料瞬时急剧熔化、汽化、烧蚀或达到燃点，并爆炸性地高速喷射，同时产生方向性很强的冲击。借助与光束同轴的高速气流吹除熔融物质，从而实现切割、打孔等工艺。图 12.1 为激光切割示意图。激光表面熔覆则是通过在基材表面添加熔覆材料，并利用高能密度的激光束使之与基材表面薄层一起熔凝的方法，在基层表面形成与其冶金结合的添料熔覆层。

（2）电火花加工

通过工件和工具电极间的放电而有控制地去除工件材料，以及使材料变形、改变性能或被镀覆的特种加工。其中成形加工适用于各种孔、槽模具，还可刻字、表面强化、涂覆等；切割加工适用于各种冲模、粉末冶金模及工件，各种样板、磁钢及硅钢片的冲片，钼、钨、半导体或贵重金属。

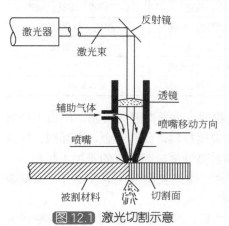

图 12.1 激光切割示意

电火花加工时工具电极和工件分别接脉冲电源的两极，并浸入工作液中或将工作液充入放电间隙通过间隙自动控制系统控制工具电极向工件进给，当两电极间的间隙达到一定距离时，两电极上施加的脉冲电压将工作液击穿，产生火花放电。在放电的微细通道中瞬时集中大量的热能，温度可高达 10000℃以上，压力也有急剧变化，从而使这一点工作表面局部微量的金属材料立刻熔化、气化，并爆炸式地飞溅到工作液中，迅速冷凝形成固体的金属微粒，被工作液带走。这时在工件表面上便留下一个微小的凹坑痕迹，放电短暂停歇，两电极间工作液恢复绝缘状态。紧接着，下一个脉冲电压又在两电极相对接近的另一点处击穿，产生火花放电，重复上述过程。这样，虽然每个脉冲放电蚀除的金属量极少，但因每秒有成千上万次脉冲放电作用，就能蚀除较多的金属。在保持工具电极与工件之间恒定放电间隙的条件下，一边蚀除工件金属，一边使工具电极不断地向工件进给，最后便加工出与工具电极形状相对应的形状来。因此，只要改变工具电极的形状和工具电极与工件之间的相对运动方式，就能加工出各种复杂的型面。图 12.2 为电火花加工示意图。

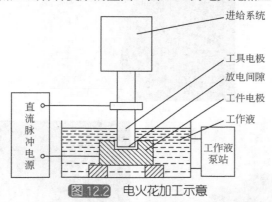

图 12.2　电火花加工示意

由于激光或电火花加工均是利用高能束流的热效应熔化金属，熔池极小，在冷却液作用下快速凝固并被冷却液带走，那些没有被冷却液带走的熔化金属快速冷却，并凝固于加工表面，形成表面再铸层或重熔层，在重熔层的下方则出现很小的热影响区。激光、电火花加工的重熔金属本质，使得其组织区别于传统机械加工表面，重熔层成为其典型组织特征。图 12.3 是电火花与车加工表面状态，可见电火花加工表面为金属熔融凝固表面，有颗粒状飞溅物，而车加工表面则是方向一致的加工刀痕。

12.2.2　激光、电火花加工缺陷组织

激光、电火花加工工艺特点使其得到不同于传统加工工艺的表面，具有重熔层，由于工艺参数选择不当（输入功率）或设备原因可能产生以下类型的组织特征或缺陷，如图 12.4。

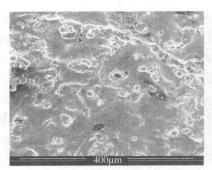 

<table>
<tr><td>(a) 电火花加工表面状态</td><td>(b) 车加工表面状态</td></tr>
</table>

图 12.3 不同工艺加工表面状态

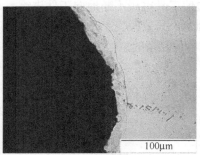

(a) 典型重熔层

(b) 典型起弧

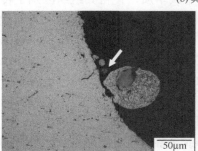 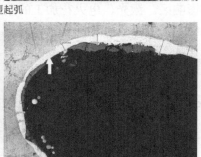

<table>
<tr><td>(c) 典型小球</td><td>(d) 表面氧化</td></tr>
</table>

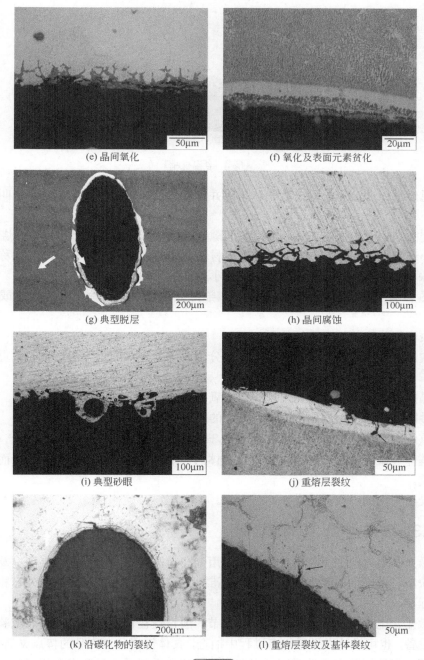

(e) 晶间氧化

(f) 氧化及表面元素贫化

(g) 典型脱层

(h) 晶间腐蚀

(i) 典型砂眼

(j) 重熔层裂纹

(k) 沿碳化物的裂纹

(l) 重熔层裂纹及基体裂纹

图12.4

(m) 表面不规则

图 12.4 组织缺陷

重熔层：在金属去除工艺中，熔融并在加工表面重新凝固的部分，也叫做再铸层。

起弧：由于电极与工件表面之间间隙交叉放电形成的烧伤，也称电弧烧伤。

小球：指已固化成球形的部分重熔材料，其形状比不得大于 3∶1，也称为断续小珠，一般总重熔层厚度计算不计算小球。

热影响区：靠近机加表面部分，该部分显微组织因受热而发生相变或结构转化。

表面氧化皮：系表面氧化层。

脱层：由基材或所附重熔层已全部分离或局部分离的重熔层，也叫做重熔层脱离。

晶间腐蚀：晶界处优先出现腐蚀或氧化腐蚀。

砂眼：滞留在重熔层中气体所产生的空隙或孔。

重熔层裂纹：在重熔层厚度范围所产生的裂纹。

基体裂纹：由重熔层裂纹延伸至基体内，或在基体上由于热应力作用而产生的裂纹。

表面不规则：指的是表面凹凸不平。

12.2.3 激光、电火花加工检测

激光、电火花加工表面检测一般采用金相检测方法，检查重熔层深度及各种加工缺陷，目前国内除个别企业型号标准外，尚无技术标准可循，国外有相应的检测标准。

激光、电火花加工表面检测取样环节一般设计在首件之前用于选取或验证参数和设备，也可设计在批量加工过程中抽查，具体依据各自产品的特点灵活确定。试样可由零件同状态零件或试样上切取，加工参数与零件参数完全相同，检测技术的重点在于以下三个方面。

① 试样准备：激光、电火花加工评定样品应采用线切割、锯床切割方法取样，切割中应注意检测面的保护，如采用橡胶垫块或夹持非检测面等方法，防止切割中造成检测面的损伤而影响到检测结果，切割时应确保检测面与试样磨制面的垂直，切割造成表面热影响区应用粗砂纸湿磨完全去除。垂直于检测面方向镶嵌样品，固化后对样品编号进行标刻，脱模后进行研磨、抛光。对于孔类样品，要求检查纵向时，可以将样品纵向镶嵌，尽可能确保孔被镶嵌材料填充，并研磨到直径位置。

② 试样腐蚀：根据具体规范要求检测项目不同，可在抛光或腐蚀状态下进行相应的金相检查，一般来讲，断火或电弧烧伤、晶间氧化、氧化皮、重熔层脱离、晶间腐蚀等项目可在抛光态下进行检查，而重熔层深度、重熔层裂纹、断续小珠、基体裂纹、碳化物范围裂纹、表面不规则等检测内容应在腐蚀状态下进行检测，依照具体规范要求或按照基体金属类型选择合适的腐蚀剂显示样品，以清晰显示检测组织特征为准。

③ 检测技术

（a）基本原则：一般试样应在 200 倍～500 倍显微镜下显微观察，首先在低倍数整体观察整个检测面，选择特征明显或严重的区域，再转换较高的放大倍数进行特征观察；对于难以分辨的特征可采用更高的放大倍数观察或借助其他检测手段鉴别；对于难以分辨的裂纹，可以将样品再次抛光，于抛光态下在对应位置观察有无裂纹显示，如若抛光态未见裂纹，则腐蚀后的特征可能是腐蚀的假象。

（b）检测内容：主要包括重熔层最大深度、平均深度、电弧烧伤、断续小珠、重熔层脱离、基体裂纹等项目。一般重熔层平均深度在整个检验面上以连续间隔大致相等的距离测量 10 个位置的重熔层厚度，取算术平均值；最大重熔层以该检验面最大深度计算；一般不允许基体裂纹出现，基体裂纹测量以重熔层与基体界面为起点向基体测量至裂纹末端的长度作为基体裂纹深度。

12.3　镀层、阳极化与化学氧化膜及其检测

12.3.1　化学、电化学加工特点

利用材料与介质的特殊化学效应来实现零件加工，随着表面工程技术的发展和需求，新兴电化学和化学加工方法层出不穷，进行各种形式的表面改性，以期获得优异的特征和性能。

（1）电化学加工

通过电化学反应去除工件材料或在其上镀覆金属材料等的特种加工技术。图 12.5 为电化学加工的原理。两片金属铜（Cu）板浸在导电溶液，例如氯化铜

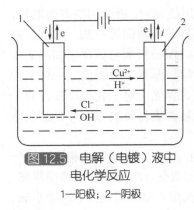

图 12.5 电解（电镀）液中
电化学反应

1—阳极；2—阴极

（CuCl₂）的水溶液中，此时水（H₂O）离解为氢氧根负离子 OH^- 和氢离子 H^+，$CuCl_2$ 离解为两个氯负离子 $2Cl^-$ 和二价铜正离子 Cu^{2+}。当两个铜片接上直流电形成导电通路时，导线和溶液中均有电流流过，在金属片（电极）和溶液的界面上就会有交换电子的反应，即电化学反应。在阳极表面 Cu 原子失掉电子而成为 Cu^{2+} 进入溶液。溶液中的离子将作定向移动，Cu^{2+} 移向阴极，在阴极上得到电子而进行还原反应，沉积出铜。这种利用电化学反应原理对金属进行加工的方法即电化学加工。

电化学加工有三种不同的类型：

① 利用电化学反应过程中的阳极溶解来进行加工，主要有电解加工和电化学抛光等；

② 利用电化学反应过程中的阴极沉积来进行加工，主要有电镀、电铸等；

③ 利用电化学加工与其他加工方法相结合的电化学复合加工工艺进行加工，目前主要有电解磨削、电化学阳极机械加工（其中还含有电火花放电作用）。

其中：电解加工适用于深孔、型孔、型腔、型面、倒角去毛刺、抛光等。电铸加工适用于形状复杂、精度高的空心零件，如波导管；注塑用的模具、薄壁零件；复制精密的表面轮廓；表面粗糙度样板、反光镜、表盘等零件。涂覆加工可针对表面磨损、划伤、锈蚀的零件进行涂覆以恢复尺寸；对尺寸超差产品进行涂覆补救。对大型、复杂、小批工件表面的局部镀防腐层、耐腐层，以改善表面性能。

（2）化学加工

化学加工是利用化学溶液与金属产生化学反应，使金属腐蚀溶解，改变工件形状、尺寸的加工方法。用于去除材料表层，以减重；有选择地加工较浅或较深的空腔及凹槽；对板材、片材、成形零件及挤压成形零件进行锥孔加工。化学铣削是把工件表面不需要加工的部分用耐腐蚀涂层保护起来，然后将工件浸入适当成分的化学溶液中，露出的工件加工表面与化学溶液反应，材料不断地被溶解去除，获得所需要的形状。

光化学加工是照相复制和化学腐蚀相结合的技术，在工件表面加工出精密复杂的凹凸图形，或形状复杂的薄片零件的化学加工法。它包括光刻、照相制版、化学冲切（或称化学落料）和化学雕刻等。其加工原理是先在薄片形工件两表面涂上一层感光胶；再将两片具有所需加工图形的照相底片对应地复制在工件两表面的感光胶上，进行曝光和显影，感光胶受光照射后变成耐腐蚀性物质，在工件表面形成相应的加工图形；然后将工件浸入（或喷射）化学腐蚀液中，由于耐腐蚀涂层能保护其下面的金属不受腐蚀溶解，从而可获得所需要的加工图形或形状。

12.3.2　镀层组织缺陷及其检测

镀层的形成方法很多，有化学镀层、电镀镀层、热浸镀层、冲击镀层等等，这些镀层虽然形成方法不同，但镀层的结构和检测方法有很多相同之处，本部分主要介绍化学镀层和电镀镀层。

12.3.2.1　镀层组织特点

化学镀层主要是利用合适的还原剂使溶液中金属离子有选择地在经催化活化的表面上还原析出形成金属镀层的化学处理方法。图12.6为化学镀的微电路。

电镀则是一种电化学过程和氧化还原过程，工件作阴极，所镀金属为阳极，在含有镀层成分的电解液中，通直流电发生电化学反应生成电镀镀层。图12.7为铜基触头电镀镀银层形貌。

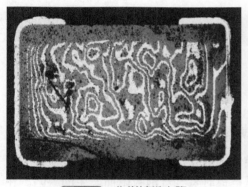

图 12.6　化学镀微电路

图 12.7　铜基触头电镀镀银层

无论是化学镀还是电镀，其镀层形成都有一个金属离子迁移结晶过程，因此镀层的组织结构有许多相似之处，如与基体存在结合界面、多孔、表面毛刺、斑点、厚度不易均匀等特点。

12.3.2.2　镀层典型缺陷组织

鉴于镀层形成的工艺特点和组织结构特点，一般镀层在形成过程中由于操作或工艺控制不当，可能会形成以下几种镀层缺陷。

镀层缺陷包括表面局部无镀层、光泽不均匀、花斑、斑点、污点、暗影、表面针孔、麻点、起瘤、气泡、毛刺、表面粗糙等弊病。镀层零件表面均有特定的色泽和反光性，零件形状、表面粗糙度、表面缺陷及冶金因素均会影响到表面质量。

图12.8为金相观察的典型缺陷组织。常见镀层表面缺陷简单介绍如下。

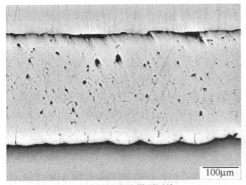
(a) 镀层针孔及界面污染

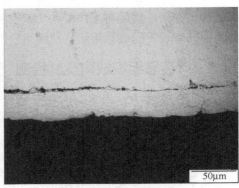
(b) 镀层分层及界面污染

(c) 镀铬层裂纹及剥落

(d) 镀铬层裂纹

图 12.8　典型镀层缺陷组织

针孔：指镀层表面一类与针尖凿过类似的细孔，疏密和分布不同，但其大小和形态相似，为圆形孔洞，电镀层通常是电镀时氢气气泡吸附而产生的缺陷。在金相剖面上表现为多孔洞。

麻点：指镀层表面一类不规则的凹穴孔，形状、大小和深浅等特征不一。一般是由于基体缺陷或镀层过程中异物黏附形成的缺陷。

毛刺：指镀层表面一类凸起而且有刺手感觉的特征，通常在高电流密度区显著。

鼓包：指镀层表面一类隆起的小包，特征是大小不一，与基体分离。

脱皮：涂层与基体剥落的缺陷。通常是镀前处理不良引起的。鼓包和脱皮在剖面金相上表现为镀层分层，即镀层和基体界面平行于结合面的裂纹或分离。

斑点：涂层表面色斑、暗斑等缺陷。通常是镀层形成中沉积不良、异物黏附或槽液不清洁造成。

阴阳面：指镀层表面局部光亮程度不一或色泽不均匀的缺陷。

镀层裂纹：垂直于结合界面的分离或裂纹，裂纹多时会出现剥落掉块。

界面污染：在镀层和基体界面处嵌入的外来颗粒或污染，包括界面孔隙、界面线性氧化物、嵌入砂粒或镀层过程中其他异物黏附于界面。它造成镀层与基体黏结不良，使得镀层易于在使用或加工中剥落。

除上述表面缺陷外，镀层表面还有擦伤、水迹、树枝状、海绵状等弊病。

12.3.2.3　镀层检测

镀层检测的方法应结合相应镀层种类和使用要求进行，一般而言，检测的主要内容有：镀层外观质量、厚度、耐蚀性、孔隙率、硬度、结合力、内应力、脆性等。

与镀层金相检测相关标准有：

GB/T 6462《金属和氧化物覆盖层　厚度测量　显微镜法》；

GB/T 6463《金属和其他无机覆盖层厚度测量方法评述》；

GB/T 17720《金属覆盖层　孔隙率试验评述》；

GB/T 17721《金属覆盖层　孔隙率试验　铁剂试验》；

HB 5038《镍镀层质量检验》；

HB 5047《黄铜镀层质量检验》；

HB 5051《银镀层质量检验》。

下面就镀层常用的检测方法作简单说明。

（1）镀层外观检测

一般采用目测或低倍放大镜进行，主要检查表面局部无镀层、剥落、光泽不均匀、花斑、斑点、污点、暗影、表面针孔、麻点、起瘤、气泡、毛刺、表面粗糙等弊病。光泽度检测可以采用标准样板对照法检测。

（2）镀层厚度测量

测量方法分为有损和无损检测。其中有损检测有金相法、电解法和化学溶解法；无损检测有磁性法、涡流法、β 射线法等。检测方法的选择根据基体材料、镀层特性、设备局限性和精度要求选择。生产线多采用无损方法，要求较高时可采用金相法，金相法最小误差可达到 $\pm 0.8\mu m$，通常作为厚度检测的仲裁方法。

金相法测量镀层厚度的评定规则：在关键部位或多部位垂直于镀层取样，为防止镀层损伤，可涂覆 $10\mu m$ 作保护层，保护层应与镀层硬度接近，且具有较好的色差。垂直于镀层检测面方向，采用填充性较好的材料镶嵌，如环氧树脂。采用镀层适应的压力研磨，防止变形、分层和剥落。而后采用金刚石或悬浮硅抛光剂进行抛光。清洗吹干后即可进行评定，对于界面不分明的镀层，可以选用合适的试剂腐蚀后测量，表 12.2 为镀层厚度测量常用腐蚀剂。

表12.2　镀层厚度测量常用腐蚀剂

序号	试剂	用途
1	HNO₃ 5ml，酒精 95ml	钢表面镀铬、镍层
2	FeCl₃ 10g，HCl 2ml，酒精 98ml	钢、铜表面镀金、铅、银、镍及钢上铜镀层
3	HNO₃ 50ml，冰醋酸 50ml	钢、铜表面多层镀镍
4	过硫酸铵 10g，水 90ml	铜镀锡层
5	HNO₃ 5ml，HF 2ml，水 93ml	铝表面镀镍和铜镀层
6	铬酐 20g，硫酸钠 1.5g，水 100ml	钢上镀锌、镉层及镍合金镀镍和铜镀层
7	氢氧化铵 50ml，双氧水 50ml	铜表面镀镍

检测原则：一般样品应在 100 倍～500 倍显微镜下显微观察。首先在低倍数整体观察整个检测面，选择特征明显的代表性区域，再转换较高的放大倍数进行特征观察，厚度小于 20μm 时应在 500 倍显微镜下测量。一般等距测量 5 个以上厚度值，取算术平均值，仲裁试验应至少测量 10 个位置，取算术平均值。

另外，镀层的剖面缺陷检测也可以在金相试样上检测，如界面污染、分层、裂纹等。其中分层、裂纹一般观测形貌及尺度；界面污染一般是测量界面污染的累积长度，与整体镀层长度比较，计算界面污染占整个镀层长度的比率来表征污染的程度。

（3）镀层硬度

镀层的硬度反映了其抵抗挤压变形的能力，是镀层耐磨性的一个重要指标。

镀层硬度测量可以在镀层表面直接进行，也可以在垂直于镀层的金相剖面上进行。镀层表面测量时应尽量减小压痕深度，以消除基体对于硬度的影响，通常压痕深度近似为镀层厚度的 1/10。对于厚度较小的镀层（几十微米）和金相剖面测量硬度，通常采用维氏显微硬度或努氏硬度检测。在金相剖面测硬度时，维氏显微硬度测量镀层厚度应大于 1.4 倍压痕对角线，采用努氏硬度测量镀层厚度应大于 0.35 倍的长压痕对角线。在允许范围内尽可能选用大的施加载荷，估算公式见式（12-1）。

$$m = \frac{HV \cdot \delta^2}{72.692} \tag{12-1}$$

式中　m——施加载荷，g；

　　　HV——估计镀层硬度，N/mm²；

　　　δ——涂层厚度，μm。

在同一个试样的不同位置至少测量 5 个硬度值，取平均值作为测量结果。

（4）镀层孔隙率

镀层孔隙率是描述镀层密实程度的一个指标。测量方法很多，有浮力法、化学法（滤纸法、涂膏法）、电解显相法等。常用方法为滤纸法和涂膏法。

① 滤纸法：原理是基体金属被腐蚀产生离子，透过孔隙，由指示剂在试纸上产生特征显色作用。即把亚铁氰化钾的蓝色斑点描在试纸上，对斑点计数来评定孔隙率。该方法适用于钢铁或铜基体上铜、镍、铬、锡等单金属镀层和多金属镀层。

一般做法是：

（a）首先用苯、轻质汽油等溶剂清洗试件，再用无水酒精清洗干燥。

（b）选择合适的试验液，包括腐蚀剂和显示剂。腐蚀剂只与基体或中间镀层作用，不腐蚀表面镀层，一般为氯化物等；显示剂要求与被腐蚀金属离子产生显色作用，常用铁氰化钾等。表12.3为参考试验液及特征。

表12.3 滤纸法试验液及特征

序号	基体金属或中间镀层金属	镀层种类	溶液成分	浓度/(g/L)	滤纸在镀层上粘贴时间/min	斑点特征
1	钢	铬	铁氰化钾 氯化铵 氯化钠	10 30 60	10	蓝色点-孔隙至钢基体
		镍-铬				红褐色点-孔隙至镀铜层
		铜-镍-铬				黄色点-孔隙至镀镍层
	铜及其合金	铬				红褐色点-孔隙至镀铬层
		镍-铬				黄色点-孔隙至镀镍层
2	钢、铜及其合金	铜-镍 镍-铜-镍	铁氰化钾 氯化钠	10 20	钢件5 铜件10	蓝色点-孔隙至钢基体 红褐色点-孔隙至铜基体
	钢	铜-镍 镍-铜-镍	铁氰化钾 氯化钠	10 20	10	蓝色点-孔隙至钢基体 红褐色点-孔隙至镀铜层 黄色点-孔隙至镀镍底层
	钢	铜	铁氰化钾 氯化钠	10 20	10	蓝色点-孔隙至钢基体
3	钢	铜	铁氰化钾 氯化钠	10 5	60	蓝色点-孔隙至钢基体

（c）把组织细密的滤纸在试验液中浸湿，并在试样上刷上试验液，将湿滤纸紧密贴合于试样上，数分钟后，揭下试纸用水冲洗干净，并贴在玻璃板上晾干。

（d）计数面积 $S=1cm^2$，计算有色斑点数目及大小，换算为孔隙数 n，一次试纸面积应在 $10cm^2$ 以上。

直径小于1mm的计算为1个斑点；直径为1mm～3mm的计算为3个斑点；直径大于3mm的计算为10个斑点。

则孔隙率按式（12-2）得出：

$$孔隙率 = n/S \qquad (12\text{-}2)$$

做 3 次试验，取算术平均值作为孔隙率测量结果。

② 涂膏法：原理与滤纸法相同，只是用膏状物代替滤纸，它除了与滤纸法相同适用范围外，还可用于曲面试样，这里不再赘述。

（5）结合强度

反映镀层与基体结合强度的重要指标。镀层结合不良表现形式有鼓包、脱皮、剥落等。评定结合强度的方法可分为定性和定量两类。

① 定性评价：可用弯曲、锉磨、冲击、刻痕、加热骤冷（热震）、杯凸等方法。如弯曲试验一般是将带镀层试样沿直径等于试样厚度的弯心直径，弯曲试样或反复弯曲 180°直至试样断裂，比较脱落范围和大小或以镀层不脱落为合格来评价。

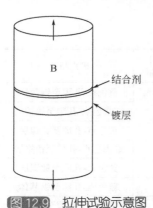

结合剂

镀层

图 12.9　拉伸试验示意图

② 定量评价：定量评价的方法通常有测量镀层拉伸强度、剪切强度，分别由拉伸、剪切和压缩试验测定。

拉伸试验通常采用纽扣拉伸，将带有镀层的纽扣通过高强度结合剂黏结，再进行拉伸，测得结合强度，图 12.9 为示意图。

（6）耐蚀性

耐蚀性是反映镀层保护基体金属，抵抗腐蚀破坏的能力。目前耐蚀性测试方法有以下三种：（a）使用环境试验。观察评定镀层产品在使用环境工作中的腐蚀情况。（b）大气暴露腐蚀试验。将镀层产品进行各种自然大气条件下腐蚀试验，定期观察腐蚀过程特征，测定腐蚀速率，评定耐蚀性。（c）人工加速和模拟腐蚀试验。人为模拟某些腐蚀环境，对镀层产品进行快速腐蚀试验鉴定耐蚀性。

12.3.3　阳极化及化学氧化膜检测

阳极化是将制品作为阳极浸在电解液中，制品表面会生成与基体牢固结合的防护性氧化膜层。如铝、钛合金阳极化。

化学氧化膜则是在电解质溶液中，金属工件在无外电流作用下，由溶液中化学物质与工件相互作用而在其表面形成的膜层，如金属发蓝、磷化、钝化、铬酸盐处理等。

阳极化和化学氧化膜层一般具有较好的耐蚀性和高硬度，同时具有多孔特点，可得到某些功能性膜层，如导电氧化膜。化学氧化膜层较薄，约 0.5μm～4μm，阳极化膜层较厚。

阳极化与化学氧化膜和镀层评定一样，包括外观质量评定、膜层厚度、膜层质量、耐蚀性、绝缘性、耐磨性等检测。其中外观质量评定、膜层厚度、耐蚀性等检测与镀层测量方法相似。

相关检测标准有：

GB/T8013《铝及铝合金阳极氧化膜的总规范》；

GB/T8015.2《铝及铝合金阳极化膜厚度的试验方法　光束显微镜法》；

ASTM B 580《铝及铝合金阳极氧化膜》；

ISO7599《铝及铝合金阳极氧化-阳极氧化膜的总规范》。

下边就镀层部分尚未提及的氧化膜层的特殊检验方法进行说明。

① 膜层质量测定通常采用重量法（天平精度 0.1mg），用去除氧化膜前后质量（最大质量小于 200g）差除以氧化膜表面面积计算，见式（12-3）。重复测量 2～3 次，取算术平均值表征膜层质量。

$$m_A = \frac{m_1 - m_2}{S} \qquad (12-3)$$

式中　m_A——试样单位表面积质量，mg/cm^2；

　　　m_1——有氧化膜试样质量，mg；

　　　m_2——去除氧化膜试样质量，mg；

　　　S——试样氧化膜表面积，cm^2。

② 耐磨性试验：通常采用落砂磨损或喷砂磨损试验，以氧化膜被去除的时间来评价。

（a）落砂磨损试验：将碳化硅磨料以 (320±10)g/min 的落下量从内径 (5±0.1)mm 的漏斗管落下，落差 1m，以去除氧化膜的时间来评价耐磨性。

（b）喷砂磨损试验：用压缩空气将碳化硅磨料喷射到试样表面，以去除氧化膜的时间来评价耐磨性。

12.4　热喷涂涂层及其检测

12.4.1　热喷涂工艺特点及其涂层组织

（1）热喷涂工艺特点

热喷涂是一种表面强化技术，是表面工程技术的重要组成部分。它是利用某种热源（如电弧、等离子弧或燃烧火焰等）将粉末状或丝状的金属或非金属材料加热到熔融或半熔融状态，然后借助焰流本身或压缩空气以一定速度喷射到预处理过的基体表面，沉积而形成具有各种功能的表面涂层的一种技术。从而使工件表面获得不同硬度、耐磨、耐腐、耐热、抗氧化、隔热、绝缘、导电、密封、消毒、防微波辐射以及其他各种特殊物理化学性能。常用的工艺方法有火焰喷涂、高速火焰喷涂（HOVF）、电弧喷涂、等离子喷涂、大气等离子喷涂、低压等离子

图 12.10　等离子喷涂示意图

喷涂等，其中等离子喷涂是应用较广的一种。

等离子喷涂利用温度高达 15000℃～30000℃的等离子弧将涂层材料熔化，并利用高速气流将其喷射到基体材料表面形成涂层，见图 12.10。一般的电弧是一种自由电弧，弧柱的截面随功率的增加而增大，电弧中的气体电离不充分，其温度被限制在 5730℃～7730℃。若在提高电弧功率的同时，对自由电弧进行压缩（通过喷嘴孔产生机械压缩效应；弧柱中心比其外围温度高、电离度高、导电性能好，电流自然趋向弧柱中心，产生热收缩效应；弧柱本身磁场的磁收缩效应），使其横截面减小，使弧柱中心气体达到高度的电离，而构成电子、离子以及部分原子和分子的混合物，即等离子弧。

本部分以等离子喷涂 $NiAl/Al_2O_3$、WC/Co、$Incol718$ 和 $NiCrAlY/ZrO_2$ 热障涂层为例，介绍热喷涂涂层的检测技术。

（2）热喷涂涂层组织

从热喷涂涂层的形成原理和过程看，它是熔滴或半熔化的涂层材料冲击到基体表面、展平并快速凝固，必然形成无数变形粒子互相交错呈波浪式堆叠的层状组织结构；涂层中颗粒与颗粒之间不可避免地存在一部分孔隙或空洞；由于涂层材料氧化，其组织结构中有团条状氧化物；由于喷嘴烧损或异金属进入会形成异金属夹杂；由于熔化温度低会形成未熔化粉末颗粒；界面处理不良会有表面污染（砂粒、污物等）。表 12.4 和图 12.11 为涂层和金属样品组织对比。

表12.4　**热喷涂涂层与金属样品金相显微结构的比较**

金属样品	热喷涂涂层
由多个晶粒构成	无晶粒，层状结构，有未熔化粉末颗粒
相多为晶体结构	相构成复杂，有晶体或非晶体结构相
有极少金属、非金属夹杂	多金属、非金属夹杂
有细小氧化物夹杂	涂层内多团条状氧化物
少有疏松或微孔	多孔隙
少有裂纹、分层	多有裂纹、分层
基体金属连续，无界面	有涂层和基体，或多层涂层间界面，以机械结合为主

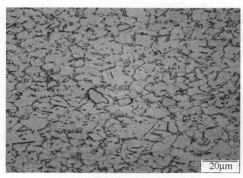

(a) 金属组织特征　　　　　　　　　　　(b) NiAl/Al$_2$O$_3$涂层组织

图 12.11　金属与涂层组织对比

由表 12.4 及图 12.11 可见，涂层的显微结构复杂，不致密，是一种多孔、有氧化、夹杂和微裂纹的疏松组织结构，与金属材料均匀连续的组织有显著区别，而且根据涂层种类的不同，这些涂层的孔隙度、相构成有很大的区别。热喷涂涂层并非越致密越好，在某些情况下，就需要结构疏松的多孔涂层，如镍-石墨磨耗涂层，若孔隙太少，不能达到预期的磨耗效果，反而造成其他零件的磨损。因此涂层的组织结构与涂层的类型和功能特点密切相关。

12.4.2　热喷涂涂层检测

12.4.2.1　热喷涂涂层试样制备

常规的金属试样制备包括切割、镶嵌、研磨、抛光和腐蚀过程，热喷涂涂层制备过程与其相似，但涂层不致密的显微结构易于在制备样品时产生孔隙扩大、界面分离、裂纹、剥落等等制样假象，因此热喷涂涂层的制备技术是涂层检测相当关键的一环。制样的目标是得到组织特征真实清晰，没有因制样造成的假象、不倒圆、无划痕的试样。

由于不同类型的喷涂工艺和涂层材料会产生不同的组织结构特征，涂层组织结构和硬度分析能给我们的制样提供有益的帮助。表 12.5 列举了几种常见涂层的组织特点及硬度。

知道了涂层的结构特点和硬度，还需要掌握制样质量的影响因素。其影响因素主要有试样切割（砂轮片类型、转速和冷却）、镶嵌（树脂类型和镶嵌方法）、制样压力、磨粒种类/尺寸、润滑剂、试样和磨盘的转速/方向、磨样时间、抛光布类型等。将涂层特点与制样参数进行匹配，才能得到满意的试样。

（1）切割对制样质量的影响

切割参数的优选有利于获得热影响小、机械损伤浅的样品，使得随后的磨样更易于去除切割损伤。切割的影响因素主要有砂轮片类型、硬度、切割速度、冷却、切割方向等。

表12.5　几种常见涂层的组织特点及硬度

涂层种类	喷涂方法	涂层组织结构	涂层硬度 HV0.3
底层 NiAl 面层 Al_2O_3	等离子	底层：NiAl 基体上有条带或团状氧化物，相对致密，有未熔颗粒 面层：多孔隙，不够致密，有未熔颗粒，易产生拔出	底层：200 面层：1000
Incol718	等离子	结构相对致密，基体上有条带或团状氧化物，有未熔颗粒，易产生分层	250
WC/Co	等离子	Co 基体上分布着颗粒状或局部聚集的碳化物，相对致密，但碳化物易于脱落，易产生裂纹和拔出	1000
底层 NiCrAlY 面层 ZrO_2	等离子	底层：基体上有条带或团状氧化物，相对致密，有未熔颗粒 面层：多孔隙，不够致密，有未熔颗粒，易产生拔出	底层：200 面层：1000

① 砂轮片：资料表明砂轮片的切割能力随黏结剂性能变化，黏结剂的类型决定了砂轮片的硬度，软砂轮片对磨粒粘接能力弱，磨粒易脱落生成新的尖锐磨粒，切割硬脆材料损伤最小，相反，硬砂轮片则适合切割软韧型材料。硬片耐磨，经济性相对较好。

SiC/酚醛树脂型砂轮片适合切割 HV400 以下硬度的样品，Al_2O_3/酚醛树脂型砂轮片适合切割硬度为 HV80～900 的样品，金刚石类切割砂轮片适合切割硬度高于 HV900 的样品。

② 切割速度：涂层类样品切割进刀速度太快易造成涂层损伤、剥落和冷却不良，慢的进刀可使机械损伤和热损伤减小。但砂轮片的线速度不宜过低，切割线速度应大于 1675m/min，有利于减小机械损伤和热损伤。

③ 冷却：充足良好的冷却可减少热损伤，但油基冷却液易于污染涂层，对随后的镶嵌和制样带来不便，应禁止使用。一般选择自来水或水基冷却液，且应确保足够的流量。

④ 切割方向：砂轮片切割涂层样品时，应从涂层切向基体，这样有基体的支撑，涂层和基体不易分离、剥落。

综上可见，砂轮片的选择最实用经济的方式是选择对待切样品硬度范围涵盖范围最宽的砂轮片。上述涂层类型，其硬度多位于 HV250～1000，因而选择 Al_2O_3/酚醛树脂型砂轮片是比较合适的。

（2）镶嵌对制样质量的影响

镶嵌主要是保护样品边缘、表层，使样品易于握持，但涂层样品的结构特点使得镶嵌承担了一项更为重要的作用，那就是填充孔隙。

金相样品镶嵌方法主要有热镶和冷镶。冷镶几乎适合所有样品，热镶则只能用于对温度不敏感的样品。由于镶嵌材料或方法的选择不同，效果差别很大。

① 冷镶：冷镶料主要有环氧树脂、牙托粉等，由于牙托粉颗粒尺寸大，流动性差，对于孔隙填充不好，在样品和镶料间易于产生间隙，不透明，但其固化时间短。环氧树脂流动性好，易于填充孔隙，样品和镶料间间隙极小，透明，但需要很长的固化时间（12h～24h），环境温度高于 30℃，易发泡，使得镶样致密度下降。

② 热镶：热镶嵌常用焦木粉，对于孔隙填充不好，在样品和镶料间易于产生间隙，不透明，镶料致密，硬度高，但固化时间短，效率高。

镶嵌材料的选择应遵循边缘保护良好，且利于孔隙的填充的原则。可见环氧树脂是一种普遍适用的方法，且能与真空注入设备结合，使得孔隙或裂缝被填充，使制样假象减少。另外，为获得最好的粘接与填充效果，镶嵌样品前应采用丙酮或酒精清洗样品，并充分干燥。环氧树脂配比时，应注意充分搅拌，避免树脂团块不固化影响制样效果。

（3）研磨参数对制样质量的影响

研磨的基本准则是去除切割及前一道粗磨的机械损伤，为抛光作准备，同时兼顾较小的劳动量和砂纸消耗量。

采用直径 200mm 的 Al_2O_3/酚醛树脂型砂轮片，转速 3000r/min 时，切割线速度约 1884m/min，各样品的切割损伤深度见表 12.6。

表12.6　各样品切割损伤深度

涂层种类	切割损伤深度
底层 NiAl，面层 Al_2O_3	1.3mm
Incol718	0.9mm
WC/Co	1.3mm
底层 NiCrAlY，面层 ZrO_2	1.3mm

表 12.6 结果表明，硬涂层切割损伤相对较大，因而这类涂层需要研磨去除量相对较深。实践证明，选择 1.5mm 的去除量均可完全去除切割损伤，即采用 3 张 P90 号砂纸或 5 张 P180 号砂纸。随后 P320 号、P600 号、P800 号、P1200 号砂纸则是去除前道研磨损伤，为后续抛光作准备。

① 制样压力：一般而言，压力越大，摩擦力越大，样品损伤会增大，但过低压力使得去除效果降低，效率低下。根据我们的经验选择每样品 5psi，即直径 30mm 的样品，每样品施加 25N 压力，可得到较好的效果和效率的匹配，较硬的涂层可适当增加，但不宜过大。

② 润滑剂：研磨时润滑剂的作用一方面是降低样品摩擦面的温度，避免热损伤；另一方面是冲走磨屑。一般选用自来水，且确保足够的流量。

③ 样品和磨盘的转动方向/转速：样品和磨盘的转动方向有同向和逆向两种，逆向旋转使得样品与砂纸的摩擦力增大，易于损伤样品或划破砂纸，一般采用同向旋转。同向旋转使得样品和砂纸能够获得较佳动力学因素匹配，通过选择合适的砂纸盘转速，使得其相对运动差异减小，达到动态行为的平衡，可有效减少浮雕、脱落、坠尾、边缘倒圆等假象。选择最佳动力学条件应遵循以下原则：样品和磨盘同向/同速转动。

④ 研磨时间：研磨时间越长，样品的质量并非越好，相反会出现浮雕、相脱落、拔出、坠尾及边缘倒圆等假象。试验表明，砂纸磨削 30s 后，因磨粒变钝，磨削能力下降，易于产生表面摩擦挤压损伤，因而一般一张砂纸的研磨时间为30s，最长不超过 45s。

（4）抛光参数对制样质量的影响

如同研磨一样，抛光也是去除研磨工序的损伤，只是它采用了更细的磨粒进行研磨，损伤极其微小。抛光压力、样品和磨盘的转速/方向对于抛光的影响与研磨一致，需要个别说明的则是磨粒、润滑剂、抛光布的选择和抛光时间的影响。

① 磨粒：磨粒如同砂纸的砂粒，按照萨谬尔的选用原则一般是样品硬度的2.5 倍～3 倍。金刚石硬度约 HV8000，具有最强切割能力，普遍适用；SiC 硬度约HV2500；Al_2O_3 硬度约 HV2000。磨粒的尺寸应尽可能选用较小的，避免粗磨粒带来不必要的损伤，若选用多种磨料，应尽可能选用跨度大的，以减少制样时间。

② 润滑剂：主要用于抛光冷却和润滑。软样品应多加润滑剂，磨料应少加；硬样品则相反。但过多润滑剂会使得磨料流失，反而降低了抛光效率，应保持抛光布湿润，但不湿淋淋。

③ 抛光布：抛光布有长毛、短毛和无毛。长毛布回复性好，磨粒沾着于长毛中，适用于软样品制备；无毛布恢复性差，磨粒沾着于布的表面，适用于制备硬样品。

④ 抛光时间：抛光时间应尽可能短，既节约时间，又能防止抛光浮雕和边缘倒圆。

（5）几种等离子热喷涂涂层试样制备

下面介绍几种等离子涂层制样方法。

① $NiAl/Al_2O_3$ 涂层和 $NiCrAlY/ZrO_2$ 涂层：这两种陶瓷类等离子热喷涂涂层均属于两层涂层，底层相似，面层结构多孔隙，应采用填充性好的环氧树脂，配合真空注入设备镶嵌。

研磨：样品应与磨盘同向转动，研磨润滑剂选用自来水，压力选为 5psi，即直径 30mm 的样品，每样品施加 25N 压力，研磨时间 30s～45s，转速为 300r/min；为确保切割损伤去除，粗磨采用 3 张 P90 号砂纸或 5 张 P180 号砂纸，随后可选用 P320 号、P600 号、P800 号、P1200 号各 1～2 张。

　　抛光：由于硬度高，多孔隙，易产生拔出，应优选回复性差的抛光布，即短毛或无毛布；适合的磨料是氧化物类磨料，即 OP-A（Al_2O_3）或 OP-S（悬浮硅），为减小损伤，该磨料粒度约 0.04μm，不利于去除较深划痕，因而可增大抛光压力和抛光时间；但孔隙会被磨料或抛光脱落的金属屑填充，造成孔隙被堵，可选用 6μm 金刚石和短毛布在较低压力下抛去划痕和填充物，润滑剂选为水或金刚石补充液；再选用第一步参数抛光去除 6μm 金刚石的抛光损伤。典型组织见图 12.12。

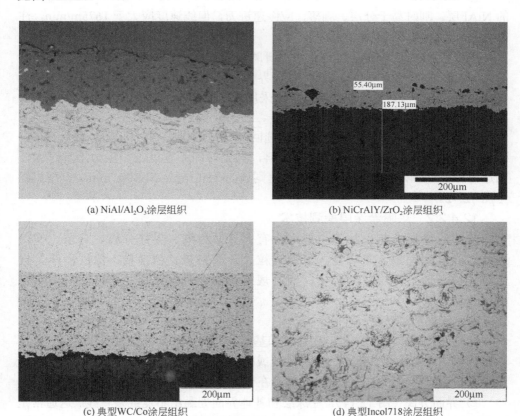

(a) NiAl/Al_2O_3涂层组织　　　　　　　(b) NiCrAlY/ZrO_2涂层组织

(c) 典型WC/Co涂层组织　　　　　　　(d) 典型Incol718涂层组织

图 12.12　典型涂层显微组织

　　② WC/Co 涂层：这种涂层为 Co 基基体上分布有含量大于 40% 的 WC 颗粒，硬度较高，涂层相对致密。切割时易于碎裂，应慢速进刀，但线速度应大于1675m/min，注意冷却。可选用环氧树脂冷镶或焦木粉热镶。

　　研磨：样品应与磨盘同向转动，研磨润滑剂选用自来水，每样品压力选为5psi，研磨时间 30s～45s。研磨时，碳化物颗粒易脱落，转速不宜过高，选为150r/min，为确保切割损伤去除，粗磨采用 3 张 P90 号砂纸或 5 张 P180 号砂纸，随后可选用 P320 号、P600 号、P800 号、P1200 号各 1～2 张。

抛光：由于该涂层硬度高，碳化物颗粒易脱落，产生拔出，应优选回复性差的抛光布，即短毛或无毛布；尤其是基体上分布的碳化钨硬度更大，一般的磨料无法实现切割，只能将其拔出或产生浮雕，最适合的磨料是金刚石磨料，为减小损伤，选用粒度为 1μm 磨料，抛光时间不宜过长，压力不宜过大，仍选每样品 25N，润滑剂选为水。转速则选为 150 r/min 或 300r/min。典型组织见图 12.12。

③ Incol718 涂层：这种涂层硬度不高，涂层相对致密，类似 NiAl/Al$_2$O$_3$ 涂层的 NiAl 层，割时易于分层、剥落，应慢速进刀，但线速度应大于 1675m/min，注意冷却。可选用环氧树脂冷镶。

研磨：样品应与磨盘同向转动，研磨润滑剂选用自来水，压力选为每样品 5psi，研磨时间 30s～45s。研磨时，界面易产生分层，转速不宜过高，选为 150r/min，为确保切割损伤去除，粗磨采用 3 张 P90 号砂纸或 5 张 P180 号砂纸，随后可选用 P320 号、P600 号、P800 号、P1200 号各 1～2 张。

抛光：由于界面易产生分层应优选回复性差的抛光布，即短毛或无毛布；硬度不高，适合的磨料是氧化物类磨料，抛光时间不宜过长，压力不宜过大，仍选每样品 25N，润滑剂选为水；转速则选为 150 r/min 或 300r/min。典型组织见图 12.12。

12.4.2.2 热喷涂涂层检测技术

热喷涂涂层金相检测的主要内容有：界面污染、界面分离、分层、横向裂纹、孔隙和空洞、氧化物、未熔颗粒、金属夹杂、相含量、涂层剥落、拔出等。以下通过涂层典型特征、检测规则和制样假象鉴别几个方面说明涂层检测技术。

（1）涂层典型特征

① 界面污染（图 12.13）：在涂层和基体界面处嵌入的外来颗粒或污染，包括界面孔隙、界面线性氧化物、嵌入砂粒或喷涂过程中其他异物黏附于界面。它造成涂层与基体黏结不良，使得涂层易于在使用或加工中剥落。

② 界面分离（图 12.14）：在涂层和基体界面处黏结不良或是直线。这通常是界面污染或吹砂不足，使得涂层与基体界面平直，涂层附着不牢固，在随后的冷却中由于收缩，该部位黏结力低，使得涂层和基体沿界面分离。

③ 分层（图 12.15）：在涂层内或在涂层和基体界面处出现水平状裂纹或分离。

④ 拔出（图 12.16）：人为导致的空隙或空隙扩大。

⑤ 横向裂纹（图 12.17）：与涂层界面垂直的裂纹，且裂纹长度大于 0.051mm 时才称为裂纹。

⑥ 孔隙和空洞（图 12.18）：在涂层中的没有涂层材料填充的气孔或疏松孔。可以镶嵌用树脂填充，通常在光学显微镜下表现为黑灰或黑暗的区域。

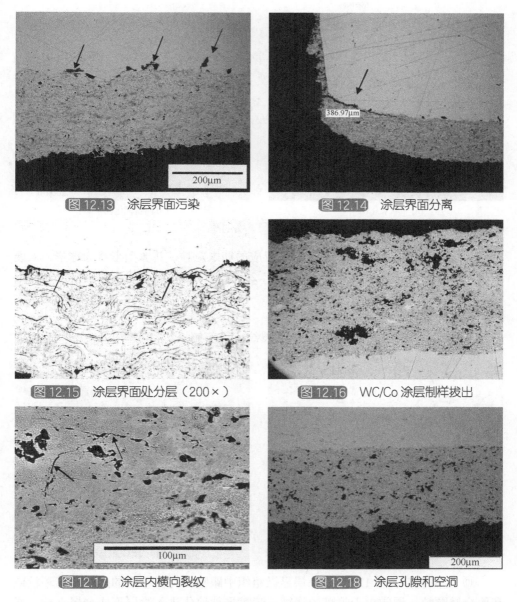

图 12.13　涂层界面污染

图 12.14　涂层界面分离

图 12.15　涂层界面处分层（200×）

图 12.16　WC/Co 涂层制样拔出

图 12.17　涂层内横向裂纹

图 12.18　涂层孔隙和空洞

⑦ 氧化物（图 12.19）：在涂层内有一些走向平行与涂层基体金属界面的波浪形条纹的特征或夹杂物。通常在光学显微镜下表现为亮灰色波浪形和具有团球形或线形的形状。有些氧化物呈较粗、较连续的条纹平行于界面分布，称为条状氧化物。这种粗大氧化物制样时易于脱落形成分层，是一种制样假象；有些是大量氧化物紧密地组合在一起，形成团球状，称团絮状氧化物。这种氧化物常与孔隙伴生，制样也易于脱落形成拔出。

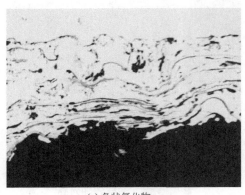
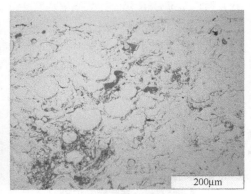

(a) 条状氧化物　　　　　　　　　　　　　　　　(b) 团状氧化物

图 12.19　氧化物

⑧ 未熔颗粒（图 12.20）：未发生反应的粉末颗粒。其典型形状为球形，未展平或局部展平，其宽度与高度比小于 3：2；有一些微粒其形状不规则，呈三角形或其他有棱角的形状，也是未熔颗粒，有的国外公司标准认为只有尺寸大于 0.012mm 的颗粒才称为未熔颗粒。

⑨ 剥落（图 12.21）：露出表面的裂纹或局部掉块。

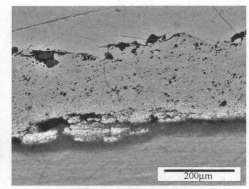

图 12.20　未熔颗粒　　　　　　　　　　图 12.21　裂纹及涂层剥落

⑩ 金属夹杂（图 12.22）：涂层显微组织中跟喷涂材料不同的外来金属颗粒或其他金属颗粒。通常由于喷嘴的烧蚀，喷嘴局部熔化进入涂层形成金属夹杂，或来源于不纯净的喷涂粉末。

⑪ 涂层相（图 12.23）：类似于金属材料的相，是组成和结构相似的均一组织特征，如 Ni/石墨涂层的 Ni 相、WC/Co 涂层的碳化物相等。

⑫ 局部无涂层（图 12.24）：这是一种喷涂缺陷，喷涂种操作不当造成涂层局部缺乏，造成涂层粘接不良。

图 12.22 涂层金属夹杂

图 12.23 WC/Co 涂层的碳化物相

（2）金相制样假象的鉴别

涂层样品对于金相制备参数特别敏感，违反操作规程或参数选择不当，均会产生制样假象，诸如分层、裂纹、分层、拔出、涂层剥落、浮雕等。这些缺陷要审视整个样品的状态而定。

① 分层（图 12.15）：当一个样品存在粗大条状氧化物时，如果出现沿着氧化物条带分布的分层，而且分层的两端氧化物继续延伸，或局部区域存在残

图 12.24 局部无涂层

留氧化物，则这些"分层"可能是制样假象。还有一种分层是沿着涂层与基体界面的，其分层沟痕深、宽，基体界面仍相对粗糙，而且多数区域没有这种情况，或者在样品的边缘局部区域存在分层，这种分层多是制样的假象。

② 裂纹（图 12.17）：如果一个样品的局部区域存在大量横向裂纹，而且裂纹粗大，这种裂纹多是切割造成的损伤没有完全去除所致。

③ 拔出（图 12.16）：这类假象是最难以鉴别的，其形貌与孔隙相当，但若仔细分辨，正常样品的孔隙轮廓分明，边界清晰，而拔出边缘有轻微的彗星状坠尾或拔出孔隙边缘略有倒圆，部分孔隙底部清晰可辨。易于产生拔出的样品可能是多孔、多团状氧化物或粗大条状氧化物的。

④ 涂层剥落（图 12.25）：除非特殊损伤，对于质量良好的涂层一般不会出现剥落现象，涂层的剥落多沿着黏结不良的界面，切割时装夹方向不正确，可能造成涂层掉块脱落。

⑤ 抛光浮雕（图 12.26）：这通常是不恰当的抛光布或抛光时间长造成的，使得组织的某些相明显浮凸，不在显微镜的同一个焦平面，形似雕塑，有立体感。

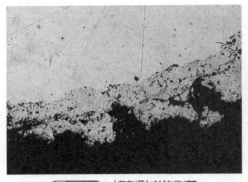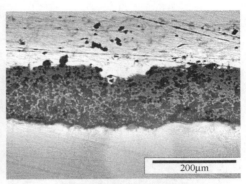

图 12.25　切割形成的剥落　　　　　　　图 12.26　抛光浮雕

　　界面污染、氧化物、未熔颗粒、金属夹杂等显微特征一般不会产生制样假象，对于易产生假象的显微特征应当慎重评定，一般当样品怀疑有制样假象时，应采用如下方法进行确认。

　　首先检查制样程序是否存在违反操作规程或设备故障等特殊情况，若存在这些情况，则应重新制样、评定。若制样过程正确、方法可靠，则允许该样品进行总数 3 次的磨抛（一次初始磨抛和 2 次重新磨抛），如果 3 次磨抛中有两次失败，即 2 次出现了类似特征，则认为属于喷涂质量问题，而非制样假象，若后续制样中均未出现类似特征，缺陷是制样的假象。

　　（3）热喷涂涂层检测

　　目前国内关于热喷涂检测的标准相对较少，而且多数是企业自己的标准，缺少系统性、评价统一的标准。国外关于涂层的标准相对完整，有其独特的体系，制订了系列规范的涂层质量控制体系和检测标准。目前国内已有的一些标准有：

　　GB/T 19352《热喷涂结构的质量要求》；

　　HB 6378《热喷涂耐磨涂层质量检验》；

　　HB 7236《热喷涂封严涂层质量检验》；

　　HB 7269《热喷涂热障涂层质量检验》；

　　HB 7627《爆炸喷涂碳化物、碳化铬耐磨涂层质量检验》；

　　JB/T 5070《热喷涂常用术语》。

　　就目前所了解的标准看，国外公司的标准在操作上更接近工程化，制订了系列分级标准图片，按照标准图片进行评级和判断。

　　一般而言，涂层结构是均匀一致的，但由于喷涂过程中参数的变化或电流的波动、气流的不稳定，使得涂层出现局部区域显微结构变化，形成结构特征的不一致，如：碳化物聚集分布、大孔隙、团状氧化物、横向裂纹、界面污染等，给显微评定带来困难。是以最差视场还是多数视场进行评定，这需要依照具体涂层标准要求而定。

就一般原则而言，检测应注意以下几点原则：

① 除非技术文件特别批准，试片的基材应选用和零件组成、状态和硬度一致的材料。当材料选择不正确时，应重新制作试样。

② 涂层的厚度应符合相关技术文件规定，当厚度不符合规定时，原则上可判拒收，除工艺试验或问题研究外，一般可不用做出进一步检测。

③ 当样品的制备不符合要求时，可以不用做出进一步检测。

④ 当上述 3 条都满足时，可以进行随后的显微检测，依照具体规范要求，可采用比较法与标准图片进行比较，或进行估算，一般选择 200 倍～500 倍，首先浏览整个样品表面，掌握样品的整体状态，当所有视场都符合标准要求，取代表性视场最接近的级别作为该涂层特征级别。当涂层整体情况合格，但局部区域超出极限图片时，一般应采用 5%原则。

首次检查累积超标特征低于 5%的视场，则涂层视为合格。如果累积超标特征大于 5%的视场，则应按以下规则来检测：按累积的总规则检测试样，按照片标准评定整个试样。当评定一定的视场时，显微镜中的整个区域可能不被拒收，即在"坏"区域两侧上的视场是合格的，属合格；"坏"区域两侧上的视场有不合格的，进行累加，如果污染延伸到下一个视场中，则那一段距离也应包括在内，依次累加，超过 5%，则属不合格。

12.5　喷丸及其检测

12.5.1　喷丸工艺特点

喷丸处理是一种表面强化处理工艺。喷丸处理是以压缩空气喷出或离心式喷丸机借离心力，将砂丸或铁丸高速喷射到工件表面，对工件表面进行强烈的冲击，使其表面发生塑性变形，从而达到强化表面和改变表面状态的一种工艺方法。丸粒冲击金属表面：第一，使零件表面生成 0.1mm～0.4mm 深的硬化层，增加零件表面对塑性变形和断裂的抵抗能力，并使表层产生压应力，提高其疲劳强度；第二，使零件表面上的缺陷和由于机械加工所带来的损伤减少，从而降低应力集中。

喷丸常用的丸粒有以下几种：铸铁弹丸、钢弹丸、玻璃弹丸、砂丸、玻璃丸等，其中黑色金属常选用铸铁弹丸、钢弹丸和玻璃弹丸，而有色金属与不锈钢常用玻璃弹丸和不锈钢弹丸。

喷丸处理的目的主要有以下两个方面：

① 用来清除厚度不小于 2mm 的或不要求保持准确尺寸及轮廓的中型、大型金属制品以及铸锻件上的氧化皮、铁锈、型砂及旧漆膜，是表面涂（镀）覆前的一种清理方法。主要是采用砂粒进行，也称为喷砂。

② 利用喷丸处理后表面形成残余压应力进行表面强化，同时喷丸也可以破碎

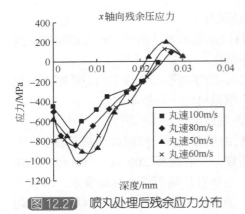

图 12.27 喷丸处理后残余应力分布

机械加工的刀痕，减小缺口敏感性，从而有效提高零件疲劳强度，一般可提高疲劳寿命 1~3 倍，甚至可提高几十倍。应用于发动机压气机叶片、盘、汽车传动系统零件等。图 12.27 是某零件表面喷丸处理后残余应力分布。

图 12.28 和图 12.29 为某零件喷丸前后表面状态对比。喷完前表面为均匀的车加工刀痕，喷丸后表面呈现丸粒打击后的弹痕形貌，刀痕不可见。

图 12.28 机械加工后表面刀痕

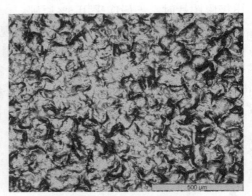

图 12.29 喷丸处理后表面状态

12.5.2 喷丸检测

关于喷丸及其检测相关的标准有：

GB/T 20015《金属和其他无机覆盖层、电镀镍、自催化镀镍、电镀铬及最后精饰自动控制喷丸硬化前处理》；

HB/Z 26《航空零件喷丸强化工艺通用说明书》；

HB/Z 406《铝合金零件喷丸成形工艺》；

JB/T 10174《钢铁零件强化喷丸的质量检验方法》；

JB/T 11552《抛喷丸强化 技术条件》；

ASTM B851《在镍、自动催化镍或铬镀覆或者最后镀层之前金属制品自动控制喷丸硬化的标准规范》；

NF L06-821《航空和航天 喷丸 验收条件》；

NF L06-822《航空和航天 喷丸 石英》；

NF L06-823《航空和航天 喷丸 玻璃球》；

NF L06-824《航空和航天　喷丸　瓷球》；

NF L06-829《航空和航天　喷丸　无铁棕刚玉》；

DIN EN ISO 11124《涂覆前钢表面准备　金属喷丸材料要求》。

喷丸检测中喷丸丸粒检测和喷丸覆盖率检测是重要的两方面。

（1）喷丸丸粒检测

喷丸处理后零件的表面状态除了与喷丸参数有关外，丸粒的形态和破碎率对于喷丸表面质量有很大影响，严重时，尖锐的颗粒会嵌入表面或划伤表面，图12.30为典型喷丸表面损伤。这些损伤常成为疲劳萌生源，影响到喷丸强化效果，因此需要控制喷丸的丸粒。

在进行喷丸丸粒控制时通常从两个方面控制：①丸粒形状和表面状态；②丸粒硬度检查（适用于钢丸）。

① 丸粒形状和表面状态检查：一般是采用目视或体视显微镜在 10 倍～30 倍下观察。具体操作方法：任意选取一些丸粒，铺放在平面上成均匀一层，也可以将丸粒均匀撒在胶带上，使其黏着后，用纸抠出一定观察面积（大于铺设面积的70%），在放大镜下识别并清点不合格的丸粒数量。所谓合格丸粒主要是表面锈蚀、形态不良（破碎、变形或带尖角）；合格丸粒为球形，无细长或多角。典型不合格丸粒见图12.31。表面状态检查则主要是检查丸粒表面是否有滑油、油脂及其他污染物。

图 12.30　典型喷丸表面损伤

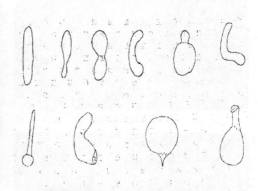

图 12.31　典型不合格丸粒形态

例如：某标准中规定 110 的铸钢丸，检查面积为 6.4mm×6.4mm，最多允许不合格丸粒数量为 32 个；检测面积内丸粒应近似为球形，允许 5% 的非球形。

② 丸粒硬度检查：一般将丸粒撒在镶嵌模具中，采用冷镶嵌。经磨抛后进行显微硬度试验。

通常选择 10～20 个丸粒来测试硬度。试验负荷的选择 100gf～500gf，每个丸粒进行一次测试，取平均硬度作为该批次丸粒硬度。

（2）喷丸覆盖率检测

喷丸覆盖率是用来度量喷丸覆盖范围的一个指标，通常目视或显微检查丸粒弹痕占据面积与要求强化面积的比值，即弹痕覆盖的表面范围，以%表示。通常以覆盖率98%作为100%的判定准则，在此基础上将喷丸时间延长25%，即对应喷丸时间为实现98%覆盖率时间的1.25倍作为完全覆盖时间，此时覆盖率为100%。

若样品较小或方便直接观察时，可直接在显微镜上进行检查；对大零件或形状复杂零件，则应进行覆膜显微观察，一般情况下，同一检验面应间隔一定距离选择不少于5处进行检查。

显微检查时一般选择50倍或100倍，主要检查喷丸覆盖率、喷丸折叠、嵌入物、损伤等。喷丸覆盖率不足时，表面会出现较多的机械加工刀痕，且由于喷丸程度的不同，表现出破碎机加刀痕、少量破碎机加刀痕、轻微破碎机加刀痕等特征。当喷丸过度时，会出现喷丸折叠；丸粒破碎时，会出现金属嵌入、划伤等表面损伤特征。对于残留的机加痕迹，若未被丸粒撞击，在显微镜下观察无凹凸度，有些情况下表面虽然残留有机加痕迹，但该处有明显的丸粒撞击形成的表面凹凸，该处仍视为喷丸覆盖。图12.32为典型不同程度喷丸表面状态。

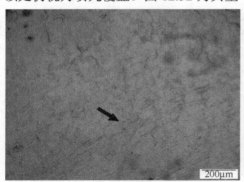
(a) 喷丸覆盖率不足

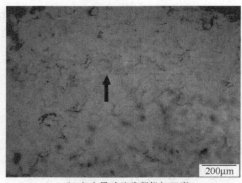
(b) 有少量破碎残留机加刀痕

(c) 完全覆盖

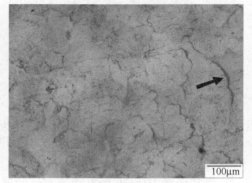
(d) 出现喷丸折送

图 12.32　不同程度的典型喷丸表面状态

　　图 12.33 为 HB/Z 26 中给出的不同表面覆盖率形貌，适合小于 100%喷丸表面覆盖率情况的评定。

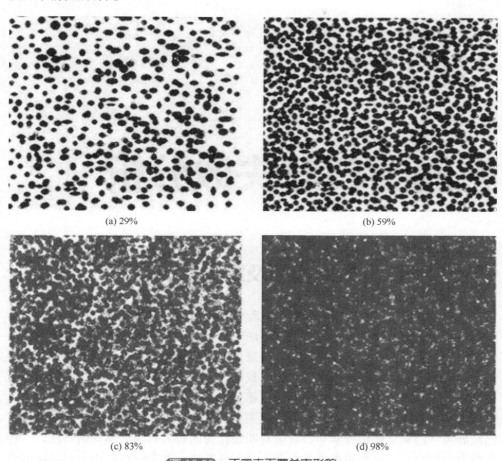

(a) 29%　　　　　　　　　　　　　　　　(b) 59%

(c) 83%　　　　　　　　　　　　　　　　(d) 98%

图 12.33　不同表面覆盖率形貌

第 13 章

金属断口与失效分析

13.1　断口分析的作用及意义

　　断口是试样或零件在试验或使用过程中发生断裂（或形成裂纹后打断）所形成的断面。它记录了材料断裂前的不可逆变形以及裂纹的萌生、扩展直至断裂的全过程形貌特征。通过定性和定量分析来识别这些特征，并将这些特征与发生损伤乃至最终失效的过程联系起来，可以找出与失效相关的内在或外在的原因。断口学作为失效分析学科的一个重要组成部分，在失效分析中发挥了很大的作用。在机电产品的各类失效中以断裂失效最主要，危害最大。断裂失效的分析与预防已发展为一门独立的边缘学科。目前对断裂行为的研究有两种不同的方法。一种是断裂力学方法，它是根据弹性力学及弹塑性理论，并考虑材料内部存在缺陷而建立起来的一种研究断裂行为的方法。另一种是金属物理的方法，从材料的显微组织、微观缺陷、甚至分子和原子的尺度上研究断裂行为的方法。断裂失效分析则是从裂纹和断口的宏观、微观特征入手，研究断裂过程和形貌特征与材料性能、显微组织、零件受力状态及环境条件之间的关系，从而揭示断裂失效的原因和规律。它在断裂力学方法和金属物理方法之间架起联系的桥梁。

13.2　断裂分类

　　构件或试样在外力作用下导致裂纹形成扩展而分裂为两部分（或几部分）的过程称为断裂。它包括裂纹萌生、扩展和最后瞬断三个阶段。各阶段的形成机理及其在整个断裂过程中所占的比例,与构件形状、材料种类、应力大小与方向、环境条件等因素有关。断裂形成的断面称为断口。断口上详细记录了断裂过程中内外因素的变化所留下的痕迹与特征,是分析断裂机理与原因的重要依据。

断裂可按具体的需要和分析研究的方便进行分类。以下介绍几种常用的分类方法,这些分类是相辅相成的。

（1）按断裂性质分类

根据零件断裂前所产生的宏观塑性变形量的大小可分为:

①塑性断裂,断裂前发生较明显的塑性变形。延伸率大于5%的材料通常称为塑性材料。

② 脆性断裂,断裂前几乎不产生明显的塑性变形。延伸率小于3%的材料通常称为脆性材料。

③ 塑性-脆性混合型断裂,又称为准脆性断裂。

塑性断裂对装备与环境造成的危害远较脆性断裂小,因为它在断裂之前出现明显的塑性变形,容易引起人们的注意。与此相反,脆性断裂往往会引起危险的突发事故。

脆性断裂有穿晶脆断（如解理断裂、疲劳断裂）和沿晶脆断（如回火脆、氢脆）之分。

（2）按断裂路径分类

依断裂路径的走向可以分为穿晶断裂和沿晶断裂两类。

① 穿晶断裂,裂纹穿过晶粒内部,如图
13.1 所示。穿晶断裂可以是塑性的,也可以是脆性的。前者断口具有明显的韧窝花样,后者断口的主要特征为解理花样。

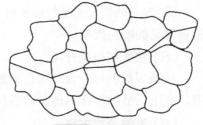

图 13.1 穿晶断裂

② 沿晶断裂,断裂沿着晶粒边界扩展,可分为沿晶脆断和沿晶韧断（在晶界面上有浅而小的韧窝）,如图 13.2 所示。

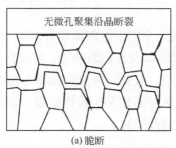

(a) 脆断

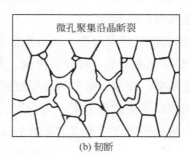

(b) 韧断

图 13.2 沿晶断裂

（3）按断面相对位移形式分类

按两断面在断裂过程中相对运动的方向可以分为：

① 张开型（Ⅰ型）。裂纹表面移动的方向与裂纹表面垂直。这种型式的断裂常见于疲劳及脆性断裂，其断口齐平，是工程上最常见和最危险的断裂类型。

② 前后滑移型（Ⅱ型）。裂纹表面在同一平面内相对移动，裂纹表面移动方向与裂纹尖端的裂纹前沿垂直。

③ 剪切型（Ⅲ型）。裂纹表面几乎在同一平面内扩展，裂纹表面移动的方向和裂纹前沿线一致。

剪切断口、斜断口和扭转断口是Ⅱ型以及Ⅱ型和Ⅲ型的组合。

（4）按断裂方式分类

按断面所受到的外力类型的不同分为正断断裂、切断断裂和混合断裂三种。

① 正断断裂，受正应力引起的断裂，其断口表面与最大正应力方向相垂直。断口的宏观形貌较平整，微观形貌有韧窝、解理花样等。

② 切断断裂，是在切应力作用下而引起的断裂，断面与最大正应力方向成45°，断口的宏观形貌较平滑，微观形貌为抛物状的韧窝花样。

③ 混合断裂，正断与切断两者相混合的断裂方式，断口呈锥杯状，混合断裂是最常见的断裂类型。

（5）按断裂机制分类

按断裂机制可分为解理、准解理、韧窝、滑移分离、沿晶以及疲劳等多种断裂，在下一节中将详细地介绍各种断裂机制及相应的断口形貌特征。

（6）其他分类方法

① 按应力状态分类，可分为静载断裂（拉伸、剪切、扭转）、动载断裂（冲击断裂、疲劳断裂）等。

② 按断裂环境分类，可分为低温断裂、中温断裂、高温断裂、腐蚀断裂、氢脆及液态金属致脆断裂等。

③ 按断裂所需能量分类，可分为高能、中能及低能断裂等。

④ 按断裂速率分类，可分为快速、慢速以及延迟断裂等。如拉伸、冲击、爆破等为快速断裂，疲劳、蠕变等为慢速断裂，氢脆、应力腐蚀等为延迟断裂。

⑤ 按断裂形成过程分类，可分为工艺性断裂和服役性断裂，如在铸造、锻造、焊接、热处理等过程形成的断裂为工艺性断裂。

13.3　断口特征

13.3.1　断裂机理与断口典型特征

（1）韧窝

韧窝是金属延性断裂的主要微观特征。韧窝又称作迭波、孔坑、微孔、微坑等。韧窝是材料在微区范围内塑性变形产生的显微孔洞，经形核、长大、聚集，最后相互连接而导致断裂后，在断口表面所留下的痕迹。

虽然韧窝是延性断裂的微观特征，但不能仅仅据此就作出断裂属于延性断裂的结论，因为延性断裂与脆性断裂的区别在于断裂前是否发生可察觉的塑性变形。即使在脆性断裂的断口上，个别区域也可能由于微区的塑变而形成韧窝。

韧窝的形状主要取决于所受的应力状态，最基本的韧窝形状有等轴韧窝、撕裂韧窝和剪切韧窝三种，如图 13.3～图 13.5 所示。

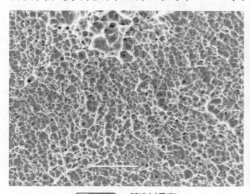
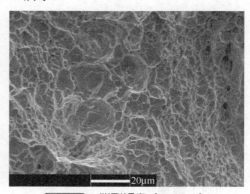

图 13.3　等轴韧窝　　　　　图 13.4　撕裂韧窝（1000×）

韧窝的大小包括平均直径和深度。深度常以断面到韧窝底部的距离来衡量，影响韧窝大小的主要因素为第二相质点的大小、密度，基体的塑性变形能力，变形硬化指数，外加应力大小状态以及加载速率等。

通常对于同一种材料，当断裂条件相同时，韧窝尺寸越大，则表明材料的塑性越好。

（2）滑移分离

金属塑性变形方式主要有滑移、孪生、晶界滑动和扩散性蠕变四种。孪生一般在低温下才起作用。在高温下，晶界滑动和扩散性蠕变方式较为重要。在常温下，金属主要的变形方式是滑移。滑移分离的基本特征是：断面倾斜，呈 45°；断口附近有明显的塑性变形，滑移分离是在平面应力状态下进行的。滑移分离的主要微观特征是滑移线或滑移带、蛇形花样、涟波花样等，如图 13.6～图 13.8 所示。

图 13.5 剪切韧窝

图 13.6 典型的滑移线形貌

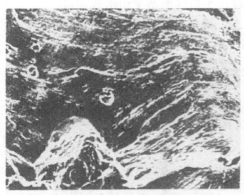
图 13.7 蛇形滑移花样

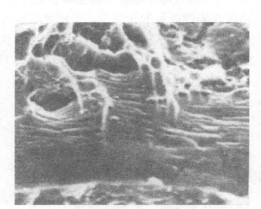
图 13.8 涟波形貌

（3）解理

解理断裂是金属在正应力作用下，由于原子结合键的破坏而造成的沿一定的晶体学平面（即解理面）快速分离的过程。解理面一般是表面能量最小的晶面。面心立方晶系的金属及合金一般情况下不发生解理断裂。解理断裂属于脆性断裂。解理断裂区通常呈典型的脆性状态，不会产生宏观塑性变形，有时可以伴有一定的微观塑性变形。小刻面是解理断裂断口上明显的宏观特征。解理断口上的"小刻面"即为结晶面，呈无规则取向。当断口在强光下转动时，可见到闪闪发光的特征。

典型的解理断口微观形貌有以下重要特征：解理台阶、河流花样、"舌"状花样、鱼骨状花样、扇形花样及瓦纳线等，部分典型形貌如图 13.9～图 13.12 所示。

影响解理断裂的因素主要有环境温度、介质、加载速率、材料的晶体结构、显微组织、应力大小与状态等。

图 13.9　解理断口上的小刻面

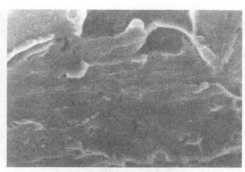

图 13.10　舌状花样

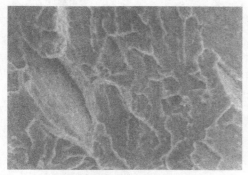

图 13.11　解理扇形花样

图 13.12　鱼骨状花样

（4）准解理

准解理断裂是介于解理断裂和韧窝断裂之间的一种过渡断裂形式。准解理断口宏观形貌比较平整，基本上无宏观塑性或宏观塑性变形较小，呈脆性特征。其微观形貌有河流花样、舌状花样及韧窝与撕裂棱等。准解理断口与解理断口的不同之处在于：

① 准解理断裂起源于晶粒内部的空洞、夹杂物、第二相粒子，而不像解理断裂那样，断裂源在晶粒边界或相界面上。

② 裂纹传播的途径不同，准解理是由裂源向四周扩展，不连续，而且多是局部扩展。解理裂纹是由晶界向晶内扩展，表现河流走向。

③ 准解理小平面的位向并不与基体（体心立方）的解理面 $\{100\}$ 严格对应，相互并不存在确定的对应关系。

④ 在调质钢中准解理小刻面的尺寸比回火马氏体的尺寸要大得多，它相当于淬火前的原始奥氏体晶粒尺度。

（5）沿晶断裂

沿晶断裂又称晶间断裂，它是多晶体沿不同取向的晶粒所形成的沿晶粒界面分离，即沿晶界发生的断裂现象。根据晶界有无韧窝和撕裂棱线，沿晶断裂通常可分为沿晶韧窝断裂和沿晶脆性断裂两类。沿晶韧窝断裂形貌见图 13.13，沿晶脆性断裂形貌见图 13.14。

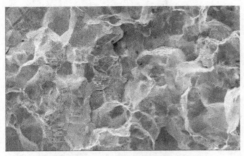 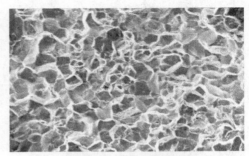

图 13.13　沿晶韧窝断裂形貌　　　　　图 13.14　沿晶脆性断裂形貌

（6）疲劳

疲劳断裂是材料（或构件）在交变应力反复作用下发生的断裂。疲劳断裂的宏观特征是疲劳弧线，微观特征是疲劳条带，见图 13.15。

(a) 延性疲劳条带　　　　　　　　　　　(b) 脆性疲劳条带

图 13.15　疲劳条带

疲劳条带的主要特征是：①疲劳条带是一系列基本上相互平行的、略带弯曲的波浪形条纹，并与裂纹局部扩展方向相垂直；②每一条条带代表一次应力循环，每条条带表示该循环下裂纹前端的位置，疲劳条带在数量上与循环次数相等；③疲劳条带间距（或宽度）随应力强度因子幅的变化而变化；④疲劳断面通常由许多大小不等、高低不同的小断块所组成，各个小断块上的疲劳条带并不连续，且不平行；⑤断口两匹配断面上的疲劳条带基本对应。

13.3.2　不同断裂失效模式的断口特征

13.3.2.1　过载

过载断口一般由三个宏观特征区域组成，分别是纤维区、放射区、剪切唇区，也称为过载断口宏观三要素，如图 13.16 所示。

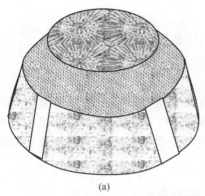

(a)

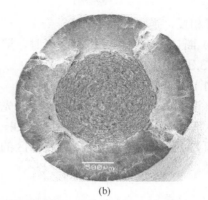

(b)

图 13.16　断口三要素示意图

纤维区：该区一半位于断口的中央，是材料处于平面应变状态下发生的断裂，呈粗糙的纤维状，属于正断型断裂。纤维区的宏观平面与拉伸应力轴相垂直，断裂在该区形核。

放射区：该区紧接纤维区，是裂纹由缓慢扩展转化为快速的不稳定扩展的标志，其特征是放射线花样。放射线发散的方向为裂纹扩展方向。放射条纹的粗细取决于材料的性能、微观结构及试验温度等。

剪切唇区：剪切唇区为断裂过程的最后阶段，表面较光滑，与拉伸应力轴的交角约 45°，属于切断型断裂。它是在平面应力状态下发生的快速不稳定扩展，在一般情况下，剪切唇大小是应力状态及材料性能的函数。

在通常情况下，金属材料的断口均会出现断口三要素形貌特征，所不同的仅仅是三个区域的位置、形状、大小及分布不同而已。但有时在断口上只出现一种或两种断口形貌特征，这是受材质、温度、受力状态等因素的影响。

断口三要素的分布有下列四种情况：①断口上全部为剪切唇，例如纯剪切型断口或薄板拉伸断口就属于这种情况；②断口上只有纤维区和剪切唇区，而没有放射区；③断口上没有纤维区，仅有放射区和剪切唇区，例如低合金钢在−60℃时的拉伸断口；④断口三要素同时出现，这是最常见的断口宏观形貌特征。

断口三要素在断裂失效分析中主要起以下方面的作用。

① 裂源位置的确定：在通常情况下，裂源位于纤维状区的中心部位，因此找到了纤维区的位置就可以确定裂源的位置。另一方面是利用放射区的形貌特征，在一般条件下，放射条纹收敛处为裂纹源位置。

② 裂纹扩展方向的确定：在断口三要素中，放射条纹指向裂纹扩展方向。通常，裂纹的扩展方向是由纤维区指向剪切唇区方向。如果是板材零件，断口上放射区的宏观特征为人字条纹，其反方向为裂纹的扩展方向。需要指出的是，如果在板材的两侧开有缺口，则由于应力集中的影响，形成的人字纹尖顶指向与无缺

口正好相反,逆指向裂纹源。

③ 断口上有两种或三种要素时,剪切唇区是最后断裂区。

13.3.2.2 疲劳

(1)疲劳断裂的宏观分析与特征

典型的疲劳断口按照断裂过程的先后有三个明显的特征区,即疲劳源区、扩展区和瞬断区,如图13.17所示。在一般情况下,通过宏观分析即可大致判明该断口是否属于疲劳断裂,断裂源区的位置,裂纹的扩展方向以及载荷的类型与大小。

图 13.17 典型疲劳断口的宏观特征

① 源区的宏观特征:疲劳源区一般位于零件的表面或亚表面的应力集中处,具有如下宏观特征。

(a)氧化或腐蚀较重,颜色较深。

(b)断面平坦、光滑、细密,有些断口可见到闪光的小刻面。

(c)有向外辐射的放射台阶和放射状条纹。

(d)在源区虽看不到疲劳弧线,但它看上去像向外发射疲劳弧线的中心。

以上是疲劳断裂源区的一般特征,有时宏观特征并不典型,这时需要通过较高倍率的放大观察。有时疲劳源区不止一个,在存在多个源的情况下,需要找出疲劳断裂的主源区。

② 扩展区的宏观特征:该区断面较平坦,与主应力相垂直,颜色介于源区与瞬断区之间,疲劳断裂扩展阶段留在断口上最基本的宏观特征是疲劳弧线。这也是识别和判断疲劳失效的主要依据。但并不是在所有的情况下,疲劳断口都有清晰可见的疲劳弧线,有时看不到疲劳弧线,这是因为疲劳弧线是疲劳裂纹扩展过程中载荷或环境发生较大变化而形成的如持续的恒定交变应力加载就不会形成疲劳弧线。

③ 瞬断区的宏观特征:瞬断区宏观特征与缺口过载断裂的断口相近。

(a)瞬断区面积的大小取决于载荷的大小,材料的性质,环境介质等因素。在通常应力控制情况下,瞬断区面积较大,则表示所受载荷较大或者材料较脆;相反,瞬断区面积较小,则表示承受的载荷较小或材料韧性较好。

（b）瞬断区的位置越处于断面的中心部位，表示所受的外载越大；瞬断区的位置接近自由表面，则表示受到的外力较小。

（c）在通常情况下，瞬断区具有断口三要素的全部特征。但由于断裂条件的变化，有时某些断口要素不典型。

当疲劳裂纹扩展到应力处于平面应变状态以及由平面应变过渡到平面应力状态时，其断口宏观形貌呈现人字纹或放射条纹，当裂纹扩展到使应力处于平面应力状态时，断口呈现剪切唇形态。

（2）疲劳断裂的微观分析与特征

疲劳断裂的微观分析一般包括以下内容。

① 疲劳源区的微观分析：首先要确定疲劳源区的具体位置是表面还是亚表面，对于多源疲劳还需判明主源与次源。其次要分析源区的微观形貌特征，包括裂纹萌生处有无外物损伤痕迹、加工刀痕、磨损痕迹、腐蚀损伤及腐蚀产物、材质缺陷（包括晶界、夹杂物、第二相粒子）等，如图 13.18 和图 13.19 所示。

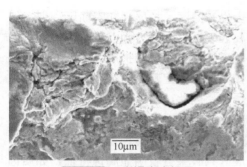

图 13.18　磨损痕迹起源

图 13.19　加工刀痕起源

② 疲劳扩展区的微观分析：对于第一阶段要仔细观察其上有无疲劳条带、韧窝、台阶、二次裂纹以及断裂小刻面的微观形貌。对于第二阶段主要是观察有无疲劳条带，疲劳条带的性质（包括区分晶体学延性与脆性条带，非晶体学延性与脆性条带），条带间距的变化规律等。搞清这些特征，对于分析疲劳断裂机制、裂纹扩展速率、载荷的性质与大小等有重要作用。

③ 瞬断区微观分析：主要观察韧窝的形态是等轴韧窝、撕裂韧窝还是剪切韧窝。韧窝的形貌特征可以判断引起疲劳断裂的载荷类型。

（3）不同模式疲劳断裂的特征

① 高周疲劳

高周疲劳断裂断口除具有疲劳断裂断口的一般特征之外，还有如下几点：宏观上疲劳扩展区面积较大，瞬断区面积较小；微观上疲劳条带比较细密。

② 低周疲劳

（a）宏观特征

低周疲劳断裂宏观断口除具有疲劳断裂宏观断口的一般特征之外，还有如下几点：具有多个疲劳源，且往往成为线状，源区间的放射状棱线（疲劳一次台阶）多而且台阶的高度差大；瞬断区的面积所占比例大，甚至远大于疲劳裂纹稳定扩展区面积；疲劳弧线间距加大，稳定扩展的棱线（疲劳二次台阶）粗且短；与高周疲劳断口相比，整个断口高低不平，随着断裂循环数（N_f）的降低，断口形貌越来越接近静拉伸断裂断口。

（b）微观特征：低周疲劳断裂由于宏观塑性变形较大，静载断裂机理会出现在疲劳断裂过程中。在一般情况下，当疲劳寿命 $N_f<90$ 次时，断口上为细小的韧窝，看不到典型的疲劳条带出现；当 $N_f \geqslant 300$ 次时，出现轮胎花样；当 $N_f>10^4$ 时，才出现典型的疲劳条带，此时的条带间距较宽，可达 $(2\sim3)\mu m$/周次。如果使用温度超过等强温度，断口还会出现沿晶断裂。

③ 腐蚀疲劳：腐蚀疲劳断裂是在腐蚀环境与交变载荷协同、交互作用下发生的一种失效模式。

腐蚀疲劳和一般疲劳断裂一样，断口上也有源区、扩展区和瞬断区，但在细节上，腐蚀疲劳断口有其独有的特征，主要表现在以下几方面：（a）断口低倍形貌呈现出明显的疲劳弧线；（b）腐蚀疲劳断口的源区与疲劳扩展区一般均有腐蚀产物。但应注意疲劳断口上覆盖有腐蚀产物，并不一定就是腐蚀疲劳断裂。因为常规疲劳断裂后的断面上，亦有可能产生锈蚀。因此，断面上有腐蚀产物不是判定是否腐蚀疲劳断裂的唯一判据；（c）腐蚀疲劳断裂一般均起源于表面腐蚀损伤处（包括点腐蚀、晶间腐蚀、应力腐蚀等），因此，大多数腐蚀疲劳断裂的源区可见到腐蚀损伤特征；（d）腐蚀疲劳断裂扩展区具有某些较明显腐蚀特征，如腐蚀坑、泥纹花样等；（e）腐蚀疲劳断裂的重要微观特征是穿晶解理脆性疲劳条带；（f）在腐蚀疲劳断裂过程中，当腐蚀损伤占主导地位时，腐蚀疲劳断口呈现穿晶与沿晶混合型；（g）当 $K_{max}>K_{ISCC}$，在频率很低的情况下，腐蚀疲劳断口呈现穿晶解理与韧窝混合特征。

判断腐蚀疲劳断裂失效的主要判据有如下几方面：（a）构件是在交变应力和腐蚀条件下工作，在液态、气态和潮湿空气中有腐蚀性元素；（b）断裂表面颜色灰暗，无金属光泽，通常可见到较明显的疲劳弧线；（c）断裂表面上或多或少存在有腐蚀产物和腐蚀损伤痕迹；（d）疲劳条带多呈脆性特征，断裂路径一般为穿晶，有时出现穿晶与沿晶混合性甚至沿晶型。

④ 热疲劳：零件在没有外加载荷的情况下，由于工作温度的反复变化而导致的开裂叫热疲劳。

对于有表面应力集中零件，热疲劳裂纹易产生于应变集中处；而对于光滑表面零件，则易产生于温度高，温差大的部位，在这些部位首先产生多条微裂纹。在酸浸显示晶粒度后，可发现热疲劳裂纹发展极不规则，呈跳跃式，忽宽忽窄。有时还会产生分枝和二次裂纹，裂纹多为沿晶开裂。

热疲劳断口与机械疲劳断口在宏观上有相似之处，也可以分为三个区域，即裂纹源区、扩展区和瞬断区。

热疲劳裂纹附近的显微硬度降低，这是由于高温氧化使靠近热疲劳裂纹两侧的材料产生合金元素贫化。

除了上述几种主要的疲劳断裂失效形式外，还有高温疲劳、蠕变疲劳、复合疲劳等。

（4）疲劳载荷类型的判断

① 反复弯曲载荷引起的疲劳断裂：构件承受弯曲载荷时，其应力在表面最大、中心最小。所以疲劳核心总是在表面形成，然后沿着与最大正应力相垂直的方向扩展。当裂纹达到临界尺寸时，构件迅速断裂，因此，弯曲疲劳断口一般与其轴线成 90°。

（a）非对称弯曲疲劳断口：在非对称交变弯曲载荷作用下，疲劳破坏源是从交变张应力最大的一边的表面开始的。当轴为光滑轴时，没有应力集中，裂纹由核心向四周扩展的速率基本相同。当轴上有台阶或缺口时，则由于缺口根部应力集中大，故疲劳裂纹在两侧的扩展速率较快，其瞬断区所占的面积也较大，如图 13.20 所示。

（b）对称弯曲疲劳断口：在对称交变弯曲载荷的作用下，疲劳破坏源则从相对应的两边开始，几乎是同时向内扩展。对尖缺口或轴截面突然发生变化的尖角处，由于应力集中的作用，疲劳裂纹在缺口的根部扩展较快，如图 13.21 所示。

 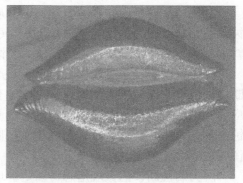

图 13.20　非对称弯曲疲劳断口宏观形貌　　图 13.21　对称弯曲疲劳断口宏观形貌

旋转弯曲疲劳时，其应力分布是外层大、中心小，故疲劳核心在两侧，且裂纹扩展速率较快，中心较慢，其疲劳弧线或条带比较扁平。由于在疲劳裂纹扩展的过程中，轴还在不断的旋转，疲劳裂纹的前沿向旋转的相反方向偏转。因此，最后的破坏区也向旋转的相反方向偏转一个角度。由这种偏转现象,即疲劳断裂源区与最终断裂区的相对位置便能推断出轴的旋转方向。偏转现象随着材料的缺口敏感性的增加而增加,应力越大,轴的转速越慢,周围介质的腐蚀性越大则偏转现象越严重。

② 拉-拉载荷引起的疲劳断裂:当材料承受拉-拉(拉-压)交变载荷时,其应力分布与轴在旋转弯曲疲劳时的应力分布是不同的。前者是沿着整个零件的横截面均匀分布,而后者是轴的外表面远高于中心。

由于应力分布均匀,使疲劳源萌生的位置变化较大。源可以在零件的外表面,也可以在零件的内部。这主要取决于各种缺陷在零件中分布状态及环境因素的影响。这些缺陷可以使材料的强度降低,并产生不同程度的应力集中。因此轴在承受拉-拉(拉-压)疲劳时,裂纹除可在零件的表面萌生向内部扩展外,还可以在零件内部萌生而后向外部扩展。

③ 扭转载荷引起的疲劳断裂:轴在交变扭转应力作用下,可能产生一种特殊的扭转疲劳断口,即锯齿状断口。一般在双向交变扭转应力作用下,在相应各个起点上发生的裂纹,分别沿着±45°两个侧斜方向扩展(交变张应力最大的方向),相邻裂纹相交后形成锯齿状断口。而在单向交变扭转应力的作用下,在相应各个起点上发生的裂纹,只沿 45°倾斜方向扩展。当裂纹扩展到一定程度,最后连接部分破断而形成棘轮状断口。

如果在轴上开有轴向缺口,如轴上的键槽和花键,则在凹槽的尖角处产生应力集中。裂纹将在尖角处产生,并沿着与最大拉伸正应力相垂直的方向扩展。特别是花键轴,可能在各个尖角处都形成疲劳核心,并同时扩展,在轴的中央汇合,形成星形断口。

13.3.2.3　应力腐蚀

金属构件在静应力和特定的腐蚀介质共同作用下所导致的脆性断裂为应力腐蚀断裂。引起应力腐蚀的条件如下:①引起应力腐蚀的应力一般是拉应力;②材料本身的应力腐蚀敏感性;③特定的腐蚀介质。

应力腐蚀断裂属脆性损伤,断口平齐,与主应力垂直,没有明显的塑性变形,断口表面有时比较灰暗,这通常是由于有一层腐蚀产物覆盖着断口的结果。同时应力腐蚀断裂起源于表面,且为多源,起源处表面一般存在腐蚀坑,且存在有腐蚀产物,离源区越近,腐蚀产物越多。腐蚀断裂断口上一般没有放射性花样,如图 13.22 和图 13.23 所示。

应力腐蚀断口的微观形态可以是解理或准解理(河流花样、解理扇形)、沿晶断裂或混合型断口。

13.3.2.4　氢脆

由于氢渗入金属内部导致损伤,从而使金属零件在低于材料屈服极限的静应力作用下导致的失效称为氢致破断失效,俗称氢脆。

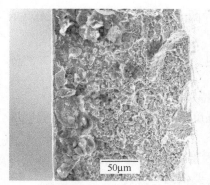
图 13.22 应力腐蚀断口沿晶形貌

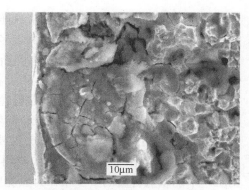
图 13.23 应力腐蚀断口龟裂形貌

（1）金属氢脆的断口宏观形貌特征

氢脆断口宏观形貌主要特征是：断口附近无宏观塑性变形，断口平齐，结构粗糙，氢脆断裂区呈结晶颗粒状，色泽为亮灰色，断面干净，无腐蚀产物；非氢脆断裂区呈暗灰色纤维状，并伴有剪切唇边。如图 13.24 所示。

（2）金属氢脆断口微观形貌

金属氢脆断口微观形貌一般显示沿晶分离，也可能是穿晶的，沿晶分离系沿晶界发生的沿晶脆性断裂，呈冰糖块状。断口的晶面平坦，没有附着物，有时可见白亮的、不规则的细亮条，这种线条是晶界最后断裂位置的反映，并存在大量的鸡爪形的撕裂棱，如图 13.25 所示。

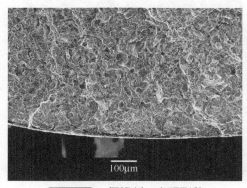
图 13.24 氢脆断口宏观形貌

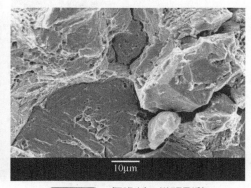
图 13.25 氢脆断口微观形貌

（3）氢脆断裂失效判据

判断金属零件氢脆断裂失效的主要依据是：

① 宏观断口表面洁净，无腐蚀产物，断口平齐，有放射花样。氢脆断裂区呈结晶颗粒状亮灰色。

② 显微裂缝呈断续而曲折的锯齿状，裂纹一般不分叉。

③ 微观断口沿晶分离，晶粒轮廓鲜明，晶界面上伴有变形线（发纹线或鸡爪痕），二次裂纹较少，撕裂棱或韧窝较多。

④ 失效部位应力集中严重，氢脆断裂源位于表面；应力集中小，氢脆断裂源位于次表面。

⑤ 失效件存在工作应力主要是静拉应力，特别是三向静拉应力。

⑥ 氢脆断裂的临界应力极限 σ_H 随着材料强度的升高而急剧下降；一般硬度低于 HRC22 时不发生氢脆断裂而产生鼓泡。

⑦ 含氢量，由于氢脆与应力、材料强度等因素关系很大，且由于氢含量测定困难，不能以氢含量的多少来作为氢脆判断的主要依据。

但是，由于实际工作条件下的复杂性和多种因素对零件失效行为的影响，所以，一般具有以上①、③、⑤条件即可判别为金属零件属氢脆断裂失效。

13.3.2.5 液态金属致脆

液态金属致脆（LMIE）指的是延性金属或合金与液态金属接触后导致塑性降低而发生脆断的过程。

液态金属致脆断裂起始于构件表面，起始区平坦，在平坦区有发散状的棱线，呈河流状花样，且有与棱线方向一致的二次裂纹，如图 13.26 所示。裂纹一般沿晶扩展，仅在少数情况下发生穿晶扩展。虽然有时也发生裂纹分叉，但最终的断裂由单一裂纹引起，导致开裂的表面通常覆盖着一层液态金属。

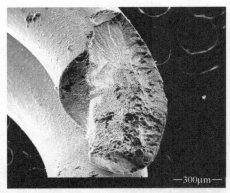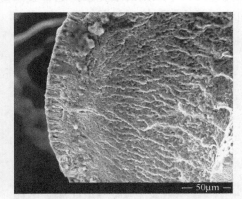

图 13.26　镉脆断口形貌

13.3.2.6 其他沿晶断裂失效模式

回火脆以及因过热、过烧引起的脆断断口大都为沿晶脆性断裂特征；而蠕变断裂、某些高温合金的室温冲击或拉伸断口往往为沿晶韧窝形貌。

另外还有两种情况也属沿晶断裂范畴。一是沿结合面发生的断裂，如沿焊接结合面发生的断裂；二是沿相界面发生的断裂，如在两相金属中沿两相的交界面发生的断裂。

（1）回火脆

断口在宏观呈岩石状，微观上沿原奥氏体界面断裂，晶界面上观察不到第二相粒子，微区成分分析发现在晶界面上有杂质元素 P、S、As 等偏聚，如图 13.27 和图 13.28 所示。

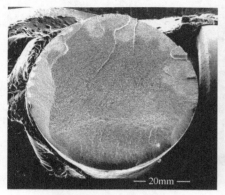
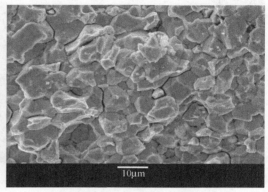

　图 13.27　回火脆宏观形貌　　　　　　　　图 13.28　回火脆微观形貌

（2）过热、过烧

金属零件在热加工过程中，或使用过程中在过热、过烧温度区间内长期或短期停留，均会引起零件整件、或局部过热与过烧，从而在应力作用下导致沿晶脆性断裂。过热、过烧断口宏观上呈粗大的颗粒状，无明显的断裂起源特征，断口附近无明显变形，过烧断口无金属光泽。过热断口微观形貌为晶粒粗大，晶界分离面上有细小的韧窝。过烧断口微观形貌为晶粒粗大，晶界粗而深，晶界分离面上有氧化膜、熔化的孔洞等特征。如图 13.29 和图 13.30 所示。

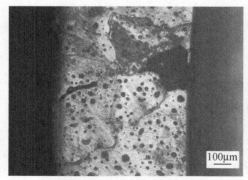
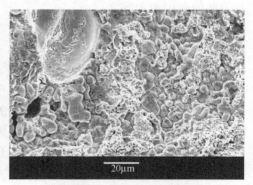

　图 13.29　过烧断口宏观形貌　　　　　　　图 13.30　过烧断口微观形貌

（3）蠕变

金属材料在高温和持久载荷共同作用下较易产生蠕变变形直至断裂。

蠕变断口宏观特征为：断口颜色较深，且比较粗糙，呈颗粒状，如图 13.31

所示。

蠕变断口微观特征为：韧性沿晶断裂，较低倍下的形貌为沿晶断裂特征，高倍下可见晶界上均为韧窝断裂形貌，断面上可见孔洞特征，如图 13.32 所示。

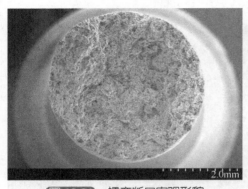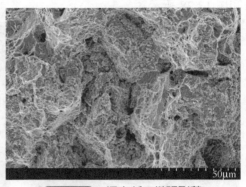

图 13.31　蠕变断口宏观形貌　　　图 13.32　蠕变断口微观形貌

13.4　断口分析内容

断口分析一般包括宏观与微观分析两个方面。前者系指用肉眼或 40 倍以下的放大镜、体视显微镜对断口进行观察分析，可有效地确定断裂起源和扩展方向；后者系指用光学显微镜、透射电镜、扫描电镜等对断口进行观察、鉴别与分析，可以有效地确定断裂类型与机理。断口分析技术一般应包括分析对象的确定与显示技术、观察与照相记录技术、识别与诊断技术，定性与定量分析技术以及仪器与设备的使用技术等。

13.4.1　断口的获得

（1）裂纹打开与断口切取技术

已经断裂的构件可以直接对断口进行观察，而对于尚未断开的裂纹件，往往需要将裂纹打开。有时主断口受到机械的或化学的损伤与污染，很难对断口形貌特征进行分析，也需要将二次裂纹打开加以观察分析。

打开裂纹的方法很多，如拉开、扳开、压开等。无论采用何种方法，都须根据裂纹的位置及裂纹扩展方向来选定受力点。通常是沿裂纹扩展方向受力，使裂纹张开形成断口，而避免在打开裂纹的过程中造成断裂面的损伤。如果造成零件开裂的应力是已知的，可用同类型的更大应力来打开裂纹。例如，对受循环拉应力的开裂件，可通过静拉伸法将裂纹打开；如果造成的应力是未知的，可采用三点弯曲法将裂纹打开。

　　在裂纹较浅、零件厚度较大、不易将裂纹打开时，可用锯、刨、车等手段在裂纹的反方向上进行加工，但要注意加工的深度，不要损坏裂纹断口的形貌。对于较大的断口，例如涡轮盘、起落架、齿轮等大型断裂件，为了便于进行深入的观察分析，需要将大型零件的断口切割成小块试样。常用的切割方法有火焰切割，锯切，砂轮切割，线切割，电火花切割等。

　　在选择切割和实施切割过程中，要注意如下事项：①要防止断口及其附近区域的显微组织因受热发生变化；②要防止断面的形貌特征受到机械的或化学的损伤和污染。

　　需要强调的是，无论是打开裂纹还是切取断口，都会部分地破坏断裂失效件的外观特征。因此，在实施切割或打开裂纹的操作之前，要对失效件的外观特征进行仔细的观察与测量，并要将观察与测量结果用文字和照相详实地记录下来。

　　（2）断口的清洗

　　零件在断裂过程中和断裂之后，断裂表面不可避免地会受到机械的、化学的损伤与污染，为了能够观察到断口的真实形貌与特征，需要将覆盖在断口表面上的尘埃、油污、腐蚀产物及氧化膜等清除掉。

　　在清洗之前，要对断口进行仔细的观察与检查。对断口表面上的附着物的分析测定，有助于揭示断裂失效的原因。例如，测定断口表面上的氢、氯离子的浓度及分布情况，有利于区分氢脆断裂与应力腐蚀断裂；测定断面上有无低熔点金属（镉、铋、锡、铅等）存在，可以为判明是否出现低熔点金属致脆提供证据。

　　断口清洗方法很多，可根据断口材料特性、附着物的种类加以选定。常用的清洗方法可在有关文献中找到。对于断口表面只有尘埃或油渍污染者，推荐使用丙酮与超声波清洗；对于遭受轻微腐蚀氧化的断口，推荐使用醋酸纤维（AC）纸反复复型剥离法加以清洗；对于遭受较重腐蚀氧化的钢制零件断口，则推荐在$10\%H_2SO_4$水溶液+缓蚀剂（1%卵磷脂）中超声波法清洗；对于高温合金的高温氧化断口，可使用氢氧化钠+高锰酸钾热煮法予以清洗。

　　无论使用何种方法清洗，都应以既要除去断口表面的污物和腐蚀与氧化层，又不损伤断口的形貌特征为原则。

　　（3）断口的保护与保存

　　在切取断口与运送断口过程中，要严防断口表面遭受机械或化学损伤。在断口初检及清洗时，切忌用手去触摸断口表面，更不能将两个匹配断面对接碰撞，以免使断口表面产生人为的损伤。在整个分析过程中，要十分注意对断口的保护和保存。

　　为了防止断口表面在运送与保存过程中遭受腐蚀与损伤，可在断口表面上涂抹一层保护材料，例如防锈漆、环氧树脂、醋酸纤维丙酮溶液等。保护材料应选择既无腐蚀作用又容易溶解除去的品种。目前，大多采用醋酸纤维素7%～8%（质量分数）的丙酮溶液，将其倒在断口表面上，并使溶液均匀分布，待干后将断口包装好运送到试验室，并存放在干燥器中或真空储存室中，也可将断口直接浸在无水酒精溶液中。也可直接用干净的塑料膜包扎保护断口。注意不要用油、脂涂抹在断口上防锈。

13.4.2 断口宏观分析

断口的宏观分析是指在各种不同照明条件下用肉眼、放大镜和体视显微镜等对断口进行直接观察与分析。

断口宏观分析的主要任务是：确定断裂的类型和方式，为判明断裂失效的模式提供依据；寻找断裂起源区和断裂扩展方向；估算断裂失效件应力集中的程度和名义应力的高低（疲劳断口）；观察断裂源区有无宏观缺陷等。总之，断口的宏观分析可为断口的微观分析和其他分析工作指明方向，奠定基础，是断裂失效分析中的关键环节。

宏观断口分析的第一步是用肉眼观察断面形貌特征及其失效件的全貌，包括断口的颜色变化，变形引起的结构变化，断口附近的损伤痕迹等。然后对主要的特征区用放大镜和体视显微镜进行进一步的观察，确定重点分析的部位。

在进行断口的宏观分析过程中，重点要注意观察以下七个方面的特征：

① 断口上是否存在放射花样及人字纹。这种特征一方面表征裂纹在该区的扩展是不稳定的、快速的；另一方面，沿着放射方向的逆向或人字纹尖顶，可追溯到裂纹源所在位置。

② 断口上是否存在弧形迹线。这种特征表明裂纹在扩展过程中，由于应力状态（包括应力大小的变化、应力持续时间）的交变，断裂方向的变化，环境介质的影响，以及裂纹扩展速率的明显变化都会在断口上留下此种弧形迹线，如疲劳断口上的疲劳弧线等。

③ 断口的粗糙程度。不同的材料，不同的断裂方式，其粗糙度可有很大的不同。一般说来，断口越粗糙，即表征断口特征的"花"样越粗大，则剪切断裂所占的比例越大。如果断口细平，多光泽，或者"花样"越细，则晶间断裂、解理断裂所起的作用也越大。

④ 断面的光泽与色彩。由于构成断面的许多小断面往往具有特有的金属光泽与色彩，所以当不同断裂方式所造成的这些小断面集合在一起时，断口的光泽与色彩会发生微妙的变化。例如，准解理、解理断裂的金属断口在阳光下转动断面进行观察时，常可看到闪闪发光的小刻面。如果断面有相对摩擦、氧化以及受到腐蚀时，金属断口的色泽将完全不同。

⑤ 断面与最大正应力的交角（倾斜角）。不同的应力状态，不同的材料及外界环境，断口与最大正应力的夹角不同。例如，在平面应变条件下断裂的断口，

与最大正应力垂直。在平面应力条件下断裂的断口，与最大正应力呈45°。

⑥ 断口特征区的划分和位置、分布与面积大小等。

⑦ 材料缺陷在断口上所呈现的特征。若材料内部存在缺陷，则缺陷附近存在应力集中，因而在断口上留下缺陷的痕迹。

13.4.3　断口微观分析

断口的微观分析主要指借助于显微镜对断口进行放大后进行的观察。断口的微观分析分为直接观察法与复型观察法两种。

（1）直接观察法

直接观察法主要是使用体视显微镜、光学显微镜和电子显微镜对实际断口进行的直接观察。

利用体视显微镜直接观察断口，最大倍数只有100倍左右，但较为灵便，在断口的初步分析中得到广泛的应用。

用光学显微镜直接观察断口，由于景深小，放大倍率有限，只能观察一些比较平坦的断口，对于起伏高差较大的断口，就不能直接用光学显微镜进行观察。在裂纹和断口分析中，光学显微镜主要是用来分析裂纹的形态，如裂纹的走向及其与组织的关系等。

用于断口直接观察的电子显微镜主要是扫描电镜。采用扫描电镜观察断口的一般程序如下：

① 首先对断口从扫描电镜所能达到的较低放大倍数（5～50倍）作初步的观察，以求对断口的整体形貌、断裂特征区有全局性的了解与掌握和确定重点观察部位，切忌一开始就在高倍率下进行局部观察。

② 在整体观察的基础上，找出断裂源区，并对断裂源区（包括位置、形貌、特征、微区成分、材质冶金缺陷、源区附近的加工刀痕以及外物损伤痕迹等）进行重点深入的观察与分析。

③ 对断裂过程不同阶段的形貌特征要逐一加以观察。以疲劳断口为例，除了对疲劳源区要进行重点观察外，对扩展区和瞬断区的特征均要依次进行仔细的观察，找出各区断裂形貌的共性与特性。

④ 断裂特征的识别。在断口观察过程中，发现、识别和表征断裂形貌的特征是断口分析的关键。在观察未知断口时，往往是和已知的断裂形貌加以比较来进行识别。各种材料在不同的外界条件下的断裂机制不同，留在断口上的形貌特征也不同。在识别断裂形貌特征的基础上，还要注意观察各种形貌特征的共性与特性。例如对疲劳条带要区分是塑性还是脆性条带以及条带间距的疏密等。

（2）间接观察法

目前实际应用的断口间接观察法主要指复型观察法，即以断口为原型，用一种特殊的材料制成很薄的断口"复型"，然后用显微镜对复型进行观察分析，以揭示断口特征的分析方法。复型观察法不受零件的大小、观察部位以及断面起伏高差大小的限制，比直接观察法应用广泛，尤其是对于那些目前还没有扫描电镜的单位来说，更具有实际意义。

复型材料多用厚度 0.1mm～0.4mm 的醋酸纤维薄膜（AC 纸）。首先在断口上（或选定的特定部位上）滴以丙酮，将 AC 纸覆盖在断口表面上，用手指或橡皮从中心向边缘逐渐压紧，使塑料纸与断口表面紧密地贴合。经灯光或自然干燥后，用镊子轻轻地将 AC 纸揭下，再用丙酮将其另一面溶化后黏在玻璃板上，并展平贴牢，即可放到光学显微镜下进行观察。为了提高分辨率和成像衬度，可在真空蒸发仪中，以一定的倾斜角度向复型浮雕面上蒸镀一薄层铬。用这种方法可在物镜头下进行观察，放大倍数可达 1500 倍。

如果断口比较平坦，可不用醋酸纤维薄膜，而用火棉胶溶液来制取断口复型。在断口上滴以 1%火棉胶的醋酸酯溶液，并令其干透；然后滴以 4%火棉胶溶液作为支撑，干后用透明胶纸从断口上将复型揭下来；随后再进行必要的加深（如蒸镀一层铝或铬）。这一方法可以提供具有逼真细节的复型，在光学显微镜下能方便地进行观察。

断口的复型也可通过透射电镜观察。由于断面的复型工序较复杂，影响因素多，同时，很难将所观察到的部位与实际断口上的位置一一对应起来。当需要分析研究两个匹配断口的对应关系时，透射电镜复型观察就很难做到。再者，透射电镜所观察到的复型面积很小，一般均在 3.0mm^2 以下，不但不能对断口进行连续观察，更不能观察断口的全貌。因此，目前仅在某些特殊情况（例如观察断口的精细特征形貌、分辨较细的疲劳条带等）下，使用透射电镜来分析断口的特征。

13.4.4　断口的特殊分析

在断口的分析中，除通用的宏观分析、光学及电镜分析外，根据分析的具体要求，可采用某些特殊的分析技术，其中主要的有断口剖面分析、断口蚀坑分析、断口定量分析、断口浮凸测量等。

（1）断口的剖面分析技术

断口的剖面分析能有效地揭示零件在制造、加工等过程中产生的缺陷、使用状况和环境条件等对断裂失效的影响。例如对夹杂物、脱碳、增碳、偏析、硬化深度、镀层厚度、晶粒大小、组织结构及热影响区等检查与分析。

断口剖面分析技术是在断口上截取一定的剖面，剖面与断面相交的角度一般可为 60°～90°。在截取之前要采用镀镍层或镶嵌法等保护断口表面不受损伤。断口表面的截取方向可根据所要分析的具体内容来确定。如果要研究断裂过程，要在平行裂纹扩展方向截取，并且使断口不同区域对称截取，使在断口剖面上能包含断裂不同阶段的区域。如果仅是研究某一特定位置的情况，则此断口剖面的截取方向要垂直于裂纹扩展方向。

断口剖面分析技术主要是用来分析研究断口形貌与显微组织之间的对应关系、断裂过程、断裂机理、变形程度、表面状态及其损伤情况等。借助于显微硬度分析技术研究疲劳断口剖面，可以对裂纹尖端塑性区的形态，尤其是热疲劳剖面两侧不同显微硬度的变化、基体合金元素的变化情况等进行深入的研究。焊接零件的断裂失效，断裂往往起源于焊缝与过渡区或过渡区与基体之间的界面上，匹配断口上的显微组织及断口形貌特征不完全相同。在这种情况下，应用匹配断口剖面分析技术，对于研究断裂原因和断裂机理之间的关系能取得很好的结果。将匹配断口重新对接起来，使其相应的位置一一对应。但要注意断口表面不能直接接触，中间可用环氧树脂之类的黏合剂黏合起来。然后截取断口表面，测量其断裂不同阶段的变形量及其相对应的形貌特征。

（2）断口蚀坑分析技术

利用腐蚀坑体积的几何参数与晶面指数之间的关系来分析晶体取向的技术称作蚀坑分析技术。晶体材料在一定的腐蚀介质条件下，发生的腐蚀溶解是不均匀的，在一般情况下，晶体材料的低指数面被优先腐蚀溶解，同时不是产生各向同性腐蚀溶解，而是产生各向异性腐蚀溶解，腐蚀结果呈现一个角锥体，即多面体的蚀坑。由于腐蚀坑的几何形状取决于材料的晶体结构，即材料的晶体结构不同，蚀坑的几何形状亦不相同。蚀坑分析技术对于研究晶体取向，确定断口上的解理面、滑移面裂纹萌生的位置及裂纹局部扩展方向等提供了有利的条件与方法。

（3）断口的定量分析

断口的定量分析包括断口表面成分、结构和形貌特征的定量分析。断口表面成分定量分析是指表面平均成分、表面微区成分、元素的面分布与线分布以及元素沿断口深度变化情况等。断口表面结构的定量分析是指断裂小面的晶面指数、断面微区第二相的结构、数量，各微区表面之间的夹角等。断口形貌特征的定量分析包括断口表面上各种特征花样的线条与面积的多少与大小，断口形貌特征的数量与断裂条件尤其是断裂力学参量之间的定量关系。此外，还有断口表面残余应力以及表面硬度的大小等。断口定量分析涉及的内容十分广泛，请参见其他文献。

13.5　裂纹与断裂失效分析

13.5.1　断裂失效分析中的裂纹分析

裂纹是断裂失效的前奏。裂纹分析主要指裂纹的无损检测及光学金相磨片分析，如果将裂纹打开，分析其断裂特征，则纳入断口分析范畴。

13.5.1.1 裂纹分析方法

（1）裂纹的检查及宏观分析

裂纹检查除通过肉眼进行外观检查外，多以无损检测方法，如采取 X 射线、磁力、超声、荧光等进行检测。在一些情况下也可采取敲击测音法，如锤击机车车辆的车轴、弹簧，通过声音的清浊判定是否有裂纹。此外，对于一些小型工件也可利用着色检查。

（2）裂纹的微观分析

为了进一步确定裂纹的性质和产生的原因，需对裂纹进行微观分析，即光学金相和电子金相分析。

裂纹的微观分析主要内容是：

① 裂纹形态特征，其分布是穿晶开裂，还是沿晶开裂；主裂纹附近有无微裂纹。

② 裂纹处及附近的晶粒度，有无显著粗大或细小或大小极不均匀的现象；晶粒是否变形，裂纹与晶粒变形的方向相平行或垂直。

③ 裂纹附近是否存在碳化物或非金属夹杂物，它们的形态、大小、数量及分布情况如何；裂纹源是否产生于碳化物或非金属夹杂周围，裂纹扩展过程与夹杂物之间有无联系。

④ 裂纹两侧是否存在氧化和脱碳现象，有无氧化物和脱碳组织出现。

⑤ 产生裂纹的表面是否存在加工硬化层或回火层。

⑥ 裂纹萌生处及扩展路径周围是否有过热组织、魏氏组织、带状组织以及其他形式的组织缺陷。

（3）其他分析

工件结构形状上易引起应力集中的部位，往往是裂纹出现的地方。根据裂纹存在的部位、受力状态，就可以初步判断裂纹产生的条件。若裂纹不产生在零件的应力集中处，则裂纹存在的部位与材料的性能、成分、缺陷和内应力的作用有关。因此除进行应力分析外，还要结合加工工艺和使用条件，从裂纹特征、裂纹周围的显微组织缺陷、力学性能、化学成分综合分析研究，从而找出产生裂纹的原因。

13.5.1.2 裂纹起始位置的分析

裂纹起始位置取决于两方面因素的综合作用，即应力集中的大小及材料强度值的高低。当材料局部地区存在着缺陷时，会使缺陷处的强度大幅度降低，此处最易成为裂纹的起源位置。

（1）由材料原因所引起的裂纹

金属的表面缺陷，例如夹杂、斑疤、划痕、折叠、氧化、脱碳、粗晶环等，金属的内部缺陷,例如缩孔、气孔、疏松、偏析、夹杂物、白点、过热、过烧、发纹等。不仅它们本身直接破坏了材料的连续性,降低了材料的强度和塑性,而且往往在这些缺陷的尖锐的前沿,造成很大的应力集中,使其在很低的平均应力下产生裂纹并得以扩展,最后引起断裂。

在材料缺陷附近一般都会出现应力集中。而且缺陷形状越尖锐,材料的强度越高,塑性越低,应力集中系数也就越大。当这种应力集中大于材料的强度极限时,就会在应力集中处产生裂纹,并使裂纹不断扩展,直至发生断裂。

(2)由几何形状因素所引起的裂纹

有不少零件由于结构上的需要或由于设计不合理,在零件上存在尖锐的凹角、凸边或缺口以及截面过渡。这种零件在制造过程中和使用过程中,将在尖锐的凹角、缺口或过渡处产生很大的应力集中并可能形成裂纹。

(3)受力状态不同所引起的裂纹

零件的受力状况对裂纹的起始位置产生影响。一般而言,裂纹在应力最大处生核,例如,非对称弯曲疲劳裂纹一般起源于受力最大的一边,对称弯曲疲劳裂纹一般起源于受力两边的最大应力处。在齿面上的磨损裂纹一般起源于齿轮的节圆附近(该处的受力最大,相对运动速流率最大、磨损也严重)。

13.5.1.3 裂纹的宏观形貌

(1)龟裂

龟裂是以裂纹的宏观外形呈龟壳网络状态分布而得名。在一般情况下,龟裂裂纹是一种表面裂纹。形成龟裂的原因很多,它的形状、特点也略有不同。

① 铸锭或铸件表面的龟裂:精密铸钢件表面的龟裂是由于融溶金属液与模型涂料起作用,而生成硅酸盐夹杂物。这种硅酸盐夹杂物有的作为领先相从金属液体中析出,有的则在铸件表面的初始奥氏体晶上析出,从而在钢体表面上形成龟裂。

在铸锭表面上龟裂,也可能是由于锭型内壁有网状裂缝,钢液注入后则流入这种网状裂缝内,凝固后起着"钉子"的作用,影响钢锭的自由收缩,以致造成钢锭表面的龟裂。

② 锻件表面的龟裂:金属在锻造和轧制过程中有时也会出现表面龟裂。这种龟裂形成的原因可以是过烧、渗铜、含硫量过高等。过烧裂纹多出现在易于过热的凸出表面和棱角部位,其形态为网络状或龟裂状,有时还可见表面有氧化色,无金属光泽。断口粗糙,呈灰暗色。

③ 热处理中形成的表面龟裂:表面脱碳的高碳钢零件,淬火时易形成表面网状裂纹——龟裂。这种裂纹在重复淬火的高碳钢零件上经常出现。

④ 焊接过程中产生的龟裂:在电弧焊时,有时因为起弧电流过大,以致引起局部热量过高而形成焊接龟裂。它往往发生在焊缝区或由焊缝区开始向基体金属

延伸，最后成为一种沿晶粒边界分布的网状裂纹。

⑤ 磨削过程中产生的龟裂：淬火回火后或渗碳后热处理的零件，在磨削过程中有时在表面形成大量的龟裂，或与磨削方向基本垂直的条状裂纹。磨削裂纹的产生一般有两方面的原因：一是因为在磨削金属表面时产生大量的磨削热；二是零件淬火回火后，组织中还可能存在残余奥氏体、网状碳化物或内应力，在磨削加热时，可能引起进一步的组织转变或应力的再分配，最后导致产生磨削裂纹。

⑥ 使用过程的龟裂：使用过程中的龟裂主要是蠕变龟裂。蠕变裂纹是金属或合金在"等强温度"以上工作时，在低应力的条件下，沿晶界扩展的一种裂纹。蠕变裂纹一般从金属表面开始（氧供应比较充分），其起始形态一般是沿晶界排列的孔洞。

从一般情况下龟裂是一种沿晶扩展的表面裂纹。它的产生原因可以认为是由于金属构件表面（或晶界）的化学成分、组织、性能和应力状态与晶粒内部不一致，在制造工艺过程中或在随后的使用过程中，使晶界成为薄弱环节，优先在晶界产生裂纹引起的。

（2）直线状裂纹

真正直线状裂纹是不存在的，这里所指的直线状裂纹是指近似直线裂纹。

最典型的直线状裂纹是由于发纹或其他非金属夹杂物在后续工序中扩展而形成的裂纹。这种裂纹沿材料的纵向分布，裂纹较长，在裂纹的两侧和金属的基体上，一般有氧化物夹杂或其他非金属夹杂物。

在淬火中也可能产生纵向直线裂纹。此外，对冷拔、热拔、深冲、挤压的制品，在表面还可能产生拉痕。拉痕沿变形方向纵向线性分布，具有一定的宽度和深度，尾端具有一定圆角，两侧较为平整，整个宽度基本一致，且一般与表面垂直，拉痕附近的组织与基体组织没什么差别。当磨削工艺不合理时，也有可能产生纵向直线裂纹。

（3）其他形状裂纹

除上述龟裂及直线状裂纹之外，还有各种形状的裂纹，如环形裂纹、周向裂纹、辐射状裂纹、弧状裂纹等。

13.5.1.4 裂纹的走向

宏观上看，金属裂纹的走向是按应力和强度这样两个原则进行的。

（1）应力原则

金属的脆性断裂、疲劳断裂和应力腐蚀断裂，裂纹的扩展方向一般都垂直于主拉伸应力的方向；而当韧性金属承受扭转载荷或金属在平面应力的情况下，其裂纹的扩展方向一般平行于剪切应力的方向。当然也存在由于材料缺陷而引起不符合上述原则的情况。

（2）强度原则

虽然按照应力原则裂纹在某方向上扩展是不利的，但是裂纹仍会沿着该方向发展，因为裂纹扩展方向不仅要按照应力的原则进行，而且还应按材料强度的原则进行。所谓强度原则即指裂纹总是沿着最小阻力路线，即材料的薄弱环节处扩展。有时按应力原则扩展的裂纹，途中突然发生转折，显然这种转折的原因是由于材料内部的缺陷。在这种情况下，在转折处常常能够找到缺陷的痕迹或者证据。

在一般情况下，当材质比较均匀时，应力原则起主导作用，裂纹按应力原则进行扩展；而当材质存在着明显不均匀时，强度原则将起主导作用，裂纹将按强度原则进行扩展。

13.5.1.5 裂纹的微观形貌

从微观上看，裂纹的扩展方向可能是沿着晶界的，也可能是穿晶或者是混合的。

在一般情况下，应力腐蚀裂纹、氢脆裂纹、回火脆性裂纹、磨削裂纹、焊接热裂纹、冷热疲劳裂纹、过烧引起的锻造裂纹、铸造热裂纹、蠕变裂纹、热脆裂纹等都是沿晶界扩展的；而疲劳裂纹、解理断裂裂纹、淬火裂纹（由于冷速过大、零件截面突变等原因引起的淬火裂纹）、焊接裂纹及其他韧性断裂裂纹都是穿晶裂纹。裂纹遇到亚晶界、晶界、硬质点或其他组织和性能的不均匀区，往往将改变扩展方向。因此可以认为，晶界能够阻碍裂纹的扩展。

需要指出的是，淬火裂纹由于形成的原因不同，既可以是沿晶的，也可以是穿晶或混合的。一般情况下，因过热或过烧引起的淬火裂纹是沿晶的，并具有晶粒粗大或马氏体粗大等组织特征；而因冷却速率过大或其他因素引起的应力集中产生的淬火裂纹，则是穿晶的或是混合的。

13.5.1.6 裂纹周围及裂纹末端情况

当金属表面或内部缺陷成为裂纹源时，一般都能找到作为裂纹源的缺陷。有的裂纹虽不起源于缺陷，并按"应力原则"扩展，但当在裂纹的前沿附近有缺陷存在时，裂纹即发生转折，在裂纹的转折处也可以找到缺陷的痕迹。在高温下产生的裂纹，或者虽是在室温附近产生的裂纹，而在随后的工序中又加热至高温，这时，在裂纹的周围将存在氧化和脱碳的痕迹。对这种情况，必须作深入细致的分析：一方面要结合零件的工艺流程进行分析，例如，有无加热工序，是否在高温下工作等；另一方面要对裂纹的周围情况作认真的金相分析，例如有无非金属夹杂的分布及其形状等。一般说来，由冶炼带来的夹杂物，它随金属一起塑性变形，因此具有明显的变形性；而由裂纹氧化而成的夹杂，它是靠原子扩散与置换作用形成的，不可能显示出变形特征，一般呈颗粒状分布在裂纹的两侧。

另外，根据裂纹及其周围的形状和颜色，可以判断裂纹经历的温度范围和零件的工艺历史，从而找到产生裂纹的具体工序。

裂纹周围的情况除了氧化、脱碳以外，还应该包括裂纹两侧的形状偶合性。在金相显微镜下观察裂纹，多数裂纹两侧形状是偶合的，即凹凸相应吻合。但是发裂、拉痕、磨削裂纹、折叠裂纹以及经过变形后的裂纹等，其偶合特征不明显。

13.5.2 断裂起源和扩展途径分析

在断裂失效分析中，判明断裂的性质、起源及扩展方向是分析断裂失效原因的前提与基础。

13.5.2.1 断裂源位置的分析判断

断裂失效往往在零件的表面或次表面或在应力集中处萌生，如尖角、缺口、凹槽及表面损伤处等薄弱环节。由于受力状态、断裂模式（如延性与脆性，一次过载断与疲劳断裂等）的不同，在断口上留下的特征也不相同，一般情况下根据如下宏观特征来确定断裂起源的位置。

（1）放射状条纹或人字纹的收敛处

如果主裂纹断口宏观形貌具有放射状的撕裂棱线或呈人字花样，则放射状撕裂棱的收敛处即为断裂的起源位置，见图 13.33。

同样人字纹收敛处（即人字头指向处）亦为裂源，人字纹的方向即为裂纹扩展方向。但是对两侧带有缺口的薄板零件，则由于裂纹首先在应力集中的缺口处形成，裂纹沿缺口处扩展速率较快，两侧较慢，故人字纹的尖顶方向是裂纹的扩展方向，和无缺口平滑板材零件正好相反。

（2）纤维状区中心处

当断口上呈现纤维区、放射区和剪切唇区的宏观特征时，裂源均在纤维区的中心处。如果纤维区为圆形或椭圆形，则它们的圆心为裂源；如果纤维区处在边部且呈半圆形或弧形条带，则裂源在零件表面的半圆或弧形条带的中心处。见图 13.34。

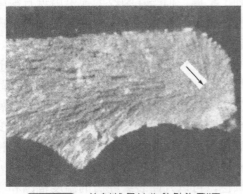

图 13.33 放射状条纹收敛处为裂源

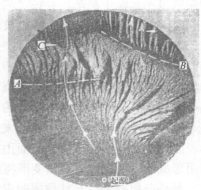

图 13.34 根据纤维区位置判定裂源

（3）裂源处无剪切唇形貌特征

某些机械零件（如厚板、轴类等），裂源常在构件的表面无剪切唇处。因为剪切唇是最终断裂的形貌，断裂的扩展方向由裂源指向剪切唇。

（4）裂源位于断口的平坦区内

机械零件的宏观断口常常呈现平坦区和凹凸不平区两部分（例如疲劳断口），凹凸不平区通常是裂纹快速失稳扩展的形貌特征，而平坦区则是裂纹慢速稳定扩展的特征标记，裂源位于断口的平坦区内，如图 13.35 所示。

图 13.35　裂源位于平坦区内（箭头所示为源区）

（5）疲劳弧线曲率半径最小处为裂源

如果断口上具有明显的疲劳弧线，则疲劳源位于疲劳弧线曲线半径最小处，或者是在与疲劳弧线相垂直的放射状条纹汇集处。

（6）环境条件作用下断裂件的裂源

环境条件作用下断裂失效件的裂源位于腐蚀或氧化最严重的表面或次表面。

需要指出的是，有些断口在宏观上只能大致判明裂源所在区域，有时需要在较高倍率下进行观察才能确定其具体位置。

以上所述裂纹位置的判别只适用于一般情况，对于一些疑难断口，例如断面遭到高温氧化或严重机械损伤、化学损伤等情况，则要采用多种手段进行综合分析判断。

13.5.2.2　断裂扩展方向的分析判别

断裂扩展的宏观方向与微观方向有时并不完全一致。在通常情况下主要是要判明断裂的宏观走向；在某些情况下，还要判明裂纹的微观走向。

（1）断裂扩展方向的判别

断裂失效分析中，当裂源的位置确定后，一般情况下，其裂纹扩展的宏观方向（即指向源区的反方向就是裂纹宏观扩展方向）随之确定。如放射线发散方向，纤维区主剪切唇区方向，与疲劳弧线相垂直的放射状条纹发散方向等。

（2）断裂扩展的微观方向判别

① 解理与准解理断裂微观扩展方向的判别

（a）河流花样合并方向就是解理裂纹扩展方向，反方向是起源。因为河流花样的支流大都发源于晶界并穿过整个晶粒，而在扩展中逐渐合并为主流。准解理裂纹的扩展方向与解理裂纹正好相反，即在一个晶粒内，河流花样的发散方向为解理裂纹局部扩展方向；

（b）在解理或准解理的显微断面上，扇形或羽毛状花样的发射方向为裂纹的局部扩展方向。

② 疲劳裂纹微观扩展方向的判别

（a）与疲劳条带相垂直的方向为裂纹局部扩展方向；

（b）轮胎花样间距增大的方向为疲劳裂纹局部扩展方向。

13.5.3　断裂原因分析

13.5.3.1　断裂原因分析要点

（1）外力与抗力分析判断准则

任何零件的任何类别的断裂失效，都是在零件所承受的外力超过了零件本身所具有的抗力的条件下发生的。对于一个确定了断裂失效性质的失效件，既要分析零件承受的外力，包括载荷的类型、大小、加载的频率与振幅以及由此引起的应力分布状况等，又要分析零件本身所具有的抗力，包括材质冶金因素、表面完整性因素和环境因素等。

（2）由外力超过抗力引起的断裂失效

由于生产制造使用条件的复杂多样以及科学技术水平的限制，有时会出现由于设计时考虑不周、分析不透、计算不准等原因，使零件承受的外力大于它所具有的抗力（局部的或整体的），从而导致零件断裂失效。

由外力超过抗力引起的断裂失效一般有如下三种情况。

① 对几何形状复杂的零件的应力分布（主要是应力集中）分析不透、计算不准确而造成局部应力过大引起断裂失效；

② 缺乏深入而全面的系统分析，使得零件的自振频率与系统的某一振动频率相耦合，引起共振而造成超载断裂失效；

③ 对零件承受的主要载荷类型及大小与选用的材料所具有的主要抗力指标不匹配而造成超载失效。

此外，也存在出现某些非正常偶然突发因素而导致零件过载断裂失效的例子。

（3）零件具有的抗力不足而引起的断裂失效

在实际使用中零件的断裂失效大部分是由于零件本身具有的抗力不足所致。造成零件失效抗力下降的主要因素有以下几个方面

① 材质冶金因素：(a) 材料的化学成分超标或存在标准中未予规定的微量有害元素（如 O、N、H、Sb、Pb、As、Sn、Bi 等）；(b) 显微组织结构异常或超标，包括基体组织，第二相的数量、大小与分布，析出相的组分、大小与分布，晶粒度及残余奥氏体等；(c) 非金属夹杂物的种类、数量、大小及分布等超标；(d) 冶金缺陷超标（包括疏松、偏析、气孔、夹砂等）及流线分布不合理等；(e) 表面或内部存在宏观裂纹或显微裂纹。

② 表面完整性不符合要求或在使用中遭到破坏均会造成零件的力学性能、物理性能与化学性能（即失效抗力）下降，从而诱发裂纹在这些部位萌生。表面完整性包括表面粗糙度、表面防护层的致密性、完整性及外界因素造成的机械损伤等。

③ 表层残余应力的类型、大小与分布。这一因素在分析断裂失效原因时应予以充分注意，一方面是由于残余应力的存在往往不易察觉，另一方面在于它的危害性。残余拉应力往往与外加应力叠加而促进断裂失效。残余拉应力提高应力腐蚀与氢脆等敏感性。而残余压应力能提高疲劳断裂寿命，降低应力腐蚀敏感性，相对而言是有利的因素。

④ 零件的几何形状设计不当或加工质量不符合要求，会导致应力分布不均。局部应力集中严重，使零件的实际抗力大大降低，如疲劳断裂失效大多起源于零件的尖角、倒角、油孔、键槽及圆弧过渡处等。

⑤ 温度与介质引起抗力下降。温度升高会引起材料的疲劳抗力、蠕变抗力等降低，温度的急剧变化会使零件抗热疲劳能力降低。低温会引起低温脆断等。环境介质会使零件对氢脆、应力腐蚀、腐蚀疲劳等抗力大大降低。

总之，断裂失效的原因是错综复杂的，分析起来难度较大。上面所述只是一般的原则与方法，在实际的断裂失效分析中，要根据具体的分析对象，遵循正确的分析思路与分析程序，采用相应的分析手段与分析方法进行具体分析。

13.5.3.2　断裂失效原因

断裂失效原因有着不同的深度和广度，或者叫层次。根据分析的对象，分析的目的与要求，分析时所具有的主观与客观条件等的不同，失效原因分析所要达到或所能达到的深度与广度（层次）也会有所不同。在一般情况下断裂失效原因可分为如下三个层次。

（1）失效条件不确定性原因

在失效分析中由于分析对象的原始资料不全或者由于时间的紧迫或者由于分析手段的限制，或者由于分析经费的不足，只能对失效原因作出模糊的判断，而不能作出明确的界定。例如：根据零件断裂的形貌特征分析及冶金材质分析等可得出"该零件系由共振引起的疲劳断裂失效"或者"该零件失效系内部存在严重超过技术标准规定疏松缺陷所致"。这样两种断裂原因分析结论，只是在大的范围内分清了断裂产生的原因是由外力超过零件本身具有的抗力（前者）或是零件本身具有的抗力低于额定的外力，虽然为进一步分析指明方向，但没有给出产生失效的具体条件，因而提不出具有可操作性的改进措施。

（2）失效条件确定性原因

一般情况下，失效原因应包括失效产生的具体力学参量或者具体的冶金工艺参数，才能提出可操作性强的改进措施。就前面列举两个例子而言，前者需要找出零件的自振频率以及系统与其相耦合的振动频率；后者需要找出产生严重疏松形成的因素及铸造工艺参数等。

（3）失效机理性原因

对于一些具有普遍意义的失效模式，需要对引起断裂失效的力学参量与材料的物理冶金参量之间的关系进行深入系统的研究，以揭示断裂失效的机理与规律，从而为更新设计思想，发展材料学技术奠定理论基础。

对于工程上大多数的失效分析而言，所指的失效原因，主要是第二种情况，即失效条件确定性原因。其中找出失效的确定性力学原因的任务通常要由从事设计和结构强度方面的专业人员去完成；找出失效的确定性冶金材质原因的任务，一般要由从事材料工程的专业人员去完成。

第 14 章

非金属材料分析技术

14.1 概述

非金属材料是一个泛称,指除金属材料之外的其他材料。非金属材料范围广,种类多,并具有许多优良的独特性能,已在机械工程材料中占有重要的地位。非金属材料按化学组成可分为无机非金属材料(如陶瓷、玻璃、水泥等)和有机非金属材料(如塑料、橡胶、合成纤维等)。

航空产品中有些要求具有特殊功能的关键件,只能用非金属材料制造。如飞机座舱盖、飞机轮胎、雷达天线罩、橡胶密封圈等,经常涉及的非金属材料主要有橡胶、塑料与聚合物基复合材料。橡胶、塑料与聚合物基复合材料的基体均为高分子材料。与金属材料相比,高分子材料除具有一般不导电、反光性差、对有机溶剂敏感和易老化等特点外,还具有结构上的不均匀性及表现出其他材料不可能出现的高弹性及突出的黏弹性。

14.1.1 材料与制件在结构上的不均匀性

非金属构件所用的高分子材料,有些是化学均匀的单相材料,有些是非均质的多相材料。就构件而言,有些是由一种材料制成的,有些是多种性能差异较大的材料(包括非高分子材料)宏观复合而成的复合材料。因此,航空非金属材料本身及构件上存在着种种不均匀性。

就化学均匀的单相材料如有机玻璃来说,材料的不均匀性包括以下几个方面:

分子量大小不均匀；分子链间的物理交联点不同，分子链末端的结构往往与分子链的重复结构单元不同，而且其周围的自由体积也较大；分子链段在材料表面的堆砌密度低于材料内部。

对非均质多相材料如纤维增强复合材料、金属与非金属层板复合材料等，其不均匀性表现为：各相的物理化学性质差别很大，分散相的形状和尺寸不均匀，它们在基体中的分布和取向不均匀。

对于由两种或两种以上性质不同的材料组合而成的复合材料，材料的不均匀性则表现得更为突出。层板之间的差异以及开孔切割断部分纤维，从而使开孔处的应力集中现象比金属材料要严重。

在构件的制备过程中，由于受热和力学等因素的影响，构件内结构的不均匀性可能会进一步增加。如构件各部分的结晶度、取向度、球晶尺寸不同；分散相的形状和尺寸、在基体中的分布和取向等方面的不均匀。

14.1.2　高分子材料的黏弹性

理想的弹性材料的应力-应变关系服从虎克定律：

$$\sigma = E\varepsilon \tag{14-1}$$

式中，σ 为应力；ε 为应变；E 为材料的弹性模量。而理想的黏性材料的应力-应变关系服从牛顿定律：

$$\sigma = \eta \frac{\mathrm{d}\varepsilon}{\mathrm{d}t} \tag{14-2}$$

式中，$\dfrac{\mathrm{d}\varepsilon}{\mathrm{d}t}$ 为应变速率；η 为材料的黏度。大多数高分子材料的力学行为则既不服从虎克定律又不服从牛顿定律，而是弹性与黏性的线性或非线性组合。具体地说，黏弹性材料的应变明显落后于应力，因此使材料产生一定的应变所需的应力，与应变速率的关系极大。

高分子材料具有突出的黏弹性，其根本原因是长而柔软的高分子链具有多重热运动组元：键长、键角、侧基、链节、链段和整个高分子链。其中，除键长、键角的变化不需要克服分子间的内摩擦力外，其他各种单元的运动均或多或少地需要克服分子间的内摩擦力。克服分子间的内摩擦力就是黏性的本质。

高分子材料黏弹性的表现形式很多。蠕变、应力松弛以及应力应变行为强烈地依赖于应变速率和温度也是黏弹性的表现。

由于高分子材料具有其突出的特性，其表面、结构、缺陷与损伤等方面常用的分析方法也不同于金属材料。

14.2　非金属材料的常见缺陷

14.2.1　橡胶材料的常见缺陷

　　由橡胶材料制作橡胶制品时，一般要先进行塑炼，然后加入各种填料、防老剂、增塑剂、硫化剂、促进剂等制成混炼胶，即橡胶胶料。胶料经成型、硫化成为橡胶制品，很多制品还要加入天然或合成织物以及金属丝起增强作用。可见，橡胶制品的工艺较复杂，每一个工艺过程控制不当，都可能使制品产生缺陷。下面主要介绍橡胶制品中的常见缺陷。

　　（1）气泡与分层

　　气泡与分层是橡胶材料的常见缺陷。在橡胶的压延、模压过程中由于辊筒温度太高、未能正确使用滚式划气泡装置、供料积胶太大、胶料热炼时间太长、要释放托辊积存的空气或毛坯中夹杂空气等原因，可能会产生气泡或分层缺陷。另外，在黏合制件中，由于各种原因造成的界面弱黏合，也会产生气泡或分层缺陷。

　　在航空轮胎制造过程的压延和成型等工序中，如果胶与胶、帘布与胶之间夹杂油污或污垢，或者帘布与胶之间的气体没有完全排出，就会导致轮胎内部产生分层和气泡。新轮胎使用一段时间后，胎体内部黏合不牢处也会在剪切应力的作用下脱开，形成新的分层。分层和气泡通过常规检测手段几乎无法检测出来，只有采用激光无损检测技术才行。

　　在航空常用的输油夹布胶管中，由于夹布与胶料之间的弱黏着产生的典型的内外鼓包与分层现象见图 14.1 和图 14.2。

　　（2）弱黏着与脱黏

　　橡胶材料的界面黏着缺陷与界面吸水、氧化、污染有关。如黏结剂表面接触

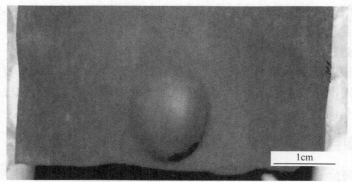

1cm

图 14.1　夹布胶管的外表面气泡形貌

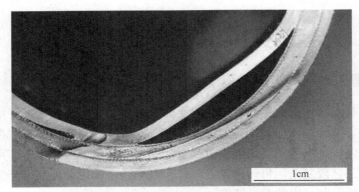

图 14.2　夹布胶管的内表面气泡与分层特征

到手上的汗液、工具上的油脂或者在空气中停放时间过长引起吸水等都会在界面产生缺陷。

在橡胶金属制件界面，由于处理不当也会引起脱黏现象。典型的橡胶金属制件的脱黏现象见图 14.3。

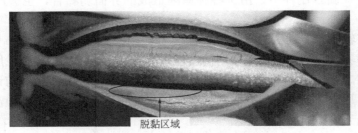

脱黏区域

图 14.3　橡胶金属制件界面脱黏形貌

（3）气孔

橡胶胶管中的气孔缺陷主要是填充剂分布不好、硫化时夹藏空气、混炼胶有潮湿成分以及在硫化时出现凝聚等原因引起的。挤出时口型只部分充满也会产生气孔。

模压橡胶制品的气孔缺陷与模压过程中欠硫、压力太低有关。典型的模压橡胶圈内的气孔缺陷见图 14.4。

（4）飞边过大与错位

在模压橡胶制品中常见的缺陷还有飞边过大、错位等缺陷，主要是装胶量过大，模具未对准，压力太低，模具设计不当等原因造成的。典型的橡胶密封圈截面错位形貌见图 14.5。

14.2.2　塑料的常见缺陷

塑料是高分子材料中产量最大应用也最广的一大类型。塑料的种类较多，从形式上看，多为固状，也有液状的。目前应用的塑料主要是合成树脂。塑料从高聚物

图 14.4　橡胶圈内细密的气孔缺陷

图 14.5　橡胶密封圈截面错位形貌

的合成，到塑料材料的制备，制件成型、贮存和使用，各个环节都可能产生缺陷。塑料的缺陷有多种，下面主要对塑料的熔接痕、裂纹、气泡等作一个简要的介绍。

（1）熔接痕

塑件表面的一种线状痕迹，系由注塑或挤塑中若干股流料在模具中分流汇合，熔料在界面处未完全熔合，彼此不能熔接为一体，造成熔合印迹，影响塑件的外观质量及力学性能。熔接痕的形成示意图见图 14.6。

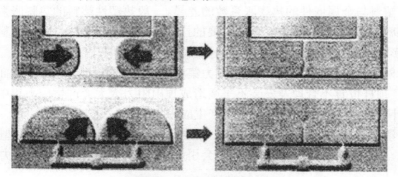

图 14.6　熔接痕形成示意图

熔接痕产生的原因及排除方法：

① 材料流动性差，流速过慢，料流前锋温度较低，使几股料流汇合时不能充分融合而产生熔接痕，应该选用流动性好的塑料或在料中加入润滑剂以增加流动性。

② 模具排气不良，使模腔压力过大，料流不畅，应该增设排气槽，适当降低合模力或重新确定浇口位置，在此之前应首先检查有无异物阻塞排气孔。

③ 模具浇注系统设计不合理，浇口位置设计不当或浇口过多，流程过长，前锋料流不能充分融合，应该缩短流程，较小料流温差；浇口太小，使流道阻力过

图 14.7　裂纹示意图

大，应加大浇口尺寸。

④ 制品结构设计不合理，如果制品太薄或薄厚相差悬殊或嵌件太多，都会引起熔接不良，在设计制品时应保证制品最薄部位大于成型时允许的最小壁厚，尽量使壁厚一致，减少嵌件的使用。

（2）银纹与裂纹

银纹与裂纹是塑件表面产生的有空隙的裂缝，典型的裂纹形貌见图 14.7。

银纹与裂纹产生的原因及排除方法：

① 残余应力太大，成型加工时塑件内的残余应力高于树脂的弹性极限，而残余应力由以下因素造成：（a）注塑成型时高聚物分子链取向，冷却后产生残余应力；（b）注塑时熔料进入模具内因温差较大已取向的大分子来不及恢复到初始稳定态就被冻结，塑件表面残留一部分应力；（c）塑件壁厚不均匀，熔料的冷却速率不一致，也会产生残余应力；（d）注塑或压制成型时压力过高。

排除方法是消除或减小这种残余应力。可通过模具、工艺的改进和调整，也可通过塑件的后处理工艺过程来排除。

② 塑料与金属嵌件的热膨胀系数的差异。一般热塑性塑料的热膨胀系数要比钢材大 9～11 倍，比铝材大 6 倍。主要的排除方法是，除了尽量匹配塑料及嵌件材料的膨胀系数以缩小这种差异外，对金属嵌件进行预热有较好效果。

③ 外力作用或结构设计导致的应力集中。如塑件脱模时，顶出杆截面小或数量不够，顶杆位置不合理及安装不平衡造成顶出阻力太大会产生应力集中。塑件结构设计不良，尖角及缺口处最容易产生应力集中。

④ 塑料选用不当或塑料不纯净。一般来讲，无定形树脂比结晶型树脂容易产生；吸水树脂加热后分解催化，会引起脆裂；再生料也是产生应力开裂的因素。

排除方法：应首先选择合适原料，一般讲低黏度疏松型树脂不易产生裂纹；另外应注意树脂掺混种类，再生料合理掺用等。

（3）气泡及真空泡

气泡是在塑料成型过程中，如果熔料内残留大量气体，或模腔中的空气未完全排除等，造成塑件成型后内部形成体积较小或成串空隙的缺陷，见图 14.8。

真空泡指塑件在冷却时，由于内外的冷却

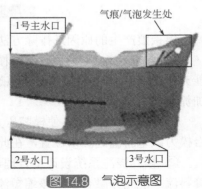

图 14.8　气泡示意图

速率不同，有时外层表面已冷却硬化，内部仍处于熔融或半熔状态，在塑件内部因冷却收缩造成的空隙缺陷叫真空泡，也叫缩孔。

真空泡处在塑件壁厚较大且接近壁厚中心位置，呈不规则形状，而气泡的位置不确定，形状因气体压力作用呈小圆珠状。

气泡及真空泡的产生与排除方法主要有：

① 成型工艺条件控制不当，如注塑压力太低或太高，注塑速率太快，冷却不均或不足以及料温和模温控制不当等都可引起塑件内的气泡及真空泡。可从调整成型工艺条件入手排除气泡及真空泡的产生。

② 模具缺陷，如模具的浇口位置、尺寸甚至浇口类型不合适以及模腔排气不良等都会产生气泡及真空泡。应分析所用模具，针对缺陷确定产生问题的主要原因再进行改进。

③ 原料因素，如原料中水分或易挥发物含量超标，料粒大小不均，熔体指数太大或太小等，都会使塑件产生气泡及真空泡。对此，可通过对原料的成型前预干燥甚至更换原料等途径来解决。

（4）翘曲变形

翘曲变形指制品出现两头翘起的现象，见图 14.9。通常结晶型聚合物的翘曲要比非结晶型大，是因为流动方向取向的分子数量比垂直于流动方向取向的分子数量要多，于是垂直于流动方向因松弛而产生的收缩比流动方向的要小，这种收缩不一导致内应力不均，这是发生翘曲的主要因素。

图 14.9　制件翘曲变形示意图

翘曲变形产生的主要原因：

① 引起塑件翘曲变形的本质因素是内应力。塑件在成型中沿熔料流动方向上的分子取向通常大于垂直流动方向的取向，充模结束后取向的分子总是力图恢复原有的卷曲态，同时，塑件沿熔料流动方向上的收缩大于垂直流动方向上的收缩。当因分子取向或材料冷却收缩在塑件内的残余应力达到一定程度时就会引起塑件的翘曲变形。

② 塑件各处壁厚差异过大。

③ 塑件冷却不均或冷却不足。

④ 模具的浇注系统、脱模机构以及脱模斜度等不合适。

排除翘曲变形，应先消除塑件中产生较大内应力的根源，也可通过对成型出的塑件立即进行热处理的途径。对于塑件壁厚差异较大的情形可通过增设加强筋的方法来有效解决。

（5）银丝与剥层

银丝指由于各种原因而产生的气体分布在制品表面留下的白色丝状条文。剥层指大气泡被拉长成扁气泡覆盖在制品表面上，使制品表面剥层。几种相容性差的物料混在一起也会因塑化不均匀而出现剥层。

银丝与剥层的产生原因及对策：

① 材料吸湿性过大或未充分干燥，受热时产生的水蒸气会使制品表面出现银丝，应该选择吸湿性小的材料或保证材料充分干燥，将含湿量降到最低值。

② 材料热稳定性差，受热分解，应选用热稳定性好的材料或在材料中添加热稳定剂。

③ 模具排气不良，使气体无法排除，对策是在熔体最后冲模处开设排气槽。

④ 脱模剂、润滑剂使用不当造成制品表面出现银丝，应该选用合适的脱模剂和润滑剂，并要涂抹适量。

⑤ 成型工艺方面的熔体温度过高，模塑周期长都会造成塑料分解而在制品表面出现银丝，应适当降低熔体温度，缩短模塑周期。

14.2.3　树脂基复合材料的常见缺陷

聚合物基复合材料中最易产生的缺陷主要有孔隙、分层、夹杂、贫/富树脂区、纤维褶皱等。根据缺陷面积大小不同，可以分为宏观缺陷与微观缺陷。在服役过程中，一些小的微观缺陷还可能会因结构受力产生扩展变成宏观缺陷。因此，在复合材料研究和应用中，宏观与微观缺陷都不允许超过标准允许的范围。

（1）孔隙

孔隙（空隙）是复合材料的主要缺陷之一。一般分为沿单纤孔隙与层板间孔隙，包括纤维束内孔隙。当孔隙率小于 1.5%时，孔隙为球状，直径 5μm～20μm；当孔隙率大于 1.5%时，孔隙一般为柱状，其直径更大，孔隙与纤维轴向平行。聚合物基复合材料构件中典型的孔隙特征见图 14.10。复合材料中孔隙率高表示基体树脂没有完全浸渍纤维，从而产生如下后果：①由于纤维树脂界面黏接弱，导致复合材料的强度和模量低；②由于纤维之间互相摩擦，使纤维损伤、断裂；③由于孔隙的连通，在复合材料中产生裂纹并扩展。孔隙（空隙）通常是复合材料制件失效的裂纹源。

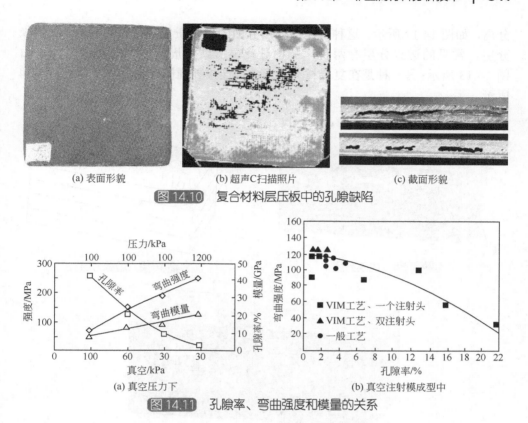

(a) 表面形貌　　　　　　(b) 超声C扫描照片　　　　　　(c) 截面形貌

图 14.10　复合材料层压板中的孔隙缺陷

(a) 真空压力下　　　　　　　　(b) 真空注射成型中

图 14.11　孔隙率、弯曲强度和模量的关系

不同固化方式下孔隙率对复合材料力学性能的影响见图 14.11。从图中可以看出，真空压力制件中，当孔隙率由 40%减为 10%时，弯曲强度将增加近三倍，弯曲模量几乎增加两倍。而在真空注射成型制件中，当孔隙率小于 5%时弯曲强度的增加与孔隙率的降低成正比，当孔隙率小于 3%时，弯曲强度几乎不变。试验表明当制品孔隙率低于 4%时，孔隙率每增加 1%，层间剪切强度降低 7%。

GJB 2895 中明确规定，复合材料制件关键区域的空隙含量不大于 1%，重要区域的空隙含量不大于 1.5%，一般区域的空隙含量不大于 2%。目前国内的无损检测方法很难给出复合材料制件孔隙率 1%与 2%的精确百分含量，目前常用的检测方法主要是采用破坏性的检测方法，通过光学显微镜、图像分析仪，在试样整个截面上测定孔隙总面积与试样截面面积的百分比，GB/T 3365 给出了具体的检测方法。

（2）分层

分层即层间的脱胶或开裂，是树脂基复合材料层压结构制件中最常见的一种缺陷，通常主要有两类分层。①位于层压结构内部的分层，织物铺层产生了分离，如图 14.12 所示，这种分层与铺层界面的结合质量有密切的联系。②边缘分层，常见的边缘分层有两种，一种是在层压结构周边产生的边缘分层，如图 14.13 所示；另一种是在复合材料层压结构连接孔周围产生的分层，如图 14.14 所示。

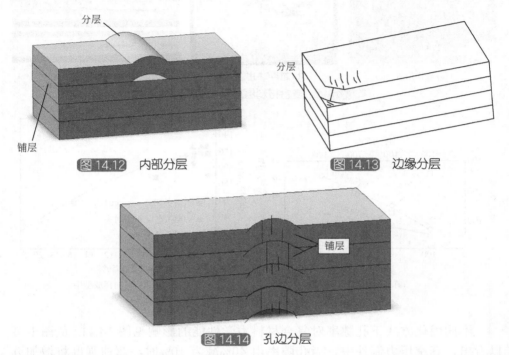

图 14.12　内部分层　　　　图 14.13　边缘分层

图 14.14　孔边分层

　　分层对压缩性能影响较大，可能引起局部分层屈曲。在屈曲区边缘产生高的层间剪应力和正应力，这又会引起分层的进一步扩展。如果不阻止局部屈曲，或者载荷没有改变，分层会发展到结构总体失稳，导致整个层压板破坏。复合材料层压板和夹层结构中的分层或脱胶（例如夹层板的表面与夹心脱胶），往往发生在最外层或接近表面的几层。在压缩载荷作用下，分离薄层容易产生屈曲。分层屈曲后，减小了整个层压板的弯曲刚度，减小了结构的承载能力，进而促进了分层的不稳定快速扩展，最终可能导致结构破坏。

（3）夹杂物

　　夹杂物为聚合物基复合材料制件中非设计组成物的混入。M. Zhang 和 S. E. Mason 在复合材料层压板铺层时，在每层间刷涂蒸馏水或海水，研究了蒸馏水、海水两种杂质对复合材料性能的影响。选择的材料为 SE85 3113/UDC200/460m² 单向碳纤维增强复合材料层板，树脂含量（质量分数）为 33%～50%，纤维体积含量为 60%。上述两种杂质对复合材料性能的影响见表 14.1。

杂质	层间剪切强度下降率/%	拉伸强度下降率/%	弹性模量下降率/%	断裂韧性下降率/%
蒸馏水	65.3	30.9	22.8	40
海水	71.4	31.2	24.7	50

表 14.1　杂质对复合材料性能的影响

从表中可以看出，蒸馏水、海水分别导致断裂韧性降低 40% 与 50%。蒸馏水、海水对拉伸强度与弹性模量影响基本一样，分别降低约 31% 与 23%。测试结果显示，不含杂质的多层板结合好，作为一个整体共同承担载荷，含有杂质时，基体/纤维界面受到影响，不同层间纤维被分开导致结构疏松、性能下降。另外，加载时，由于层板之间结合差，含有杂质引起的应力集中导致部分纤维首先承担载荷，受载纤维失效，然后其他纤维承担载荷，导致快速断裂。所以在同样载荷作用下，含缺陷的试样的弹性模量更小，应变更大，失效载荷更小。

（4）纤维褶皱

在制备复杂复合材料制件时，需将增强织物铺成各种形状，这时织物易产生褶皱，呈现波纹形，见图 14.15。褶皱将降低复合材料制件的拉伸、弯曲、剪切等性能。

（5）贫/富树脂区

在复合材料制件中，贫/富树脂区均易产生裂纹。富树脂区域强度偏低，抗疲劳、湿热与抗冲击性能较差。在无变化铺层的复合材料层压板中，采用相同冲击能量进行试验，较厚区域产生的冲击凹坑深度明显大于较薄

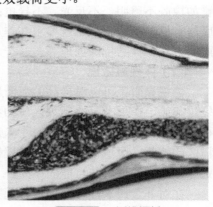

图 14.15　纤维褶皱

的区域。贫树脂区会导致两层之间不能彼此浸润，层间结合强度偏低，产生层间裂纹。图 14.16 与图 14.17 为两种铺层材料贫树脂区裂纹及裂纹断口形貌。

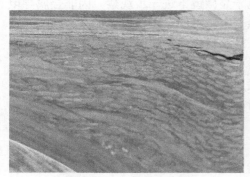

图 14.16　贫树脂区域裂纹

图 14.17　贫树脂区裂纹断口形貌

14.3 非金属材料常用检测方法

非金属材料的物理冶金分析主要是探索材料组织、缺陷、成分及其对材料物理，化学，力学行为的影响。物理冶金方面分析的内容主要包括表面与污染分析、界面分析与成分分析等。

14.3.1 表面形貌与污染分析

材料形貌分析主要包括分析材料的几何形貌，材料的颗粒度及其分布以及形貌微区的成分与物相结构等方面。非金属材料形貌分析常用的分析方法主要有体视显微镜和扫描电子显微镜。由于非金属材料本身的物理性能（包括电性能、光学性能等）和化学性能与金属材料有很大差别，材料形貌分析的方法也有所不同，譬如橡胶不透明、不反光、不导电；有机玻璃透明、不导电、反光性能差，对温度与有机溶剂敏感。这就要求在作形貌分析时对所用的方法进行选择，如光源、照明方法、样品特殊处理等。

（1）体视显微镜

体视显微镜可以对样品的表面形貌进行直接观察，可观察样品表面的粗糙度，裂纹起始、扩展及最终断裂区域的特征。如对于非失效件，可直接观察表面是否存在加工损伤与材料缺陷；对于失效件，可观察断口表面的镜面区、雾状区与粗糙区的特征，区域大小与相对位置等，判断裂纹源的位置、裂纹扩展方向等，确定零件断裂的性质与可能的原因。

在对非金属表面与断口进行观察时，一般采用斜光照明的方法，这样得到的图像清晰度更好。对于有机玻璃断口选用黄绿色滤色片可获得更佳的成像效果。

（2）扫描电子显微镜

当试件表面或断口形貌的一些区域特征细节有必要进一步放大观察时，如观察内部颗粒的形貌，可将试件放在扫描电子显微镜下进一步观察。因非金属导电性差，一般在作扫描观察前需在表面喷涂一定厚度的导电材料，如金、碳等。在表面喷涂的过程中要防止试件表面烧伤。环境扫描电子显微镜是近年来发展起来的新型扫描电子显微镜，非金属样品可以不经表面处理就能直接观察。

聚合物表面的污染物分析一般首先采用金相显微镜辨别污染物为金属还是聚合物，然后采用扫描电镜能谱分析确定污染物粒子的元素组成。

14.3.2 界面分析

非金属材料的界面性质非常重要，特别是对于多相结构特征的材料，各相材料之间的界面对复合材料的各种性能有着重要的影响，且零件的界面情况与制造工艺、制件的失效情况密切相关。

非金属材料界面分析主要分析界面的黏结情况，常用的分析方法为体视显微镜、金相显微镜与扫描电子显微镜。对于橡胶材料的界面分析一般采用体视显微镜观察，如橡胶轮胎帘布之间的脱黏（图 14.18），橡胶结构与金属件之间的黏着不良等。但如果橡胶材料中存在较小的增强粒子，需采用扫描电镜来观察粒子在基体材料中的分布与黏结情况。

对于复合材料，一般磨制金相试样后，在金相显微镜下观察各层的黏结情况，见图 14.19。特别是对于蜂窝夹层的复合材料结构，需采用截面金相法判断蜂窝与蒙皮的黏着情况。

图 14.18　橡胶轮胎帘布之间的脱黏

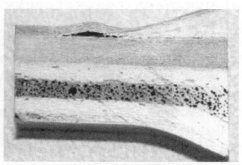

图 14.19　脱黏缺陷

14.3.3　成分分析

材料的成分分析就是分析材料中各种元素的组成，即检测材料中的元素种类及其相对含量的过程。非金属材料的元素分析主要用于鉴别材料或结构是否为设计规定的材料或结构，材料是否发生了老化，一般采用扫描电镜能谱分析与红外光谱分析方法。

非金属材料特别是橡胶类材料，种类与牌号较多，外观无明显的差别，在使用过程中经常会发生混料现象。在判别所用材料的种类时，可以采用能谱分析方法，可根据一些元素的含量如氟、硅、碳、氧等元素的相对含量来辨别材料的种类。如需进一步确定材料的具体牌号或材料在使用过程中是否发生了老化等变质现象，可以采用红外光谱分析的方法，通过与标准图谱或新材料的谱图对比，确定所用材料的具体牌号与所发生的变化。

参 考 文 献

[1] 王广生，石康才，周敬恩等. 金属热处理缺陷及案例［M］. 北京：机械工业出版社，1997.

[2] 崔忠圻，覃耀春. 金属学与热处理［M］. 北京：机械工业出版社，2007.

[3] 有色金属及其热处理编写组. 有色金属及其热处理［M］. 北京：国防工业出版社，1981.

[4] 石德珂，沈莲. 材料科学技术［M］. 西安：西安交通大学出版社，1995.

[5] 航空物理冶金检测人员资格鉴定委员会教材编审组. 金相检验技术［M］. 航空物理冶金检测人员内部培训教材，1991.

[6] 杨春晟，曲士昱. 理化检测技术进展［M］. 北京：国防工业出版社，2012.

[7] 陶春虎，刘庆瑔，刘昌奎等. 航空用钛合金的失效及其预防（第二版）［M］. 北京：国防工业出版社，2013.

[8] 陶春虎，张兵，张卫方等. 定向凝固高温合金的再结晶（第二版）［M］. 北京：国防工业出版社，2014.

[9] 张栋，钟培道，陶春虎等. 失效分析［M］. 北京：国防工业出版社，2008.

[10] 范金娟，程小全，陶春虎. 聚合物基复合材料构件失效分析基础［M］. 北京：国防工业出版社，2011.

[11] 蔡玉林，郑运荣. 高温合金的金相研究（第 2 版）［M］. 北京：机械工业出版社，2007.

[12] 郭峰，李志. 断裂韧度与钢组织性能的关系［J］. 失效分析与预防，2007，2（4）：59-64.

[13] 刘昌奎，赵红霞，南海等. 等温退火对 ZTC18 钛合金组织与性能的影响［J］. 失效分析与预防，2009，4（4）：200-204.

[14] 燕样样，李红莉. 金相试样制备技术与技巧［J］. 理化检验-物理分册，2013，9：162-165.

[15] 刘艳英，臧金旺，李宪武. 金相试样制备过程概述［J］. 金属世界，第 1 卷.2010：46-48.

[16] 孙维连，王成彪，许丽红，靳会超. 金相切割机的国内外研究概况，理化检验-物理分册［J］. Vol. 39（7），2003：357-360.

[17] 谢希文. 今日光学金相技术［J］. 热处理，2005，20（2）：1-11.

[18] 王长生，罗美华. 用于光镜下观察表层显微组织的金相试样制备法［J］. 热加工工艺，2002，6：59-60.

[19] 魏建忠，王国红，宗斌. 金相样品制备和分析中的技巧及方法［J］. 理化检验-物理分册，2006，42：154-156.

[20] 崔凤奎，王晓强，张丰收. 定量金相分析算法及实现［J］. 材料科学与工艺，2009，8（3）：109-112.

[21] 邓耀华，吴黎明，李政广，王桂棠，一种新型的金相显微硬度自动分析测试方法［J］. 广东有色金属学报，2005，15（1）：53-57.

[22] 刘金娜，徐滨士，王海斗等. 材料残余应力测定方法的发展趋势，2013，49：677-682.

[23] 郭可信. 金相学史话（6）：电子显微镜在材料科学中的应用［J］. 材料科学与工程，2002，20（1）：6-10.

[24] 朱永法，宗瑞隆，姚文清等. 材料分析化学［M］. 北京：化学工业出版社，2009.

[25] 许凤和，邱祥发，过梅丽等. 航空非金属件失效分析［M］. 北京：科学出版社，1993.

[26] 冯长征. 液压系统橡胶密封失效的原因及预防［J］. 建筑机械，2000，（1）：33-35.

[27] 罗鹏，倪洪启，陈富新. 液压系统丁腈（NBR）密封件失效形貌特征分析［J］. 重型机械科技，2004，（2）：35-37.

[28] 崔文毅. 工程机械橡胶密封件的失效分析及改进设想［J］. 工程机械，1997，14（4）：19-20.

[29] 韩志宏. 液压系统中橡胶密封件失效情况及预防措施 [J]. 机械管理开发, 2008, 23（1）: 49-50.

[30] 夏祥泰, 王志宏, 刘国光等. 飞机起落架作动筒密封圈失效分析 [J]. 失效分析与预防, 2007, 2（4）: 35-39.

[31] 张少棠. 钢铁材料手册. 第8卷. 弹簧钢 [M]. 中国标准出版社, 1999.

[32] 怀亮. 金相实验技术 [M]. 北京: 冶金工业出版社, 1986: 98. 100.

[33] 海市机械制造工艺研究所. 金相分析技术 [M]. 上海: 上海科学技术文献出版社, 1987: 106, 285-294.

[34] GB/T 6394—2002. 金属平均晶粒度评级方法 [M]. 中国标准出版社.

[35] 夏立芳. 金属热处理工艺 [M]. 哈尔滨: 哈尔滨工业大学出版社, 1996.

[36] 崔忠圻. 金属学与热处理 [M]. 北京: 机械工业出版社, 1993.

[37] 西尔宁 KE. 钢及其热处理 [M]. 北京: 冶金工业出版社, 1982.

[38] 大连工学院金属学及热处理编写小组. 金属学及热处理 [M]. 石家庄: 科学出版社, 1981.

[39] 朱培瑜. 常见零件热处理变形与控制 [M]. 北京: 机械工业出版社, 1990.

[40]《热处理手册》编委会, 热处理手册（第二版第一卷）[M]. 北京: 机械工业出版社, 1982: 435.

[41] 刘云旭. 金属热处理原理 [M]. 北京: 机械工业出版社, 1979: 289.

[42] 陶春虎, 何玉怀, 刘新灵. 失效分析新技术 [M]. 北京: 国防工业出版社, 2011.

[43] 陶春虎, 刘高远, 恩云飞, 严楠, 李春光. 军工产品失效分析技术手册 [M]. 北京: 国防工业出版社, 2009.

[44] 张栋, 钟培道, 陶春虎, 雷祖圣. 失效分析 [M]. 北京: 国防工业出版社, 2003.

[45] 杨春晟, 曲士昱. 理化检测技术进展 [M]. 北京: 国防工业出版社, 2012.

[46] 郑运荣, 张德堂. 高温合金与钢的彩色金相研究 [M]. 北京: 国防工业出版社, 1999: 141-211.

[47] 郭士文, 张玉锁, 童开峰等. 镍基高温合金长期时效后 γ' 相长大动力学 [J]. 东北大学学报（自然科学版）, 2003, 24（6）: 576-578.

[48] 陈荣章等. DZ125 定向凝固高温合金的研究 [J]. 航空材料报, 2000, 20（4）: 14-19.

[49] 郭建亭著. 高温合金材料学 [M]. 北京: 科学出版社, 2008.

[50] 黄乾尧, 李汉康等著. 高温合金 [M]. 北京: 冶金工业出版社, 2000.

[51] 陶春虎, 张卫方, 施惠基. 定向凝固高温合金的再结晶 [M]. 北京: 国防工业出版社, 2007.

[52]《高温合金金相图谱》编写组. 高温合金金相图谱 [M]. 北京: 冶金工业出版社, 1979.

[53]《国外航空材料》编辑组. 镍基高温合金的显微组织 [C]. 国外航空材料专题参考资料（30）. 1975.

[54]《航空材料》编辑部. 镍基高温合金的典型组织 [C]. 航空材料专集（1）. 1977.

[55] 王延庆. 镍基高温合金中 γ' 相的高温稳定性及筏状结构的形成 [J]. 钢铁研究学报, 1995, 8（1）: 61.

[56] 庄景云, 杜金辉, 邓群等. 变形高温合金 GH4169 [M]. 北京: 冶金工业出版社, 2006.

[57] 庄鸿寿, E. 罗格夏特. 高温钎焊 [M]. 北京: 国防工业出版社, 1989.

[58] 李亚江. 焊接缺陷分析与对策 [M]. 北京: 化学工业出版社, 2014.

[59] 宋西平. TC4 钛合金惯性摩擦焊组织性能及强韧化机理的研究 [D]. 西安交通大学. 1995.

[60] 杨静, 程东海, 黄继华. TC4 钛合金激光焊接接头组织与性能 [J]. 稀有金属材料与工程, 2009, 38（2）: 259-262.

[61] 潘辉, 孙计生, 刘效方. 涡轮发动机叶片钎焊修复研究 [J]. 材料科学与工艺, 1999, 7: 209-212.

[62] 王刚, 张秉刚, 冯吉才等. 镍基高温合金叶片焊接修复技术的研究进展 [J]. 焊接, 2008, 1: 20-23.

[63] 张应立, 周玉华. 现代焊接技术 [M]. 北京: 金盾出版社, 2011.

[64] 曹朝霞. 特种焊接技术及应用 [M]. 北京: 北京理工大学出版社, 2009.

[65] 何利民. 高温防护涂层技术 [M]. 北京: 国防工业出版社, 2012.

[66] 刘维东，狄士春，赵万生. 电火花加工技术的新发展 [J]. 中国机械工程，1998，9（5）：76-81.

[67] 袁根福. 激光加工技术的应用与发展现状 [J]. 安徽建筑工业学院学报（自然科学版）. 2004，12（6）：30-34.

[68] 樊新民. 表面处理工实用技术手册 [M]. 江苏科学技术出版社，2003.

[69] 胡传炘. 表面处理技术手册 [M]. 北京：北京工业大学出版社，1997.

[70] 赵树萍，吕双坤，郝文杰. 钛合金及其表面处理 [M]. 哈尔滨：哈尔滨工业大学出版社，2002.

[71] 舒利平，肖传恩，周健. 特种加工技术发展与展望 [J]. 企业技术与开发，2007，26（9）：127-129.

[72] 李国祥. 喷丸成形 [M]. 北京：国防工业出版社，1982.

[73] 航空工业部航空工艺研究所喷丸课题组. 喷丸技术国外标准资料汇编 [C]. 1984.

[74] 戴刚，谢文卿. 电火花加工 [M]. 重庆：重庆大学出版社，1984.